Hans-Georg Schumann

Spiele programmieren mit der Unreal Engine für Kids

1. Auflage

mitp

Bibliografische Information der Deutschen Nationalbibliothek
Die Deutsche Nationalbibliothek verzeichnet diese Publikation in der Deutschen Nationalbibliografie; detaillierte bibliografische Daten sind im Internet über <http://dnb.d-nb.de> abrufbar.

Bei der Herstellung des Werkes haben wir uns zukunftsbewusst für umweltverträgliche und wiederverwertbare Materialien entschieden.
Der Inhalt ist auf elementar chlorfreiem Papier gedruckt.

ISBN 978-3-95845-525-2
1. Auflage 2017

www.mitp.de
E-Mail: mitp-verlag@sigloch.de
Telefon: +49 7953 / 7189 - 079
Telefax: +49 7953 / 7189 - 082

Lektorat: Katja Völpel
Sprachkorrektorat: Petra Heubach-Erdmann
Covergestaltung: Christian Kalkert
Satz: III-satz, Husby, www.drei-satz.de
Druck: Medienhaus Plump, Rheinbreitbach

Inhalt

A

B

C

Vorwort

Eigene Fantasiewelten erschaffen, in denen man sich frei bewegen kann. Selbst gebauten Figuren begegnen. Abenteuer selbst erfinden, den Verlauf von Ereignissen selbst bestimmen: Wie wäre das?

Um ein Spiel selbst zu erstellen, muss man vom Programmieren anfangs eigentlich noch gar nichts verstehen. Denn zuallererst braucht man eine Idee und dann einen Plan.

Wovon soll das Spiel handeln? Welche Geschichte soll es erzählen? Personen, Orte und Ereignisse, all das führt zu einem Plan, der umfasst, was zu diesem Spiel gehören soll. Und erst wenn der Plan »steht«, kann die eigentliche Umsetzung in ein Programmprojekt beginnen. Dann allerdings sollte man schon möglichst gut programmieren können.

Wie **du** auf eine gute Idee kommst, wie **du** deine eigene Geschichte »strickst«, wie **du** einen Plan für ein Spiel aufstellst, wirst du in diesem Buch nicht erfahren. Hier bekommst du einen Kasten voller Werkzeuge, mit dem du deinen Plan in ein Spiel umsetzen kannst.

Wir wollen auch gar nicht so hoch hinaus: Ein professionelles Game wird heutzutage ja von einer ganzen Gruppe von Leuten erstellt, darunter Designer, Künstler, Techniker und nicht zuletzt natürlich Programmierer.

Trotzdem dauert die Arbeitszeit häufig mindestens Monate, wenn nicht Jahre. Die Beteiligten machen einen Vollzeitjob, es ist ihr Beruf. Hier hast du als Einzelgänger nur eine Chance, wenn deine Spielidee so hervorragend und einmalig ist, dass sie alles andere überschattet.

Bleiben wir also auf dem harten Boden der Tatsachen und planen wir nicht ein gigantisches Meisterwerk, sondern kümmern wir uns um solide

Grundlagen. Wenn du die beherrschst, hast du durchaus Voraussetzungen, auch einmal an einem professionellen Spielprojekt mitzuwirken.

Welche Werkzeuge benötigen wir?

Um Spiele im 2D- und 3D-Bereich zu erstellen, brauchen wir als Herzstück eine sogenannte **Engine**. Sie muss mit physikalischen Gesetzen umgehen können, damit die Spielwelt mit ihren Figuren und Ereignissen möglichst echt wirkt. Und sie muss grafische Effekte beherrschen, damit das Ganze auch optisch etwas hermacht.

Und das brauchst du:

- Mit der **Unreal Engine** von Epic Games haben wir nicht nur eine vollwertige Engine, die so vielfältige Möglichkeiten bietet, dass dieses Buch allein nicht reicht, um alles zu beschreiben. Unreal bietet auch einen Editor, mit dem sich ein Spiel bequem erstellen lässt, und das nicht nur für Windows, sondern auch für andere Plattformen.

Wir verwenden hier die derzeit aktuelle Unreal-Version 4. Auf eventuelle Neuerungen wirst du vom **Epic Games Launcher** aufmerksam gemacht, aus dem heraus du die Unreal Engine starten kannst. (Oder du schaust unter **www.unrealengine.com** nach.)

Die visuelle Entwicklungsumgebung, die Unreal mit sich bringt, bietet zahlreiche Möglichkeiten, sich Elemente für ein Spiel zusammenzustellen. Ein sehr mächtiges Werkzeug ist das **Blueprint**-System, durch das du dir das klassische Programmieren mit Textzeilen ersparen kannst.

Damit wir auch eigene Welten und eigene Akteure für unsere Spiele erstellen können, gibt es bereits in Unreal leistungsstarke Hilfsmittel, wie zum Beispiel Editoren unter anderem für Material, Objekte, Animationen, Räume und Landschaften. Viele mit anderen Programmen hergestellte Figuren und Elemente lassen sich leicht in Unreal importieren und dort einsetzen.

Und was bietet dieses Buch?

Du erfährst hier unter anderem,

- was Blueprints sind und wie man damit umgeht
- wie man den 1st-Person- und den 3rd-Person-Modus einsetzt
- wie man Landschaften gestaltet und Gebäude baut
- wie man klettert und schwimmt und taucht
- wie man einfache Figuren erstellt und sie animiert
- wie man künstliche Intelligenz nutzen kann
- wie man Effekte erzeugt und Sound einsetzt

Im **Anhang** gibt es dann noch zusätzliche Informationen, unter anderem über die Installation der Unreal Engine.

Einleitung

Wie arbeite ich mit diesem Buch?

Um dir den Weg vom ersten Projekt bis zu einem 3D-Game mit Akteuren einfacher zu machen, gibt es einige zusätzliche Symbole, die ich dir hier gern erklären möchte:

Arbeitsschritte

> Wenn du dieses Zeichen siehst, heißt das: Es gibt etwas zu tun. Damit kommen wir beim Entwickeln Schritt für Schritt einem neuen Ziel immer näher.

Grundsätzlich lernt man besser, wenn man Objekte selber einsetzt oder ein Blueprint selbst erstellt oder ändert. Aber nicht immer hat man große Lust dazu. Weil es alle Projekte im Buch auch zum Download gibt, findest du am Ende des einen oder anderen Abschnitts auch den jeweiligen Dateinamen (zum Beispiel MYGAME1). Wenn du also das Projekt nicht selbst erstellen willst, kannst du es stattdessen auch aus dem Internet laden (zu finden unter **mitp.de/525**).

Fragen und Aufgaben

Am Ende eines Kapitels gibt es jeweils eine Reihe von Fragen und Aufgaben. Diese Übungen sind nicht immer ganz einfach, aber sie helfen dir, deine Spiele noch besser zu entwickeln. Lösungen zu den Aufgaben findest du ebenfalls auf der **mitp**-Homepage. Du kannst sie dir alle im Editor von Windows oder auch in deinem Textverarbeitungsprogramm anschauen. Oder du lässt sie dir ausdrucken und hast sie dann schwarz auf weiß, um sie neben deinen PC zu legen.

Notfälle

Vielleicht hast du irgendetwas falsch gemacht oder etwas vergessen. Oder es wird gerade knifflig. Dann fragst du dich, was du nun tun sollst. Bei diesem Symbol findest du eine Lösungsmöglichkeit. Auch ganz hinten im Anhang C findest du ein paar Hinweise zur Pannenhilfe.

Wichtige Stellen im Buch

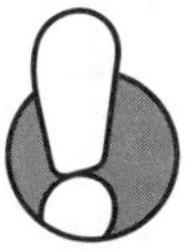

Hin und wieder findest du ein solch dickes Ausrufezeichen im Buch. Dann ist das eine Stelle, an der etwas besonders Wichtiges steht.

Wenn es um eine ausführlichere Erläuterung geht, tritt Buffi in Erscheinung und schnuppert in seiner Kiste mit Tipps & Tricks.

Was brauchst du für dieses Buch?

Du findest die Unreal Engine als komplette Entwicklungsumgebung zu Download und Installation auf der entsprechenden Seite von **Epic Games**:

https://www.unrealengine.com/

Dort gibt es auch einiges an Zusatzmaterial. Während Unreal dich nichts kostet, solange du nicht damit Geld verdienen willst, sind Zusätze nur zum geringen Teil kostenlos.

Die Beispielprojekte in diesem Buch findest du ebenso wie die Lösungen zu den Aufgaben auf der Homepage des Verlages in der gerade aktuellen Version:

http://www.mitp.de/525

Die Programmbeispiele sind mit einer Unreal-Version erstellt, die vielleicht schon nicht mehr die neueste ist, wenn du dieses Buch in Händen hältst. Der Versuch, eines der Projekte aus der Unreal-Umgebung heraus zu laden, könnte also zu dieser Meldung führten:

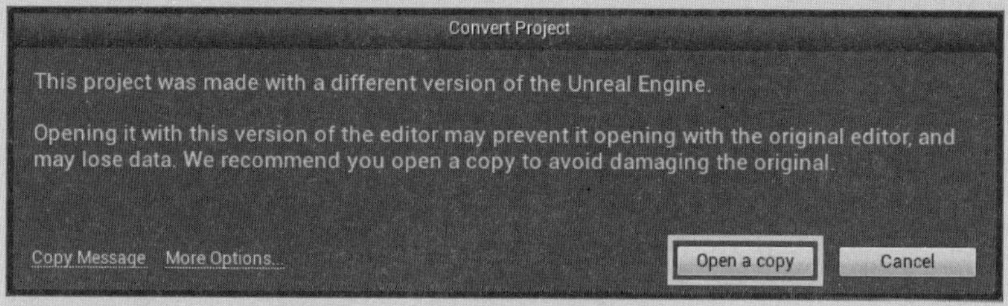

Mit einem Klick auf OPEN A COPY bleibt das alte Projekt erhalten und es wird ein neues für die aktuelle Unreal-Version erzeugt, die du gerade benutzt.

Betriebssystem

Die meisten Computer arbeiten heute mit dem Betriebssystem Windows. Davon brauchst du eine der Versionen ab 7. Mit Unreal lassen sich allerdings nicht nur Spiele für Windows entwickeln, sondern auch für andere Systeme wie Googles Android, Apples iOS, ja sogar Microsofts Xbox und Sonys Playstation.

Speichermedien

Auf jeden Fall benötigst du etwas wie einen USB-Stick oder eine SD-Card, auch wenn du deine Programme auf die Festplatte speichern willst. Auf einem externen Speicher sind deine Arbeiten auf jeden Fall zusätzlich sicher aufgehoben.

Gegebenenfalls bitte deine Eltern oder Lehrer um Hilfe: Sie sollen den Anhang A (und vielleicht auch noch Anhang B) lesen. Dann können sie dir bei den ersten Schritten besser helfen.

1

Das erste Projekt

Du möchtest natürlich gleich hier an Ort und Stelle dein erstes Spiel erstellen. Daraus wird nichts. Noch nicht. Als Erstes brauchst du Geduld. Und Ausdauer. Hier starten wir aber schon die Maschine, mit der wir später einiges zaubern werden, das sich sehen und spielen lässt. Wir fangen mit einem Projekt an. Und wir spielen auch schon mal ein bisschen mit einem Objekt herum.

In diesem Kapitel lernst du

- wie man die Unreal Engine startet
- deine »Werkbank« kennen
- wie man ein Objekt in einem Projekt einsetzt
- etwas über 2D und 3D
- wie man die Position und Größe von Objekten ändert
- ein bisschen über Spiele-Physik
- wie man Unreal beendet

Unreal Engine starten

Bevor wir mit dem Basteln anfangen können, muss das Game-Entwicklungssystem **Unreal Engine** installiert werden. Wie das geht, erfährst du in **Anhang B**. Wenn du dir das Einrichten nicht allein zutraust, solltest du dir von jemandem helfen lassen.

In den folgenden Kapiteln sage ich oft einfach nur **Unreal** statt **Unreal Engine**, weil der Name sehr häufig vorkommt.

Eine Möglichkeit, Unreal zu starten, ist diese:

> Öffne den Ordner, in dem du Unreal untergebracht hast (bei mir ist das der Unterordner EPIC GAMES im Ordner PROGRAMME auf Laufwerk C:).

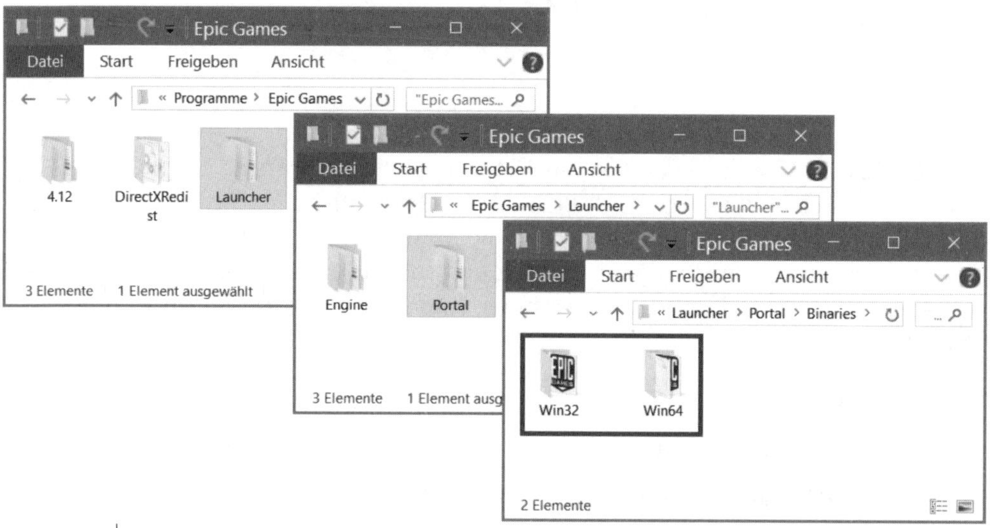

Dort musst du nun weiter nach einem Programm mit dem Namen EPICGAMESLAUNCHER.EXE suchen. Das findest du etwas versteckt in diesem Pfad:

Launcher\Portal\Binaries

> Wähle aus, welche Version du benötigst – je nachdem ob du eine 32-Bit- oder eine 64-Bit-Version von Windows hast. Dann starte das Programm mit einem Doppelklick auf das Symbol.

Eine bessere Möglichkeit ist diese: Wenn du noch keine hast, empfehle ich dir, eine **Verknüpfung** auf dem Desktop anzulegen:

Dazu klickst du mit der rechten Maustaste auf das Symbol für den Launcher (EpicGamesLauncher.exe). Im Kontextmenü wählst du KOPIEREN.

Dann klicke auf eine freie Stelle auf dem Desktop, ebenfalls mit der rechten Maustaste. Im Kontextmenü wählst du VERKNÜPFUNG EINFÜGEN.

Es ist sinnvoll, für das neue Symbol auf dem Desktop den dortigen Text `EpicGamesLauncher.exe-Verknüpfung` einfach durch `Unreal` zu ersetzen.

Von nun an kannst du auf das neue Symbol doppelklicken und damit den Launcher für Unreal starten.

Je nach Computer kann es eine Weile dauern, bis der Launcher von Epic Games geladen ist.

Sollte sich das Zwischen-Fenster mit der Anmeldung nicht schließen, musst du dich erneut mit E-Mail und Passwort bei Epic Games anmelden, bevor es weitergeht.

Einige Zeit später landest du in einem neuen Fenster.

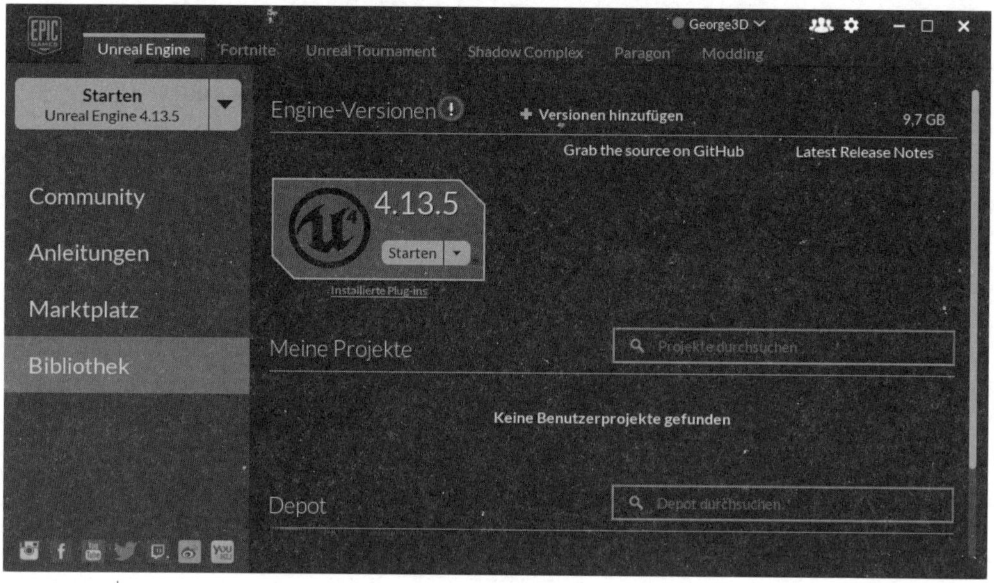

Das ist deine **Start-Zentrale**. Links sind einige Menüpunkte, über die kannst du zum Beispiel

- in Foren wechseln, um dich mit anderen auszutauschen (Community)
- dich nach Dokumentationen und Tutorials umschauen (Anleitungen)
- Zubehör für deine Spiele kaufen (Marktplatz)
- und deine eigenen Projekte verwalten (Bibliothek)

Die schmale Menüreihe ganz oben bietet dir außerdem Zugang zu einigen Projekten von Epic Games (wie zum Beispiel das bekannte Spiel Unreal Tournament).

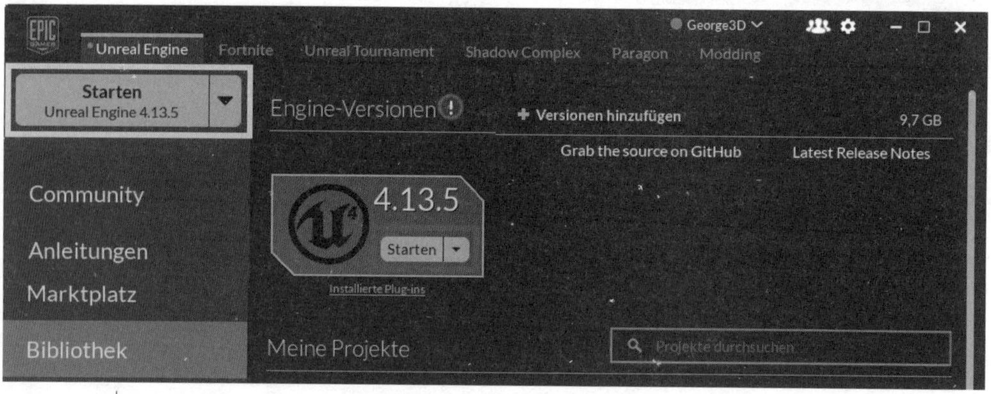

≫ Klicke nun auf STARTEN. Dabei hast du die Wahl: Links oben ist eine Schaltfläche. Oder du benutzt die im mittleren Bereich.

Und etwas später siehst du dieses Fenster, den sogenannten **Project Browser**:

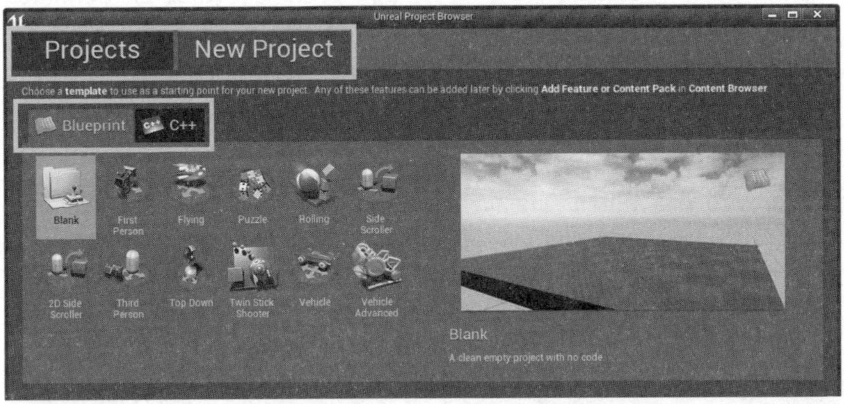

Dort hast du nun die Möglichkeit, ein Projekt zu öffnen (wenn vorhanden). Oder eines neu zu erstellen. Zur Auswahl stehen offenbar zwei Typen. BLUEPRINT und C++. Wenn du schon ein guter Programmierer bist und dich mit der Sprache C++ auskennst, kannst du zu der Dialogseite C++ wechseln. Wir bleiben in diesem Buch bei den **Blueprints**.

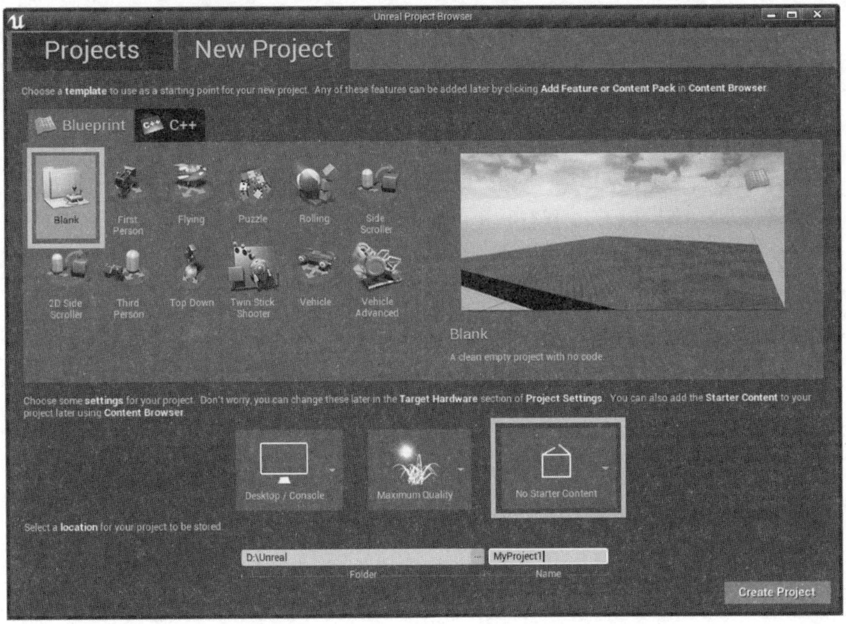

≫ Falls diese Seite noch nicht angezeigt wird, klicke zuerst auf NEW PROJECT. Dann wähle oben links BLANK, denn wir beginnen mit einem völlig neuen (leeren) Projekt.

Weiter unten kannst du einige Einstellungen vornehmen. Wir lassen hier DESKTOP/CONSOLE stehen, weil unsere Spiele für die größeren Computer geeignet sein sollen. In der Mitte bleibt es bei der Auswahl MAXIMUM QUALITY, doch rechts gibt es eine Änderung:

≫ Wähle dort statt WITH STARTER CONTENT die Option NO STARTER CONTENT aus.

Damit wird das Unreal-Starter-Paket (mit einigen mehr oder weniger nützlichen Zusätzen) **nicht** mitgeladen. Später, wenn wir es bei einigen Projekten brauchen, können wir es immer noch hinzufügen. Jetzt aber benötigen wir das Starter Content nicht.

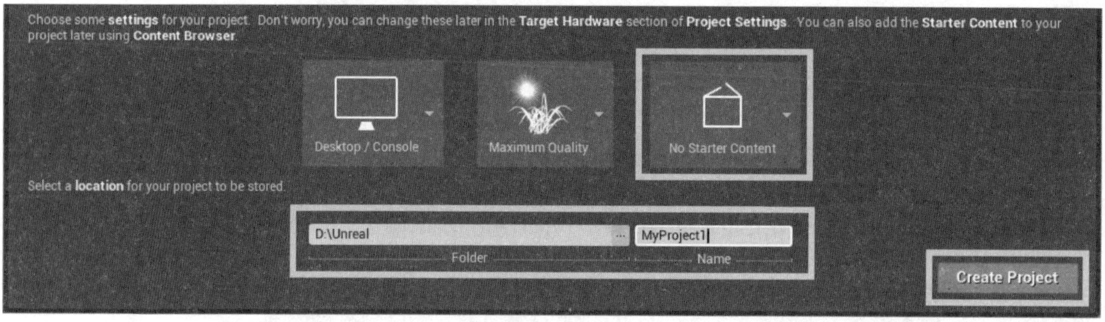

≫ Gib ganz unten im Feld über FOLDER den Ordner ein, wo du dein Projekt unterbringen willst. (Wenn du alles so stehen lässt, schafft sich Unreal seinen eigenen Ordner für deine Spiel-Projekte.) Und im Feld über NAME kannst du den Namen des neuen Projekts ändern.

Ich benutze einen selbst angelegten Hauptordner UNREAL (und darin könnte man noch einen Unterordner PROJEKTE anlegen). Mein erstes Projekt nenne ich schlicht und einfach MYPROJECT1.

≫ Klicke abschließend ganz unten rechts darunter auf CREATE PROJECT.

Und endlich zeigt uns Unreal sein wahres Gesicht. Im ersten Moment wirkt alles ein bisschen zu üppig.

Es braucht seine Zeit, sich daran zu gewöhnen. Doch nach und nach wird dir das alles vertrauter, wenn du die wichtigsten Optionen kennengelernt und damit gearbeitet hast.

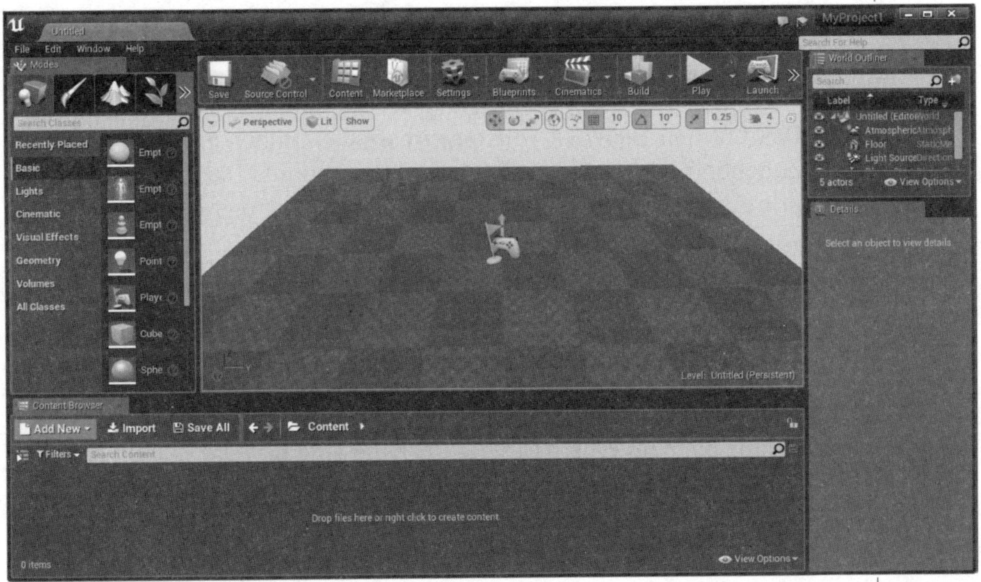

Kleiner Rundgang

Schauen wir uns erst einmal die Aufteilung der wichtigsten Fensterbereiche an:

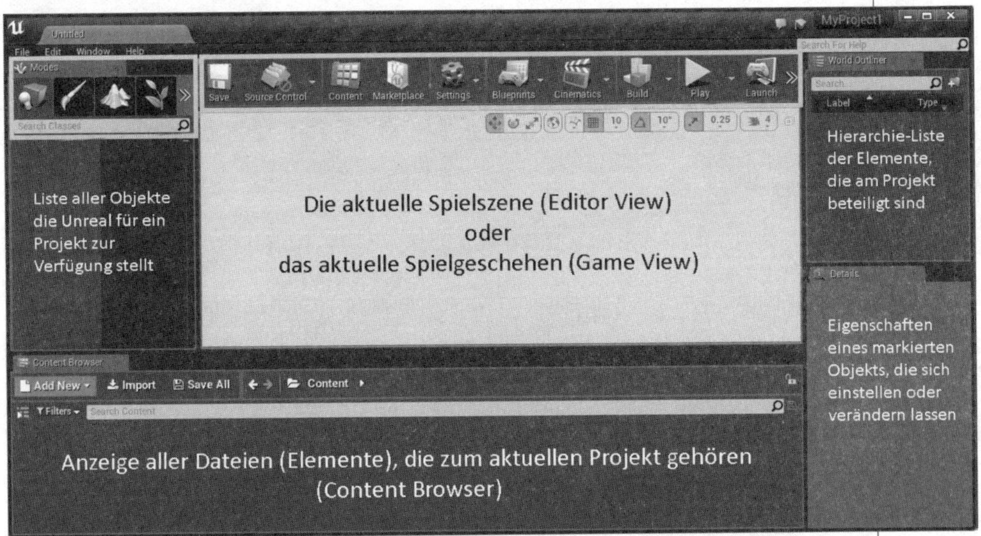

- Im EDITOR-Fenster sieht man erst einmal nicht allzu viel. Für ein Spiel brauchen wir dann noch mindestens ein Objekt wie zum Beispiel eine Kugel oder eine Figur.

- Wird ein Spiel gestartet, wird das Editor- zum GAME-Fenster: Dann siehst du hier dein Spiel in Echtzeit ablaufen, wenn du es durch den darüber liegenden PLAY-Button gestartet hast.
- Das CONTENT BROWSER-Fenster erfasst die Ordner mit dem gesamten Zubehör für das ganze Spiel, Assets genannt. Dazu kommen Blueprints, mit denen du das Spiel steuerst. (Was das jeweils genau ist, wird später erklärt.)
- Links im MODES-Fenster sind oben die Buttons für verschiedene Bearbeitungsmodi, wenn eine Spielszene erstellt werden soll. Darunter sind dann die Objekte aufgeführt, die dir Unreal direkt zur Verfügung stellt. Darunter Basisformen wie zum Beispiel Quader oder Kugeln.
- Rechts oben im WORLD OUTLINER-Fenster sind bis jetzt nur ein paar Elemente aufgelistet, die das ansonsten noch leere Spielprojekt schon bietet, zum Beispiel eine Ebene als »Boden«. In diesem Fenster stehen dann später alle Objekte, die zum aktuellen Spiel gehören.
- Um sich die Eigenschaften eines Objekts nicht nur anzuschauen, sondern sie auch bearbeiten zu können, gibt es rechts unten das DETAILS-Fenster.

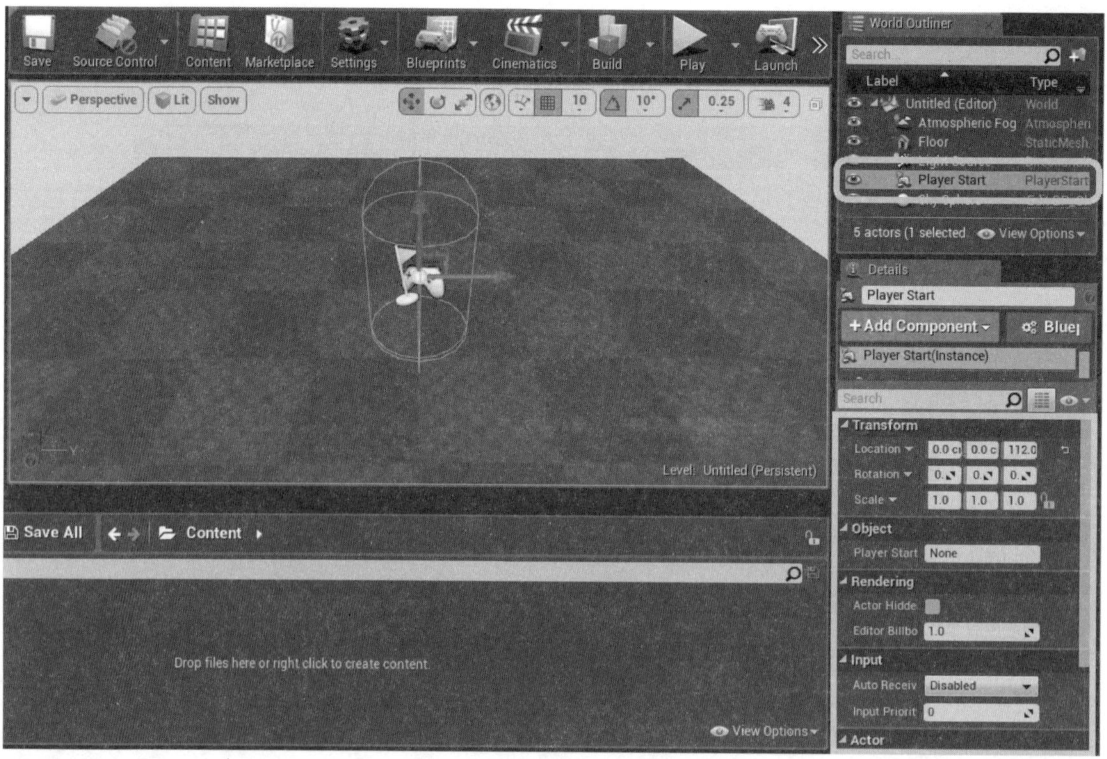

◇ Es gibt noch mehr Interessantes in dieser Unreal-Oberfläche, doch um das Hauptmenü (mit FILE, EDIT usw.) ganz oben links und die ganzen Symbole daneben geht es erst mal nicht, damit bekommen wir später noch genug zu tun.

≫ Jetzt klicke mal im WORLD OUTLINER auf PLAYER START. Dann verändert sich nicht nur die Darstellung im EDITOR-Fenster, sondern unter DETAILS wird plötzlich eine ganze Menge angezeigt. (Ändern solltest du allerdings daran nichts.)

PLAYER START ist die Position, von der eine Spielfigur startet. Eine solche Figur haben wir allerdings noch nicht. Schauen wir doch mal, was in dem neuen Projekt schon drinsteckt.

≫ Klicke oben in der Symbolleiste auf den PLAY-Button. (Bei einigen Unreal-Versionen musst du danach zusätzlich aufs Spielfeld klicken.)

Wenn du nun die Pfeiltasten benutzt und die Maus bewegst, dann verändert sich auch deine Sichtposition auf dem Spielfeld. Du kannst also quasi auf der Ebene herumspazieren, sogar über den Rand hinausgehen, allerdings kann es dann passieren, dass du unter der Ebene landest.

≫ Benutze mal zu den Pfeiltasten die [Leer]-Taste, um dich nach oben zu bewegen. Und probiere aus, mit welchen anderen Tasten sich noch etwas anfangen lässt. Um das Ganze wieder zu stoppen, drücke die Taste [Esc].

Im Grunde genommen hätten wir eigentlich jetzt schon ein Basis-Spiel; wir können über eine Ebene wandern und uns drehen und nach oben und unten schauen. Hätten wir jetzt die passende Umgebung, dann wären wir schon auf dem Weg zu einem richtigen Spiel. Na ja, ein paar Eigenheiten fehlen schon noch, wie zum Beispiel die Anziehungskraft der Erde (Gravitation).

> Dass sich in einem leeren Spiel von Anfang an etwas steuern lässt, liegt daran, dass Unreal jedem neuen Spiel automatisch einen sogenannten **Player Controller** mitgibt.
>
> Man kann den Player Controller als das Steuerzentrum eines Spiels betrachten. Setzt man ihn zusammen mit einer Spielfigur ein, wird er sozusagen zum Gehirn dieser Figur.

Bevor wir uns weiter mit unserem ersten Projekt beschäftigen, sollten wir schon so neugierig sein, um mal zu schauen, was Unreal noch so an bereits vorgefertigten Beispielprojekten anzubieten hat (hier auch **Templates** genannt). Dazu musst du das aktuelle Projekt verlassen und ein neues erzeugen.

≫ Klicke in der Hauptmenüleiste links oben auf FILE, suche dann weiter unten den Eintrag NEW PROJECT und klicke darauf.

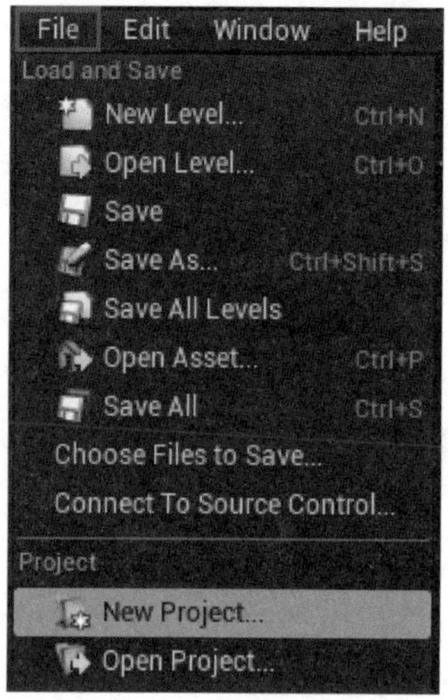

≫ Nun suchst du dir aus dem Template-Angebot (unter BLUEPRINT) etwas aus und klickst dann unten rechts im Fenster auf CREATE PROJECT.

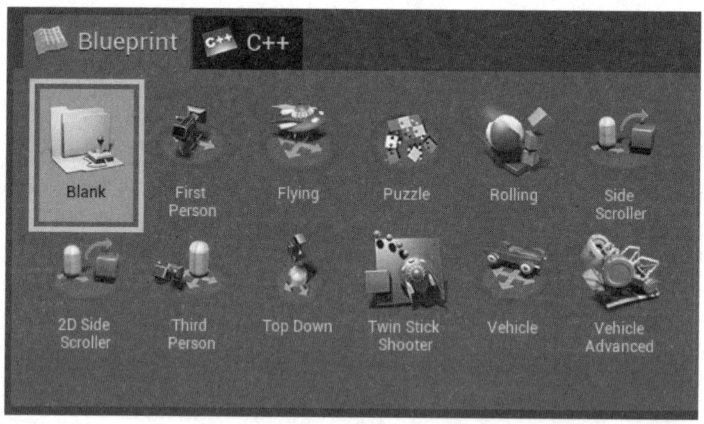

Es ist davon auszugehen, dass sich dieses Angebot mit der Zeit ändert, Neues kommt hinzu, aber es könnten auch künftig einige der oben angezeigten Templates fehlen. Ich werde hier nur zu einigen Projekt-Beispielen etwas erwähnen, die mir wichtig erscheinen:

First Person	Man sieht das Spielfeld aus dem Blickwinkel des Spielers; der bleibt weitgehend unsichtbar – bis zum Beispiel auf ein Werkzeug oder eine Waffe. Man bewegt sich mit Tasten und Maus und man kann springen.
Rolling	Ein Ball lässt sich mit dem Pfeiltasten über ein Gelände steuern.
Side Scroller	Eine Figur lässt sich (nur) nach rechts und links bewegen und sie kann springen.
Third Person	Man sieht das Spielfeld mit dem Player. Die Figur lässt sich mit Tasten und Maus steuern und sie kann springen.
Top Down	Man sieht das Spielfeld mit dem Player von schräg oben, die Figur lässt sich nur per Mausklick steuern.
Vehicle	Ein Fahrzeug lässt sich mit den Tasten lenken.

Ich empfehle dir, alles mal ausgiebig zu testen. Vielleicht ist ja etwas dabei, das du später zu einem eigenen Spiel ausbauen willst.

Ein Objekt einsetzen

Nun aber kehren wir zurück zu unserem »Blank«-Projekt. Um das Erstellen von Spielen grundlegend zu erlernen, ist es am besten, dass wir zuerst nur eine möglichst einfache Spielvorlage nutzen.

≫ Dazu öffnest du wieder das FILE-Menü und klickst diesmal auf OPEN PROJECT.

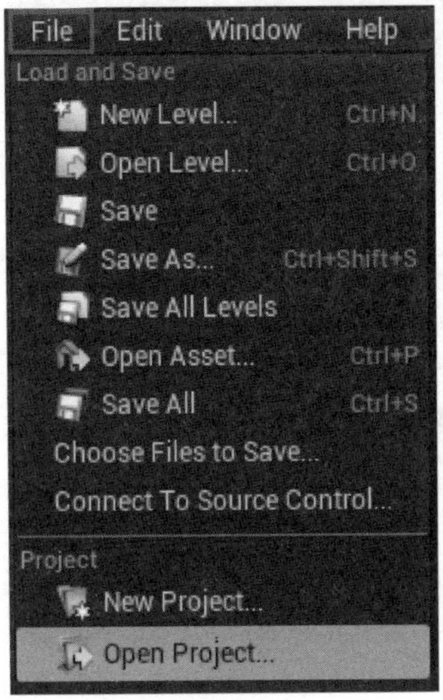

Und ein Fenster zeigt dein letztes Projekt. Es ist das Fenster des Projekt-Browsers, das sich auch bei NEW PROJECT öffnet, nur diesmal mit einer anderen Seite. Möglicherweise haben sich bei dir inzwischen einige Projekte angesammelt, da du ja vorher mit den Templates experimentiert hast und dabei jedes Mal ein neues Projekt erzeugt wurde. (Ich komme später darauf, wie du die wieder loswirst.)

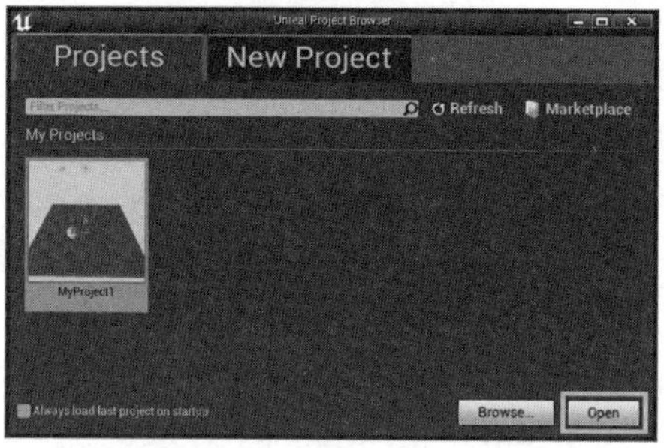

- Wähle jetzt das Projekt aus, das wir ganz zu Anfang als unser erstes erstellt haben. Klicke dann unten rechts auf OPEN.

Machen wir es uns einfach. Wir setzen eine Kugel ein, die soll sich dann über das Spielfeld bewegen lassen. Mit der Maus oder mit den Tasten zum Beispiel. Damit kommen wir zum linken Fensterbereich mit dem Titel MODES.

- Suche dort ganz links den Eintrag BASIC und klicke darauf. Damit erscheinen in der Liste daneben die Grundelemente, die Unreal dir zur Verfügung stellt. Klicke dort weiter unten auf SPHERE und ziehe die Maus nach rechts ins Editor-Fenster.

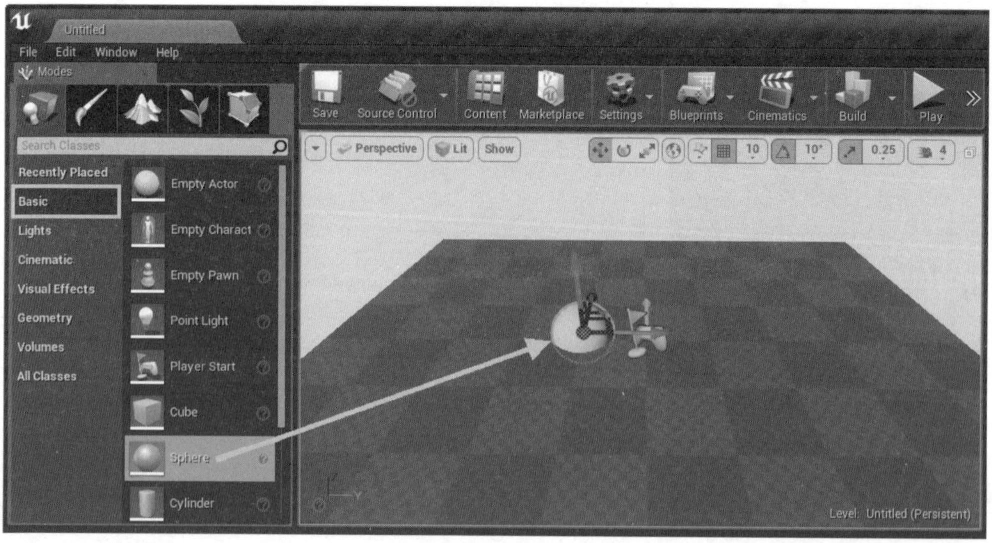

Und schon taucht dort etwas Kugelförmiges auf, das zum Teil in den Boden eingesunken ist. Außerdem zeigt das DETAILS-Fenster eine ganze Reihe von Informationen über unser neues Spiel-Objekt.

Hast du ein Objekt eingesetzt, das du eigentlich nicht haben willst? Dann lässt sich das entweder mit `Strg`+`Z` wieder rückgängig machen. Oder du klickst auf das Objekt im Editor-Fenster und drückst `Entf`.

Es kann nicht schaden, wenn du jetzt schon erfährst, wie man die ganze Szene beziehungsweise den Level speichert.

≫ Klicke auf FILE und SAVE ALL.

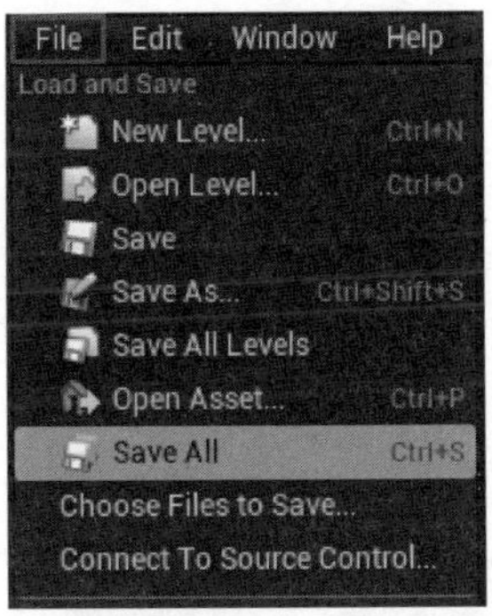

≫ Gib dem Level im Dialogfeld einen Namen, zum Beispiel `MyLevel` (wenn dir nichts Besseres einfällt). Dann klicke auf SAVE.

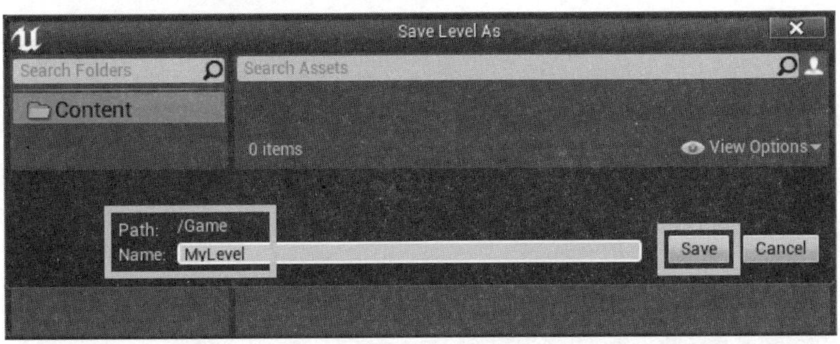

In der Symbolleiste oben gibt es auch einen SAVE-Button, den du immer mal wieder benutzen kannst, um den aktuellen Level zu speichern.

Wenn du anschließend unten in das CONTENT-Fenster schaust, siehst du das Symbol für die Level-Datei.

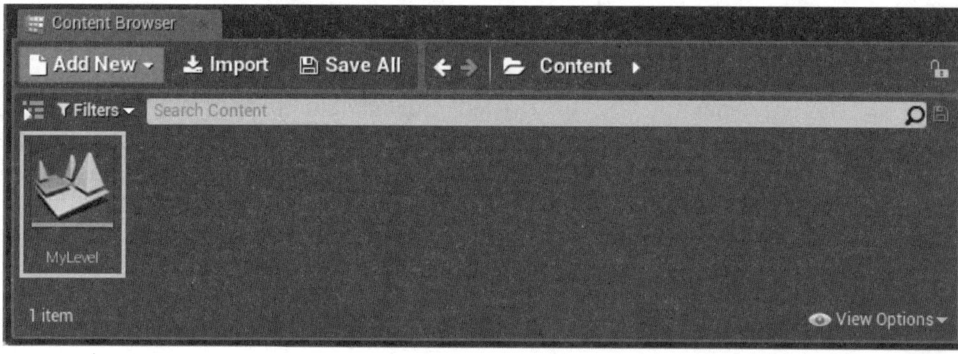

Sollte da zusätzlich noch ein neuer Ordner aufgetaucht sein (bei mir war es einer mit dem Namen HLOD), beachte ihn nicht weiter. Er ist ohnehin leer.

Und nun schauen wir uns das Ganze einmal im Spiel an.

≫ Dazu klickst du oben auf den PLAY-Button.

Und nun kannst du um dein neues Objekt herumwandern und es schon einmal etwas begutachten. Beenden kannst du das Ganze wieder mit der [Esc]-Taste.

Möglicherweise taucht im Editor-Fenster (das ja auch das Game-Fenster ist) eine solche Meldung auf: »Lightning needs to be rebuilt«. Das ist an sich nicht schlimm, aber man kann das leicht abstellen:

Klicke dazu oben in der Symbolleiste auf BUILD.

Nun wird die ganze Szene neu »gebaut« und damit passen sich zum Beispiel die Lichtverhältnisse an die neue Situation an.

Das Melde-Fenster, das anschließend auftaucht, musst du hier nicht weiter beachten, sondern kannst es mit Klick auf das kleine X oben rechts einfach schließen.

2D oder 3D?

Nun liegt die Kugel da und sonnt sich. Aber sie soll sich bewegen. Doch wie kriegen wir sie dazu? Zuerst einmal sollten wir dieses »Ding« etwas anders positionieren. Und wenn du willst, kannst du auch gleich die Größe ändern.

Grundsätzlich gibt es dazu zwei Wege: Entweder du bearbeitest ein Objekt direkt im Editorfenster oder du änderst die Werte im Fenster für DETAILS. Probieren wir die erste Möglichkeit aus:

≫ Markiere die Kugel mit einem Mausklick. Du siehst die farbigen Pfeile? Klicke darauf und ziehe mit der Maus daran. Wenn du zum Beispiel etwas nach oben ziehst, dann liegt die Kugel auf der Ebene.

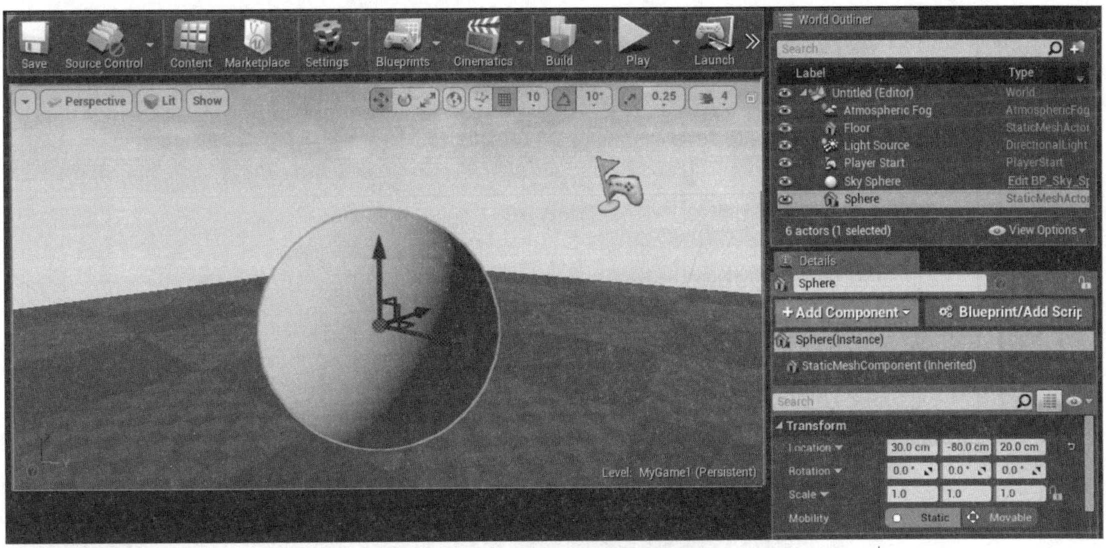

Wenn du nach dem Verschieben der Kugel über die farbigen Pfeile im Editor-Fenster in einen Bereich neben der Kugel klickst, kannst du im DETAILS-Fenster nebenan sehen, wie sich die Werte hinter LOCATION verändert haben. Darauf kommen wir aber erst gleich zurück.

Zuerst wollen wir die Kugel noch in ihrer Größe verändern. Dazu müssen wir den Bearbeitungsmodus im Editor-Fenster umschalten.

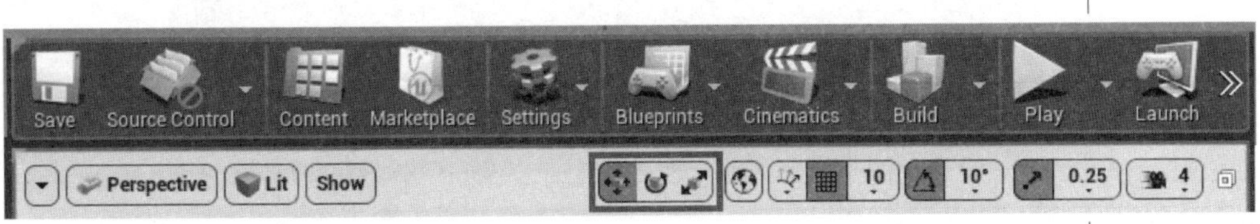

Die benötigten Schaltflächen befinden sich rechts unter der Symbolleiste und sind im Vergleich recht klein. Wir brauchen nur von links die ersten drei, und die nehmen wir jetzt genauer unter die Lupe:

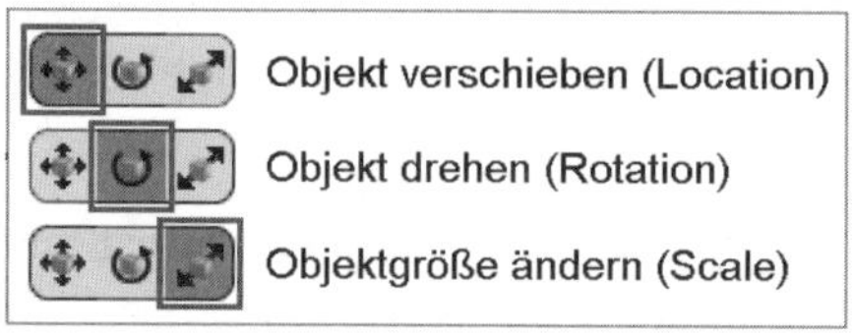

≫ Klicke jeweils auf einen dieser drei Buttons und die Kugel bekommt entweder Pfeile oder eine Art Halbkreis-Schirm. Durch Klicken und Ziehen kannst du nun die Kugel entweder bewegen oder sie vergrößern/verkleinern.

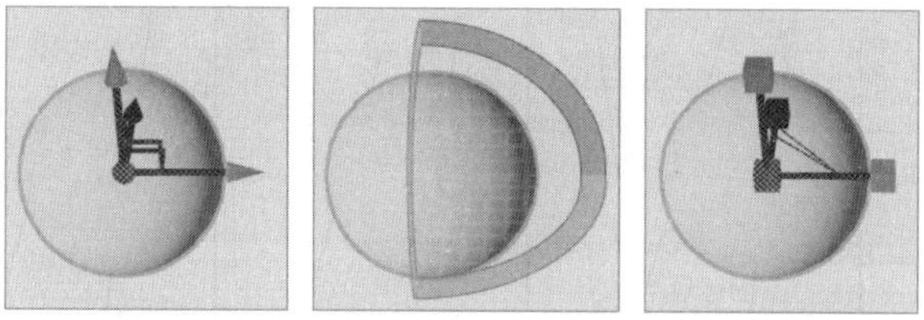

Position Drehung Größe

Die Drehung macht hier keinen Sinn, aber wenn du anstelle einer Kugel zum Beispiel einen Quader (CUBE) nimmst, siehst du auch eine Wirkung.

Wie kriegt man es hin, dass die Kugel im Editor-Fenster größer angezeigt wird? Da gibt es einiges an Möglichkeiten, sich mit der Maus und den Tasten die Anzeige im Editor-Fenster zurechtzurücken:

Aktion	Wirkung
linke Maustaste	Kamera vorwärts/rückwärts bewegen und drehen
rechte Maustaste	Kamera aufwärts/abwärts bewegen und drehen
linke+rechte Maustaste	Kamera links/rechts oder auf/ab bewegen
Maus-Rad	Kamera heran- oder wegzoomen
Pfeiltasten	Kamera nach links/rechts oder vor/zurück bewegen
[Bild↑], [Bild↓]	Kamera nach oben/unten bewegen

Beachte dabei, dass sich der angezeigte Ausschnitt im Editor-Fenster jeweils in die **andere** Richtung verschiebt!

Und wenn dir das Ganze mal völlig aus der Sicht gerät, klicke im OUTLINER-Fenster auf FLOOR und drücke dann die Taste [F].

Jetzt schauen wir mal rechts unten im DETAILS-Fenster genauer hin. Und zwar auf das, was unter TRANSFORM so steht.

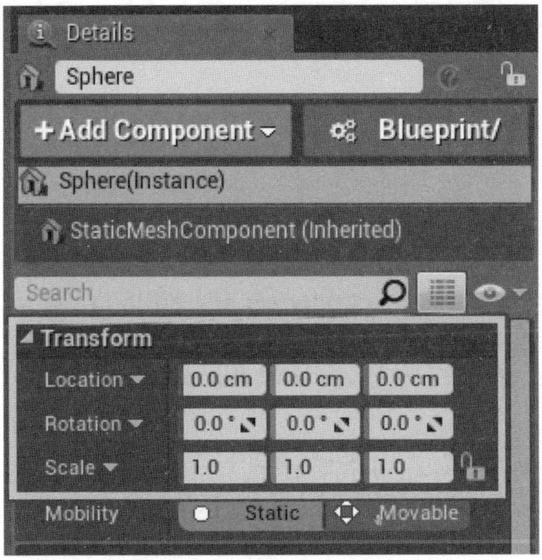

Zusammengefasst in einer Tabelle sieht das für ein Objekt so aus, wenn es gerade erzeugt und genau in die Mitte des Levels gesetzt wurde:

	X	Y	Z	mögliche Aktion
LOCATION	0,0	0,0	0,0	Verschieben
ROTATION	0,0	0,0	0,0	Drehen
SCALE	1,0	1,0	1,0	Größe ändern

Es gibt hier also jeweils drei Werte, die man (fast beliebig) verändern kann. Wenn du bei SCALE drei verschiedene Werte benutzt, ändert sich die Form der Kugel. (Mathematiker sprechen von Ellipsoid.)

Damit kennst du den zweiten Weg, um die Position oder Größe eines Objekts zu ändern. Am besten ist es, mit einer Kombination zu arbeiten: Im Editor-Fenster legst du die TRANSFORM-Werte eines Objekts grob fest, um die Feinheiten kannst du dich im DETAILS-Fenster kümmern.

Das ist also jetzt 3D, oder nicht? Na ja, eine Kugel ist dreidimensional, aber die Anzeigefläche unseres Bildschirms?

Aus der Schule kennst du das klassische Koordinatensystem. Die x-Achse bildet die Horizontale (Waagerechte) und die y-Achse bildet die Vertikale (Senkrechte) ab.

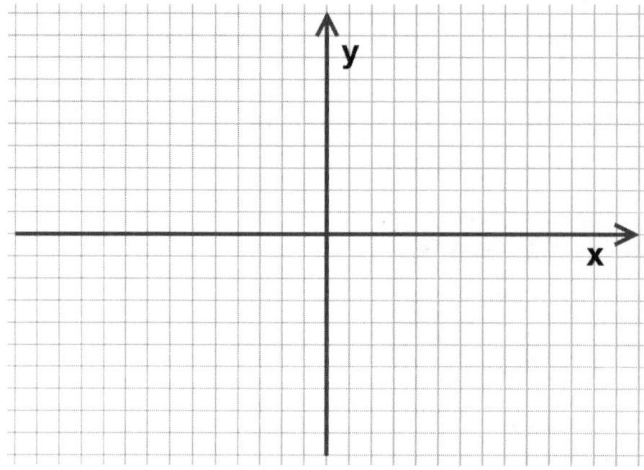

Entlang der x-Achse geht es also nach links oder rechts, entlang der y-Achse nach oben oder unten. Wie wir es aus der Schule kennen, befindet sich der **Ursprung** genau in der Mitte. Der Punkt dort hat die Koordinaten (0 | 0).

Unreal begnügt sich nun aber nicht mit zwei Achsen. Sondern da gibt es noch eine dritte, z-Achse genannt. An der entlang geht es nach vorn oder nach hinten.

Schaut man von vorn auf das Koordinatensystem, dann kann man diese Achse nicht sehen. Um alle Achsen dennoch in 2D sichtbar zu machen, greift man zu einem optischen Trick: Die z-Achse wird als Diagonale dargestellt.

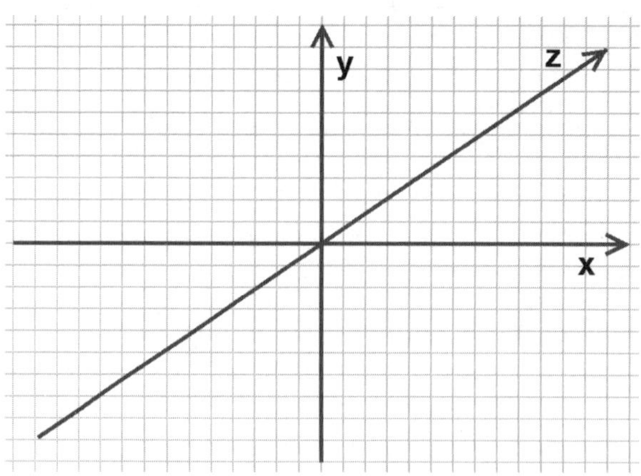

Nicht bei jeder 3D-Engine und jedem 3D-Programm sind die Richtungen für Positionierung und Bewegungen so verteilt wie in der Abbildung. Die Unreal Engine arbeitet mit dieser Anordnung:

Achse	X	Y	Z
Richtung	vorn-hinten	links-rechts	oben-unten

Die Anzeige im Editor-Fenster lässt sich übrigens auch auf eine 2D-Ansicht umstellen. Probieren wir das gleich mal aus.

≫ Suche oben links den Eintrag Perspective und klicke darauf. Damit öffnest du ein kleines Menü.

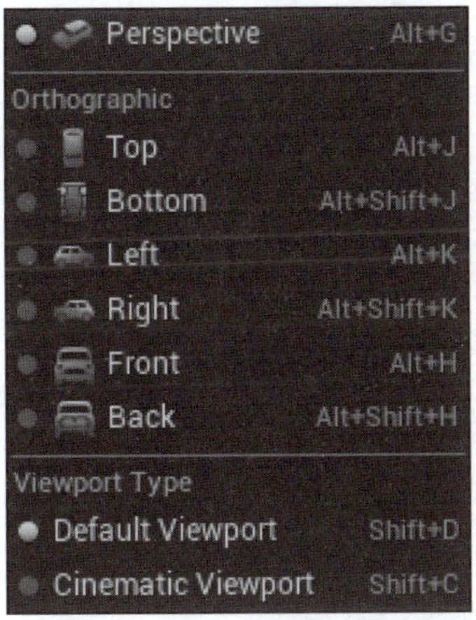

Unter Orthographic findest du eine ganze Reihe von Optionen. Damit siehst du die Szene entweder von oben (Top) oder unten (Bottom) oder von einer Seite aus.

≫ Klicke alles einmal durch und schaue dir an, was dabei herauskommt. Zum Schluss klickst du wieder auf Perspective.

Komponenten

Wenn du willst, kannst du dein Projekt wieder einmal starten (Play) und um die Kugel herumlaufen. Was passiert eigentlich, wenn du gegen die Kugel anrennst? Du prallst davon ab oder bleibst daran »hängen«. Das heißt: Die Kugel hat Substanz und Masse. Das ist nicht selbstverständlich. Es gibt auch Objekte, durch die man hindurchgehen kann, so als wären sie Luft.

Die Eigenschaften eines Objekts hängen von seinen **Komponenten** ab. Betrachten wir dazu das DETAILS-Fenster noch einmal genauer. (Voraussetzung ist, dass die Kugel weiterhin markiert ist.)

Eine Komponente kennst du schon, sie heißt TRANSFORM. Diese Komponente ist für Lage und Größe zuständig, nicht aber zum Beispiel für Aussehen und Substanz.

≫ Klicke auf den Schieber am rechten Rand des DETAILS-Fensters, um den Inhalt nach oben zu scrollen. Sorge dafür, dass die Daten der Komponenten PHYSICS und COLLISION zu sehen sind.

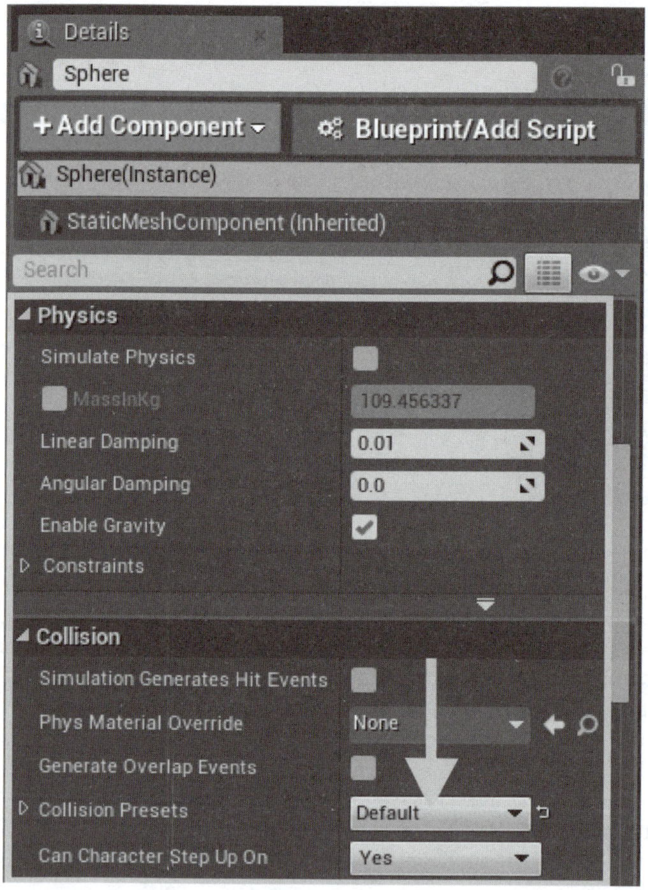

Schauen wir uns diese beiden wichtigen Komponenten etwas näher an. Nicht alles ist jetzt wichtig, deshalb greife ich nur ein paar Optionen heraus. Schauen wir zuerst, wie wir die Kugel »durchlässig« machen können.

≫ Klicke unter COLLISION auf die Fläche hinter COLLISION PRESETS. Wähle im kleinen Menü, das sich auftut, die Einstellung NOCOLLISION.

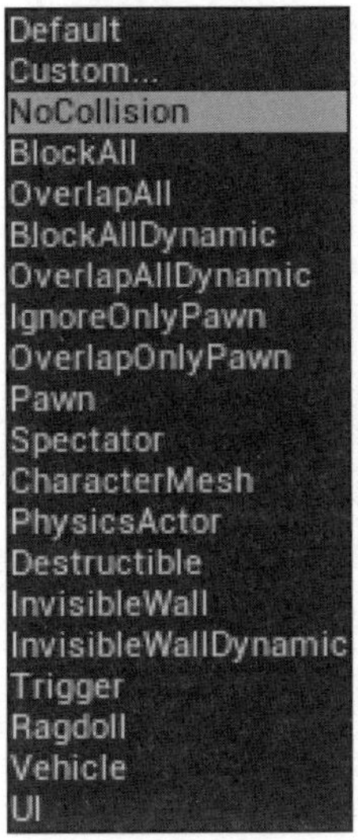

- Anschließend starte das »Spiel« und gehe auf die Kugel zu – und hindurch. Es findet kein Kontakt statt (= no Collision). Benutze die [Esc]-Taste, um in den Editor-Modus zurückzukehren.
- Setze den Wert hinter Collision Presets wieder in die Voreinstellung Default oder BlockAll zurück.

So eine Kollisionseinstellung ist also schon recht nützlich, denn oft benutzen wir ja Gegenstände oder zum Beispiel Gebäudeteile, und da soll man ja gestoppt werden, wenn man damit kollidiert.

> Wenn du willst, kannst du auch mal bei der Ebene, auf der die Kugel liegt (Floor), die Kollisionseigenschaften auf NoCollision setzen und beobachten, was mit der Kugel passiert, wenn du das Spiel startest. Besser, du setzt diese Eigenschaft anschließend sofort wieder zurück.

Schauen wir uns jetzt mal bei der Physics-Komponente etwas um. Aktiviert ist die Einstellung Enable Gravity. Die sorgt dafür, dass ein Objekt nicht schwebt, sondern stets auf einen Untergrund fällt. Damit kann eine Kugel aber auch ewig fallen, wenn sie über den Rand der Ebene rollt.

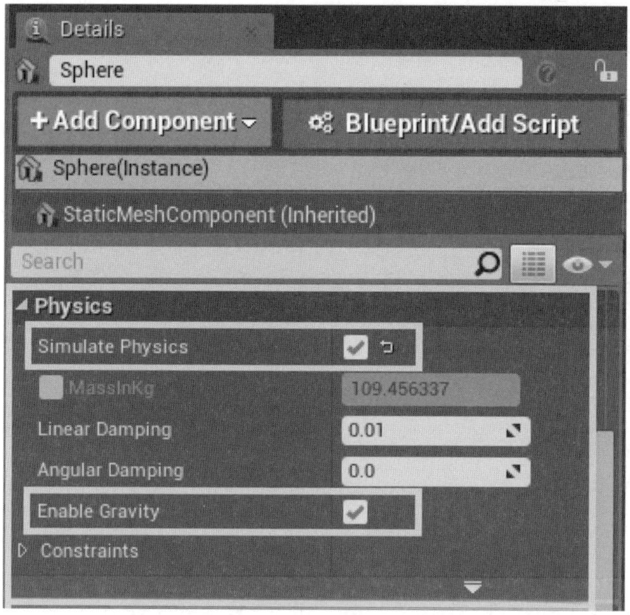

≫ Sorge nun dafür, dass auch hinter SIMULATE PHYSICS ein Häkchen steht. Kontrolliere, ob sich oben unter TRANSFORM die Einstellung auf MOVEABLE umgeschaltet hat. (Wenn nicht, klicke einfach auf den Eintrag.)

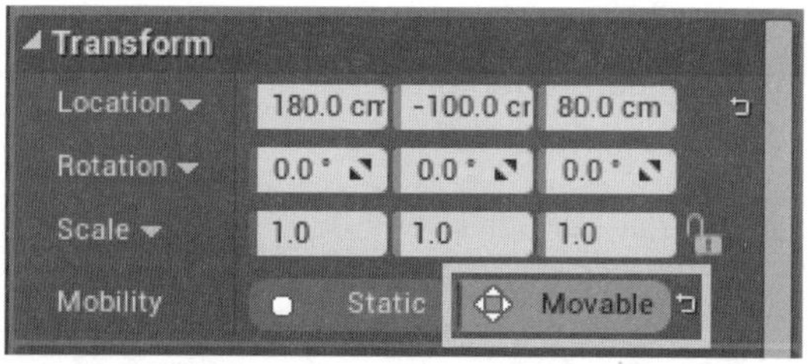

≫ Dann starte das »Spiel« wieder und renne mehrmals gegen die Kugel. Du erlebst, wie sie sich bewegt. Versuche, sie mal über den Spielfeldrand zu schubsen. Kehre dann über [Esc] in den Editor-Modus zurück.

Nun verhält sich die Kugel im Level wie eine echte Kugel, die würde im Gegensatz zu einem Quader nämlich zumindest etwas aus dem Weg rollen. So etwas kann man sich zunutze machen, wenn es darum geht, Gegenstände im Spiel zu verschieben.

Du kannst dein erstes Projekt jetzt so speichern, wenn du willst. Oder du experimentierst noch ein bisschen – zum Beispiel mit anderen Objekten; im MODES-Fenster ist ja noch eine Menge im Angebot. Einiges davon werden wir in den nächsten Kapiteln benutzen.

Unreal beenden

Unser erstes kleines Projekt ist damit fertig. Nichts Besonderes, aber auch nicht übel für den Anfang. Aber du solltest schon noch wissen, wie man einem Objekt einen anderen Namen gibt. Damit kommen wir zum WORLD OUTLINER, das Fenster rechts oben.

Dort stehen alle Elemente, die bis jetzt im Projekt vorhanden sind. Also auch unser neu hinzugefügtes Objekt (SPHERE).

≫ Sorge dafür, dass dieser Eintrag im OUTLINER-Fenster markiert ist. Dann klicke mit der rechten Maustaste darauf. Dann wähle den Eintrag EDIT und im Zusatzmenü klickst du auf RENAME. Alternativ kannst du auch einfach die Taste [F2] drücken.

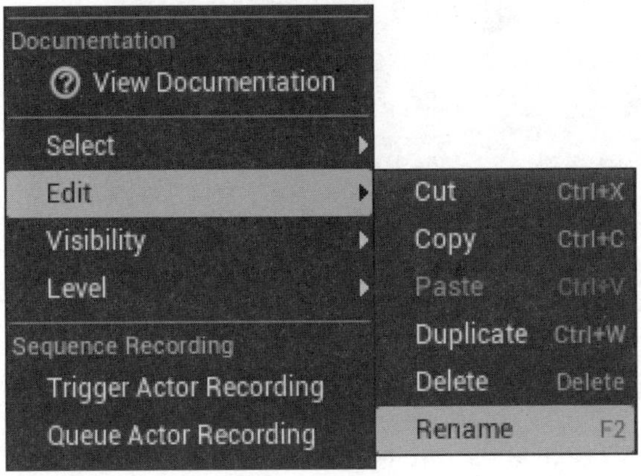

Und nun kannst du durch direktes Neueintippen den alten Namen überschreiben.

So könnte die Kugel dann »Kugel« heißen; und das Objekt Floor kannst du in »Boden« umbenennen, wenn du willst. Du kannst aber auch die englischen Namen behalten (wie ich).

Und nun wird es Zeit, Unreal erst mal wieder zu verlassen.

≫ Klicke auf FILE und dann ganz unten auf EXIT. (Oder du klickst im Hauptfenster ganz oben rechts auf das kleine X.)

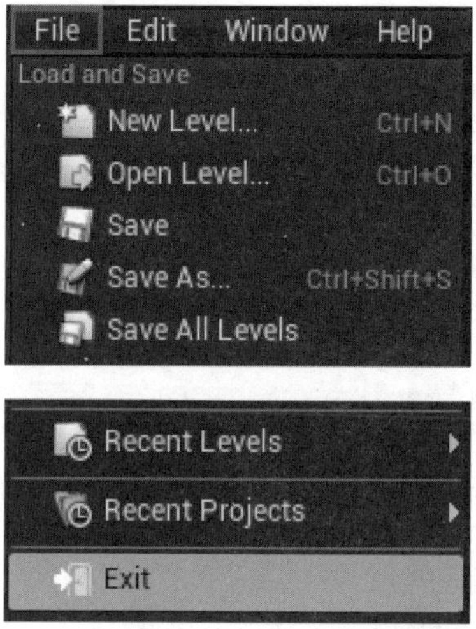

Solltest du an deinem Projekt noch etwas verändert haben, wird in einem Meldefenster noch einmal nachgefragt:

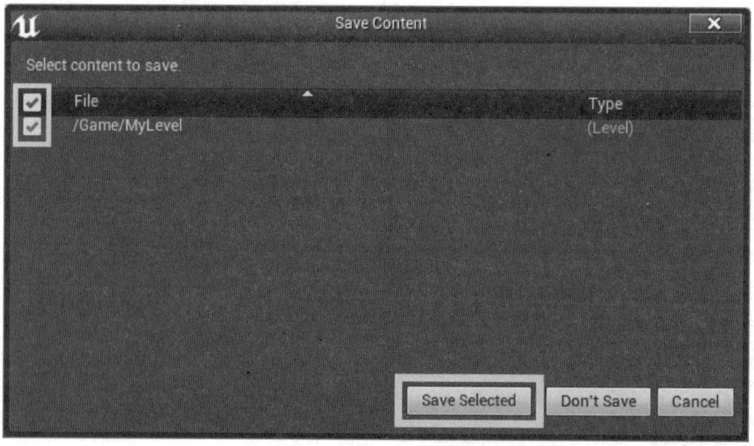

≫ Kontrolliere, dass links oben alles mit einem Häkchen versehen ist. Dann klicke auf SAVE SELECTED. Danach wird Unreal beendet.

Zusammenfassung

Damit wäre erst einmal eine Verschnaufpause fällig. Nun hast du Unreal schon etwas näher kennengelernt, sodass du sicher gern in den nächsten Kapiteln weiter damit arbeiten beziehungsweise spielen möchtest.

Auf jeden Fall weißt du schon einmal, wie man ein Projekt erstellt und dass dies aus mindestens einer Szene und einem Spiel-Objekt besteht. Und du kennst ein paar Operationen im Umgang mit Unreal:

Unreal vorstarten	Doppelklicke auf das Symbol für den **Epic Games Launcher**. Oder klicke auf START/AUSFÜHREN und tippe den kompletten Pfad für EPICGAMESLAUNCHER.EXE ein.
Unreal-Editor starten	Klicke auf den gelben STARTEN-Knopf links oben unter der Menüleiste.
Neues Projekt erzeugen	Klicke auf FILE/NEW PROJECT. Stelle Typ und Namen ein, klicke auf CREATE PROJECT.
Vorhandenes Projekt öffnen	Klicke auf FILE/OPEN PROJECT. Wähle ein Projekt und klicke auf OPEN.
Neues Objekt erzeugen	Suche im MODES-Fenster den Objekttyp deiner Wahl und ziehe ihn ins Editor-Fenster.
Lage oder Größe eines Objekts ändern	Benutze die Symbole für den entsprechenden Modus im Editor-Fenster oder ändere die TRANSFORM-Werte im DETAILS-Fenster.
Objekt umbenennen	Klicke mit der Maustaste auf das Objekt und drücke dann [F2].
Spiel starten	Klicke auf PLAY.
Etwas speichern	Klicke auf FILE/SAVE (...).
Hilfesystem aufrufen	Klicke auf HELP.
Unreal beenden	Klicke auf FILE/EXIT.

Auch über Komponenten eines Objekts weißt du schon ein bisschen.

TRANSFORM	Komponente zum Ändern von Lage und Größe
COLLIDER	Komponente für Kollisionen
PHYSICS	Komponente für physikalische Eigenschaften wie zum Beispiel Gravitation

Für jedes Objekt gibt es eine **Transformations**-Komponente mit diesen Optionen:

LOCATION	Verschieben in alle Richtungen (3D)
ROTATION	Drehen in alle Richtungen (3D)
SCALE	Vergrößern/Verkleinern in alle Richtungen (3D)

Ein paar Fragen ...

1. Was passiert beim Start des Levels, wenn du die Kugel deutlich über der Ebene anordnest?
2. Wo landet eine Kugel, wenn sie über die Ebene hinausrollt?

... und eine Aufgabe

1. Ergänze dein Projekt um mindestens drei weitere (verschiedene) Objekte. Und passe diese in Lage und Größe an.

2

Einsatz einer Spielfigur

Nun haben wir in unserem ersten Projekt bereits ein Objekt eingesetzt, eine Kugel. Die lag erst mal einfach da. Bei entsprechender Einstellung im DETAIL-Fenster ließ sich die Kugel anschieben und bewegen. Oder man konnte durch sie hindurchgehen, wenn die Kollision ausgeschaltet war.

Aber mit den Tasten oder der Maus steuern ließ sich diese Kugel nicht. Wie es aussieht, brauchen wir da ein Objekt mit etwas mehr »Intelligenz«. Schauen wir mal, was sich hier machen lässt.

In diesem Kapitel lernst du

- was ein ACTOR ist
- wie man ein Objekt vom Typ CHARACTER einsetzt
- was 1st Person und 3rd Person bedeuten
- etwas über Blueprints
- wie man eine Spielfigur über Tasten steuern kann
- das Objekt GAME MODE kennen

Projekt-Verwaltung

Jedes Objekt, das in Unreal Verwendung findet, wird dort **Actor** genannt. Daran muss man sich erst mal gewöhnen, denn normalerweise versteht man unter einem Actor eher eine Spielfigur, die »was machen« kann, also agiert. Dir fällt da sofort das Wort »Action« ein? Das ging mir genauso.

Hier aber ist ein Actor erst mal durchaus etwas Langweiliges, ein Objekt eben. Und das kann einfach nur herumstehen oder -liegen. Wie ein Quader oder eine Kugel. Es kann aber auch durchaus sehr aktiv werden – wie wir bereits hier erleben können.

> Natürlich sind unter anderem auch die Kamera (durch die du als Spieler auf die Szene schaust) und das schon vorhandene Licht vom Typ ACTOR. Kurz: alles, was im OUTLINER aufgelistet ist.

Wir könnten nun mit einem leeren Projekt beginnen. Aber du kannst auch dein erstes Beispiel aus dem vorigen Kapitel laden, in dem ja bereits eine Kugel als Actor vorhanden ist.

≫ Wenn du Unreal im letzten Kapitel beendet hast, solltest du zuerst wieder den EPIC GAMES LAUNCHER starten. Sorge dafür, dass die BIBLIOTHEK-Seite zu sehen ist.

Zuvor solltest du entscheiden, ob du dein altes Projekt behalten willst. Wenn ja, gibt es die Möglichkeit, das Projekt zu klonen:

- Dazu klickst du mit der **rechten** Maustaste auf das Projekt-Symbol und dann im Kontextmenü auf KLONEN.

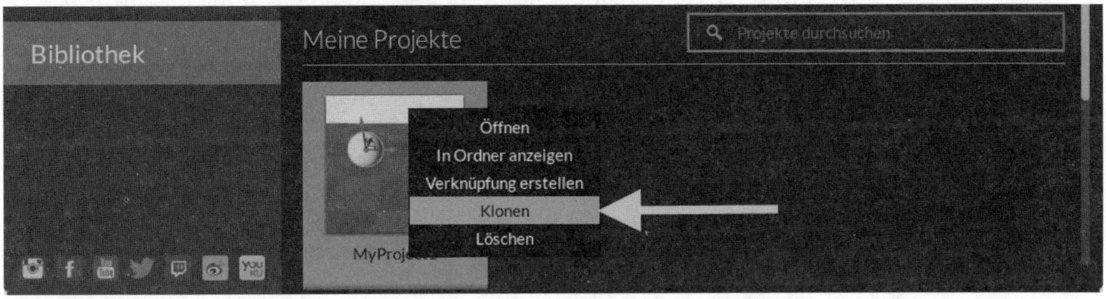

- Klicke dann im Dialogfeld auf ERSTELLEN.

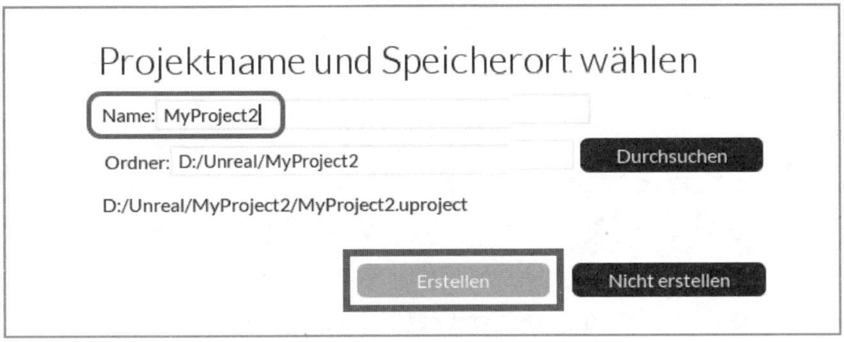

- Im nächsten Dialogfeld kannst du getrost auf FORTFAHREN klicken.

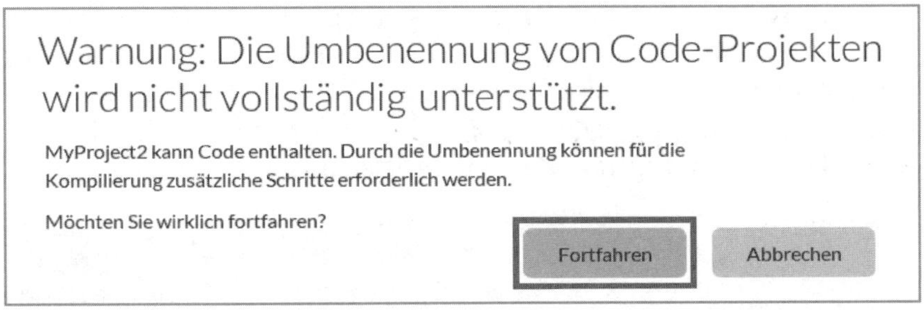

Und schon gibt es dein Projekt doppelt.

Möglicherweise haben sich bei dir schon eine ganze Reihe von Projekten angesammelt, die zum Beispiel vom Ausprobieren der Projekt-Templates stammen.

Wenn du die loswerden willst, klicke mit der rechten Maustaste auf ein Symbol und wähle im Kontextmenü den Eintrag LÖSCHEN.

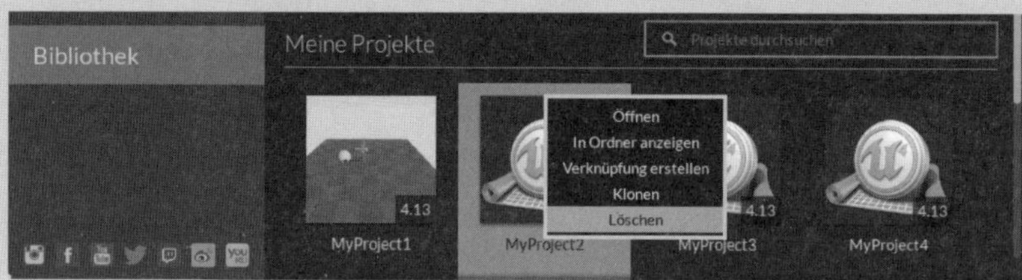

Klicke dann im Dialogfeld auf INHALTSDATEIEN LÖSCHEN.

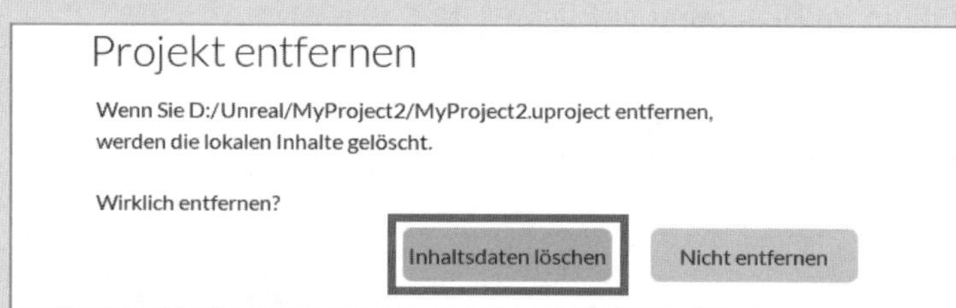

Anschließend ist das komplette Projekt (unwiederbringlich) gelöscht.

≫ Doppelklicke nun auf das Symbol für dein Projekt (das bei mir MYPROJECT1 oder MYPROJECT2 heißt). Damit wird der Unreal Editor gestartet und dein Projekt geladen.

Doch wo ist die Kugel? Im Editor-Fenster sind nur die Ebene und das Symbol für den PLAYER START zu sehen. Und auch rechts im OUTLINER-Fenster taucht unsere Kugel nicht in der Liste auf. Das liegt daran, dass unser Level noch gar nicht geladen wurde. Doch, er ist schon vorhanden, das siehst du unten im Fenster für den CONTENT BROWSER.

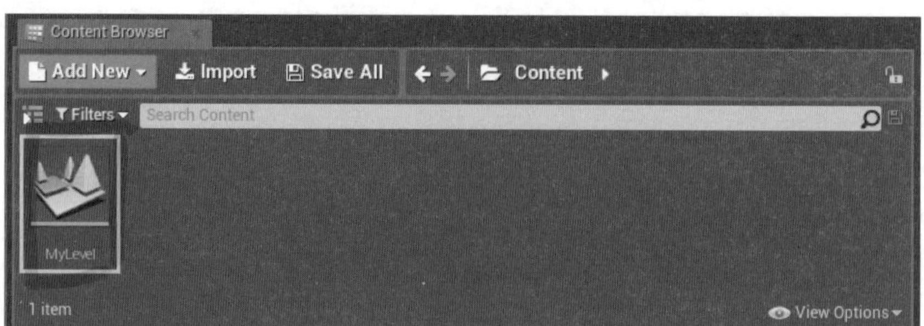

≫ Doppelklicke auf das Level-Symbol (MYLEVEL) und kurze Zeit später hast du auch die Szene (mit der Kugel) wieder, die du zuletzt gespeichert hattest.

Du möchtest doch lieber noch mal neu beginnen? Dann klicke im Launcher-Fenster auf eine der beiden Schaltflächen fürs STARTEN.

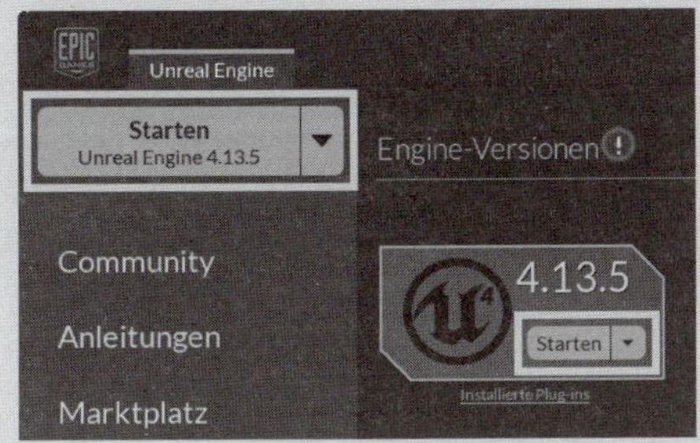

Anschließend wählst du im Projekt-Browser die Seite NEW PROJECT. Und unter BLUEPRINT klickst du auf BLANK.

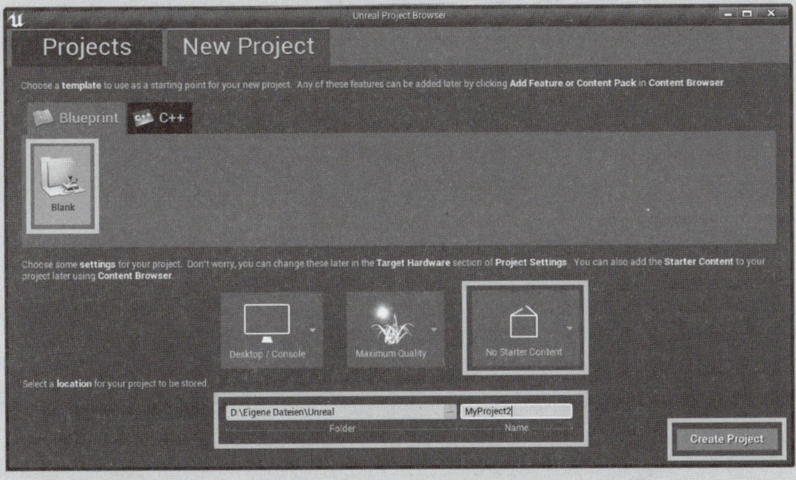

Gib dem Projekt einen Namen, dann klicke auf CREATE PROJECT.

Vom Actor zum Character

Wir werden diesem Projekt jetzt mindestens ein weiteres Objekt hinzufügen. Auch wenn du dich nach einem Start mit PLAY durch die Gegend bewegen kannst, gibt es in Wirklichkeit bisher weder eine Spielfigur noch eine dazu gehörende Kamera. Beides brauchen wir aber, wenn aus dem aktuellen Basis-Projekt wirklich ein Spiel werden soll.

Der Vorteil einer eigenen Spielfigur ist, dass man alle Eigenschaften frei definieren kann, wie es eben zu einem Spiel passt. Denn eine Spielfigur kann ja nicht nur ein Mensch sein, sondern auch ein Tier oder ein Fantasiewesen oder ein Fahrzeug.

Sorge im MODES-Fenster dafür, dass links der Bereich BASIC aktiviert ist. Suche in der Liste daneben den Objekttyp EMPTY CHARACTER, klicke darauf und ziehe die Maus nach rechts ins Editor-Fenster.

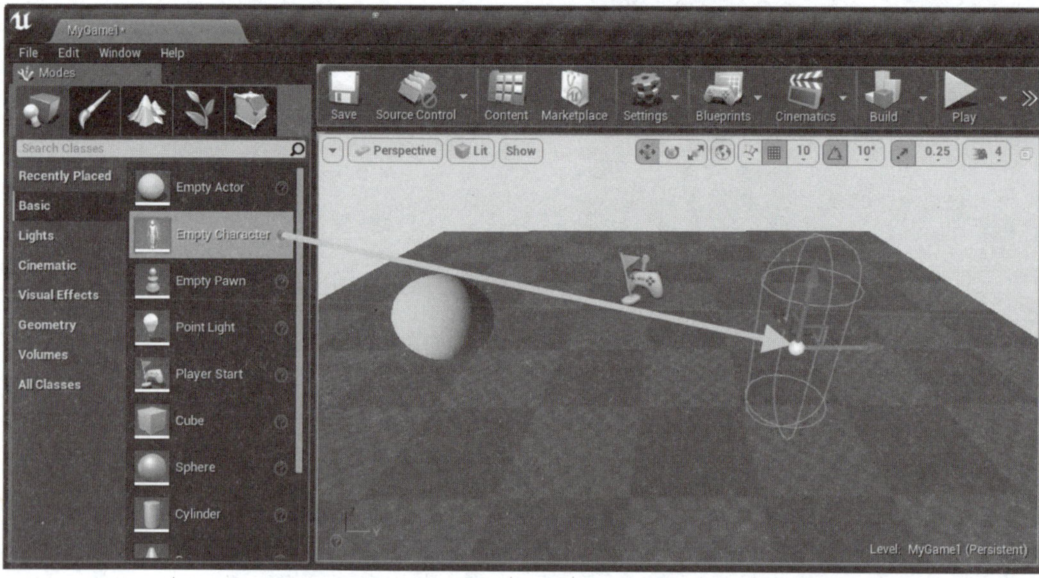

Na ja, wie eine Spielfigur sieht dieses Objekt nicht gerade aus. Aber das »Ding« hat bereits einiges zu bieten. In der folgenden Tabelle habe ich einige Objekte und ihre Eigenheiten zusammengefasst:

Actor	Einfaches Objekt
Pawn	Objekt, das sich zum Beispiel mit Tastatur und Maus steuern lässt
Character	Objekt, das sich (selbst) fortbewegen kann und steuern lässt

Basis-Objekt ist also der ACTOR, der davon abgeleitete PAWN lässt sich schon kontrollieren; soll das Objekt sich auch wie ein Lebewesen bewegen können, brauchen wir einen CHARACTER (der wiederum vom PAWN abgeleitet ist).

Hier noch mal der Hinweis: Ein »falsches« Objekt lässt sich mit `Entf` wieder löschen. Und falsche Schritte kannst du mit `Strg`+`Z` wieder rückgängig machen.

Schauen wir uns mal genauer an, was unser neues Objekt so zu bieten hat. Dazu solltest du im DETAILS-Fenster den Inhalt durchblättern. Ziemlich weit unten sind die ganzen Bewegungsmöglichkeiten aufgelistet, die über eine CHARACTERMOVEMENT-Komponente mit unserer Spielfigur verknüpft sind. (In der Abbildung sind längst nicht alle angezeigt.)

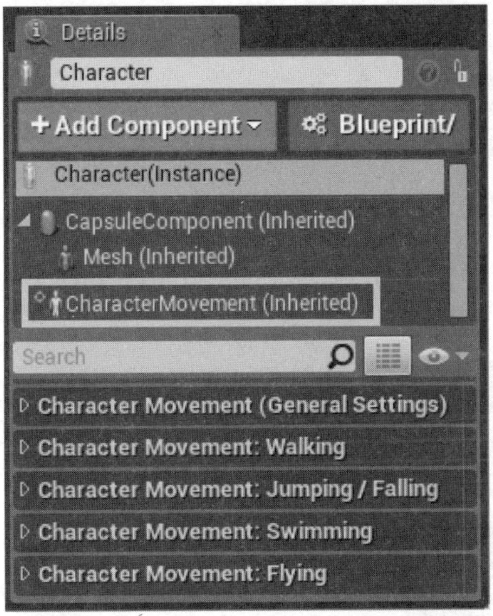

Doch wie kommen wir an diese MOVEMENTS heran? Zunächst einmal sollten wir davon ausgehen, dass wir es anfangs nur mit dem sogenannten **First Person Mode** zu tun haben. Dabei siehst du alles durch die Kamera, als wären es deinen eigenen Augen – und wirst damit quasi selbst zur Spielfigur. Deshalb spricht man hier auch von Ich-Perspektive.

Alternativ dazu gibt es eine sichtbare Spielfigur und die Kamera folgt ihr. Dann steuerst du diese Figur durchs Spiel. Du siehst die Spielwelt also aus der Er/Sie-Perspektive oder im **Third Person Mode**.

Für diese beiden Sichtweisen kann man auch »1st Person« und »3rd Person« schreiben. Doch was ist mit der Du-Perspektive beziehungsweise dem **Second Person Mode**? Das müsste dann eine Sicht von vorn sein, bei der die Spielfigur sich auf die Kamera zubewegt.

Das könnte dann ähnlich sein wie bei einem »Selfie«, das man mit dem Smartphone macht. Die Kamera begleitet den Player ständig, aber man sieht größtenteils nur sein Gesicht. Eine andere Sichtweise wäre diese: Wenn man von einem Ziel oder Gegner ausgeht, dann kann man beides aus 1st-Person- und 3rd-Person-Sicht betrachten, im 2nd-Person-Modus würde man vom Ziel oder Gegner aus auf die Spielfigur blicken.

Wie auch immer man diesen Modus definiert, er scheint für Spiele nur bedingt oder gar nicht geeignet zu sein. Hier bleiben wir bei 1st und 3rd.

Du kannst den Begriff CHARACTER so stehen lassen, ich schlage aber vor, dort einen neuen Namen einzugeben. Wie wäre es mit PLAYER?

- Wenn du willst, klicke rechts im Fenster für den WORLD OUTLINER auf den Eintrag CHARACTER, drücke [F2] und tippe einen Namen deiner Wahl ein – zum Beispiel `Player`.

Was wir jetzt zuerst brauchen, ist eine eigene Kamera für die Spielfigur. Die werden wir als Komponente hinzufügen.

Dazu muss das Objekt im Editor-Fenster oder daneben im OUTLINER-Fenster markiert sein.

≫ Klicke nun rechts unten im DETAILS-Fenster auf ADD COMPONENT.

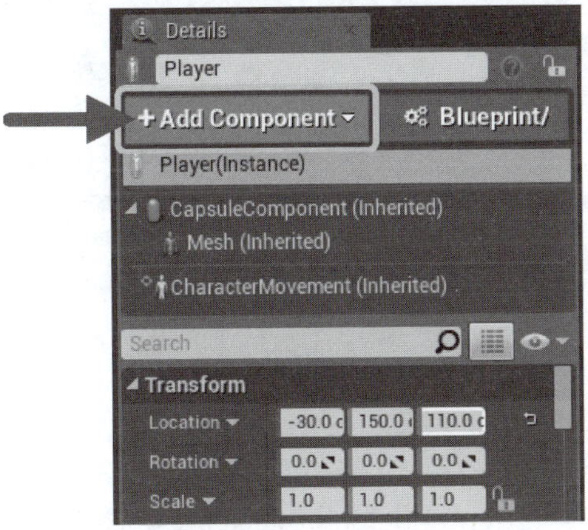

≫ Blättere im Menü nach unten, bis du in der Liste den Eintrag CAMERA entdeckst. Dann klicke darauf.

Und schon hat das Character-Objekt eine (kleine) Kamera. Das kannst du sowohl im Editor-Fenster als auch rechts unten in der Liste unter Details sehen.

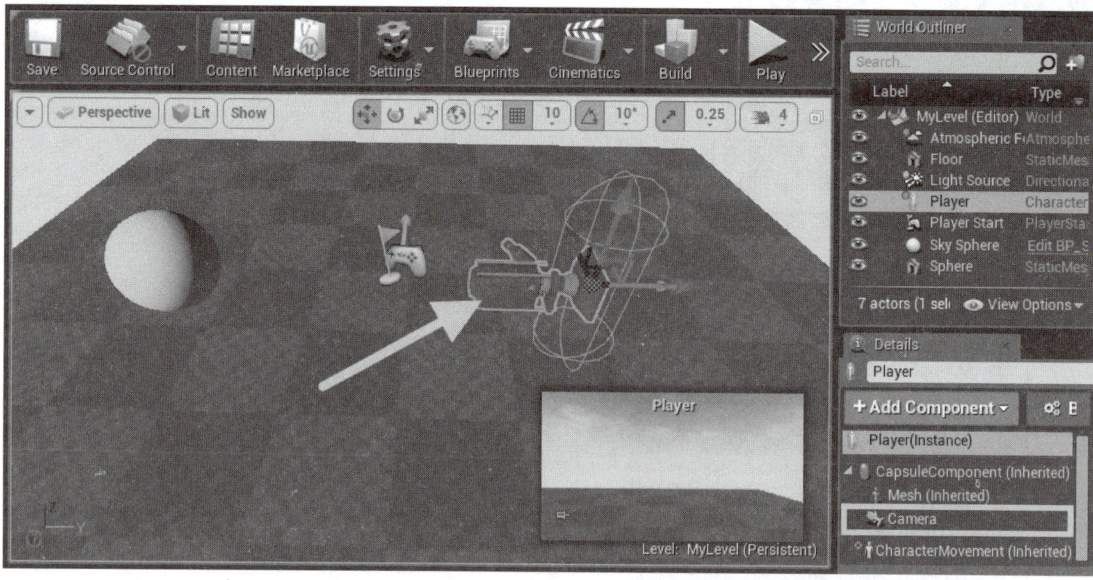

Außerdem wird unten in einem kleinen Fenster die Szene aus der aktuellen Kamerasicht angezeigt.

Wenn du jetzt das Ganze starten würdest, gäbe es keine Veränderung gegenüber einem »blanken« Projekt. Denn noch gibt es keine Verbindung zwischen der Spielfigur und der Steuerung über Tasten oder Maus. Die müssen wir erst aufbauen.

Der richtige Input

Leider lässt sich die Steuerung, die dich beim Start eines leeren Levels durch die Spielwelt führt, nicht einfach auf die Spielfigur umleiten. Wir müssen also schon selbst die nötigen Einstellungen vornehmen.

≫ Klicke dazu in der Hauptmenüleiste links oben auf Edit und dann (weiter unten) auf Project Settings.

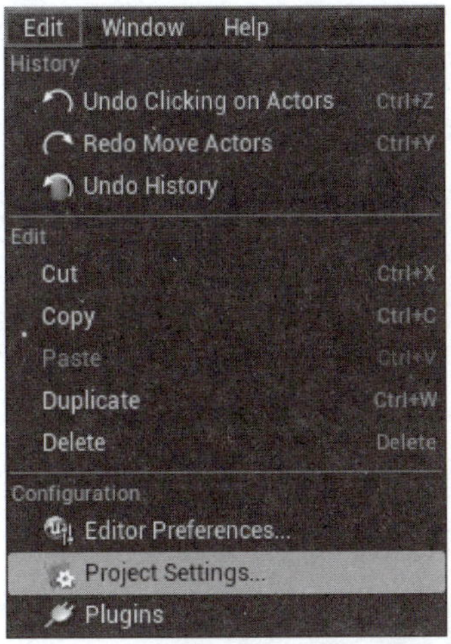

≫ Im folgenden Dialogfeld suchst du links unten den Eintrag INPUT und klickst darauf.

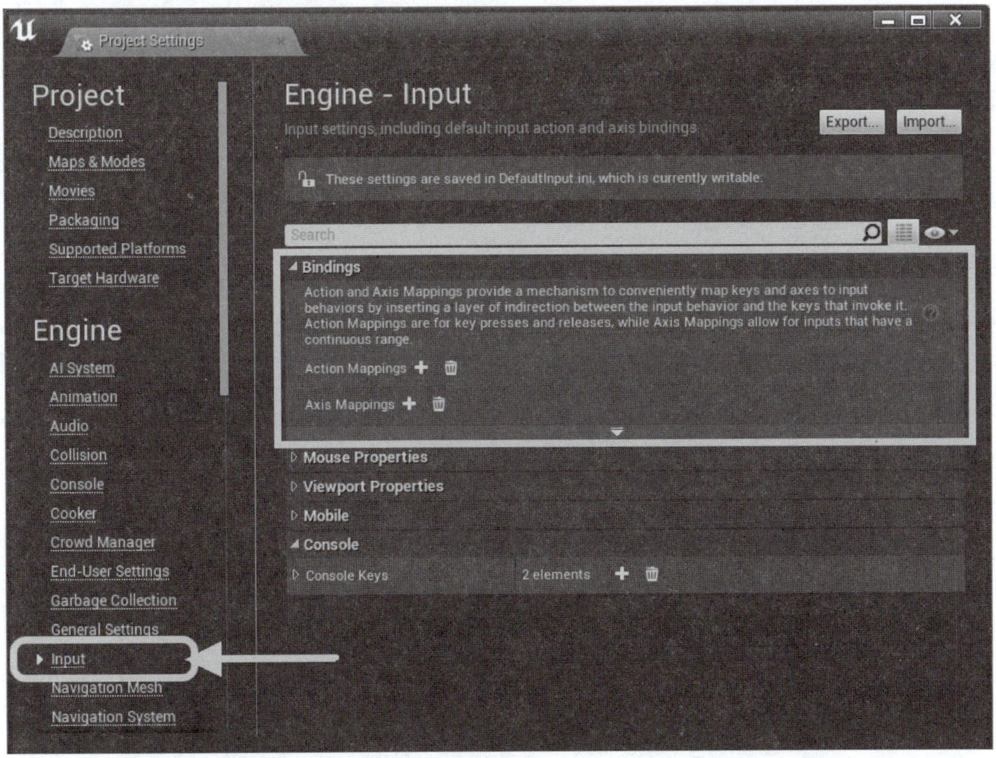

Uns interessiert jetzt das, was unter BINDINGS zu sehen ist: Unter der Erläuterung stehen zwei Zeilen mit einem Plus-Zeichen und einem Löschsymbol dahinter:

Action Mappings	Tastenbelegungen für Kurz-Aktionen wie zum Beispiel Springen. Abfrage, ob Taste gedrückt oder losgelassen wurde.
Axis Mappings	Tasten- und Mausbelegung für Dauer-Aktionen wie zum Beispiel Gehen und Drehen. Abfrage, wie lange beziehungsweise wie oft Taste gedrückt oder Maus bewegt wurde.

Wir werden jetzt erst einmal (nur) die Tastensteuerung für das Springen sowie für die Bewegungen vorwärts, rückwärts und seitwärts einrichten.

≫ Klicke auf das Plus hinter ACTION MAPPINGS.

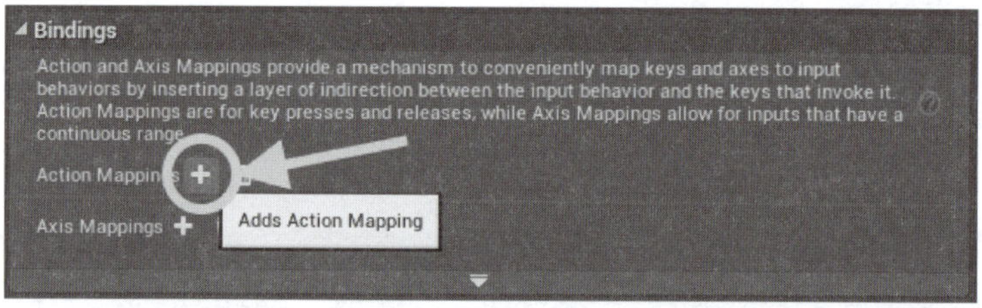

≫ Du siehst nun davor ein (sehr) kleines Dreieck. Klicke darauf, um die Liste zu öffnen.

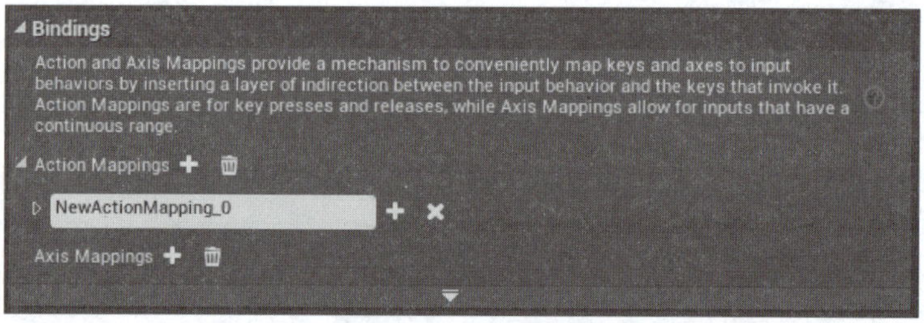

Nun müssen wir der Bewegung einen Namen geben.

≫ Klicke auf das Feld mit dem Text NEWACTIONMAPPING_0 und gib `Jump` ein. (Wenn das nicht klappt, drücke vorher [F2].)

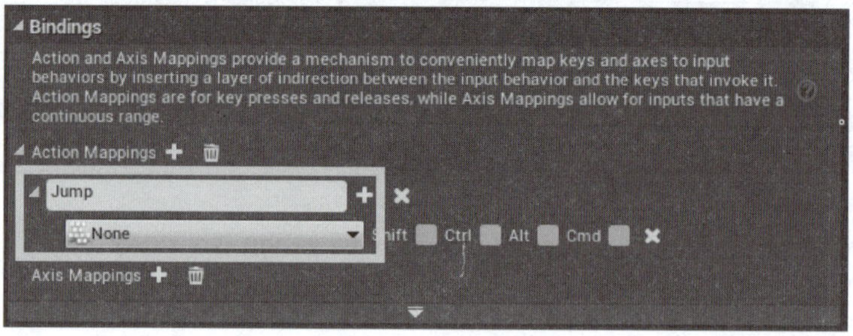

In dem darunterliegenden Feld kannst du nun eine Taste auswählen. Ich entscheide mich für die Leertaste (= Space Bar).

Klicke dazu rechts auf das kleine Dreieck und wähle im Menü unter KEYBOARD den Eintrag SPACE BAR.

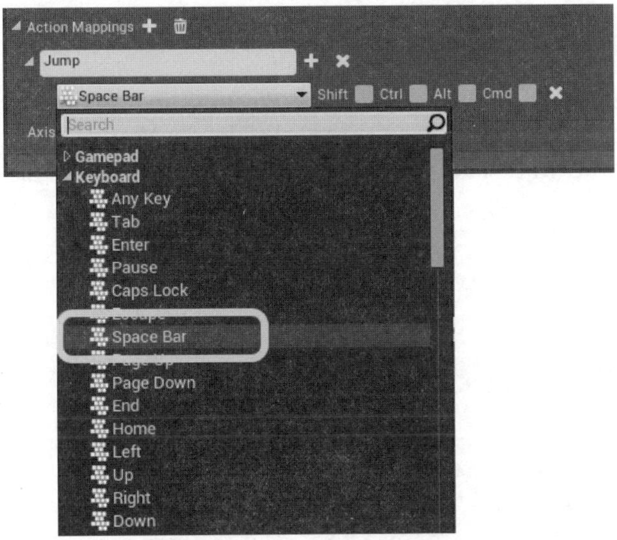

Das wäre für die ACTION MAPPINGS erst einmal alles. Kommen wir nun zu den nächsten Tastenbelegungen. Das läuft fast genauso wie bei der Jump-Option ab.

» Erstelle zunächst eine Option mit dem Namen MOVEFORWARD und belege sie mit der Pfeiltaste für Aufwärts (UP). Dann klicke erneut auf das Plus neben AXIS MAPPINGS und erzeuge eine Option MOVERIGHT mit der Pfeiltaste rechts (RIGHT).

Nun müsste es auch bei dir so aussehen:

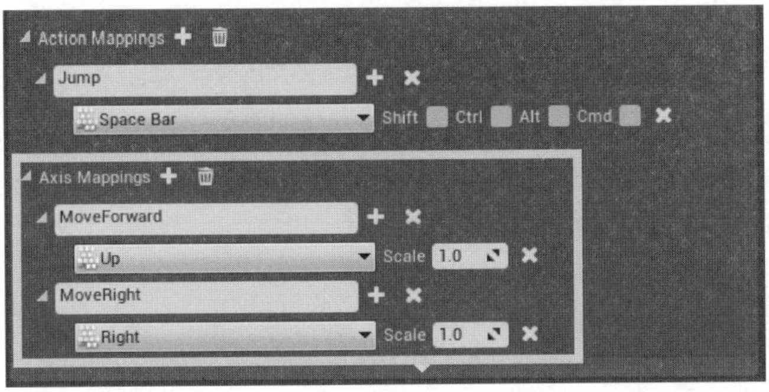

Damit haben wir die Tastenzuordnungen für die Bewegungen nach vorn und nach rechts. Für die jeweilige Gegenbewegung brauchen wir keine neuen Positionen, wir packen einfach eine weitere Tastenbelegung dazu. Wie ist das gemeint? Schau dir erst einmal diese Tabelle an:

Bewegung	Taste (Key)	Wert (Scale)	Taste (Key)	Wert (Scale)
MoveForward	Up	1.0	Down	-1.0
MoveRight	Right	1.0	Left	-1.0

Hinter SCALE steht der Wert, um den sich die Position der Figur beim Bewegen ändert, das ist also quasi die Schrittweite. Ist der Wert negativ, dann geht die Figur rückwärts statt vorwärts beziehungsweise nach links statt nach rechts.

≫ Klicke jeweils auf das Plus hinter MOVEFORWARD und MOVERIGHT und ergänze die Optionen, damit alles schließlich so aussieht:

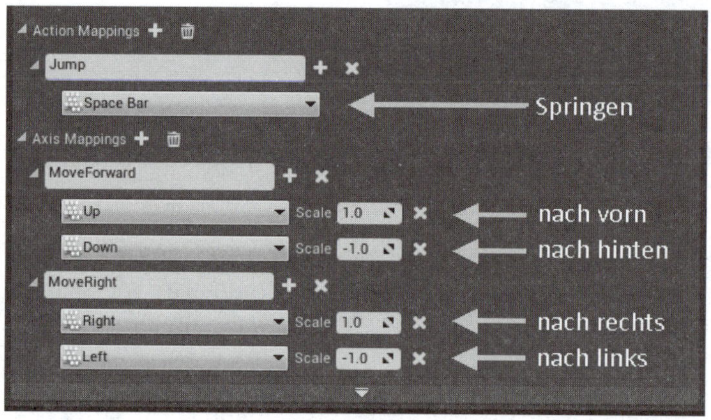

≫ Und nun speichere auf jeden Fall alles über FILE und SAVE ALL oder mit [Strg]+[S]. Dann kannst du dieses Dialogfeld schließen.

Ein Blueprint für den Player

Mit unseren Definitionen ist noch immer nicht klargestellt, für wen sie eigentlich gelten sollen. Deshalb benötigen wir ein paar Bindeglieder, die wir mit einem BLUEPRINT-Element herstellen.

Was sind **Blueprints?** Man könnte sie auch Modul-Sammlung nennen, die neben den »Zutaten« eine Art Drehbuch für ein Objekt enthalten. Über Blueprints kann man unter anderem das Verhalten und die Eigenschaften eines Objekts steuern.

Wenn du genauer wissen willst, was Blueprints sind, dann musst du dich mit ihnen direkt beschäftigen. Und du bekommst auch gleich damit zu tun.

≫ Markiere das PLAYER-Objekt und klicke dann im DETAILS-Fenster auf BLUEPRINT.

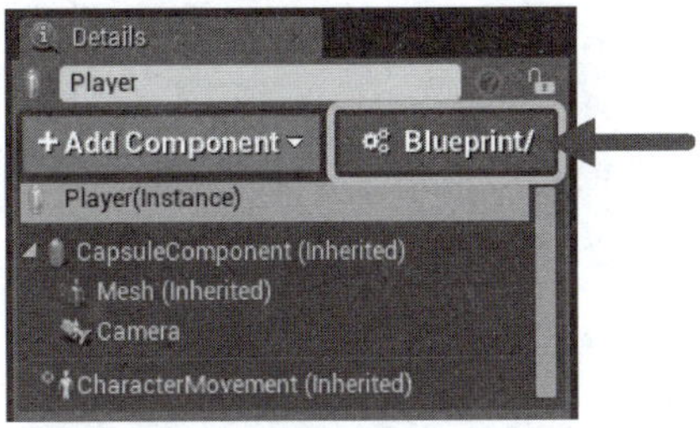

Wenn du das Fenster ausreichend breit machst, findest du dahinter noch den Zusatz ADD SCRIPT, was darauf hinweist, dass es noch eine andere Art der Programmierung in Unreal gibt. Mit der aber werden wir uns hier nicht beschäftigen.

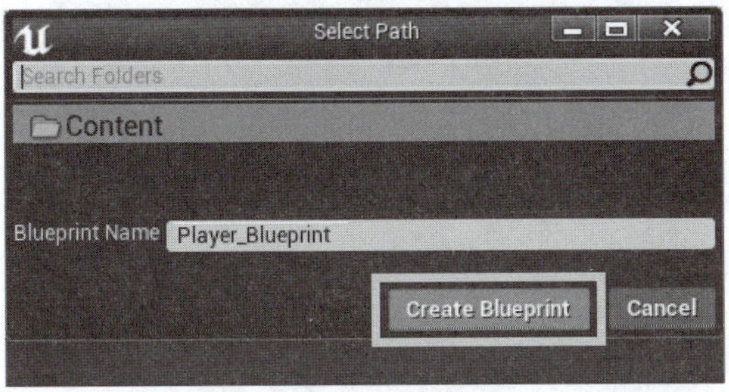

≫ Im nächsten Fenster kannst du den vorgegebenen Namen PLAYER_BLUEPRINT so stehen lassen oder ihn ändern. Um das Blueprint zu erzeugen, klicke auf CREATE BLUEPRINT.

Und schon gibt es im CONTENT-Fenster ein Mitglied mehr.

Außerdem steht nun im WORLD OUTLINER-Fenster ein etwas anderer Name für die Spielfigur. Den kannst du natürlich auch wieder in `Player` ändern.

Aber womöglich siehst du das erst mal gar nicht, denn da hat sich ein neues Fenster geöffnet. Das ist das Blueprint-Fenster.

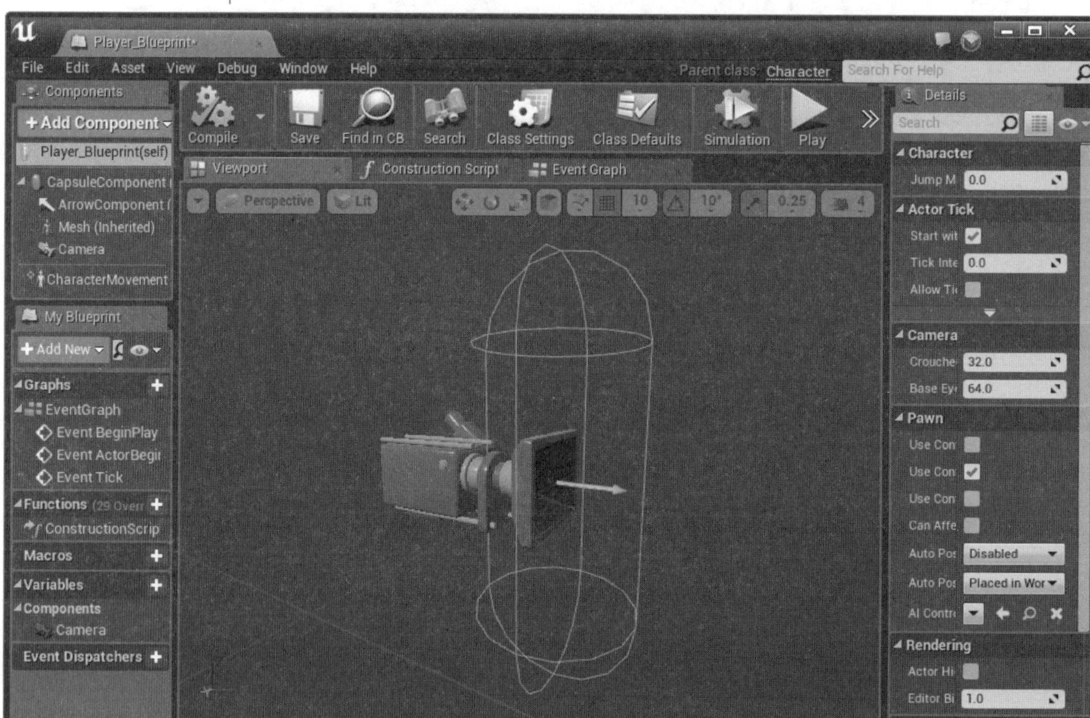

In der Mitte findest du den PLAYER mit der Kamera (ich habe das Ganze mal etwas rangezoomt). Mit dieser Seite aber werden wir uns jetzt nicht beschäftigen.

≫ Suche oben unter der Symbolleiste nach dem Eintrag EVENT GRAPH und klicke darauf.

Und du landest in diesem etwas seltsam aussehenden Fenster:

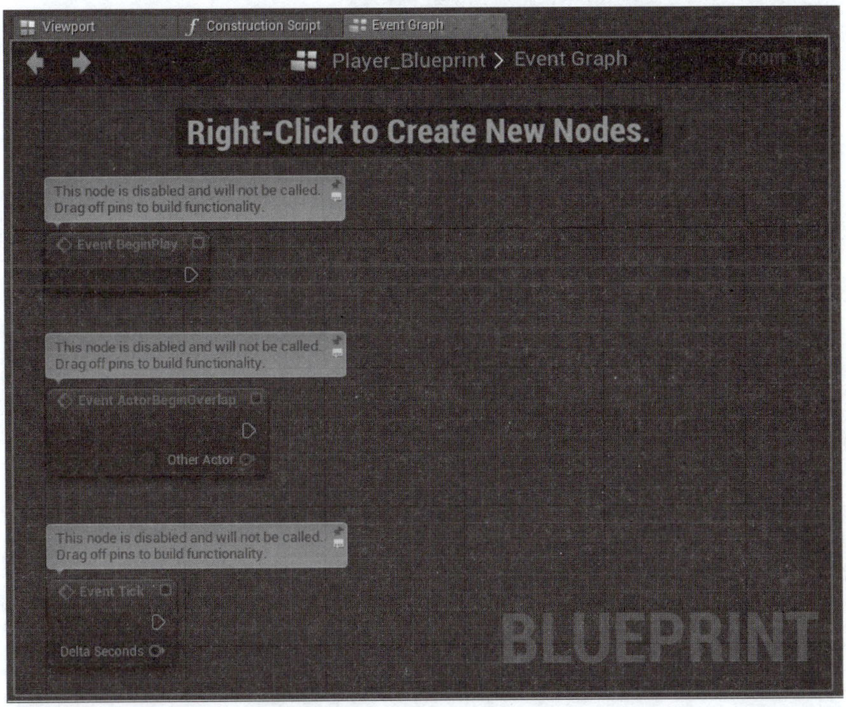

Dass das offenbar etwas mit Blueprints zu tun hat, steht unten rechts. Links sind drei Module, auch Knoten (= Nodes) genannt. Die müssen uns jetzt nicht weiter interessieren, sie sind (wie der Text darüber informiert) ohnehin gerade »außer Betrieb«.

Um Platz für Neues zu haben, kannst du die drei Knoten mit der Maus anklicken und verschieben. Aber auch die angezeigte Fläche lässt sich verschieben, wenn du die **rechte** Maustaste benutzt. Außerdem kann die Arbeitsfläche jederzeit vergrößert werden.

Knoten knüpfen

- Und nun tust du das, was oben für das Erzeugen eines neuen Blueprint-Knotens angesagt wird: Klicke mit der **rechten** Maustaste in die karierte Fläche und öffne damit ein Kontextmenü.

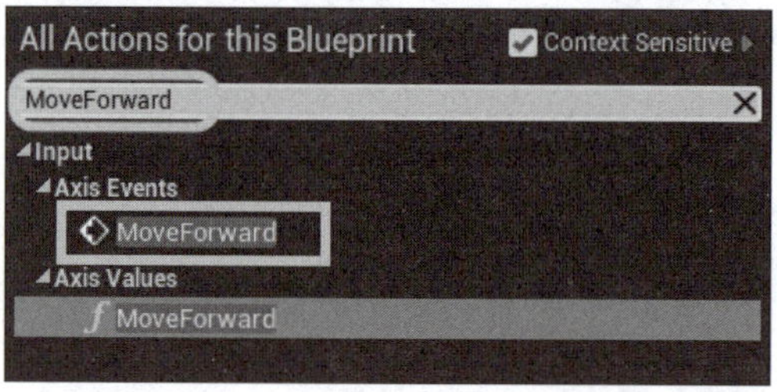

- Dort gibst du oben in der Suchleiste den Text `MoveForward` ein. Richtig, so heißt ja unsere Tastaturbelegung für die Vorwärts-Rückwärts-Bewegung. Wähle den oberen Eintrag unter AXIS EVENTS. Und schon bist du zurück im BLUEPRINT-Fenster.

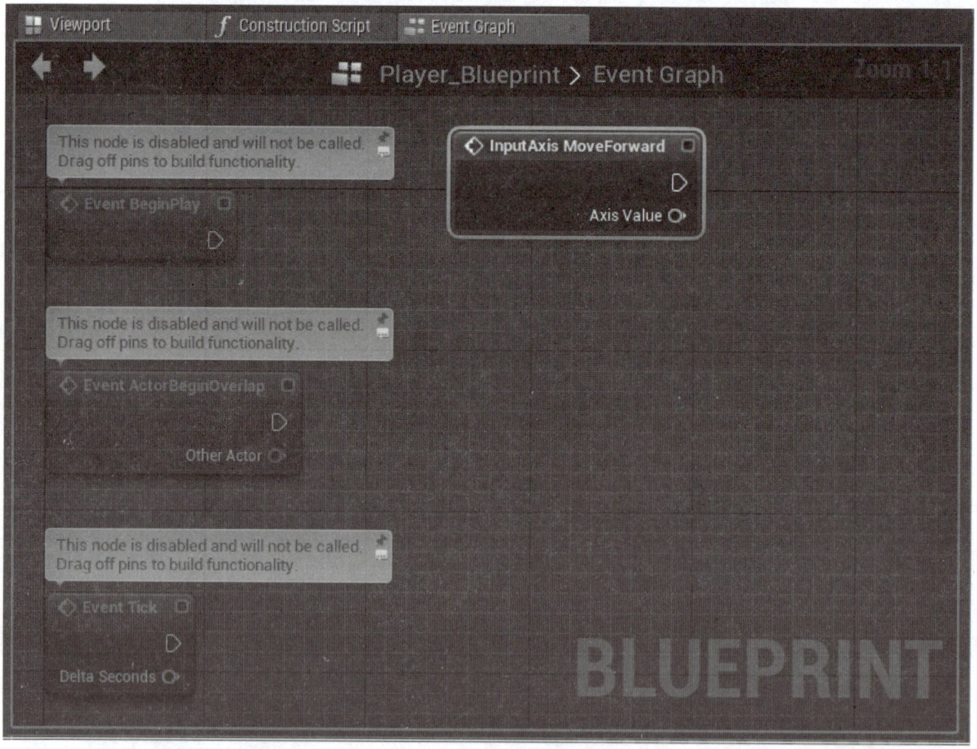

Und da hat sich etwas getan. Es gibt einen neuen Knoten mit dem Namen INPUTAXIS MOVEFORWARD.

Dieser Knoten steht für ein **Ereignis** (englisch Event): Wenn eine Eingabe über die von uns definierten Tasten gemacht wird, ist das ein Eingabe-Ereignis beziehungsweise ein Input-Event.

≫ Um mehr Platz zu haben, schiebe jetzt bei gedrückter rechter Maustaste mal alles nach links (womit die »toten Knoten« aus deinem Sichtbereich verschwinden).

≫ Dann klicke auf den kleinen grünen Kreis hinter AXIS VALUE und ziehe die Maus nach rechts, es bildet sich ein Verbindungsfaden zu einem neuen Kontextmenü.

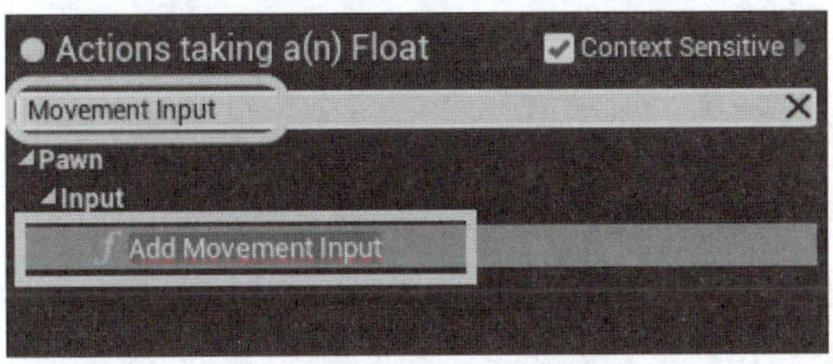

≫ Tippe dort in das Suchfeld `Movement Input` ein und klicke dann darunter auf ADD MOVEMENT INPUT.

Und es gibt einen weiteren Knoten im Fenster (und eine zweite Verbindung).

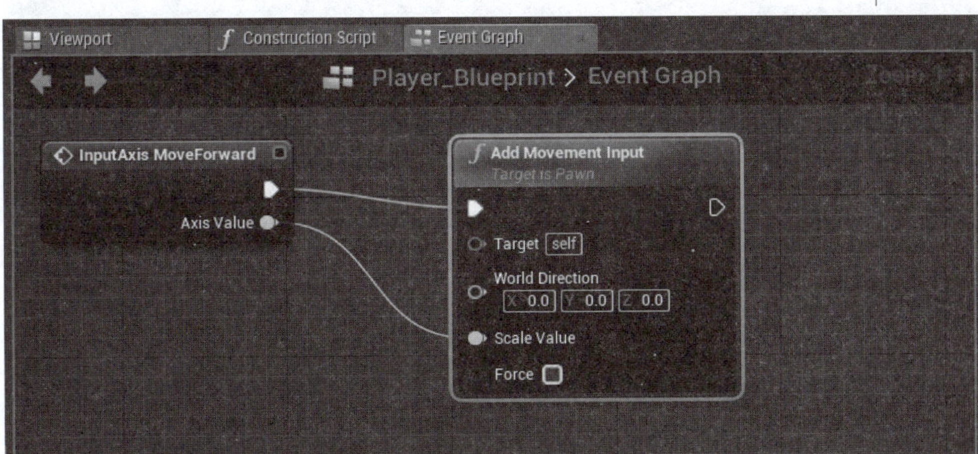

Der Verknüpfungspunkt (AXIS VALUE) des Ereignis-Knotens gibt den Wert, der durch eine Taste oder die Maus erzeugt wurde, weiter an einen **Aktions**-Knoten, der für die Bewegung (MOVEMENT) zuständig ist.

≫ Nun wiederhole das Ganze noch mal für MOVERIGHT. Womit du dann zwei (getrennte) Knotensysteme hast, eines für die Bewegung vorwärts und rückwärts und eines für die Bewegung nach links und rechts.

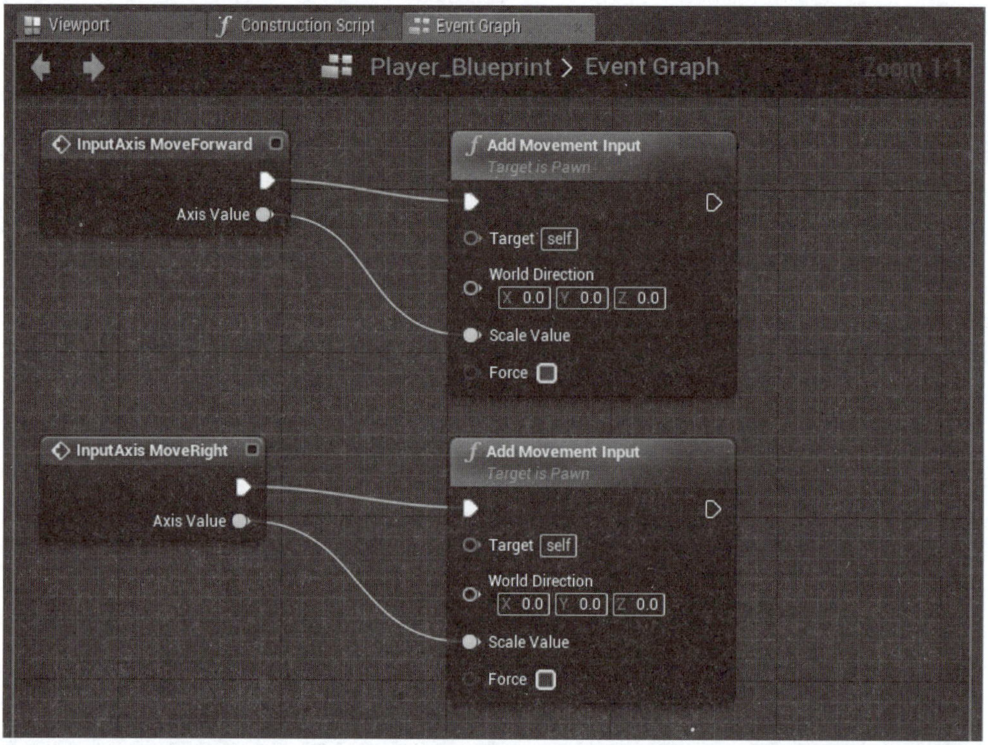

Nun brauchen wir noch jeweils einen dritten Knoten. Und zwar zwischen den vorhandenen. Dazu solltest du die beiden MOVEMENT-Knoten nach rechts verschieben.

≫ Klicke auf den Kreis vor WORLD DIRECTION und ziehe die Maus in einen freien Bereich, es bildet sich ein Verbindungsfaden zu einem neuen Kontextmenü.

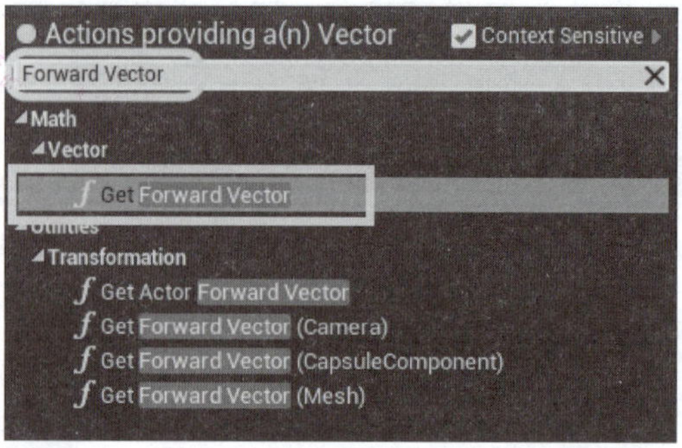

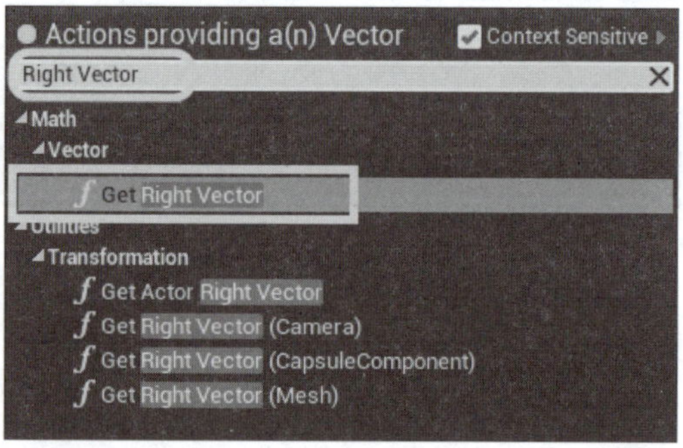

≫ Gib im Suchfeld des Menüs FORWARD VECTOR ein, wenn du den Knoten für MOVEFORWARD erzeugen willst. Im anderen Fall suchst du nach RIGHT VECTOR. Wähle dann jeweils den passenden Betrag unter VECTOR.

Und damit hätten wir alle Knoten zusammen – fürs Erste. Womit es bei mir dann so aussieht:

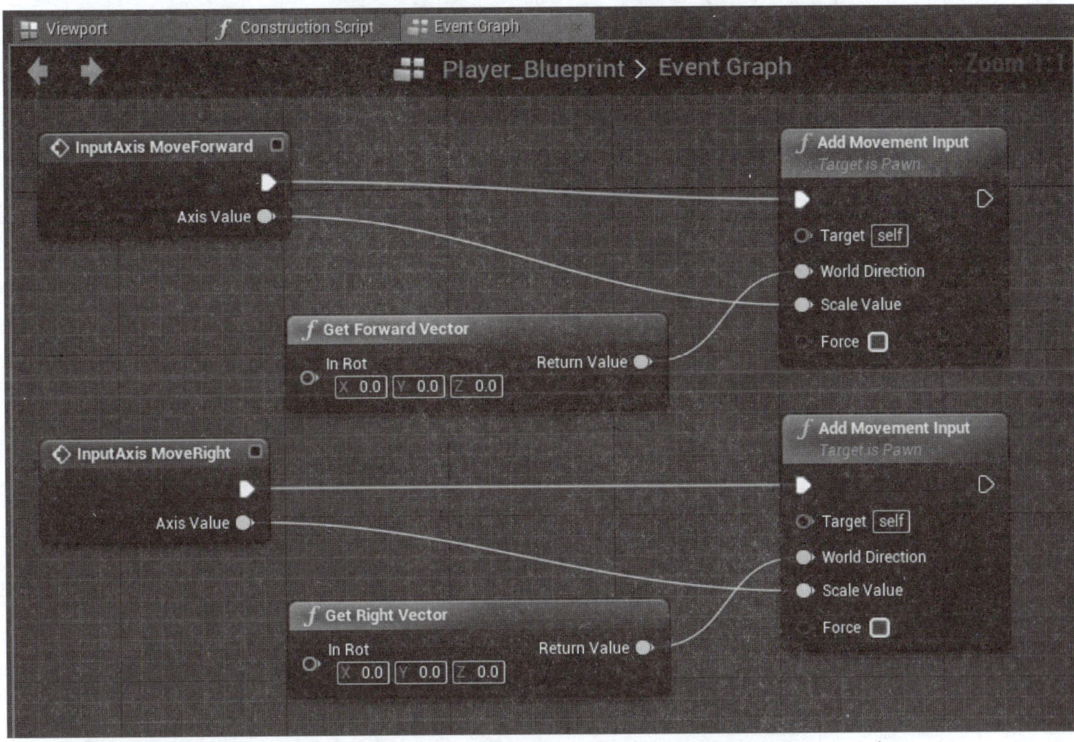

Der letzte Knoten enthält einen **Vektor.** Das ist hier ein »Gebilde« aus den drei Koordinaten, die die Position der Spielfigur angeben. Diese Werte ändern sich bei jeder Bewegung. (»In Rot« hat nichts mit Farben zu tun, »Rot« ist die Abkürzung für »Rotation«.)

Alles zusammen nennt man auch **Graph**.

≫ Zuletzt klicke oben in der Symbolleiste erst auf COMPILE und dann auf SAVE. Danach kannst du das Fenster schließen.

Dabei wollen wir es jetzt einmal belassen. Noch mehr über Blueprint-Knoten und weitere Bewegungen (Drehen, Springen) erfährst du im nächsten Kapitel.

Game Mode

Nachdem nun die Spielfigur eine Bewegungssteuerung hat, könnte man das Ganze doch gleich mal ausprobieren.

≫ Starte das Spiel mit Klick auf den PLAY-Button (und klicke gegebenenfalls aufs Spielfeld). Probiere Tasten und Maus aus. Was stellst du fest?

Irgendetwas stimmt da nicht, denn die Figur kann sich doch nicht jetzt schon mit der Maus steuern lassen. Auch mit den Tasten läuft es anscheinend nicht genau so, wie im Blueprint für den Player definiert.

Das liegt daran, dass es **noch keine** Verknüpfung zwischen Player und Spiel gibt; was du erlebst, ist die Steuerung, die von Anfang an im leeren Projekt zur Verfügung stand. Was wir brauchen, ist ein Verbindungs-Element zwischen Spielfigur und Spiel.

Und dieses finden wir unter den Blueprint-Klassen. Es trägt den Namen GAME MODE. Darunter versteht man so etwas wie eine Ansammlung der Regeln und Bedingungen für ein Spiel. Weil es sich auch dabei um ein Blueprint handelt, erzeugen wir es nicht über das Editor-Fenster, sondern im CONTENT BROWSER.

≫ Klicke dort mit der rechten Maustaste in den freien Bereich neben den beiden schon vorhandenen Elementen. (Oder links auf den Button ADD NEW.)

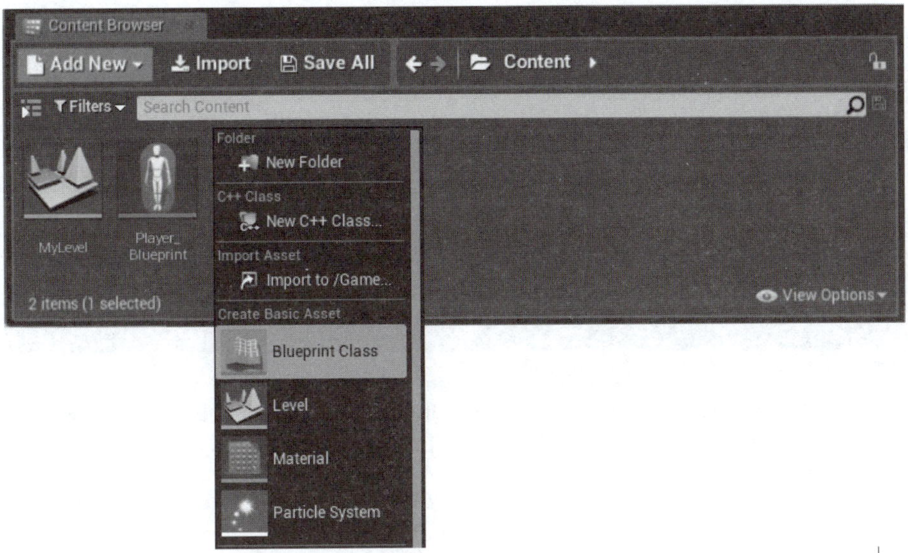

In dem Dialogfeld stehen ganz oben ein paar Typen, die du schon kennst.

≫ Wähle weiter unten den Eintrag GAME MODE.

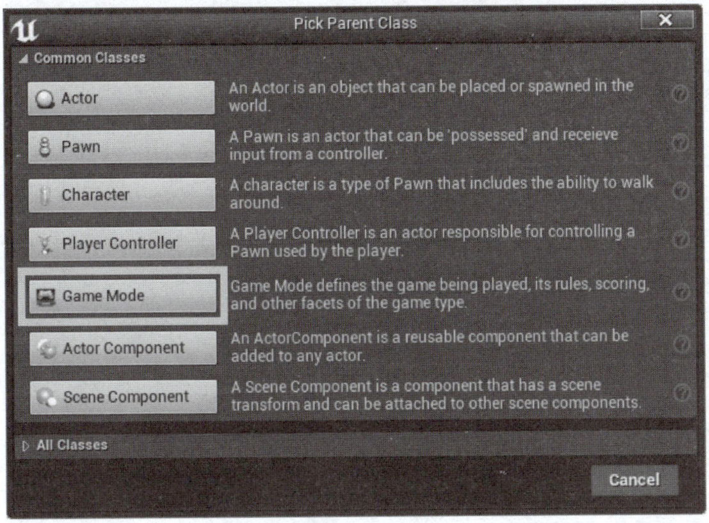

Und im CONTENT-Fenster erscheint ein neues Element mit dem Namen NEWBLUEPRINT, den wir gleich umbenennen sollten.

≫ Klicke auf das Symbol und drücke [F2], dann tippe `MyGame` ein.

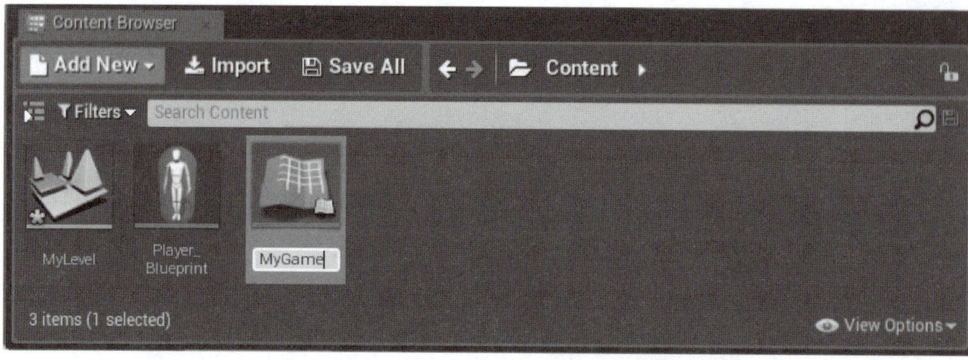

Doppelklicke auf das neue Symbol und öffne damit das Blueprint-Fenster. Du kannst dort die Seite Viewport eingestellt lassen.

≫ Sorge dafür, dass oben in der Symbolleiste Class Defaults eingestellt ist (oder klicke einfach noch mal darauf). Dann suche rechts unten unter Classes nach dem Eintrag Default Pawn Class.

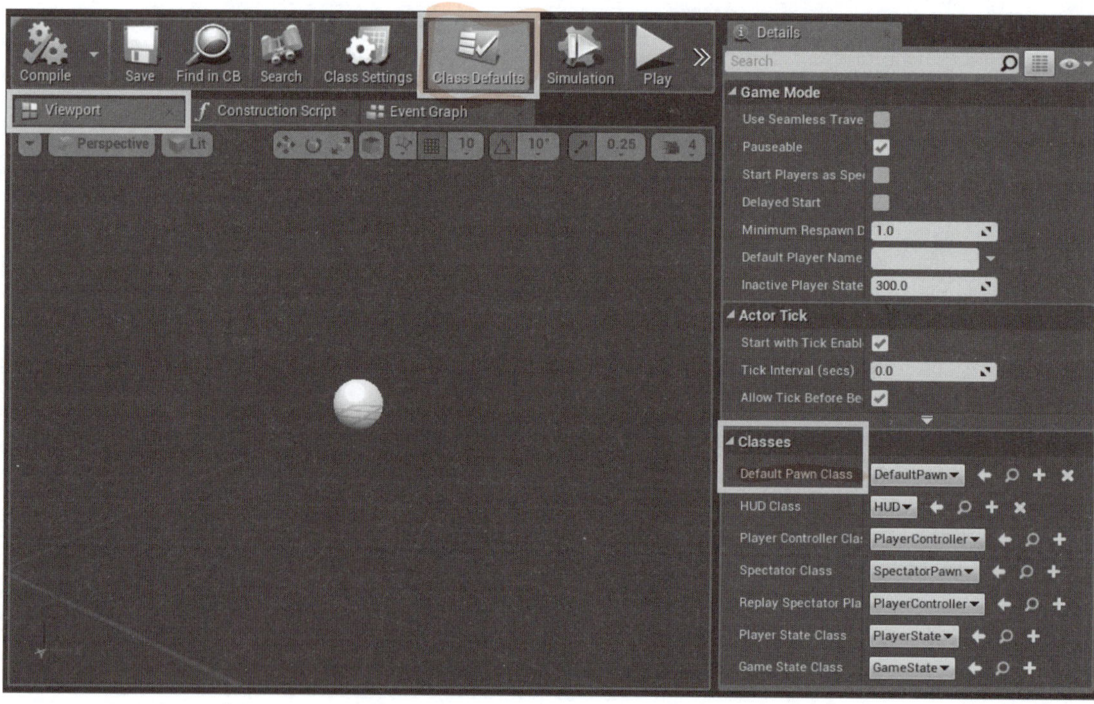

≫ Klicke dort auf das Feld dahinter und suche im Menü den Namen des Blueprints für deinen Player. Klicke darauf.

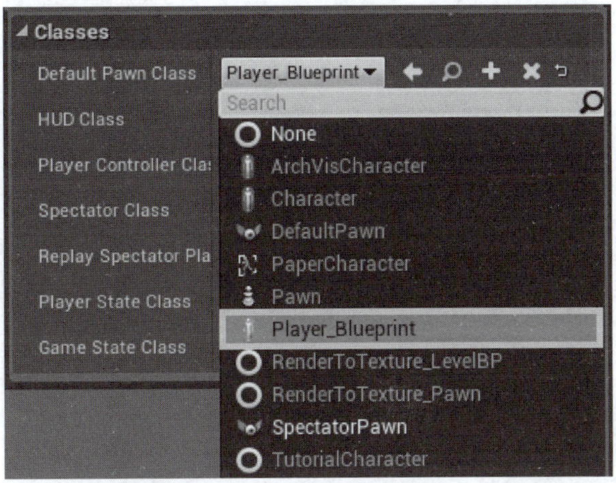

≫ Dann klickst du oben in der Symbolleiste erst auf COMPILE und dann auf SAVE. Danach kannst du das Fenster schließen.

Ja und nun müssen wir noch einmal zu den Projekt-Einstellungen.

≫ Öffne sie über EDIT und PROJECT SETTINGS.

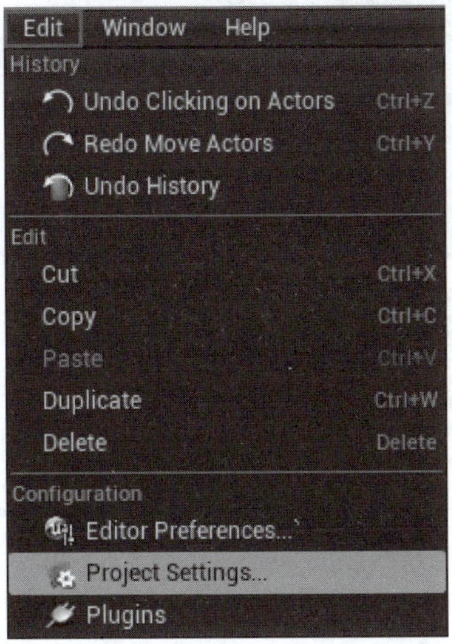

≫ Diesmal suchst du im Dialogfeld links oben den Eintrag MAPS & MODES und klickst darauf.

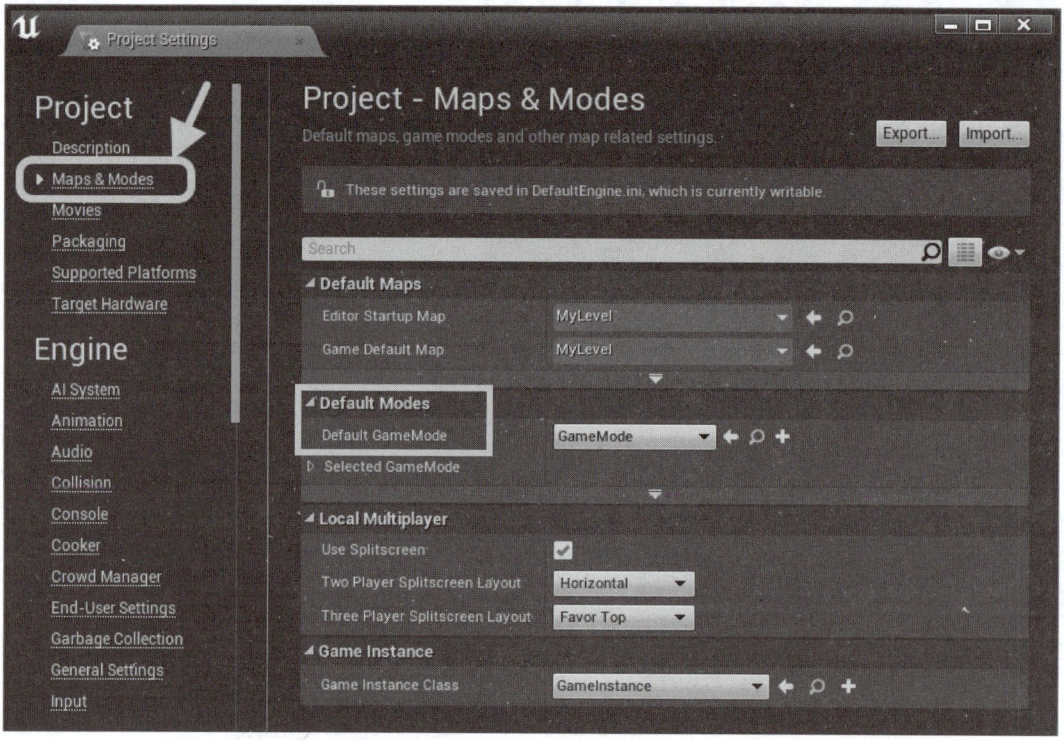

≫ Klicke auf das Feld hinter DEFAULT GAMEMODE und wähle im Menü den Eintrag deines Blueprints (MYGAME).

Damit kappen wir die alte Steuerung und ersetzen sie durch unsere neue eigene.

Wenn du willst, dass beim Start von Unreal gleich das aktuelle Level im Editor-Fenster angezeigt wird, dann sorge dafür, dass unter DEFAULT MAPS dein eigener Level eingestellt ist:

≫ Speichere erst noch mal alles. Dann starte das Spiel und probiere die Pfeiltasten aus (→ MYGAME1).

Was sich jetzt bewegt, ist wirklich der Player. Und du siehst das Ganze durch die Kamera, die du ihm »angeschnallt« hast. Außerdem stellst du fest, dass die Maus nun im Spiel keine Funktion mehr hat. Und es gibt nur zwei Bewegungsachsen, weil die Figur sich nicht drehen kann. (Noch nicht, denn das ändern wir im nächsten Kapitel.)

Zusammenfassung

Nun haben wir zwar eine Spielfigur, aber die kann man nicht mal sehen. Immerhin hast du hier schon einmal ein paar Grundlagen kennengelernt, wie man die Figur mit den Tasten in Bewegung setzt. Du weißt, dass man zuerst ein Objekt vom Typ CHARACTER braucht sowie ein **Blueprint**.

Einige weitere Operationen im Umgang mit Unreal hast du auch hier wieder kennengelernt:

Tastenbelegung hinzufügen	Klicke auf EDIT/PROJECT SETTINGS, dann auf INPUT. Füge unter ACTION MAPPINGS oder AXIS MAPPINGS eine neue Option plus die zugehörige Taste hinzu.
Komponente hinzufügen	Klicke auf ADD COMPONENT, wähle im Menü einen Typ aus.
Blueprint hinzufügen	Klicke auf BLUEPRINT, bestimme Ordner und Namen, klicke auf CREATE BLUEPRINT.

Knoten hinzufügen	Klicke mit der rechten Maustaste ins karierte Feld oder ziehe einen Faden, wähle im Menü aus.

Ein Blueprint-Graph ist eine Art »Knoten-System«, wobei die richtige Verknotung auch zum passenden Ergebnis führt. Dabei kennst du diese Typen:

(Deutsch)	(Englisch)	Bedeutung
Ereignis-Knoten	Event Node	Kontrolliert Ereignisse und gibt Ergebnisse weiter
Aktions-Knoten	Action Node	Löst Aktionen aus
Vektor-Knoten	Vector Node	Sammelt Daten zum Beispiel für die Position eines Objekts

Um die Spielfigur und das Spiel miteinander zu verbinden, wird zusätzlich ein Element vom Typ GAME MODE benötigt. Anschließend lässt sich die Figur zu einer ersten Wanderung überreden.

Wichtig ist, jedes Blueprint zu kompilieren (damit wird es für das Spiel einsetzbar) und anschließend zu speichern.

Ein paar Fragen ...

1. Was ist der Unterschied zwischen Actor und Character?
2. Was ist ein Blueprint?
3. Was versteht man hier unter Knoten?
4. Wo definiert man die Tastenbelegung?
5. Womit verknüpft man Spielfigur und Spiel?

... und eine Aufgabe

1. Viele Spieler vor allem von Action-Games bevorzugen die Tasten [A], [S], [D] und [W] anstelle der Pfeiltasten. Erweitere die Tastenbelegung in deinem Projekt entsprechend.

3

Blueprints

Nun bist du zwar schon in den Umgang mit Blueprints eingestiegen, mehr aber nicht, denn so nett und bunt sie aussehen, sie bleiben erst mal ein Geheimnis. Das versuchen wir, hier möglichst weit zu lüften.

Natürlich reichen die Bewegungsmöglichkeiten aus dem letzten Kapitel nicht aus, und die Spielfigur muss sich nicht nur mit der Tastatur, sondern auch per Maus steuern lassen. Auch damit beschäftigen wir uns hier.

In diesem Kapitel lernst du

- mehr über Blueprint-Knoten
- etwas über Vektoren
- wie eine Figur springt und sich duckt
- etwas über Maussteuerung
- wie man Bewegung und Drehung synchronisiert
- wie man vom Gehen zum Laufen umschalten kann
- wie man Variablen-Werte verändern kann

Ereignisse und Aktionen

Ich bin dir im letzten Kapitel einige Erklärungen schuldig geblieben, deshalb beginnen wir hier mit Theorie. Wenn die dich nicht interessiert und du lieber gleich wieder in die Praxis einsteigen willst, kannst du diesen Abschnitt überspringen – solltest du aber nicht.

Um in einem Spiel Figuren zum Leben zu erwecken und agieren zu lassen, benötigt man ein Drehbuch für die jeweilige Figur. Ähnlich wie Schauspieler auch ihre Anweisungen haben, was sie tun und wie sie für die jeweilige Rolle ausgestattet sein sollen, so benötigen auch die meisten Objekte in einem Spiel etwas Vergleichbares.

Früher hat man das einfach mit Text programmiert (wie ja auch heute noch Drehbücher für Filmrollen vorwiegend aus Text bestehen). Geht es zum Beispiel darum, dass eine Spielfigur sich auf Tastendruck nach vorn bewegen soll, so könnten die Anweisungen dazu so lauten:

```
Bei Druck auf die "Rauf"-Taste verschiebe die Position der
Spielfigur nach vorn.
```

Klingt ziemlich simpel, aber hier erkennt man nicht, was und wie viel dahinter steckt, denn es ist schon einiger Aufwand nötig, diese einfach klingende Anweisung umzusetzen. Und die Sprache, in der das geschieht, arbeitet natürlich mit englischen Wörtern. Dabei ist es mit einem einfachen »Satz« wie zum Beispiel diesem nicht getan:

```
InputComponent->BindAxis("MoveForward", this,
&Player::MoveForward);
```

Das muss man erst mal verstehen. Und dann ist noch eine ganze Menge Quelltext nötig, bis ein Drehbuch erstellt ist, das die gewünschte Wirkung erzielt. Wie gut, dass es für Unreal die **Blueprints** gibt. Die erledigen nämlich vieles im Hintergrund, um das wir uns sonst kümmern müssten.

Unter **Quelltext** versteht man den ganzen Text, der in einer Programmiersprache verfasst ist. Man spricht auch von **Script**. Ein Drehbuch als Script zu verfassen, entspricht der klassischen Programmier-Methode. Das Programmieren mit Blueprints dagegen wird auch **Visuelle Programmierung** genannt. Der Nachteil ist, dass man dort nicht immer so flexibel sein kann wie bei der klassischen Programmierung, weil man ja quasi mit Bausteinen arbeitet.

Wenn du dich etwas mit der Programmiersprache C++ auskennst, kannst du ja einmal ein neues Projekt nicht auf der Blueprint-, sondern der C++-Seite des Projekt-Browsers erstellen.

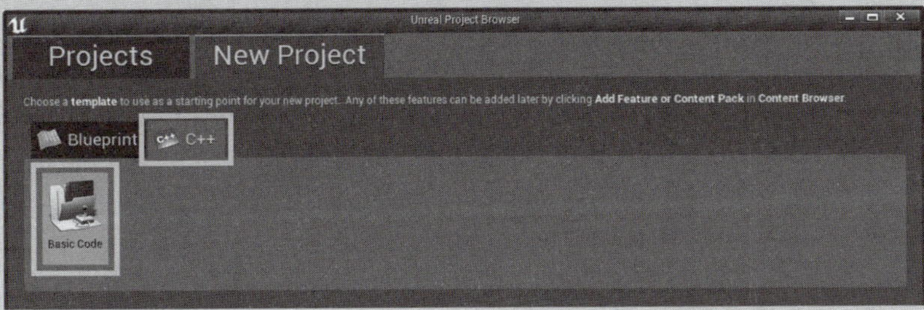

Dazu benötigst du als Hilfsmittel das C++-Paket des Visual Studio von Microsoft. Ich empfehle das aber wirklich nur jemandem, der in C++ programmieren kann. Sonst sei froh, dass dir die Unreal Engine das Programmieren mit Blueprints ermöglicht. Auch wenn es eine Weile dauern wird, bis man sich mit diesem System wirklich gut auskennt.

Bevor wir uns weiter mit der Bewegung unserer Spielfigur beschäftigen, schauen wir uns die Knoten einmal genauer an, die wir schon erstellt haben.

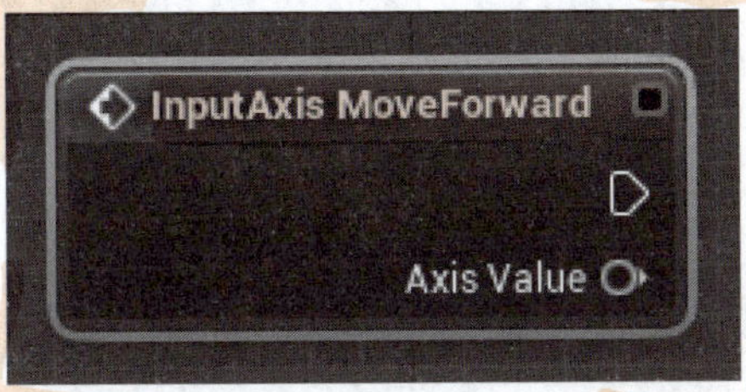

Als Erstes hatten wir einen Ereignis-Knoten (Event Node) eingesetzt. Hier kommt das Ereignis über die Eingabe (= Input). Was aber bedeutet INPUTAXIS genau?

Für die Eingabe verwendet Unreal ein virtuelles Achsensystem. Dabei bezeichnen wir mit MOVEFORWARD die X-Achse und mit MOVERIGHT die Y-Achse. Und MOVEUP wäre dann der Name für die Z-Achse.

Ganz gleich, welches Eingabegerät du hier einsetzt, eine Spielfigur lässt sich dadurch steuern, dass der Wert dieser virtuellen Achsen ständig abgefragt wird. Dieser liegt immer zwischen -1 und +1:

MoveRight		MoveForeward	
←	→	↓	↑
−1.0 bis 0.0	0.0 bis +1.0	−1.0 bis 0.0	0.0 bis +1.0

Unreal erkennt also am Wert, welche Taste gedrückt oder wie die Maus bewegt wurde. Wir haben ja in Kapitel 2 bereits einige Tasten vordefiniert. Und diesen Wert (AXIS VALUE) schicken wir weiter an einen Aktions-Knoten.

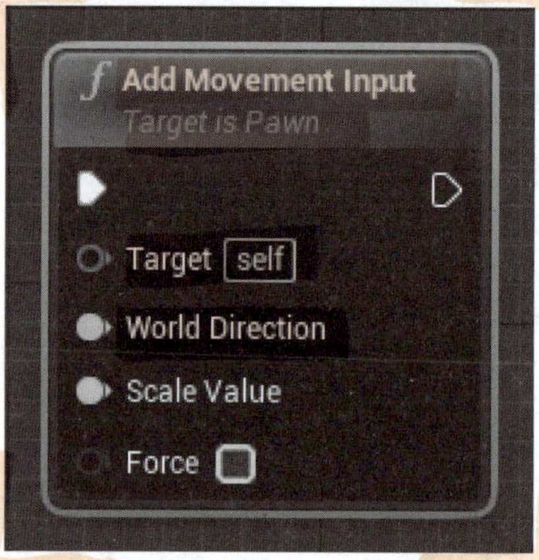

Aktion ⇒ add movement action

Der sorgt dafür, dass die Spielfigur in Aktion tritt – wenn sie die entsprechenden Fähigkeiten dazu hat. In unserem Fall kann der Player sich bewegen, ein »Movement« ist also möglich. »Target is Pawn« heißt auf Deutsch so viel wie »Ziel der Aktion ist die Figur«. Dasselbe meint auch TARGET SELF. Die beiden letzten Werte lasse ich hier mal weg.

Wie du am letzten Knoten sehen kannst, haben viele Knoten Ein- und Ausgänge. Dabei gilt immer diese Regel: Links am Knoten »geht es rein« und rechts am Knoten »geht es raus«.

Die weißen Stellen, die aussehen wie Dreiecke, sind Ein- und Ausgänge für die **Haupt**-Verbindungen. (Die hat aber nicht jeder Knoten.)

Unbedingt wichtig ist die WORLD DIRECTION. Diese gibt die Position und (Lauf-)Richtung der Spielfigur in der Spielwelt an. Und weil die sich bei jedem Schritt ändert, brauchen wir einen weiteren Knoten, der die Koordinaten unseres Players aktualisiert speichert.

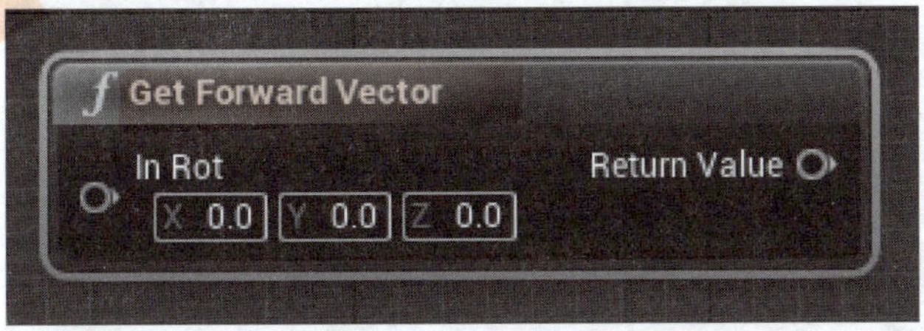

Speichert Spielfigurkoordinaten laufend als Update, Vektor weil als fortlaufende Bewegung im Gegensatz zu Tastenbelegungen wie z.B. „Jump" (siehe S. 75ff)

Der Begriff **Vektor** stammt aus der Mathematik. Mit einem Vektor lässt sich ein Punkt in einem Koordinatensystem festlegen. Mit einem Vektor lässt sich aber auch eine Bewegung beschreiben. In eine bestimmte Richtung und um eine bestimmte Strecke. (Genauer ausgedrückt wäre ein Vektor dann ein symbolischer Pfeil.)

Es gibt Vektoren für verschiedene Dimensionen. Ein 2D-Vektor hat einen X- und einen Y-Wert, ein 3D-Vektor zusätzlich noch einen Z-Wert. Der obige FORWARD-VECTOR ist natürlich ein 3D-Vektor.

Und das enthalten die verschiedenen Vektoren:

Position (Location)	Länge in cm
Drehung (Rotation)	Winkel in Grad
Größe (Scale)	Vergrößerungsfaktor (1 = Originalgröße)

Springen ...

Kommen wir jetzt zu unserem Player zurück, denn der wartet auf mehr Bewegungsfreiheit. Zum einen hatten wir das Springen (Jump) ja schon im letzten Kapitel unter den PROJECT SETTINGS definiert. Das teilen wir gleich dem Player-Blueprint mit. Zum anderen haben wir ja die Maussteuerung noch gar nicht berücksichtigt. Darum kümmern wir uns dann ebenfalls.

Wenn du Unreal im letzten Kapitel beendet hast, starte den Epic Games Launcher neu und öffne von dort aus dann dein letztes Projekt.

≫ Doppelklicke im Content Browser auf das Symbol für Player_Blueprint und öffne damit das passende Editorfenster.

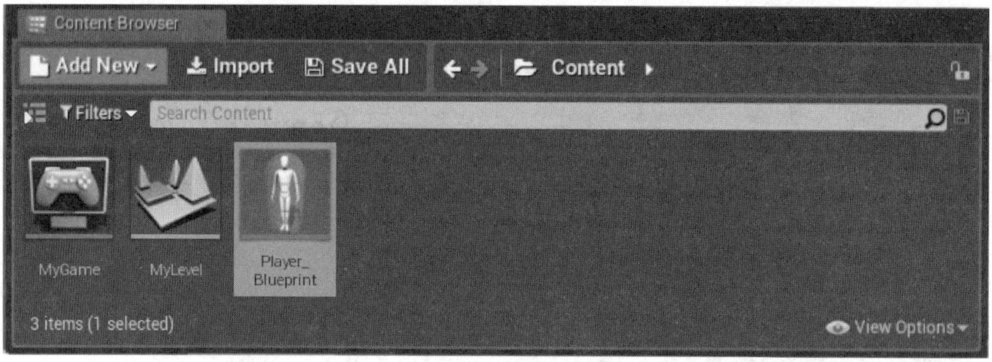

Manchmal öffnet sich nicht das Hauptfenster, sondern du bekommst nur einen Teilbereich zu sehen.

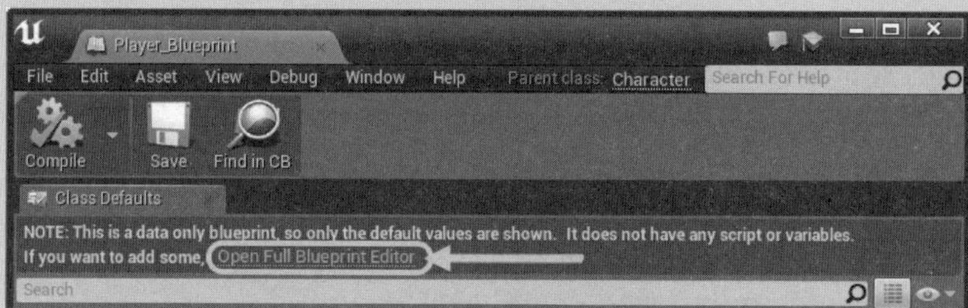

Klicke dann auf Open Full Blueprint Editor.

≫ Wechsle im Blueprint-Fenster auf die Seite Event Graph.

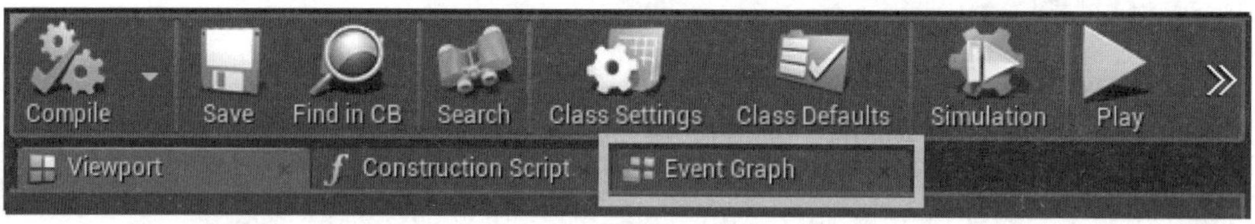

Das Fenster ist mit den Knoten, die du bis jetzt erstellt hast, ziemlich gut gefüllt. Wir müssen also Platz schaffen.

≫ Verschiebe den Fensterinhalt mit gedrückter **rechter** Maustaste nach oben, sodass darunter genügend Platz für Neues ist.

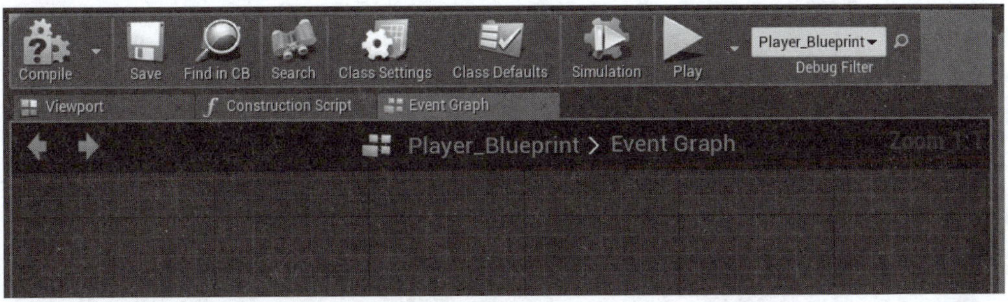

Ich habe alles so weit nach oben verschoben, dass es bei mir komplett aus dem Sichtfeld verschwunden ist.

≫ Klicke nun mit der **rechten** Maustaste in die karierte Fläche und öffne damit ein Kontextmenü. Gib im Suchfeld `Jump` ein. vgl. S. 58

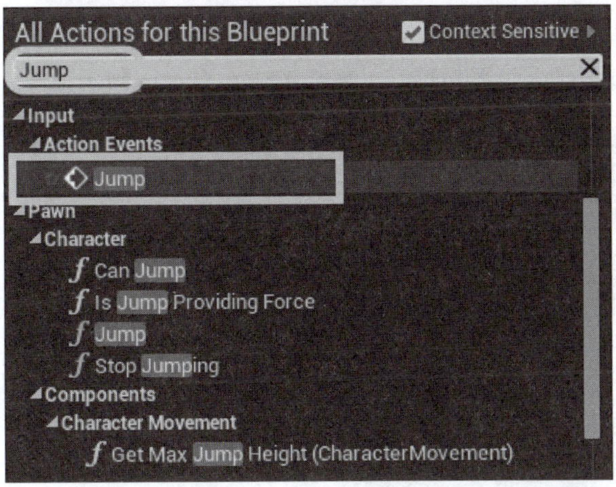

≫ Wähle den Eintrag JUMP unter ACTION EVENTS.

Und im Blueprint-Fenster gibt es einen neuen Knoten mit dem Namen INPUTACTION JUMP.

Auch dieser Knoten steht für ein Eingabe-**Ereignis**. Was ist der Unterschied zu einem INPUTAXIS-Event?

InputAxis	Es werden dauernd Werte für eine virtuelle Achse zwischen -1 und +1 abgefragt. Und daraus wird die gedrückte Taste beziehungsweise die Position von Maus oder Gamepad abgeleitet.
InputAction	Es werden einmalige Eingaben abgefragt, zum Beispiel: Wird eine Taste gedrückt (PRESSED) oder wird sie losgelassen (RELEASED)?

Für einen Sprung wird die Leertaste gedrückt, also müssen wir dort anknüpfen.

» Klicke auf das kleine Dreieck hinter PRESSED und ziehe die Maus nach rechts, ein Verbindungsfaden führt zu einem neuen Kontextmenü.

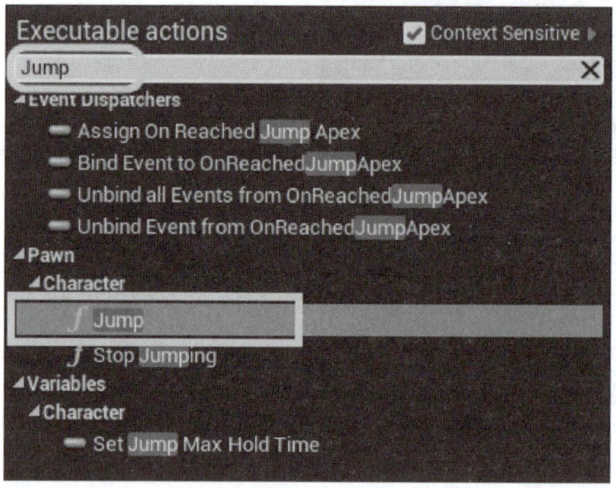

» Tippe dort in das Suchfeld wieder `Jump` ein und klicke dann unter CHARACTER auf JUMP.

Und es gibt einen weiteren Aktions-Knoten im Fenster. Und auch hier ist das Ziel der Aktion die Figur selbst (TARGET SELF).

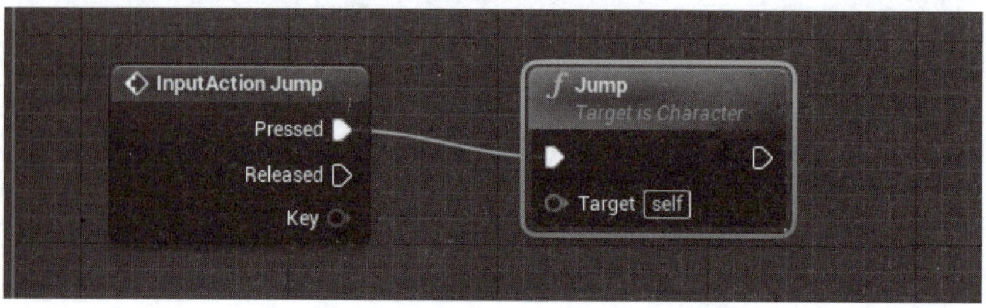

≫ Dass du das Blueprint jetzt vor dem Schließen des Fensters kompilieren (COMPILE) und speichern (SAVE) solltest, weißt du inzwischen. Dennoch erwähne ich es nochmals.

Und nun schauen wir mal, ob unser Player hüpfen kann (→ WALKER1).

≫ Starte also das Spiel mit Klick auf den PLAY-Button und probiere die Leertaste aus.

Bei mir springt der Player etwas in die Höhe und kehrt dann wieder auf den Boden zurück. Und das tut er auch, wenn ich die Leertaste festhalte, nur einmal. Erst wenn ich sie loslasse und erneut drücke, dann springt er erneut. Das verdanken wir den bereits vorhandenen Sprungeigenschaften des CHARACTER-Typs.

... und Ducken

Zum Vergleich möchte ich an dieser Stelle eine Bewegungsfunktion einbauen, die ein Player hin und wieder gebrauchen kann, wenn er sich bücken oder irgendwo hindurchkriechen muss. Dabei gibt es zwei verschiedene Aktionen: Beim Drücken der Taste duckt sich der Player, beim Loslassen richtet er sich wieder auf.

Zuerst müssen wir dazu in die Projekt-Einstellungen. Dort richten wir die neue Tastenbelegung dann ein.

≫ Klicke also in der Hauptmenüleiste links oben auf EDIT und auf PROJECT SETTINGS..

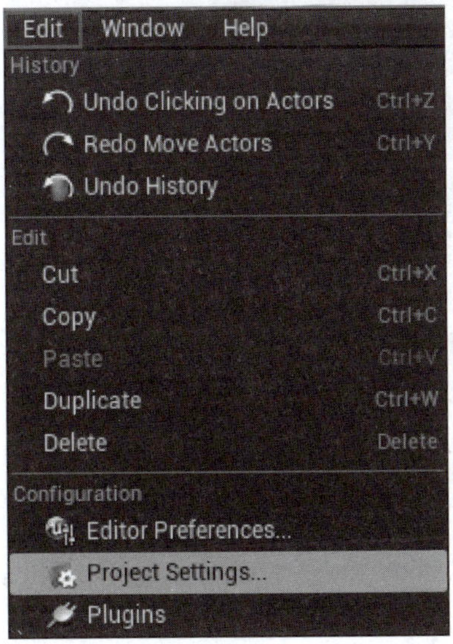

≫ Im Fenster schalte auf die INPUT-Seite um.

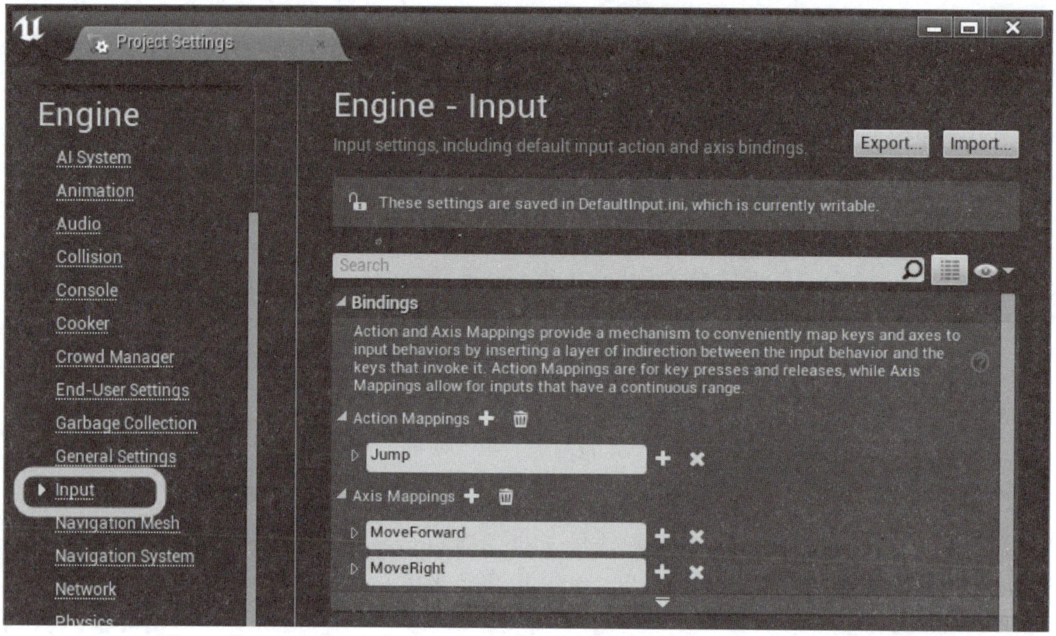

≫ Klicke nun auf das Plus hinter ACTION MAPPINGS und erzeuge so einen neuen Eintrag. Nenne ihn `Duck` oder `Crouch` und ordne ihm eine Taste zu. (Ich habe [Pos1] aktiviert und dafür HOME gewählt.)

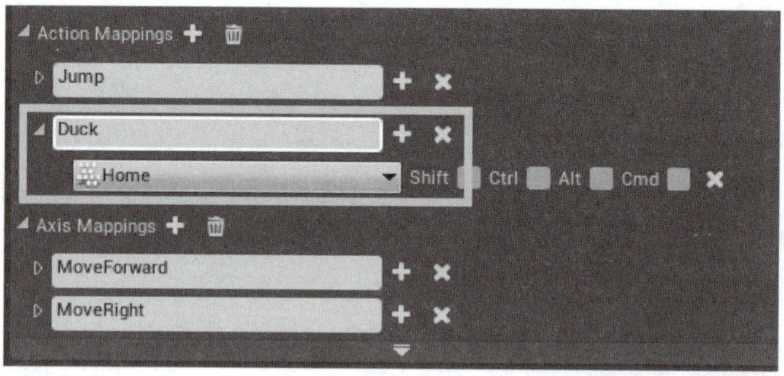

≫ Nun kannst du die Projekt-Einstellungen wieder verlassen. Wenden wir uns erneut dem PLAYER_BLUEPRINT zu. Doppelklicke also auf das Symbol im CONTENT BROWSER.

≫ Klicke auf der EVENT GRAPH-Seite mit der **rechten** Maustaste in die karierte Fläche unter den vorhandenen Knoten. Im Suchfeld des Kontextmenüs gibst du `Duck` ein.

Crouch

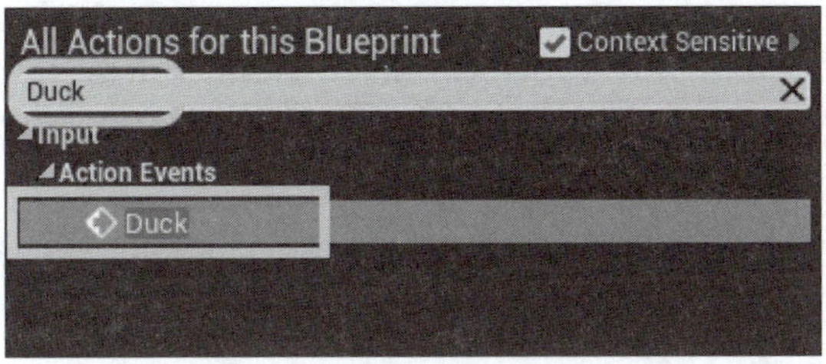

≫ Wähle den Eintrag DUCK unter ACTION EVENTS.

Damit hast du im Blueprint-Fenster einen neuen Ereignis-Knoten mit dem Namen INPUTACTION DUCK.

≫ Klicke auf das kleine Dreieck hinter PRESSED und ziehe die Maus nach rechts, um das Kontextmenü zu öffnen.

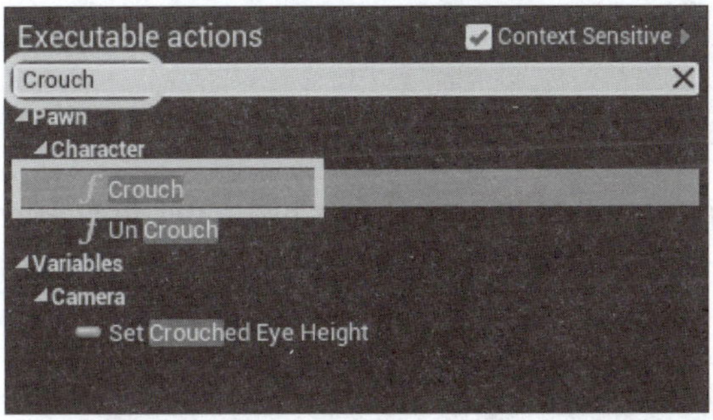

≫ Nach dem Wort Duck brauchst du hier gar nicht erst zu suchen, gibt stattdessen CROUCH ein, denn nur dafür ist eine Aktion implementiert. Dann wähle den gleichnamigen Eintrag unter CHARACTER.

Nun müsste das Ganze so aussehen:

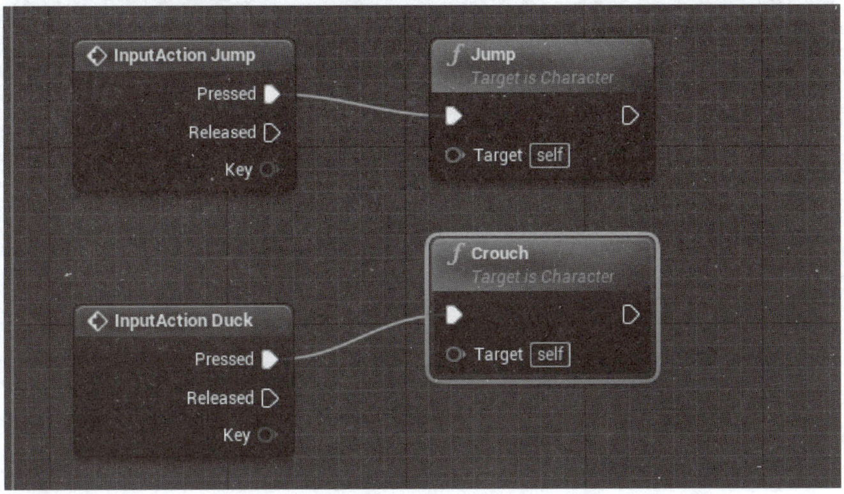

Bis dahin ähnelt das Ganze der Jump-Kette. Doch nach einem Spielstart duckt sich der Player zwar, richtet sich aber anschließend nie mehr auf. Deshalb benötigen wir einen weiteren Aktions-Knoten für das Loslassen der Duck-Taste.

≫ Klicke also auf das kleine Dreieck hinter RELEASED und ziehe die Maus nach rechts. Im Kontextmenü gibst du wieder CROUCH ein.

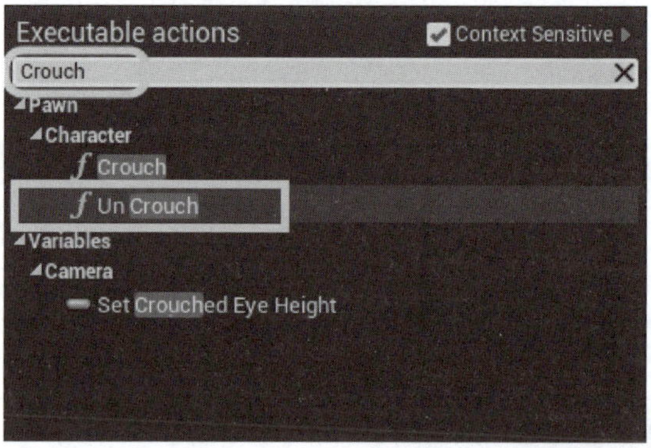

≫ Diesmal wählst du dein Eintrag UNCROUCH. Das heißt frei übersetzt »Aufrichten«.

Und damit haben wir unser Duck-Kriech-Gefüge zusammen.

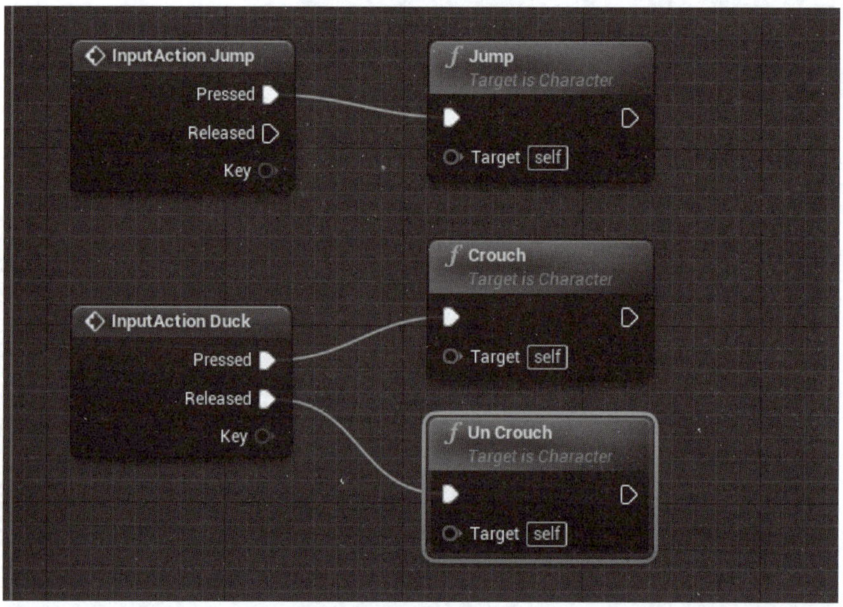

Einen Haken gibt es noch. Während die Funktion zum Springen bei Erzeugen eines CHARACTER-Objekts (ebenso wie Gehen und Schwimmen) automatisch aktiviert ist, gilt das nicht fürs Ducken beziehungsweise Kriechen. Wir müssen das also selbst erledigen.

- Bleibe im Blueprint-Fenster. Markiere dort links den Eintrag CHARACTER MOVEMENT, wandere dann nach rechts und suche dort im DETAILS-Fenster den Bereich NAV MOVEMENT.

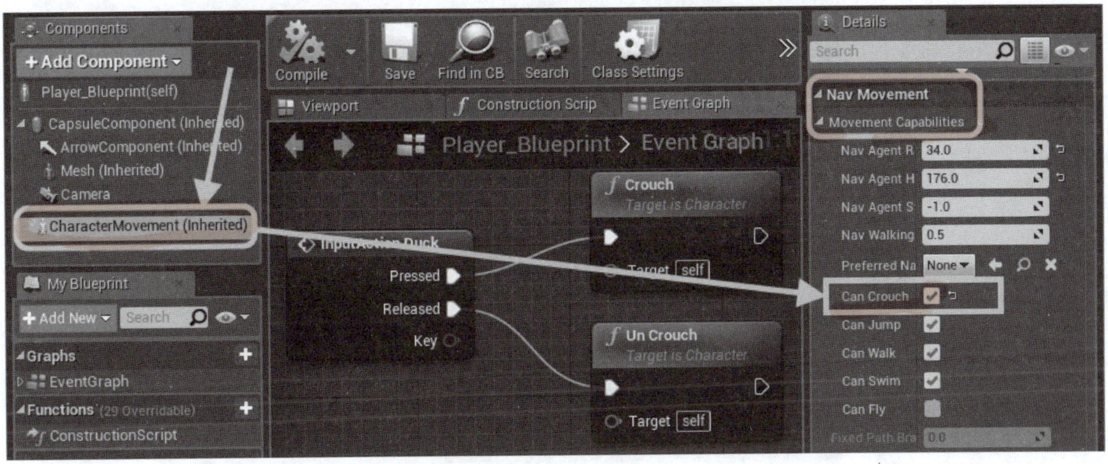

- Öffne darunter das Menü MOVEMENT CAPABILITIES. Dann sorge dafür, dass hinter CAN CROUCH ein Häkchen steht.

Abschließend kommt nun das Kompilieren und Speichern.

- Und jetzt probiere es aus. Starte das Spiel und springe und ducke dich. Nun müsste alles klappen (→ WALKER1).

Die Sache mit der Maus

Die Einrichtung der Sprung-Steuerung war recht einfach, die für das Ducken auch nicht viel komplizierter. Dann können wir uns jetzt ja an die Steuerung mit der Maus wagen.

- Öffnen dazu über EDIT und PROJECT SETTINGS das Fenster für die Projekt-Einstellungen. Wechsle dann über INPUT auf die Seite für die Eingaben.

Diesmal geht es weiter bei den AXIS MAPPINGS.

≫ Klicke also auf das Plus hinter AXIS MAPPINGS und erzeuge damit einen neuen Eintrag für eine Eingabe. Nenne ihn `Turn` und suche im zugehörigen Menü unter MOUSE die Option MOUSEX.

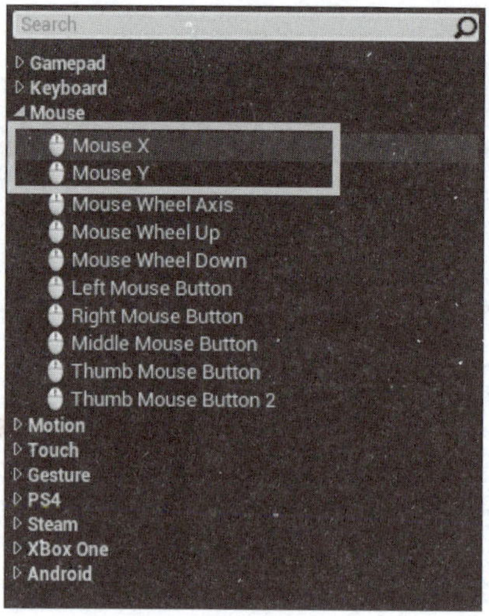

≫ Wiederhole das Ganze noch mal. Diesmal nenne den Eintrag für die Eingabe LOOKUP. Diesem ordnest du aus dem Menü unter MOUSE die Option MOUSEY zu.

Anschließend verfügst du nun über diese Belegung von Tastatur und Maus:

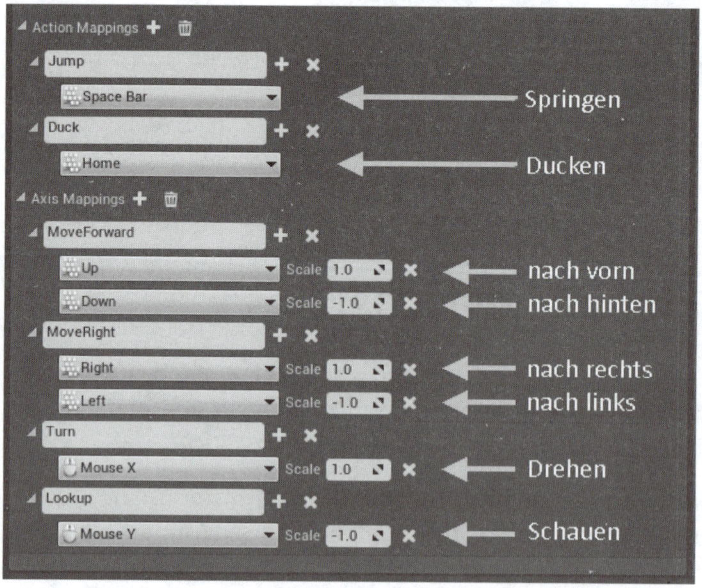

Was heißt eigentlich MOUSE X und MOUSE Y? Wenn du die Maus (in der Ebene) verschiebst, gibt es zwei Hauptachsen: vor und zurück (MOUSE Y) und nach rechts und links (MOUSE X). Die Figur hat ja noch eine dritte Achse. Und so sind Mausbewegungen und Drehungen zugeordnet:

Mausbewegung	betrifft
rechts/links (X)	Z-Achse der Figur
vor/zurück (Y)	Y-Achse der Figur

≫ Schließe das Fenster für die Projekt-Einstellungen. Öffne das Blueprint-Fenster für den Player und wechsle zur EVENT GRAPH-Seite. Klicke dort mit der rechten Maustaste in den karierten Bereich und öffne das Kontextmenü.

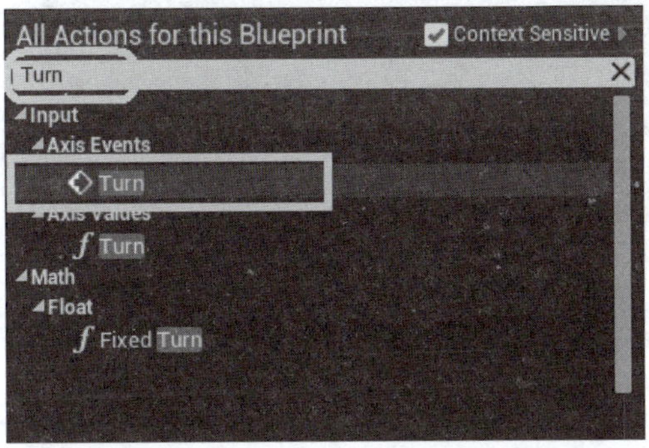

≫ Suche dort nach Turn und wähle dann unter INPUT und AXIS EVENTS den Eintrag TURN.

≫ Vom Knoten mit dem Titel INPUTAXIS TURN ziehe die Maus von AXIS VALUE aus nach rechts und wähle im Menü ADD CONTROLLER YAW INPUT.

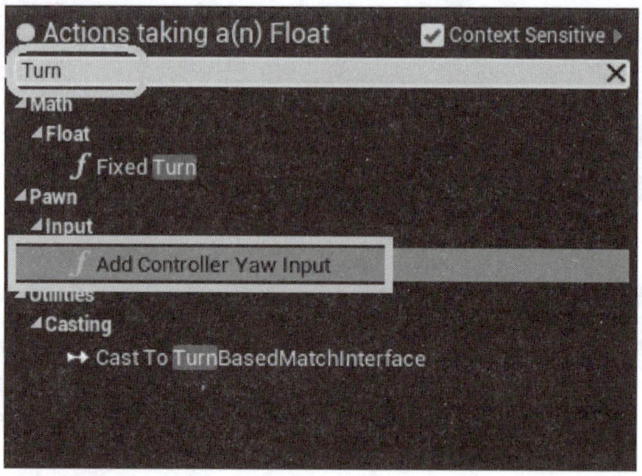

Anschließend müsste die Knoten-Kette beziehungsweise der Graph dann so aussehen:

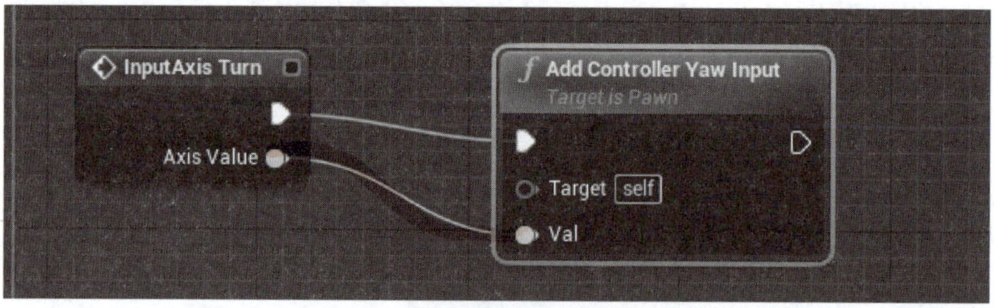

Während du mit INPUTAXIS TURN etwas anfangen kannst, gibt dir YAW INPUT sicher Rätsel auf. Warum nicht zum Beispiel TURN INPUT oder etwas Ähnliches? Weil »Yaw« durchaus etwas mit »Turn« zu tun hat. Es gibt in 3D ja **drei** Basis-Rotationen. Und jede hat ihren eigenen Namen:

Drehung um	Name	Bewegung (Figur)
X-Achse	Roll (Rollen)	nach vorn/hinten beugen (Rolle vorwärts/rückwärts)
Y-Achse	Pitch (Nicken)	zur Seite kippen (seitwärts Rad schlagen)
Z-Achse	Yaw (Gieren)	sich um die Körperachse drehen

Und das letzte soll die Spielfigur ja auch: sich um ihre eigene Achse drehen.

≫ Nach dem Kompilieren und Speichern des Player-Blueprints kannst du das Ganze schon mal ausprobieren. Was stellst du fest?

Rotations-Kontrolle

Der Player dreht sich wie gewünscht, es scheint also alles in Ordnung zu sein. Doch dann wird es komisch: Statt vorwärts, geht die Spielfigur auf einmal seitwärts oder womöglich gar rückwärts, wenn man die Taste [↑] benutzt. Und auch bei den anderen Pfeiltasten stimmt es nicht mehr. Die Laufrichtung der Figur passt nicht zur Drehung. Das müssen wir noch abstellen: Die Gehbewegung und das Drehen müssen synchronisiert werden.

≫ Klicke mit der rechten Maustaste in die karierte Fläche und gib im Suchfeld des Menüs `Control Rotation` ein. Denn ein »Kontrolleur« für die Drehung ist das, was wir jetzt brauchen.

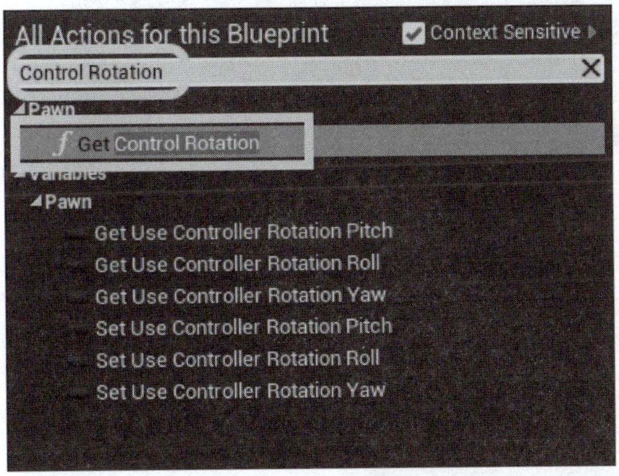

≫ Wähle den oberen Eintrag GET CONTROL ROTATION.

Damit haben wir einen Knoten, der den Inhalt eines Vektors aufnimmt.

≫ Ziehe von RETURN VALUE einen Faden nach rechts und gib im Suchfeld des Menüs `Break Rotator` ein. Klicke dann auf BREAK ROTATOR.

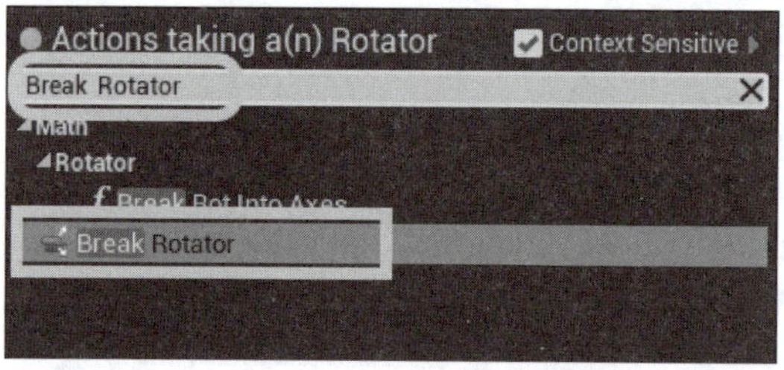

Der Break Rotator zerlegt die Rotation in seine drei Grundbestandteile: Roll, Pitch und Yaw.

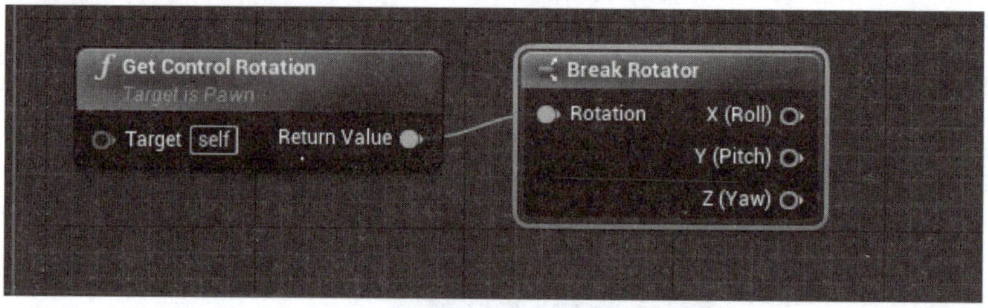

» Wir brauchen hier den Yaw-Zweig. Klicke darauf und ziehe einen Faden nach rechts. Suche im Menü nach Make Rotator.

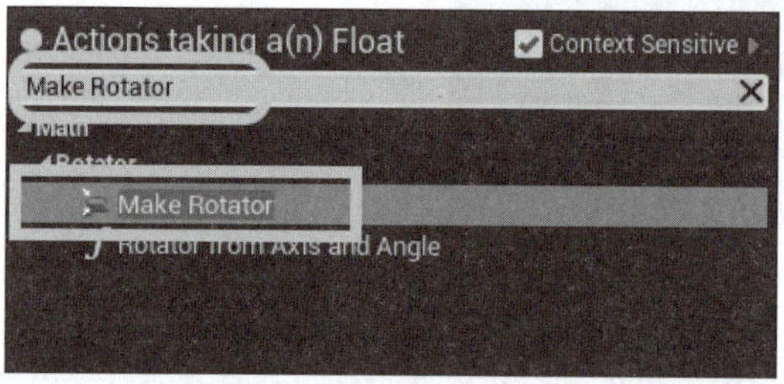

Anschließend gibt es jetzt drei Knoten für die Rotationskontrolle. Make Rotator hat die Aufgabe, die drei getrennten Rotationswerte zu verteilen.

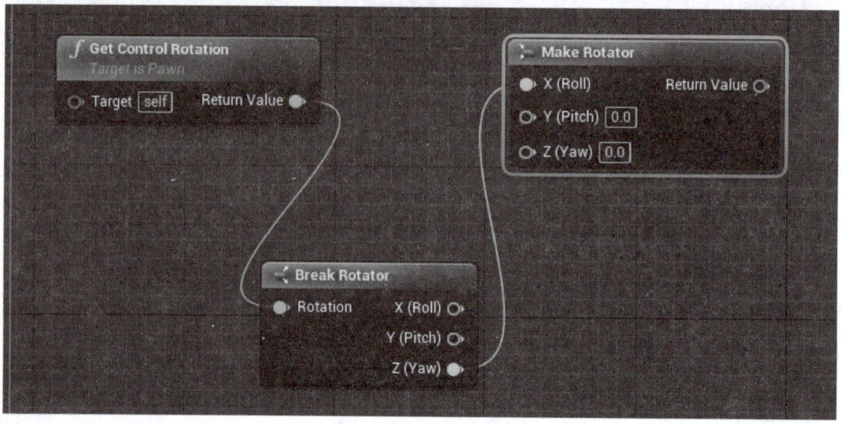

Allerdings scheint hier mit der Verteilung etwas nicht zu stimmen: Der Yaw-Ausgang des Break Rotators ist mit dem Roll-Eingang des Make Rotators verbunden.

Klicke mit der rechten Maustaste im Make-Knoten auf den Eintrag X (Roll) und wähle im Kontextmenü den Eintrag Break link to Break Rotator.

Alt + Rmouse auf Eingang

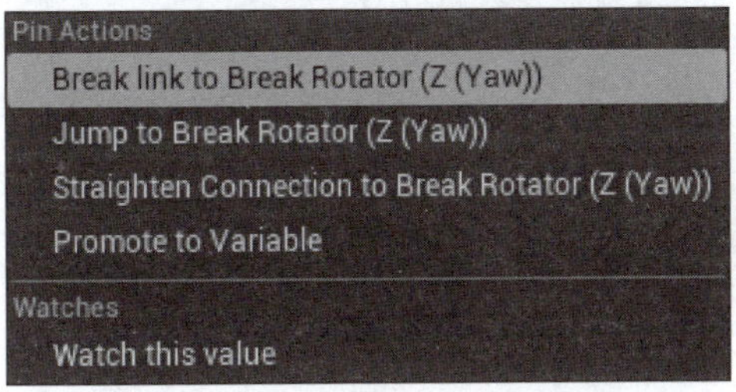

Nun gibt es zwischen den beiden Knoten keine Verbindung (mehr). Die lässt sich aber leicht neu herstellen, diesmal zum richtigen Eingang.

» Klicke auf den Yaw-Ausgang des Break-Knotens und ziehe den Verbindungsfaden zum Yaw-Eingang des Make-Knotens.

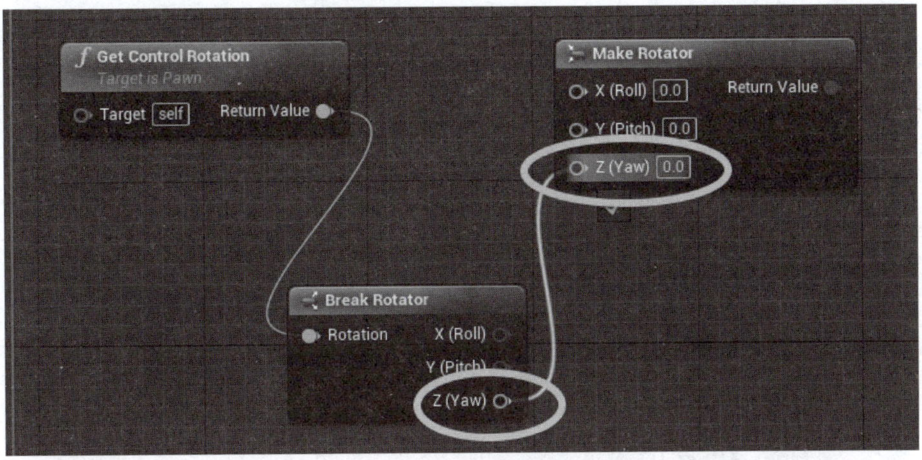

Nun passt alles, aber es fehlt noch eine Verknüpfung zu den Knoten für die Bewegungen (Movement).

» Klicke im Make-Knoten auf den Kreis hinter Return Value und ziehe die Linie zu einem der beiden Vektor-Knoten, zum Beispiel Get Forward Vector. Dann wiederhole das Gleiche für den anderen Vektor-Knoten.

akzeptiert, aber nicht ganz klar warum?

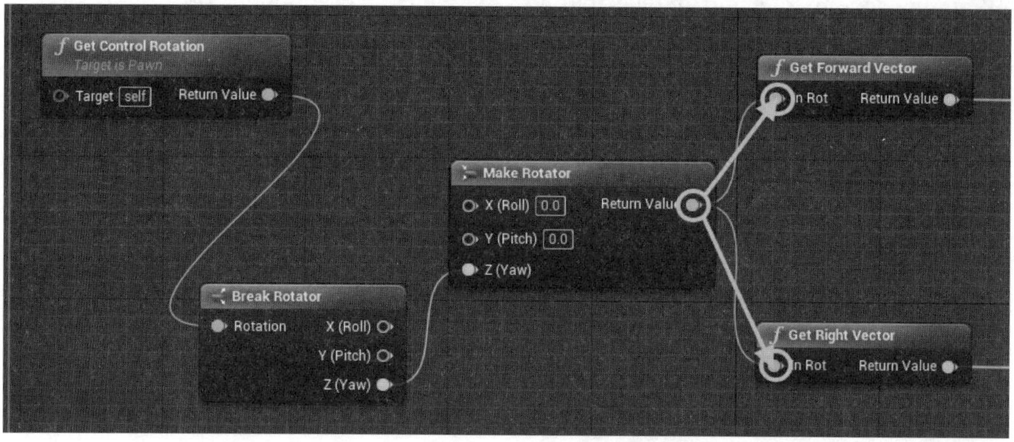

Diese Verbindung sorgt nun dafür, dass Drehung und Bewegungen endlich synchronisiert werden.

- Kompiliere und speichere das Player-Blueprint, dann starte das Spiel und probiere aus, wie die Figur sich mit Tasten und Maus bewegen und drehen lässt (→ WALKER1).

Die eben kennengelernte Kombination aus zwei Verteiler-Knoten ermöglicht es, einzelne Werte eines Vektors auszuwerten und zu nutzen.

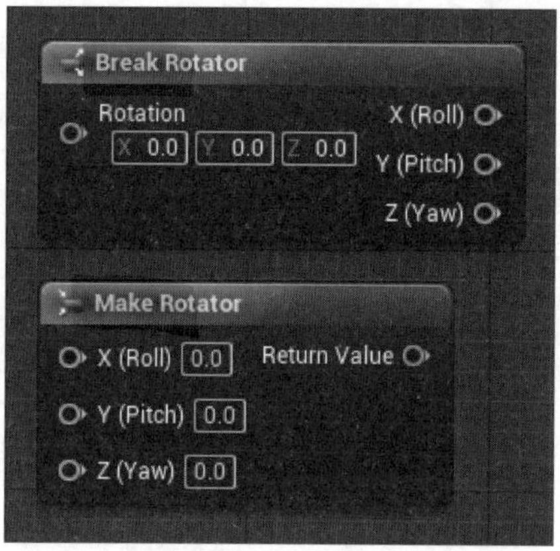

Vektor aufteilen (Break)

Einzelwert auslesen (Make)

Kamera-Einstellung

Nun fehlt uns noch die Installation der Knoten für LOOKUP. Dazu muss das Blueprint für den Player geöffnet sein.

≫ Suche dir ein freies Plätzchen, wo du deine Knoten unterbringen kannst. Dann klicke mit der rechten Maustaste auf die Fläche.

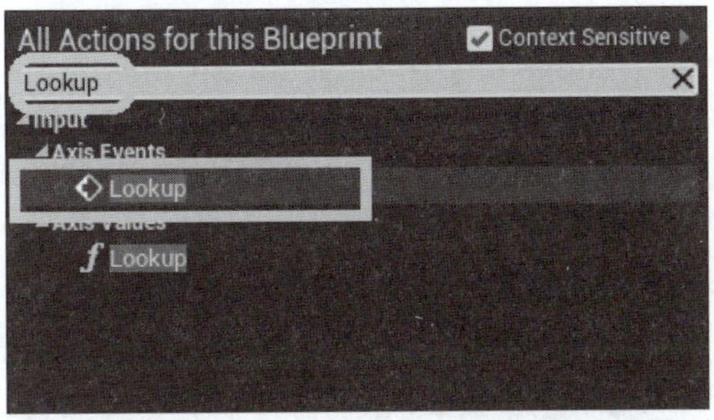

≫ Suche nach `Lookup` und wähle den gleichnamigen Eintrag unter AXIS EVENTS. Dann ziehe einen Verbindungsfaden nach rechts.

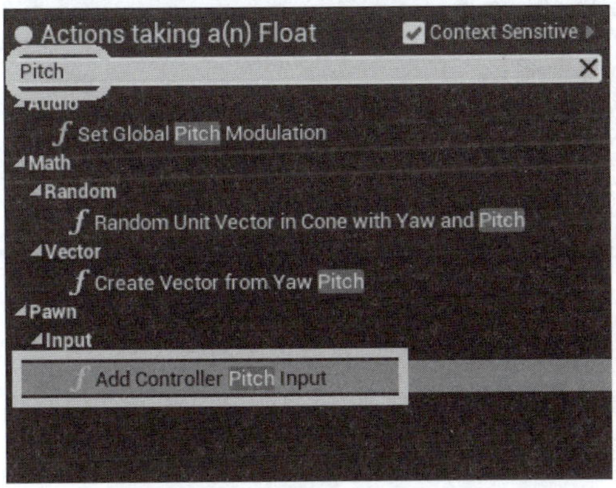

≫ Im nächsten Kontextmenü suche nach `Pitch` (bei `Lookup` findet er nichts Passendes). Wähle dann den Eintrag ADD CONTROLLER PITCH INPUT.

> Warum PITCH? Weil das Auf- und Abschauen sich um die X-Achse dreht. Bei YAW ging es ja um die Z-Achse.

Bei mir sieht das Ganze anschließend so aus:

Funktionieren kann es so aber noch nicht, denn drehen soll sich nicht die Figur, sondern nur die Kamera, also quasi der Kopf der Figur mit den Augen.

≫ Für die entsprechende Kamera-Einstellung bleibst du im Blueprint-Fenster. Markiere dort links den Eintrag CAMERA, wandere dann nach rechts und suche dort im DETAILS-Fenster den Bereich CAMERA SETTINGS.

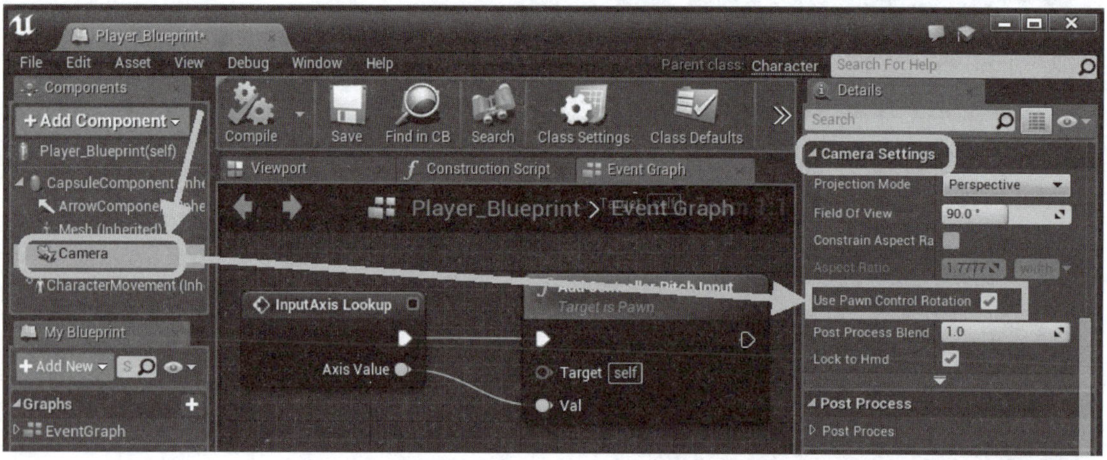

≫ Sorge dafür, dass hinter USE PAWN CONTROL ROTATION ein Häkchen steht.

Das heißt nichts anderes, als dass die Kamera die LOOKUP-Steuerung des Players übernimmt und einsetzt.

≫ Abschließend sollte alles wieder kompiliert und gespeichert werden. Und einem erneuten Spielstart steht nichts mehr im Wege.

Und nun kann der Player sich auch umschauen – na ja, nach oben und unten, denn bei der Drehung schwenkt ja die Kamera sowieso mit.

Gehen oder Laufen?

Normalerweise spaziert man eher gemütlich durch die Gegend, doch je nach Spieletyp ist es nicht selten auch mal nötig, dass der Player seine Geschwindigkeit erhöht, zum Beispiel wenn er fliehen oder jemanden verfolgen will.

Und genau diese Eigenschaft spendieren wir jetzt auch unserer Spielfigur. Dabei benutze ich die ⇧-Tasten als Sprint-Tasten.

- Öffne über EDIT und PROJECT SETTINGS das Fenster für die Projekt-Einstellungen und schalte dort auf die INPUT-Seite um.

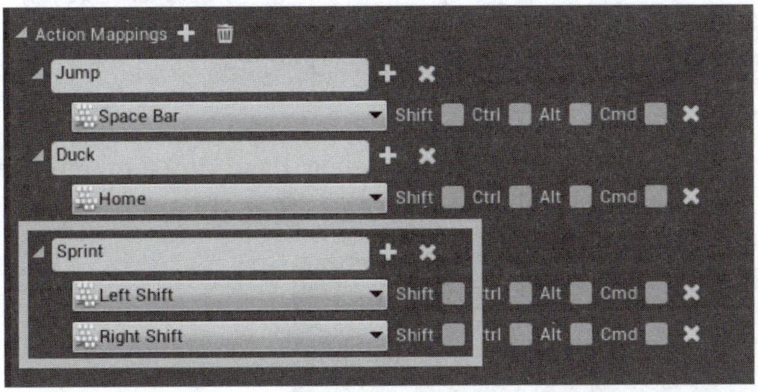

- Klicke auf das Plus hinter ACTION MAPPINGS und füge eine Option namens SPRINT hinzu. Weil beide ⇧-Tasten getrennt definiert sind (sie stehen in der Liste ziemlich weit unten), brauchen wir auch zwei Tastenbelegungen.

Die SHIFT-Einstellung dahinter wird nur aktiviert, wenn man eine Zusatztaste benutzt. Für manche Aktionen kann eine Kombination aus mehreren Tasten sinnvoll sein.

- Nun kannst du das Fenster für die Projekt-Einstellungen wieder schließen. Öffne das Blueprint-Fenster für den Player.
- Sorge dafür, dass die Seite EVENT GRAPH angezeigt wird. Klicke dort mit der rechten Maustaste auf eine freie Fläche und gib im Suchfeld des Kontextmenüs `Sprint` ein. Wähle den gleichnamigen Eintrag unter ACTION EVENTS.

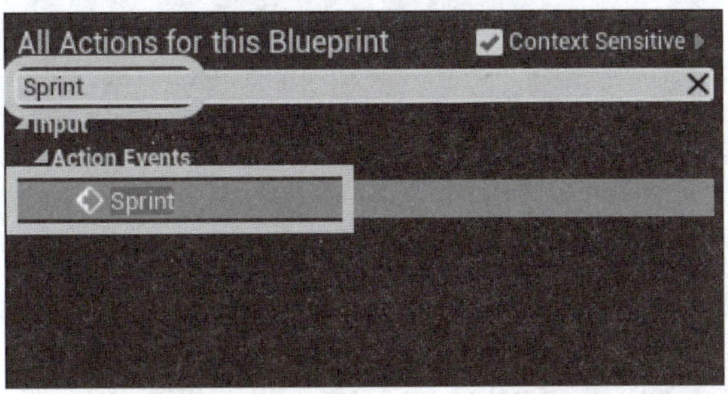

Direkt verknüpfen können wir diesen Knoten nun nicht. Wir brauchen die Laufgeschwindigkeit (WALK SPEED), an die kommen wir aber nicht direkt heran.

Info

Du kannst es ausprobieren, indem du zum Beispiel nach `Speed` suchst. Mit dem Ergebnis GET MAX SPEED können wir nichts anfangen, denn wir wollen diesen Wert ja verändern, also brauchen wir eher etwas mit Set (= setzen) statt mit Get (= bekommen).

Wir müssen also erst einen kleinen Umweg gehen. Dazu klickst du mit der rechten Maustaste erneut ins Feld und suchst nach `Character Movement`.

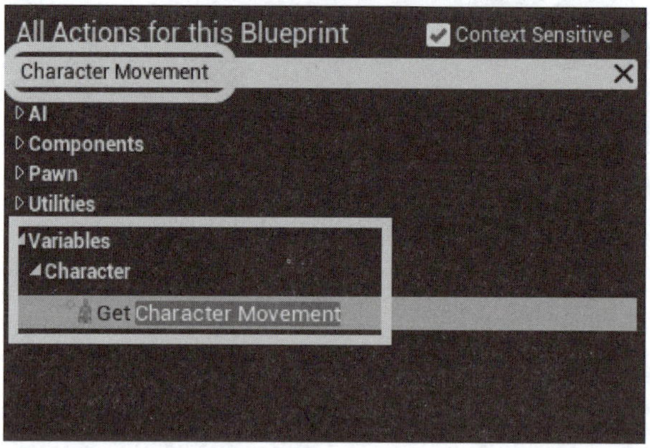

Das Ergebnis, das wir brauchen, steht sehr weit unten. Ich habe die anderen Einträge alle mal eingeklappt, damit die Liste möglichst übersichtlich wird.

Das, was wir hier brauchen, heißt GET CHARACTER MOVEMENT und steht unter VARIABLES und CHARACTER. Anschließend haben wir einen ungewohnt schlichten Knoten.

Hierbei handelt es sich um einen sogenannten Variablen-Knoten. CHARACTER MOVEMENT ist ja eine Komponente unseres Players und wird auch als Variable betrachtet.

≫ Ziehe nun vom CHARACTER MOVEMENT-Knoten einen Faden auf und suche im Menü nach `Set Speed`. Wähle dann den Eintrag unter CHARACTER MOVEMENT WALKING aus.

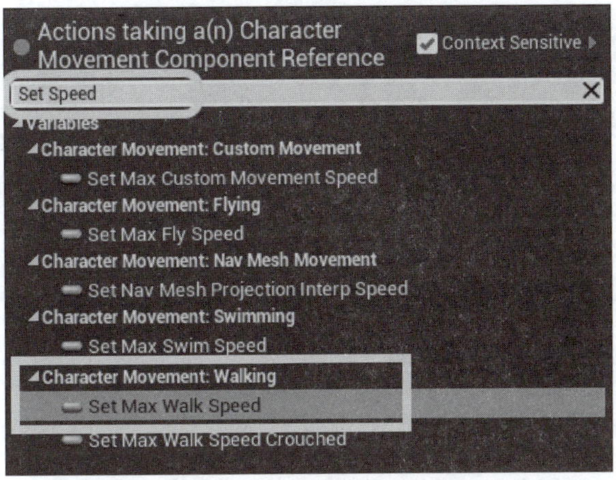

≫ Mit Klick auf SET MAX WALK SPEED erhältst du diesen Knoten:

≫ Wiederhole das Ganze jetzt noch einmal, bis die Knoten-Sammlung so aussieht:

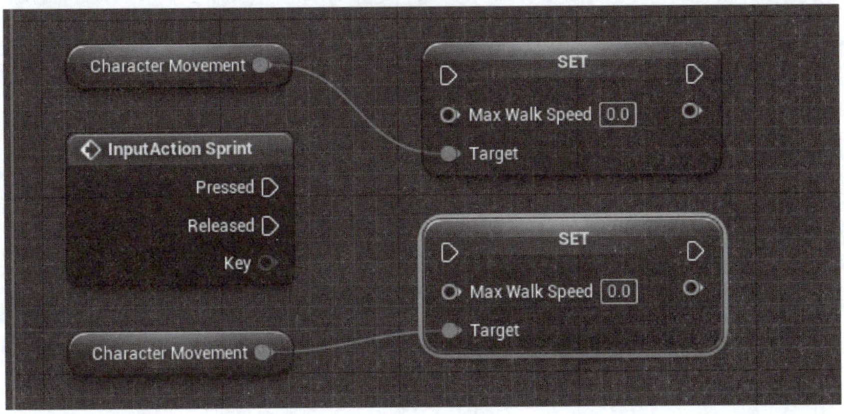

≫ Verbinde nun den Ausgang PRESSED von INPUTACTION SPRINT über den oberen Eingang mit dem oberen SET-Knoten. Dann verbinde RELEASED mit dem unteren SET-Knoten.

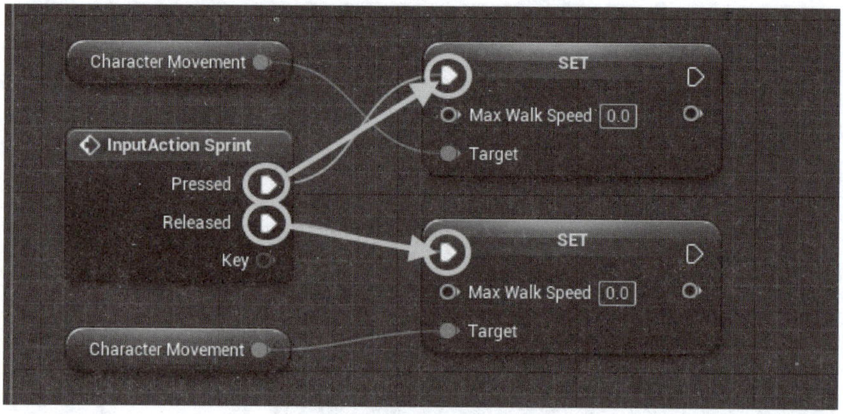

Damit hätten wir unseren Graphen fürs Gehen und Rennen. Allerdings fehlt noch etwas Wichtiges: Der Wert von MAX WALK SPEED beträgt jeweils 0. Das kann doch nicht sein, oder?

Unreal gibt eine maximale Geh-Geschwindigkeit von 600 vor. (Das lässt sich im DETAILS-Fenster unter CHARACTER MOVEMENT WALKING einstellen.)

≫ Klicke jeweils in das kleine umrandete Feld hinter MAX WALK SPEED und tippe dort zwei Zahlen deiner Wahl ein (Vorschlag: 1800 und 600, womit der Player 3-mal so schnell läuft, wie er geht). Wenn nötig, benutze die [F2]-Taste.

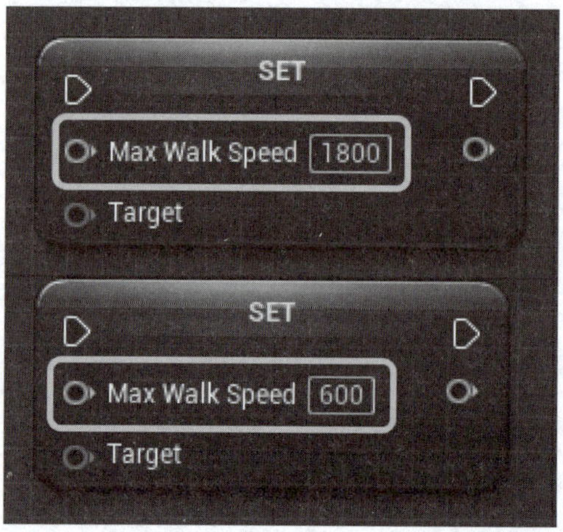

Sprinten (Pressed)

Gehen (Released)

≫ Nach dem Kompilieren und Speichern des Blueprints kannst du auch die Sprint-Funktion testen (→ WALKER1).

Mit dem SET-Knoten hast du nun ein Element kennengelernt, um Werte eines Objekts direkt zu ändern. Weitere neue Knoten-Typen werden dir im Laufe der kommenden Kapitel begegnen.

Zusammenfassung

Mit Blueprints bist du nun auf jeden Fall vertrauter geworden. Und dein Player hat ein bereits ansehnliches Maß an Bewegungsfreiheit. Diese Typen waren neu für dich:

(Deutsch)	(Englisch)	Bedeutung
Variablen-Knoten	Variable Node	Ermöglicht Zugriff auf Werte von Variablen beziehungsweise Objekten
Set-Knoten	Set Node	Lässt Änderung von Werten zu
Verteiler-Knoten	Break/Make Node	Trennt die Werte zum Beispiel eines Vektors und gibt sie einzeln aus

Du weißt, wie man eine Verbindung zwischen zwei Knoten löst und (wieder) herstellt.

Und du solltest auch noch mal wissen, wo du die Projekte und Lösungen zum Buch herunterladen kannst:

http://www.mitp.de/525

Ein paar Fragen ...

1. Was ist der Unterschied zwischen einem Ereignis-Knoten für INPUTAXIS und einem für INPUTACTION?
2. Was ist ein Vektor?
3. Was ist der Unterschied der Tastensteuerung beim Springen und beim Sprinten?
4. Wie synchronisiert man eine Drehung mit einer Geh-Bewegung?

... und eine Aufgabe

1. Spendiere dem Player auch einen Schleich-Modus (STROLL), mit dem er vorsichtig zum Beispiel an (tiefe) Abgründe herangehen kann.

4

Textur, Material, Mesh

Hier machen wir einen Schritt zurück. Erst einmal. Denn es geht hier anfangs um ganz normale Objekte und die Frage: Wie macht man aus einem langweilig aussehenden ein optisch ansprechendes »Ding«? Dazu bietet Unreal eine Fülle von Möglichkeiten, von denen du aber nur einige der wichtigsten kennenlernst.

Außerdem wollen wir den Player einmal sichtbar machen. Damit hast du die Wahl zwischen 1st Person und 3rd Person als Spielmodi.

In diesem Kapitel lernst du

- was Assets sind
- etwas über Material und Texturen
- was Mapping und Tiling bedeuten
- mehr über 1st Person und 3rd Person
- wie man den Player sichtbar macht
- was Mesh ist

Eine neue Spielszene

Wir beginnen mit einem neuen Projekt und lassen das alte erst einmal liegen – beziehungsweise den Player erst mal stehen.

- Wähle im Unreal Project Browser auf der Seite New Project oben links das Symbol für Blank.

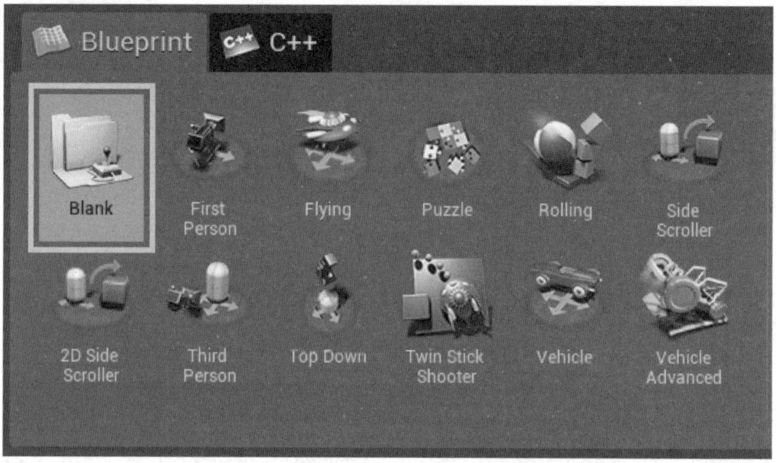

- Unten gibst du einen Namen ein oder lässt den von Unreal vorgegebenen stehen. (In diesem Fall geht es um ein Übungsprojekt, das darf also ruhig wieder `MyProject` heißen.) Abschließend klickst du auf Create Project.

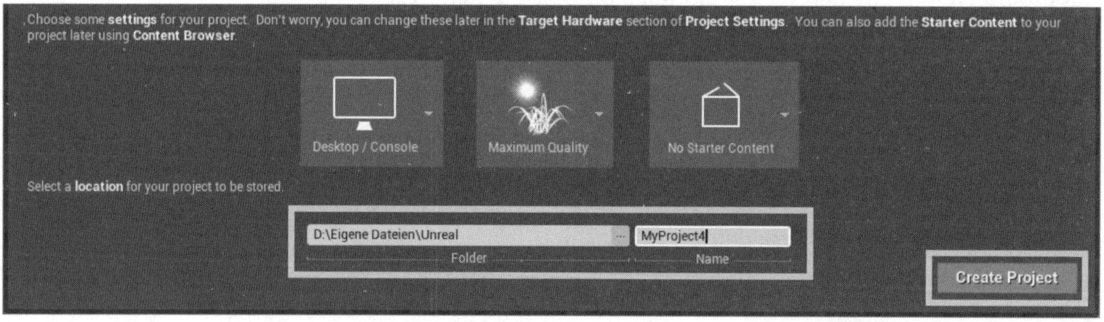

Und wieder erwartet uns ein (fast) leeres Spielfeld. Auf das ziehst du jetzt vom Modes-Fenster aus nacheinander jeweils eine Kugel (Sphere) und einen Würfel (Cube).

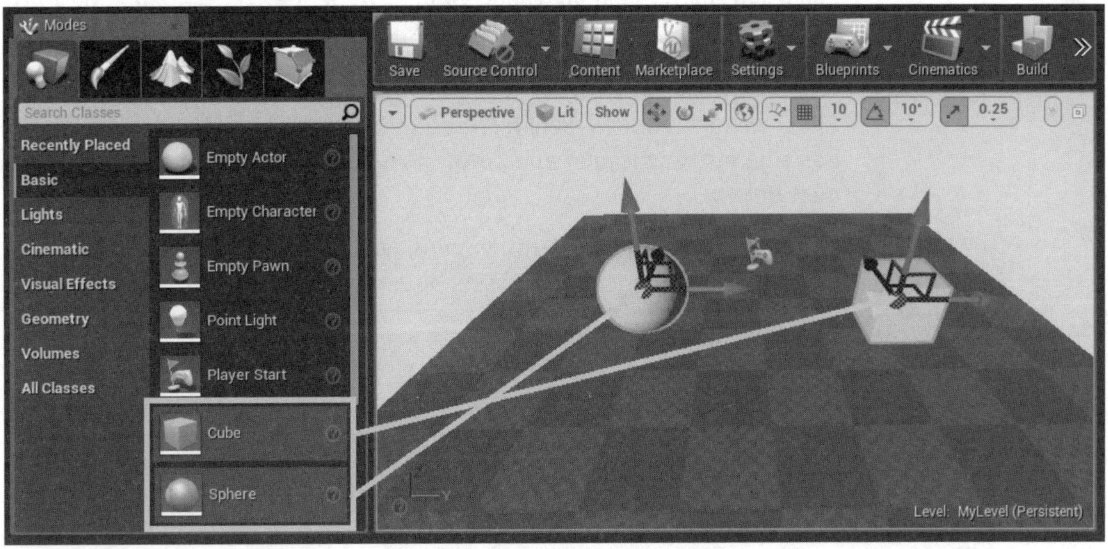

≫ Speichere alles über FILE und SAVE ALL.

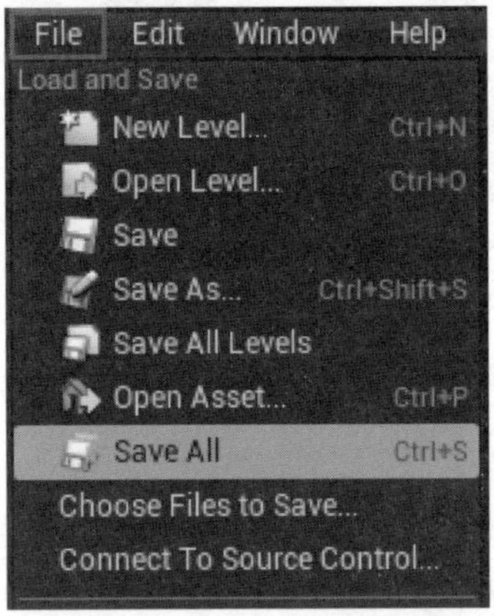

≫ Gib dem Level im Dialogfeld den Namen `MyLevel`. Dann klicke auf SAVE.

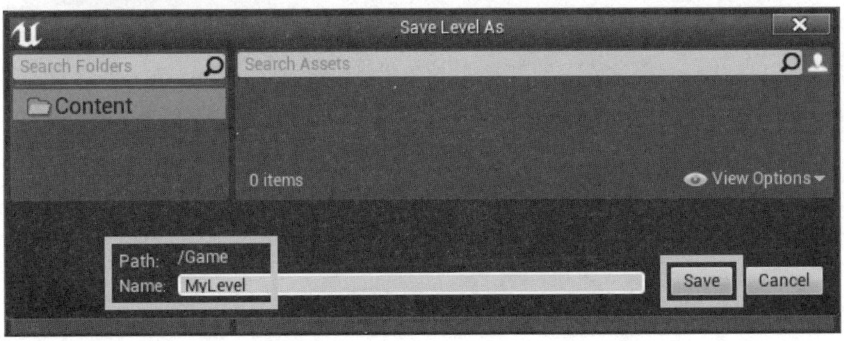

Bevor wir weitermachen, schaffen wir erst mal etwas Ordnung. Im CONTENT BROWSER stehen nun einige Aufräumarbeiten an. Bei der Gelegenheit erfährst du auch, was **Assets** sind.

Alles, was im CONTENT-Fenster »herumliegt«, wird als Assets bezeichnet. Das sind also sozusagen alle Zutaten zu deinem Spiel, die sich angesammelt haben.

Damit das nicht zu unordentlich wird, legen wir jetzt einige Ordner an, in die wir zusammengehörige Assets hineinpacken.

» Klicke mit der rechten Maustaste in das CONTENT-Fenster und wähle im Kontextmenü den oberen Eintrag NEW FOLDER.

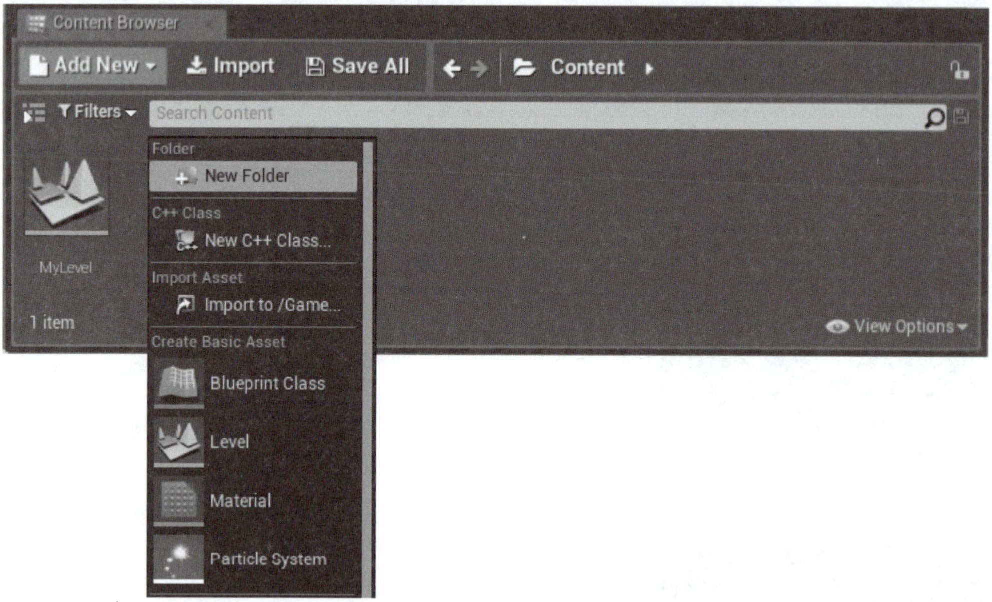

» Benenne den neuen Ordner in `Levels` um.

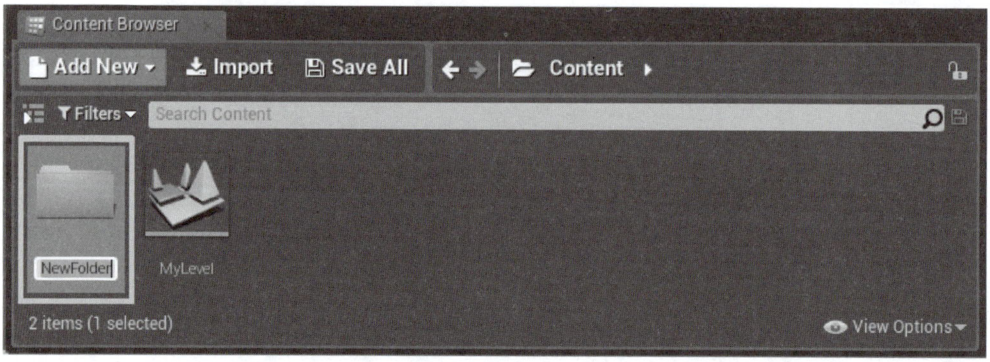

≫ Wiederhole das Ganze, bis du insgesamt diese vier Ordner zusammenhast: BLUEPRINTS, LEVELS, MATERIALS, TEXTURES.

≫ Und nun schiebe MYLEVEL in den LEVELS-Ordner. Wähle im kleinen Kontextmenü den Eintrag MOVE HERE.

Und schon ist das Level-Symbol im entsprechenden Ordner untergebracht.

Das war's dann auch schon mit Aufräumen. Nun können wir uns wieder der neuen Szene widmen.

Material und Texturen

Den beiden neuen Objekten (Actors) wollen wir jetzt etwas Farbe oder auch ein Muster verpassen.

Dazu benötigt man zuerst ein **Material.** Das lässt sich direkt einfärben oder man kann darauf ein Bild beziehungsweise Muster auftragen, die sogenannte Textur. Und Unreal sorgt dafür, dass sich die **Textur** wie eine Haut an das Objekt anschmiegt.

Während das Material also quasi das Fleisch ist, das natürlich schon eine Farbe haben kann, macht die Textur als Haut die eigentliche Struktur aus. Material allein kann immer nur einfarbig sein, die Textur ist dann sozusagen die Musterung.

Zuerst brauchen wir Material von außen. Und zwar Bild-Dateien, am besten vom Format JPG oder PNG. Die sollten nicht etwa Fotos, sondern Muster enthalten.

Wichtig ist: Alle Texturen, die du einsetzen willst, müssen nahtlos sein, das heißt: Man muss eine Textur an die andere anfügen können, ohne dass man eine Übergangsnaht sieht.

Das Format JPG lässt sich besser komprimieren, braucht also weniger Speicherplatz, in PNG lässt sich eine Farbe als durchsichtig festlegen. Breite und Höhe der Bilder sollten ein Vielfaches von 8 sein, also zum Beispiel 128, 256, 512, 1024 Pixel.

Am besten, du stöberst im Internet nach Bildern mit Texturen, die aus deiner Sicht zu den Objekten sowie der Bodenfläche passen könnten (denn die Ebene wollen wir natürlich auch »anmalen«).

Im Folgenden gehe ich davon aus, dass du einen Windows-Ordner mit Textur-Dateien hast. Denn nun importieren wir einige Texturen in den CONTENT BROWSER.

≫ Dazu wechselst du dort in den Ordner TEXTURES.

Dann öffne den Windows-Ordner mit deinen Texturen. Klicke dort alle Dateien an, die du in dein Projekt importieren willst. Dann ziehe sie mit der Maus ins CONTENT-Fenster.

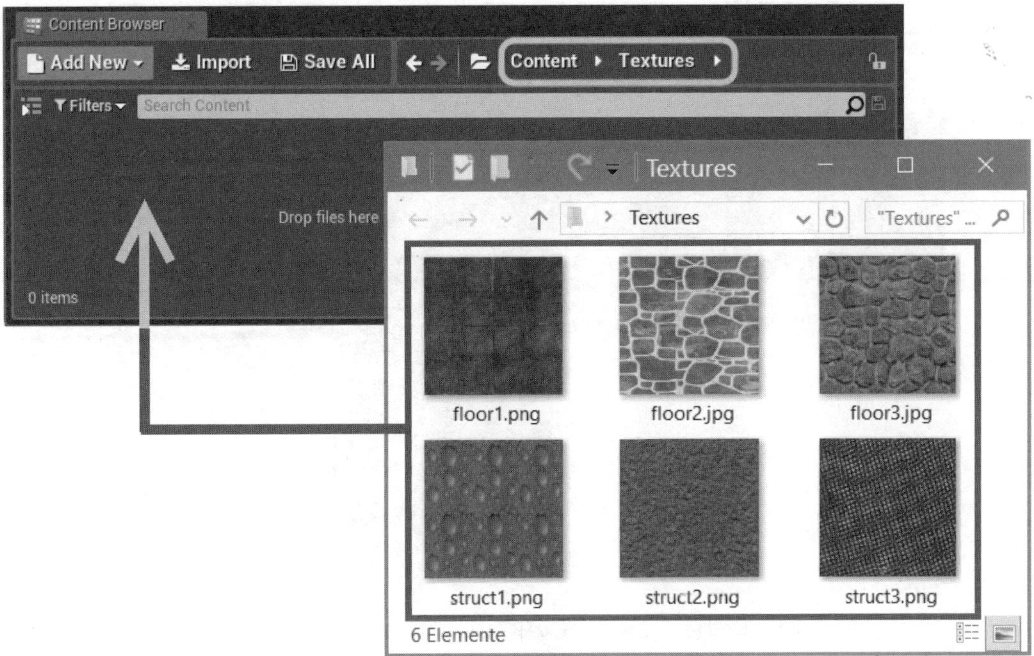

Eine andere Möglichkeit ist es, die Texturen über die IMPORT-Schaltfläche zu laden. Dann bekommst du ein Dialogfenster, in dem du nach den Dateien suchen kannst, die du importieren willst.

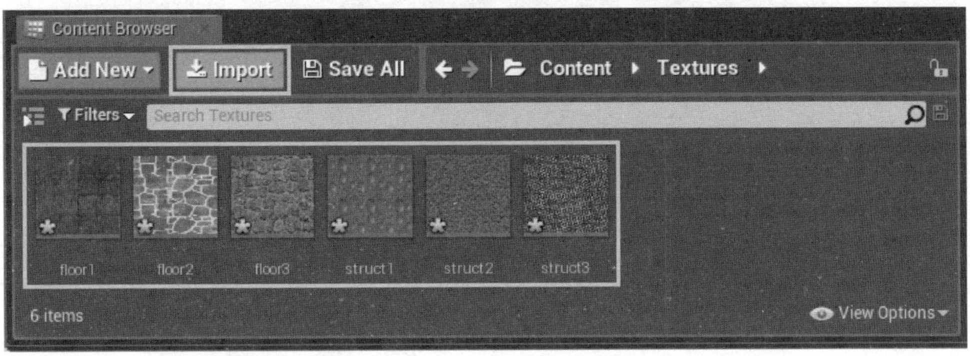

Texturen haben wir nun, jetzt geht es ans Material.

- Dazu wechselst du im CONTENT-Fenster zum MATERIALS-Ordner und klickst dort mit der rechten Maustaste in die freie Fläche. Oder du benutzt den Button ADD NEW.

≫ Wähle den Eintrag MATERIAL im Kontextmenü.

Und im CONTENT BROWSER gibt es ein neues Asset. Es spricht nichts dagegen, den Namen erst mal so zu lassen.

≫ Doppelklicke nun auf das MATERIAL-Symbol und öffne so das entsprechende Bearbeitungsfenster.

Erinnert mehr als nur ein bisschen an ein Blueprint-Fenster. Offenbar wird auch hier mit Knoten gearbeitet, denn einer mit dem Titel NEWMATERIAL ist ja schon vorhanden.

Als Erstes verfügbar ist der sogenannte Material-Knoten. Über die verschiedenen Anschlüsse lassen sich unter anderem Effekte einstellen. Für unsere Zwecke reicht der Eingang BASE COLOR.

Wie kriegen wir jetzt eine Textur zum Material? Zuerst einmal musst du überlegen: Wofür soll dieses Material sein? Für die Kugel oder den Würfel? Oder für den Boden? Danach suchst du dir eine Textur aus.

≫ Wechsle nun im CONTENT-Fenster (am besten über die **obere Leiste**, in der der komplette Pfad steht) zum TEXTURES-Ordner.

≫ Dann klickst du auf die Textur deiner Wahl und ziehst sie direkt in den karierten Bereich des Material-Fensters.

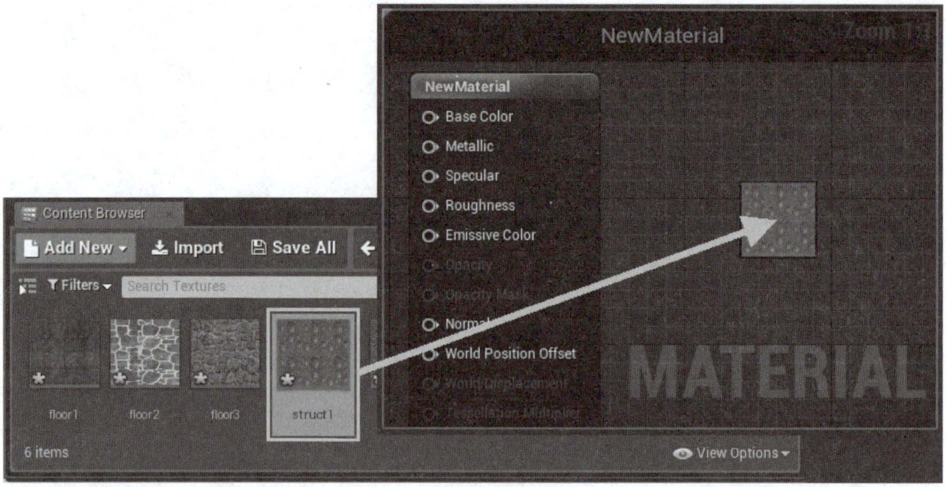

Anschließend gibt es dort einen neuen Textur-Knoten. Und die Textur erkennt man auch.

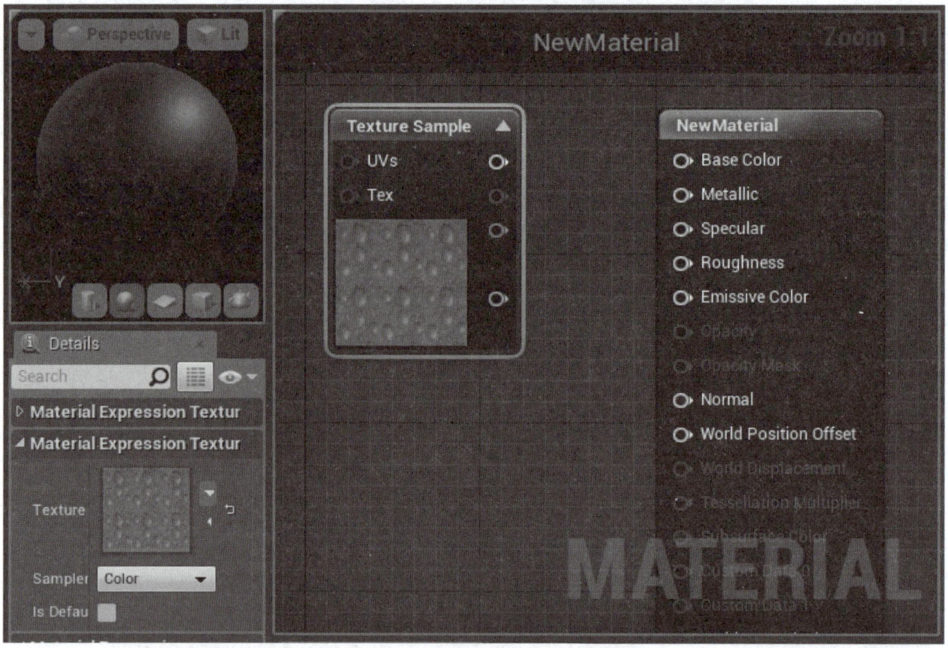

Ich habe die Position der beiden Knoten so vertauscht, dass sie besser miteinander verknüpft werden können, denn das steht als Nächstes an.

» Klicke im TEXTURE SAMPLE auf den oberen weißen Ausgang bei MEWMATERIAL und ziehe den Verbindungsfaden nach rechts zum Eingang BASE COLOR.

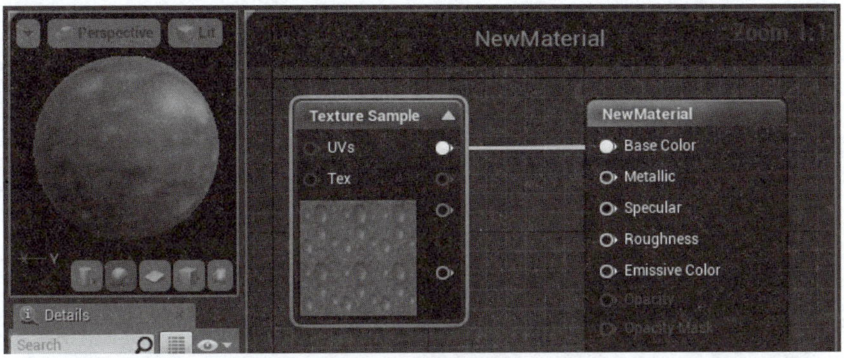

Es dauert eine Weile, dann nimmt die Kugel rechts oben die Textur an. Dein Material ist erst mal fertig. Natürlich kann man noch eine Menge bearbeiten, das interessiert uns jedoch augenblicklich nicht.

≫ Klicke oben in der Symbolleiste auf SAVE, dann kannst du das Material-Fenster wieder schließen.

Material-Einsatz

≫ Und nun wechselst du im CONTENT BROWSER in den MATERIAL-Ordner, klickst auf das Material-Symbol und ziehst es auf die Kugel im Editor-Fenster.

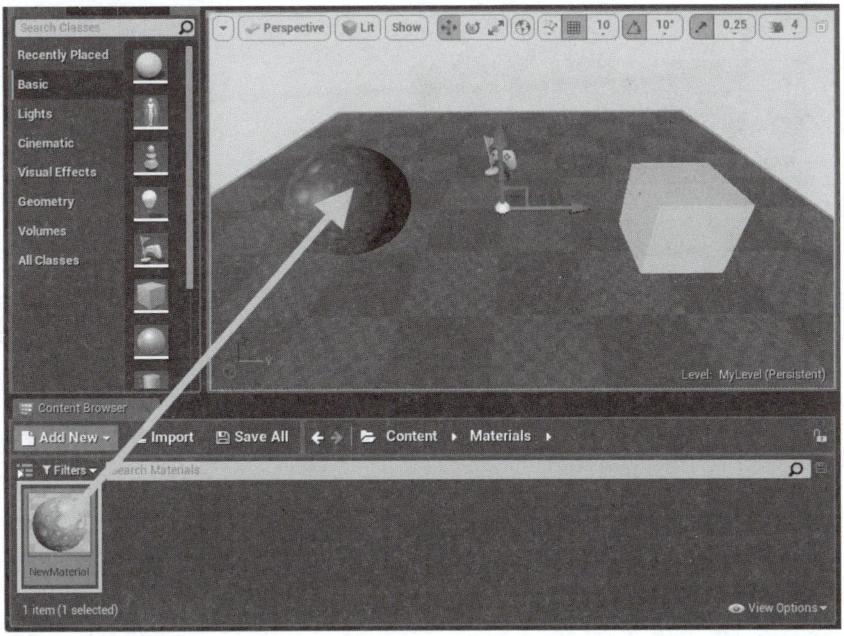

Und schon hat diese ihr Material samt Textur. Und wenn dir das nicht gefällt, kannst du es jederzeit ändern.

Objekt anklicken

Rechts im DETAILS-Fenster wird dir unter MATERIAL das neue Material angezeigt. Dort kannst du mit Klick auf NEWMATERIAL (rechts neben dem Bild mit der Kugel) ein Menü öffnen.

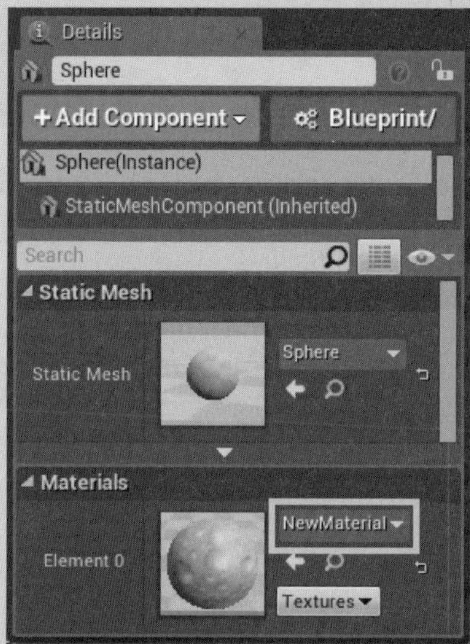

Ein Klick auf die Option CLEAR entfernt das Material wieder von der Kugel.

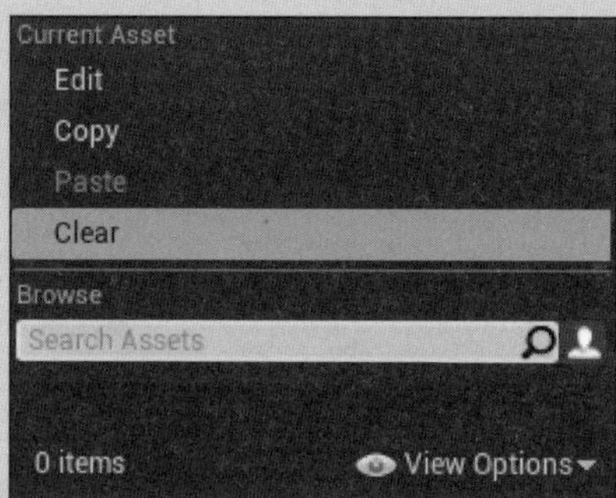

Und falls das nicht beabsichtigt war: Mit [Strg]+[Z] lässt es sich wieder rückgängig machen.

Es bietet sich an, auch gleich dem Würfel und dem Boden ein texturiertes Material zu verpassen.

≫ Erzeuge zwei neue Materialien. Bei der Gelegenheit könntest du auch gleich neue Namen vergeben. Die kannst du vom Objekt ableiten, das du mit dem Material versiehst, oder du orientierst dich beim Namen an der Textur.

Meine Sammlung sieht schließlich so aus – erst einmal:

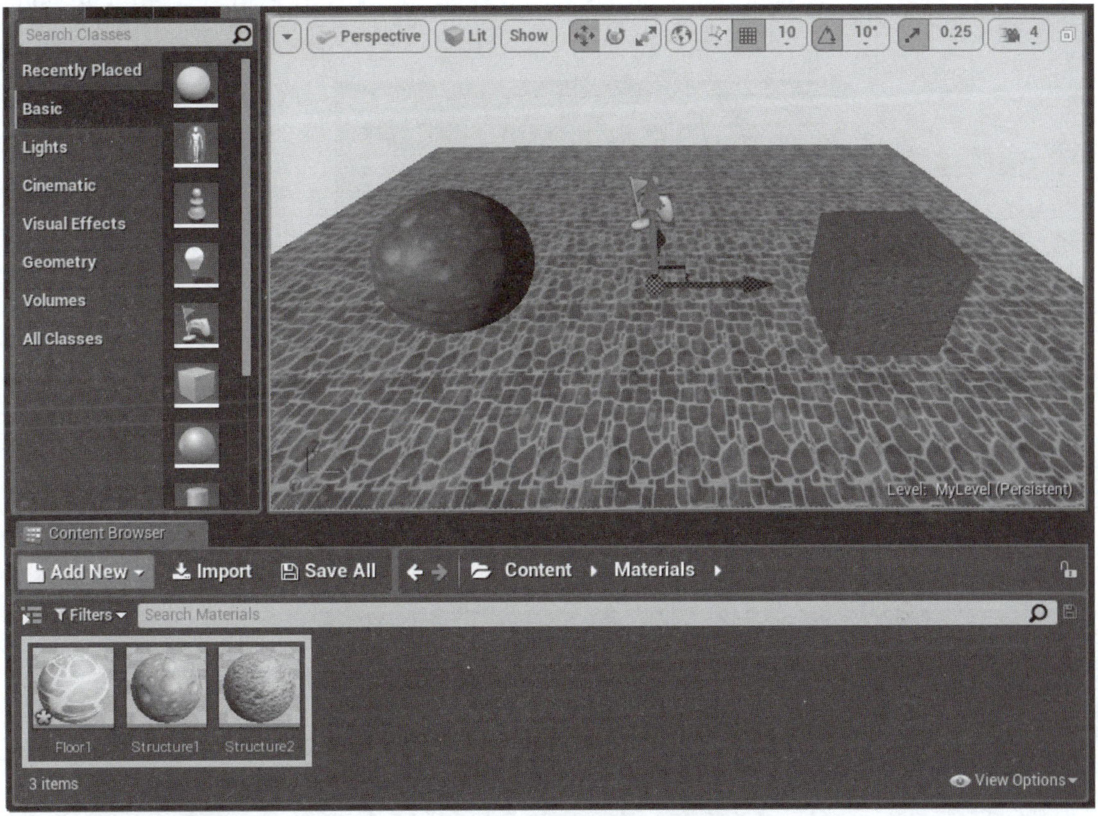

Wenn du alle Objekte mit einem Material versehen hast, wie es dir gefällt, empfiehlt es sich, das gleich zu speichern (→ MYPROJECT3).

Mapping

Hin und wieder wirkt die Textur an einigen Objekten arg gedehnt. Normalerweise wird nämlich eine Textur einmal aufgetragen und in der Größe an die Maße der Unterlage angepasst. Anders handhabt Unreal das zum Beispiel bei der Spielfläche (FLOOR). Da werden jeweils zehn Textur-Kacheln nebeneinander gelegt.

Oft kann es sinnvoll sein, selber festzulegen, wie oft dieselbe Textur neben- und untereinander angeordnet werden soll. Das nennt man **Tiling**.

- Dazu öffnest du durch Doppelklick auf das entsprechende Material-Symbol noch einmal das Bearbeitungsfenster.
- Klicke diesmal auf den kleinen Kreis **vor** dem Eintrag UVs. Im Kontextmenü gibst du als Suchtext mindestens `TextureCo` ein, und dann wählst du unter COORDINATES den Eintrag TEXTURECOORDINATE.

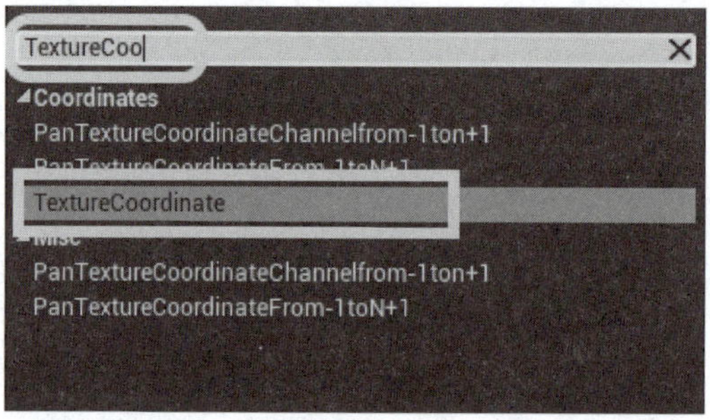

Der kleine neue Knoten wirkt ziemlich unscheinbar. Er ist aber für die Aufteilung der Textur zuständig. Für das Tiling müssen ja die Textur-Koordinaten festgelegt sein, damit Unreal weiß, wo genau sie die »Kacheln« verlegen soll. Denn nichts anderes ist das Hintereinander-Auftragen einer Textur.

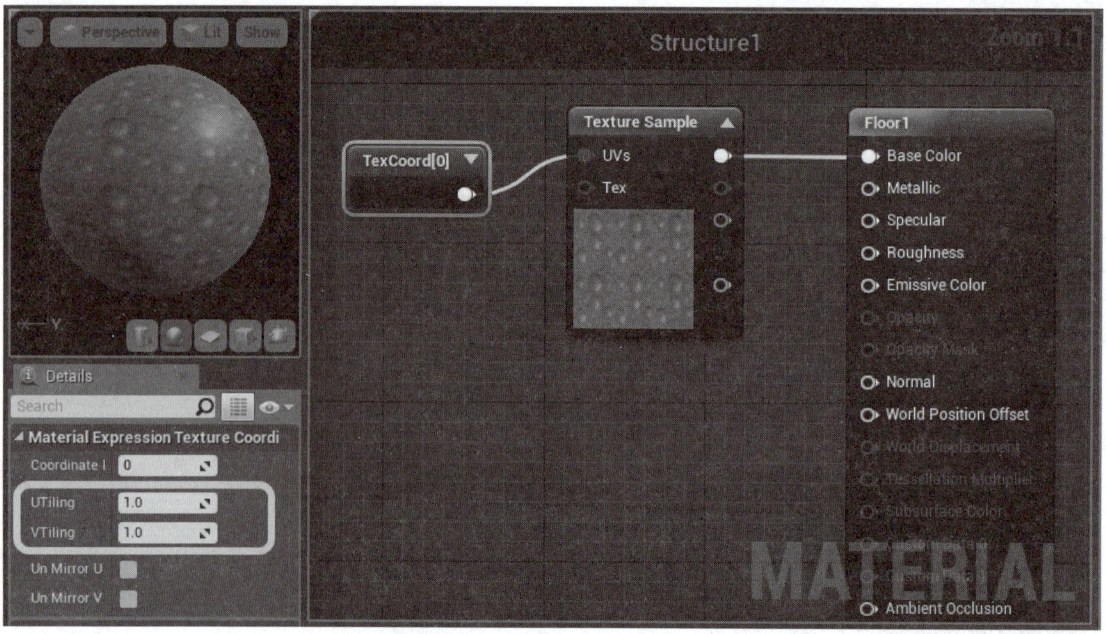

Schauen wir jetzt mal ins DETAILS-Fenster, das liegt hier links unten. Hinter den Einträgen UTILING und VTILING steht jeweils die Zahl 1.0.

≫ Ändere das jetzt in einen höheren Wert um, gib zum Beispiel jeweils 2 (oder 5) ein. Danach speichere das Ganze und schließe das Material-Fenster wieder.

Am Beispiel eines Würfels möchte ich einmal den Unterschied zeigen. Links beträgt das Tiling 1 (= eine einzige Textur pro Würfelfläche), recht ist der Wert 2 (das macht 2 x 2 = 4 Texturen pro Würfelfläche).

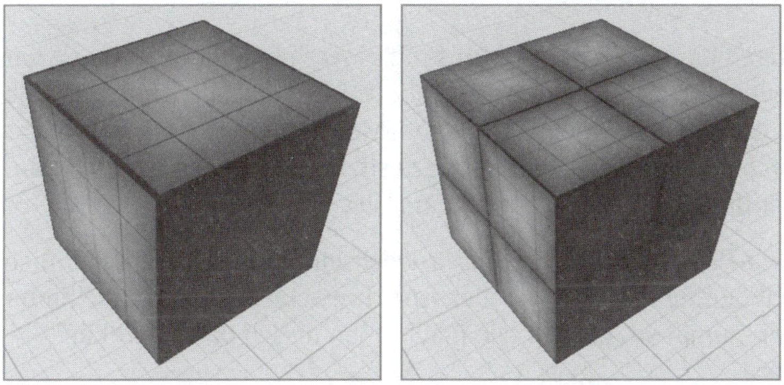

Was bedeutet eigentlich UV? Und was heißt dann U-Tiling und V-Tiling? Bevor wir das klären, solltest du wissen, was **Mapping** ist: das Auftragen eines zweidimensionalen Bildes als Textur auf einen dreidimensionalen Körper. Was bisweilen sehr komplex sein kann, wenn der Körper nicht ein einfacher Würfel oder eine Kugel ist, sondern zum Beispiel der Rumpf einer Person.

Damit die Textur nicht irgendwo irgendwie aufgetragen wird, muss es Koordinaten geben, die die Position einer Textur klar festlegen. Normalerweise setzt man für 2D-Koordinaten die Buchstaben X und Y ein.

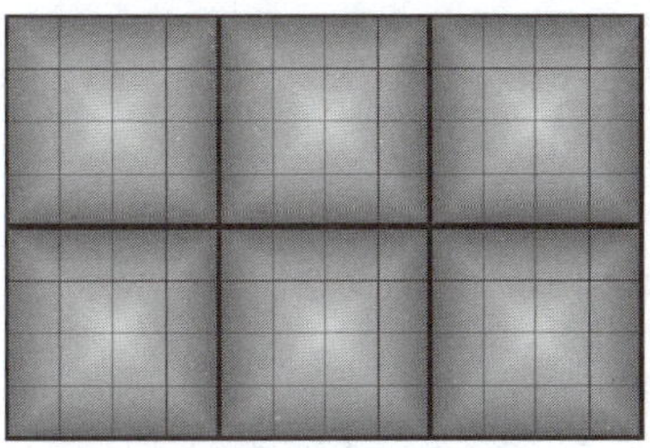

V-Tiling (2x senkrecht)

U-Tiling (3x waagerecht)

Beim Mapping macht man es anders, hier benutzt man stattdessen U und V zur Kennzeichnung der Koordinaten. Deshalb heißt das Ganze dann UV-Mapping. Und damit dürfte auch klar sein, dass U-Tiling die waagerechte und V-Tiling die senkrechte Kachelung einer Fläche mit Texturen bezeichnet.

1st oder 3rd?

In den letzten Kapiteln haben wir uns mit einer Spielfigur befasst, die wir selbst steuern können. Sichtbar war diese Figur im Spiel nie, weshalb man den Spielmodus auch 1st-Person-Modus nennt: Man sieht das Ganze durch die Augen des Players. Dazu sitzt die Kamera auch direkt auf dem unsichtbaren kapselförmigen Rumpf des Players.

Um von 1st Person zu 3rd Person zu wechseln, müssten wir eigentlich erst einmal nur die Kamera ein Stück zurückverschieben, sodass sie hinter dem Player-Rumpf sitzt. Doch wie macht man diesen dann sichtbar?

Beginnen wir erst mal mit dem Versetzen der Kamera.

- Öffne dazu über File und Open Project dein letztes Projekt mit dem Player-Objekt.

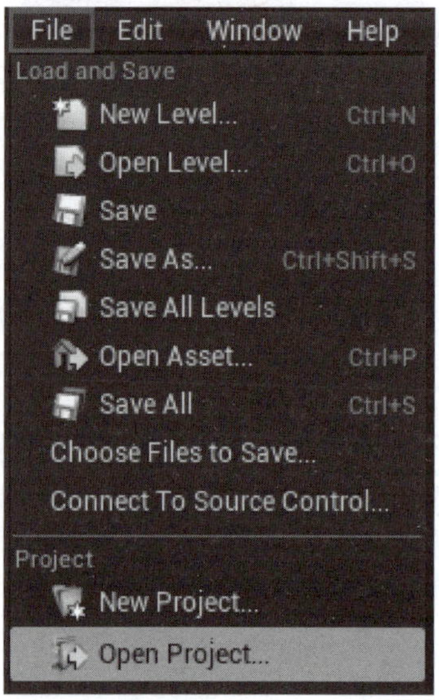

- Auch in diesem Projekt solltest du zuerst im Content Browser ein paar zusätzliche Ordner anlegen: mindestens Blueprints und Levels. Dann verschiebst du die Dateien PLAYER_BLUEPRINT und MYGAME sowie MYLEVEL in die entsprechenden Ordner.

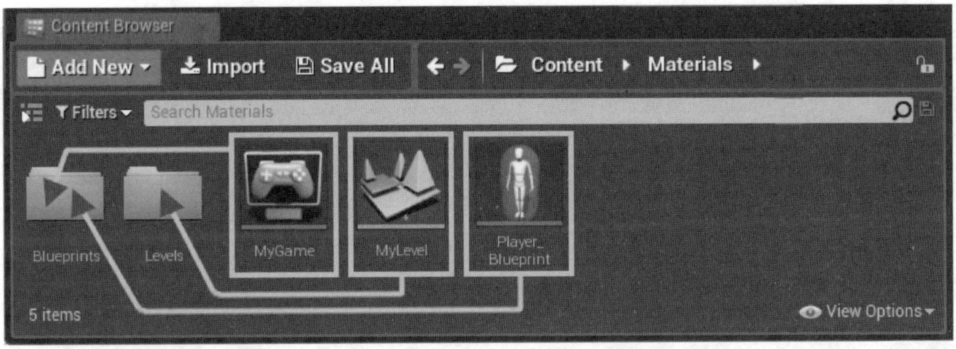

Einen Haken gibt es: Dass sich MYGAME nun an einem anderen Platz befindet, kriegen die Projekt-Einstellungen nicht mit. Folglich ändert sich dort die Einstellung für DEFAULT GAMEMODE auf NONE.

≫ Öffne also über EDIT und PROJECT SETTINGS das entsprechende Fenster und schalte dort auf die Seite MAPS & MODES um. Dann setze den Spielmodus wieder auf MYGAME.

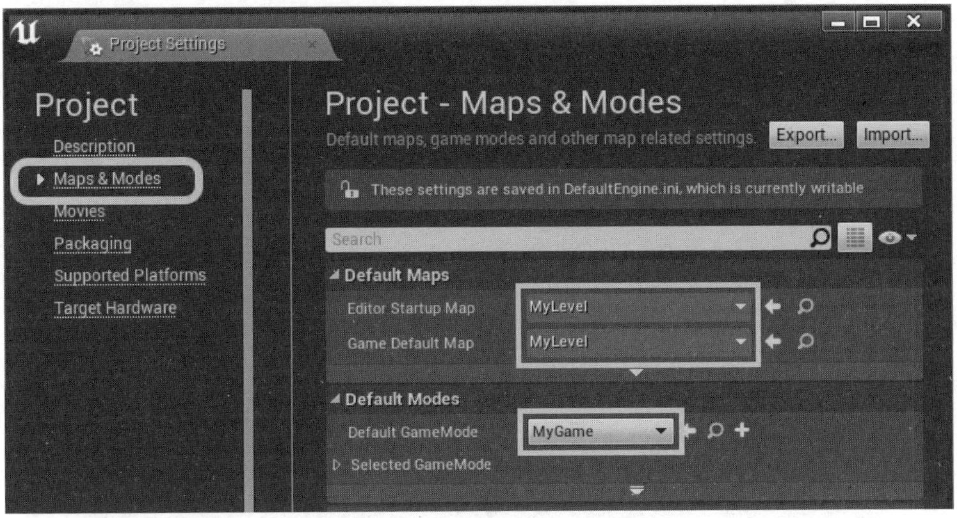

≫ Außerdem sorgst du dafür, dass die Szene auch im Editor-Fenster angezeigt wird, indem du gegebenenfalls unter DEFAULT MAPS MYLEVEL einstellst.

Wenn du willst, kannst du überprüfen, ob alles mit deiner Steuerung klappt. Und es kann nicht schaden, alles wieder einmal zu speichern.

≫ Dann öffne mit Doppelklick auf PLAYER_BLUEPRINT das Fenster für den Player. Wechsle dort auf die VIEWPORT-Seite.

Du siehst dort in der mittleren Fensterfläche das Kapsel-Element (das im Spiel unsichtbar bleibt) und die Kamera.

≫ Klicke rechts oben unter COMPONENTS auf den Eintrag CAMERA. Nun ist die Kamera markiert und man kann sie durch Ziehen an den Pfeilen verschieben. Ziehe die Kamera ein Stück nach ~~links~~. hinten

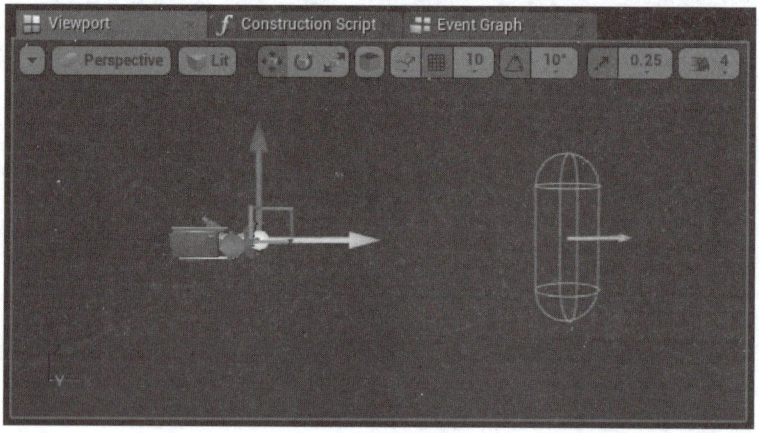

Der genaue Abstand lässt sich erst festlegen, wenn wir etwas Sichtbares in den Kapselkäfig gepackt haben. Leider genügt es nun nicht, den Kapsel-Komponenten ein Material zu verpassen. Das klappt übrigens auch nicht.

Man könnte dem Player ein Objekt (wie zum Beispiel eine Kugel) als Komponente hinzufügen und es in die Kapsel schieben. Dann bekommt man schon mal etwas vom Player zu sehen (auch wenn das zunächst nur eine Kugel ist).

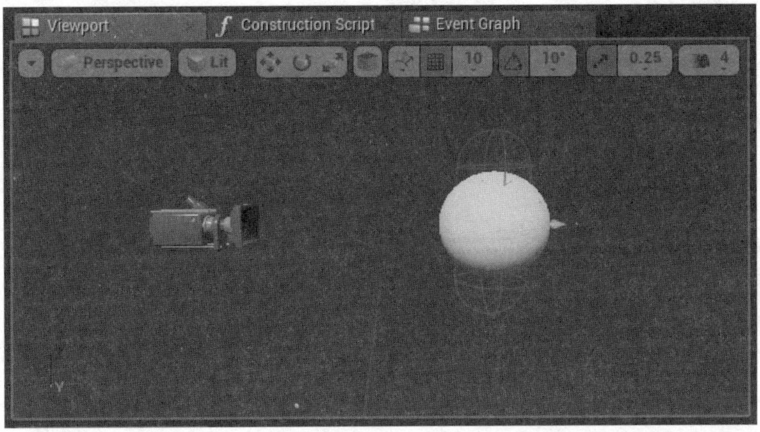

In meinen Fall gab es beim Spielstart allerdings Probleme: Bei einem Versuch bewegte sich die Kugel leider nicht mit. Beim nächsten Versuch gab es plötzlich zwei Kugeln: Eine lässt sich wie ein 3rd-Person-Player bewegen, die andere liegt nur so herum. Wenn Letzteres der Fall ist, dann muss man im Unreal-Hauptbereich (nicht im Blueprint-Fenster!) etwas nachbessern:

Markiere im DETAILS-Fenster den Eintrag SPHERE, dann klicke unter STATIC MESH auf die Schaltfläche SPHERE (hinter der Kugel).

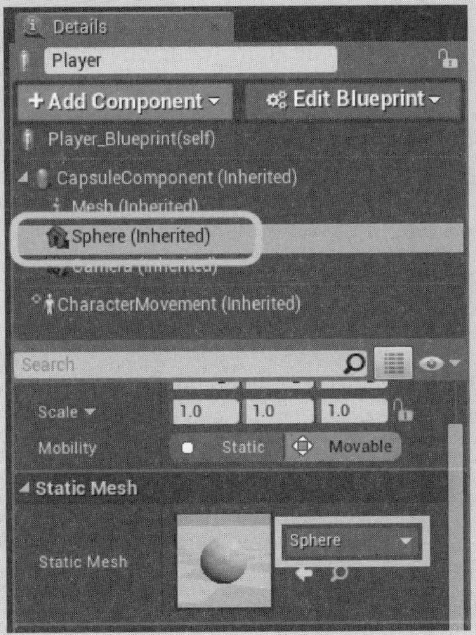

Klicke dort auf CLEAR und die zweite Kugel ist unsichtbar.

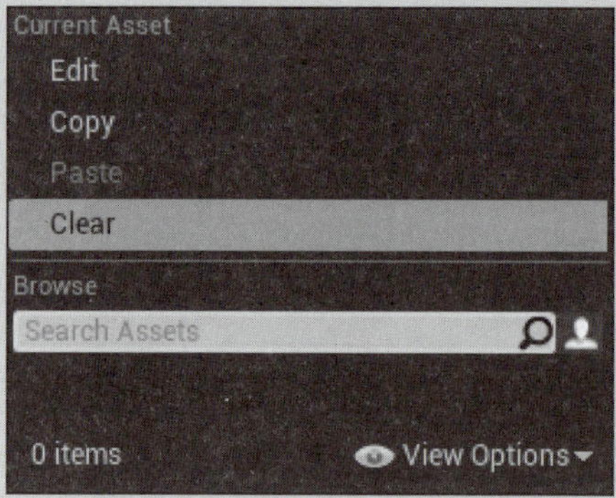

Import-Figur

Weil eine Kugel für uns kein allzu attraktiver Player ist, wäre eine echte Figur natürlich eine bessere Lösung. Aber woher nehmen wir die? Der Unreal Editor bietet nicht die Möglichkeiten, eine echte Person oder eine Kreatur einfach so mal eben herzustellen.

Aber im Internet findet man zahlreiche Angebote, unter anderem im Unreal-Marketplace (den erreichst du zum Beispiel über den Epic Game Starter). Darunter gibt es auch einige kostenlose Angebote, man muss nur lange genug stöbern, um sie zu finden.

Doch Unreal bietet ja selbst eine Figur an, die man sogar direkt aus dem CONTENT BROWSER heraus importieren kann.

≫ Dazu klickst du dort auf ADD NEW und im Menü auf den Eintrag ganz oben: ADD FEATURE OR CONTENT PACK.

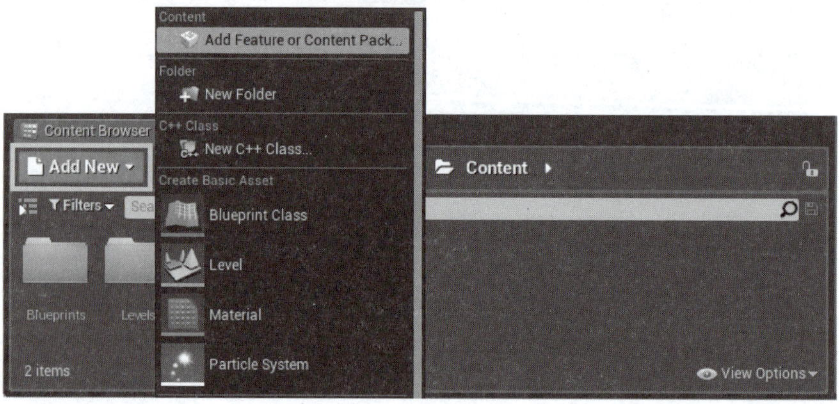

≫ Sorge dafür, dass die Seite BLUEPRINT FEATURE angezeigt wird. Suche dort das Symbol für THIRD PERSON und klicke darauf. Dann bestätige das Ganze mit Klick auf ADD TO PROJECT.

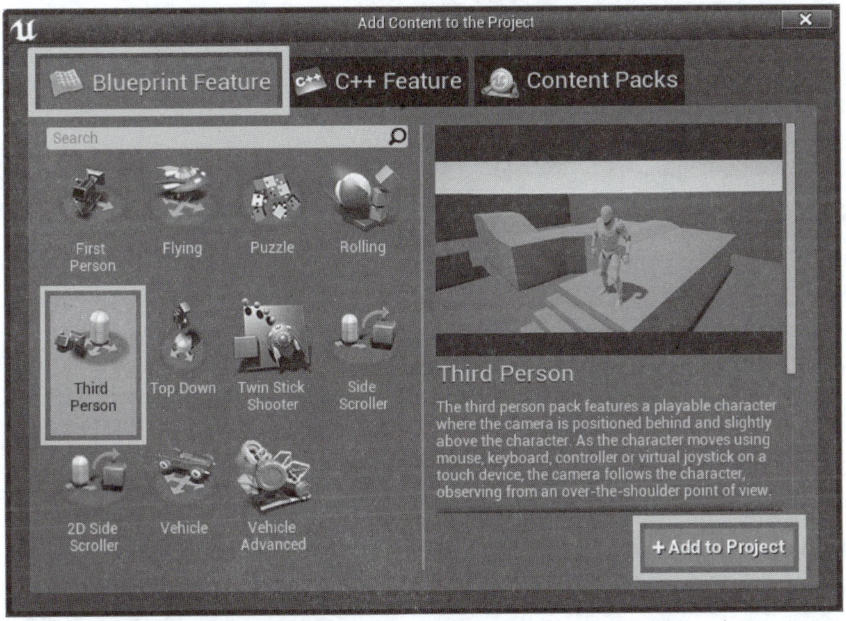

Nachdem du das Fenster wieder geschlossen hast, siehst du eine ganze Reihe von neuen Ordnern im CONTENT BROWSER.

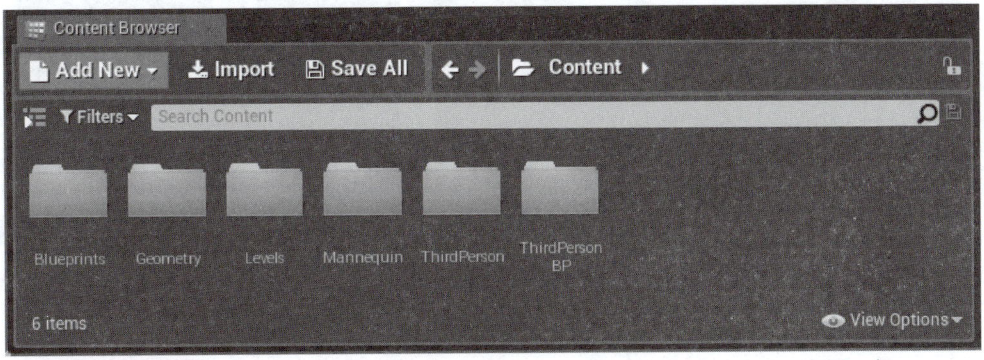

Vieles davon benötigen wir gar nicht, aber wir sollten jetzt nichts voreilig löschen, das können wir immer noch erledigen, wenn wir unsere 3rd Person ins Spiel integriert haben.

≫ Öffne nun wieder das Blueprint-Fenster für den PLAYER.

Was genau brauchen wir als Erstes? Mit Material allein hat es ja nicht geklappt. Betrachten wir mal die Liste oben links unter COMPONENTS.

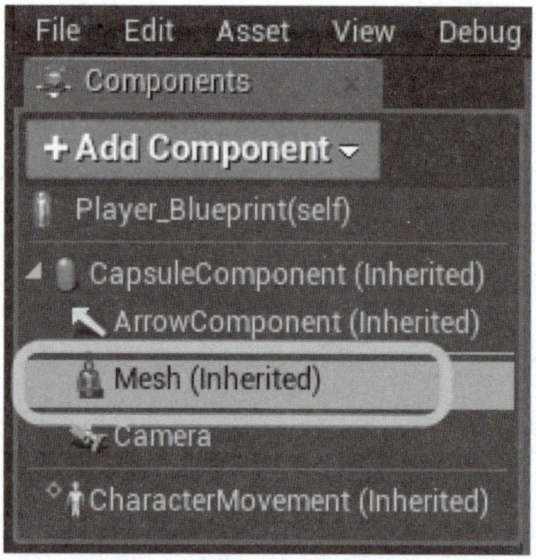

Dort findest du auch die Komponente MESH. Die sollten wir uns einmal näher anschauen (obwohl sie in der Szene derzeit noch unsichtbar ist). Unter Mesh versteht man ein Netz aus zahlreichen Dreiecken (oder anderen Vielecken). Diese Struktur umgibt einen Körper.

Du kannst dir das selbst an einem Objekt anschauen, das du ins Editor-Fenster schiebst und markierst – wie zum Beispiel einer Kugel:

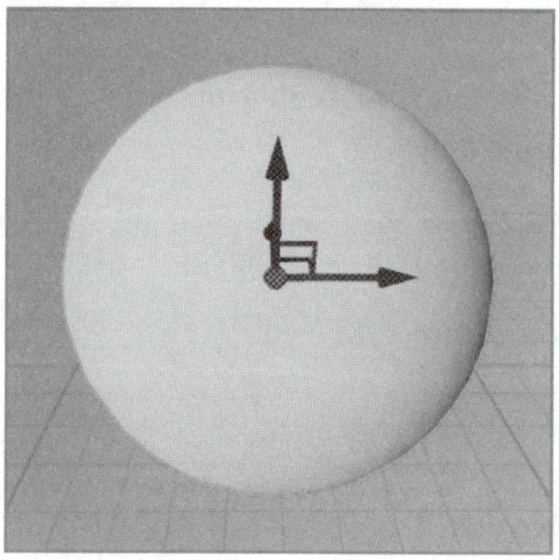

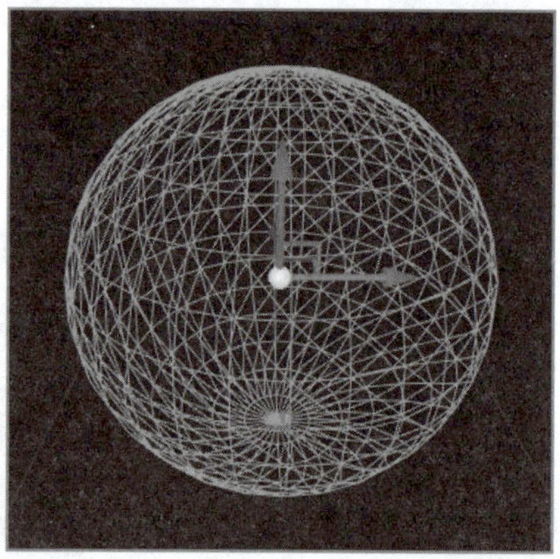

Oben links unter der Symbolleiste findest du Umschaltmöglichkeiten für die Ansicht im Editor. Wenn du bei der mittleren Schaltfläche von LIT (= beleuchtet) auf WIREFRAME umschaltest, bekommst du alle Objekte mit Netzstruktur angezeigt.

Das passende Mesh

⋙ Markiere im Blueprint den Eintrag MESH in der Komponentenliste. Suche rechts im DETAILS-Fenster nach dem Eintrag MESH.

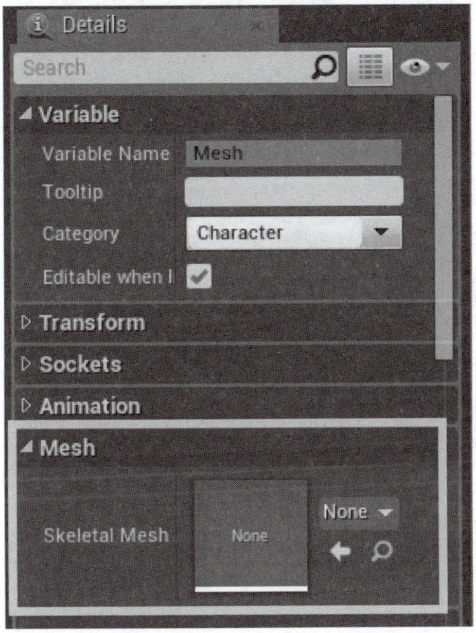

Nun müssen wir im CONTENT BROWSER nach einem geeigneten Asset suchen, das dorthin passt.

⋙ Blättere dich dort durch folgende Ordner: MANNEQUIN → CHARACTER → MESH.

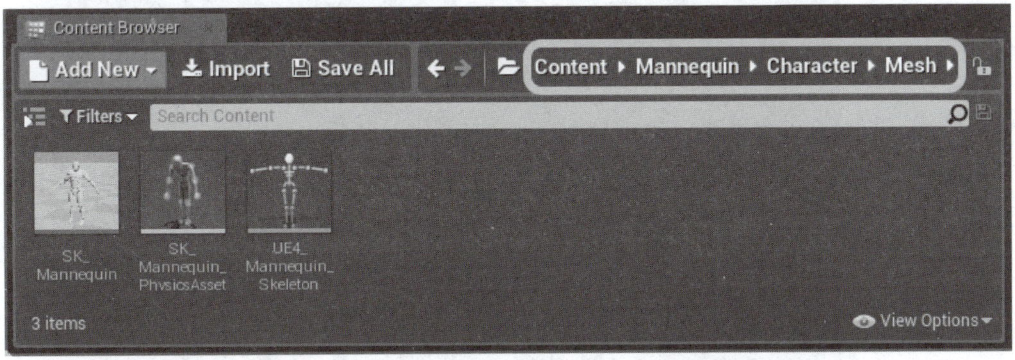

Dort findest du drei Symbole. Das linke mit dem Namen SK_MANNEQUIN ist vom Typ Skeletal Mesh und damit genau das, was wir gebrauchen können.

≫ Ziehe das Symbol ins Blueprint-Fenster und dort in das freie Feld (mit NONE) neben dem Eintrag SKELETAL MESH.

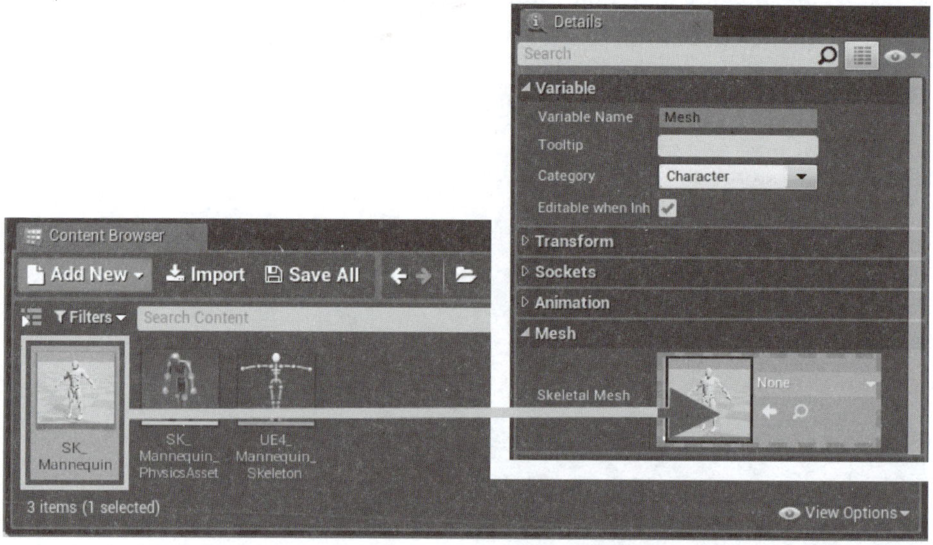

Kurz darauf siehst du im Fensterbereich daneben eine Figur. Die hat aber noch nicht die passende Position. Damit sie genau im »Kapselkäfig« steht, müssen wir sie etwas verschieben. Außerdem soll sie der Kamera den Rücken zudrehen.

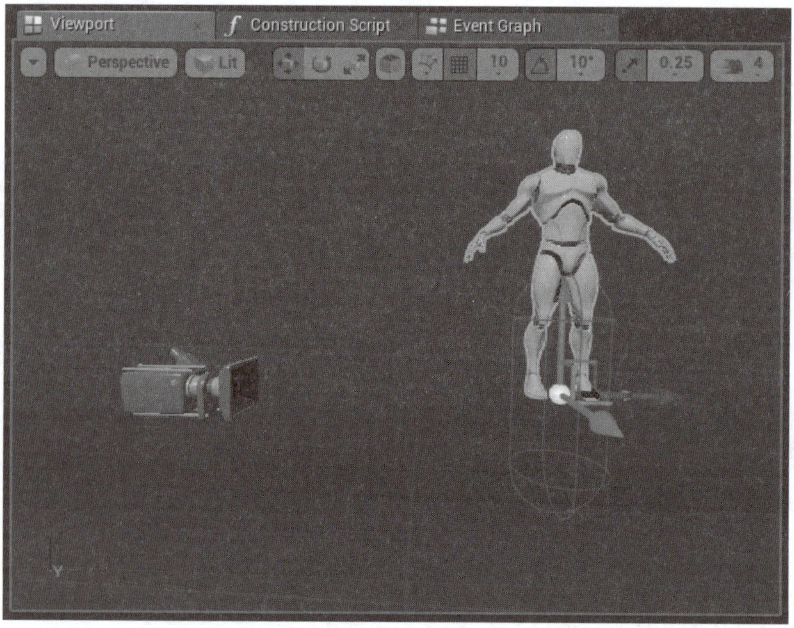

≫ Markiere die Figur (= MESH), dann ziehe sie passend nach unten. Zum Drehen empfehle ich dir, im DETAILS-Fenster unter TRANSFORM für den Z-Wert hinter ROTATION -90 einzugeben.

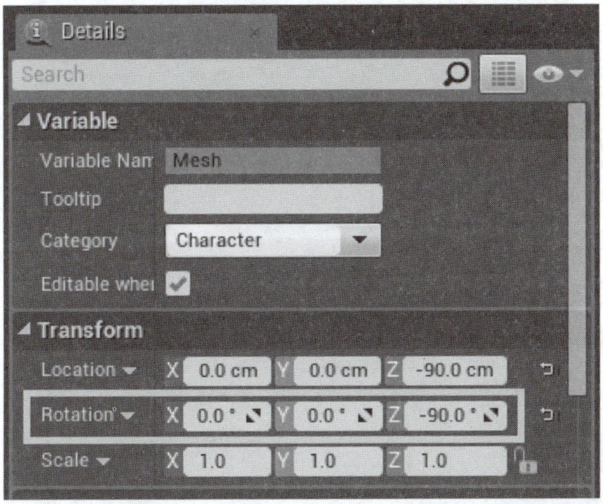

Anschließend dürfte die Spielfigur kameragerecht bereitstehen.

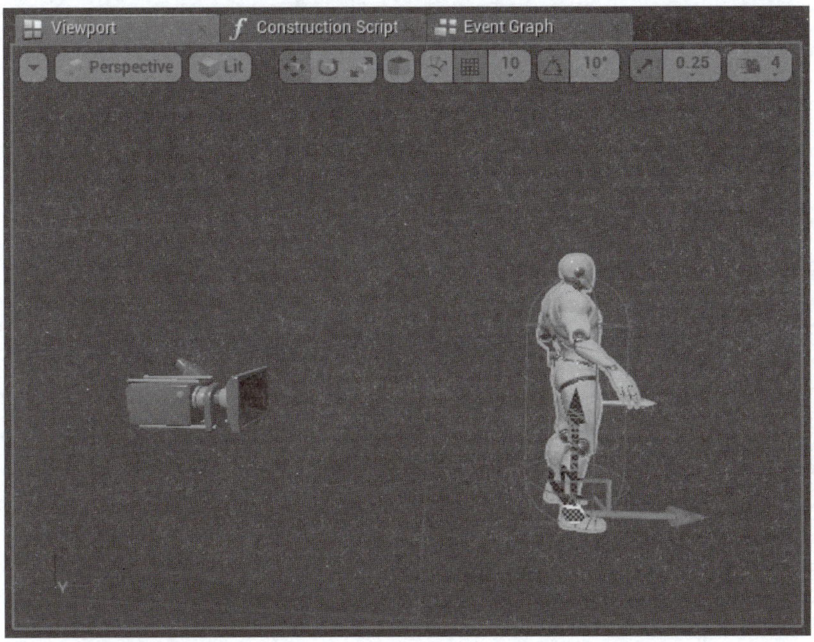

≫ Kompiliere und speichere das Blueprint, dann schließe das Fenster und kehre zum Hauptbereich von Unreal zurück.

Nun siehst du die Spielfigur auch im Editor-Fenster – und in der Kameraansicht rechts unten.

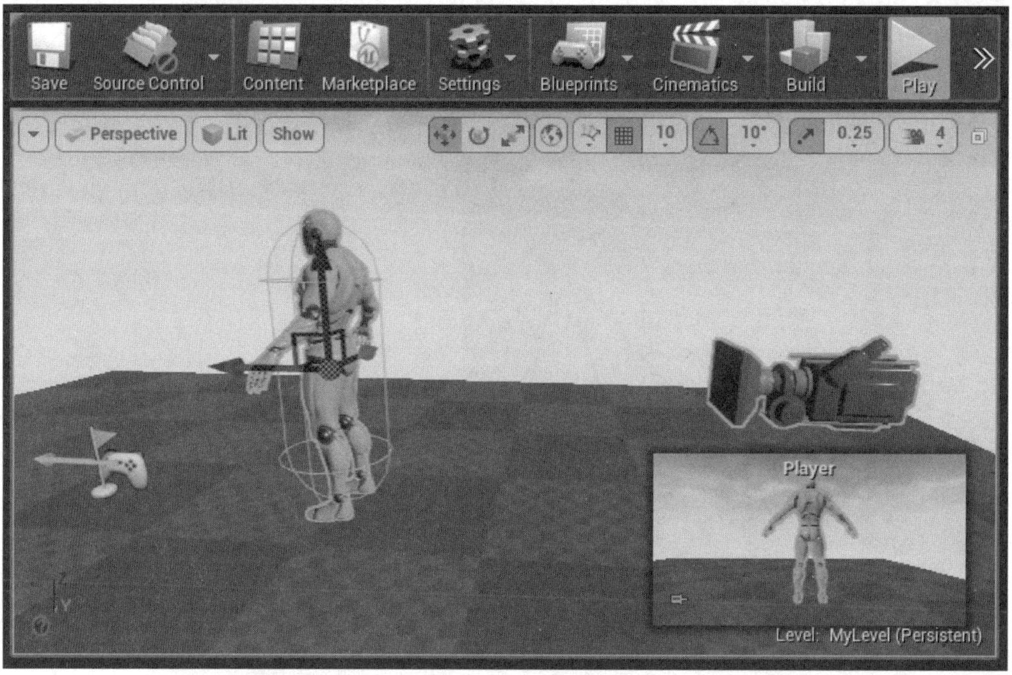

≫ Speichere alles, dann starte das Spiel (→ WALKER2).

Eigener oder fremder Player?

Die Figur lässt sich verschieben, von wirklichem Bewegen kann man nicht reden, denn sie ist ja noch nicht animiert. Aber der Player reagiert sichtbar auf jede Steuerung durch Tastatur und Maus.

Möglicherweise taucht auch hier die Figur nun doppelt auf. Die eine bewegt sich mit, die andere steht eigentlich nur im Weg herum. Und so löst du das Problem – im Hauptbereich (nicht im Blueprint):

Markiere im DETAILS-Fenster den Eintrag PLAYER, dann klicke hinter SKELETAL MESH auf die Schaltfläche SK_MANNEQUIN. Im Kontextmenü klickst du nun auf CLEAR.

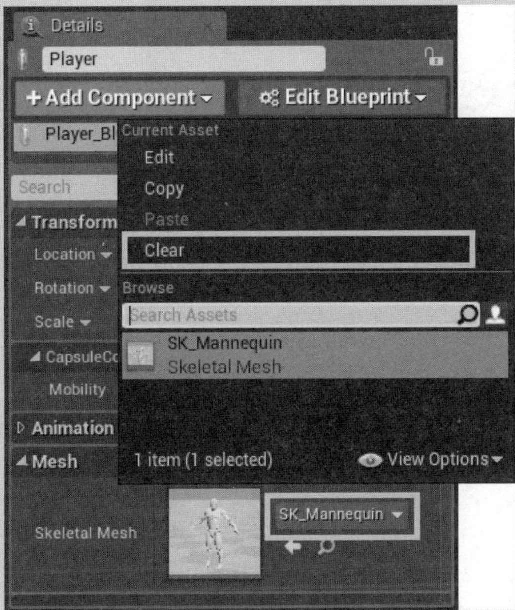

Leider ist damit dann auch die Figur im Editor-Fenster verschwunden. Aber im Spiel gibt es nur noch einen Player, und der lässt sich fortbewegen und drehen.

Wenn du sehen willst, was die von Unreal zur Verfügung gestellte Figur so leistet, dann gibt es einen einfachen Trick:

Im Ordner THIRDPERSONBP gibt es einen Unterordner BLUEPRINTS. Dort findest du zwei Blueprint-Dateien, eine für einen Player, eine für den Spiel-Modus.

≫ Öffne nun über EDIT und PROJECT SETTINGS die Projekt-Einstellungen und wechsle dort zur Seite MAPS & MODES.

- Ersetze dort hinter DEFAULT GAMEMODE die Einstellung MYGAME durch THIRDPERSONGAMEMODE.

Nun kannst du die Figur steuern und sie bewegt sich auch dabei. Allerdings sind einige Steuerungen mit Maus und Tastatur etwas anders als wir sie im letzten Kapitel programmiert haben; hier gelten die Regeln, die die Unreal Engine für ihren Third-Person-Player festgelegt hat.

Zu guter Letzt komme ich nun noch einmal auf das »Abspecken« des Projekts: Wenn du deine eigene Steuerung und deinen eigenen Player behalten willst, dann kannst du die Ordner GEOMETRY, THIRDPERSON und THIRDPERSONBP löschen. MANNEQUIN sollte komplett erhalten bleiben.

Zusammenfassung

Damit wären wir am Ende dieses Kapitels. Wir können jetzt zwischen 1st Person und 3rd Person wählen, auch wenn die sichtbare Figur erstens nicht unsere eigene und zweitens unbeweglich ist. Über Animationen gibt es später aber mehr.

Du kennst jetzt einige neue Begriffe, die nicht nur in Unreal gebräuchlich sind:

Info

Asset	Alle Elemente (Zutaten) eines Spiels, gesammelt im CONTENT BROWSER
Mesh	Netzstruktur, die ein 3D-Objekt komplett umgibt
Material	»Fleisch« eines Objekts, das eine Farbe oder eine Textur haben kann bereits fertig mit Textur
Textur	»Haut« eines Materials, ein Muster oder ein Bild ersetzt die Farbe
Mapping	Auftragen eines 2D-Bildes (als Textur) auf einen 3D-Körper.
Tiling	Aneinanderreihen (Kacheln) von Texturen

Und du weißt auch, wie man Material und Texturen einsetzt:

Neues Material erzeugen	Klicke mit rechts in den CONTENT BROWSER und wähle im Kontextmenü MATERIAL.
Material an Objekt zuweisen	Klicke auf das MATERIAL-Symbol und schiebe es auf ein Objekt im Editor-Fenster.
Textur an Material zuweisen	Klicke auf das Textur-Symbol und schiebe es in das Material-Fenster.

Dabei sind dir einige neue Blueprint-Knoten begegnet:

Material-Knoten	Ermöglicht die Gestaltung von Material
Textur-Knoten	Erfasst eine Textur und ermöglicht Manipulationen
Koordinaten-Knoten	Ermöglicht Mapping-Einstellungen (zum Beispiel für eine Textur)

Ein paar Fragen ...

1. Welche Komponente hat **jedes** Spiel-Objekt?
2. Warum gibt es nur zwei virtuelle Achsen? Unreal ist doch vorwiegend für 3D zuständig.
3. Wo kann die Kamera jeweils beim 1st-Person- und beim 3rd-Person-Modus »sitzen«?
4. Was ist der Unterschied zwischen Textur, Material und Mesh?

... und eine Aufgabe

1. Ändere im aktuellen Projekt die Kameraposition für den 3rd-Person-Modus so, dass die Kamera schräg von oben auf die Spielfigur schaut (Position und Rotation).

5

Landschaften

Durch die Gegend wandern (oder springen) können wir jetzt. Aber was für ein Gebiet ist das? Nur eine einfache öde Ebene, vielleicht mit ein paar Gegenständen, die das Ganze auch nicht attraktiver machen. Es wird also Zeit, die Umgebung etwas interessanter zu gestalten, damit das Spazierengehen oder Wandern mehr Spaß macht. Dazu brauchen wir Gelände und Vegetation.

In diesem Kapitel lernst du

- den Unterschied zwischen Ebene und Landschaft kennen
- wie man Hügel, Berge und Plateaus erzeugt
- wie man das passende Landschafts-Material erstellt
- was Blending bedeutet
- was Shader sind
- etwas über die »Landschaftsmalerei«

Von der Ebene zur Landschaft

Wir nehmen uns als Grundgerüst das vorletzte Projekt aus Kapitel 3 (WALKER1). Es genügt uns der 1st-Person-Modus, denn wir verwenden hier nur die unsichtbare Kapsel. Es geht ja nicht um die Spielfigur, sondern um die Umgebung, die ab jetzt attraktiver werden soll.

≫ Als Erstes entferne die Ebene, indem du im WORLD OUTLINER auf den Eintrag FLOOR klickst und einfach die [Entf]-Taste drückst.

Nun ist die Szene quasi bodenlos, aber nur vorübergehend. Ob du zusätzlich auch andere Gegenstände entfernen willst, die auf der Ebene liegen, bleibt dir überlassen. Ich habe auch sie gelöscht, da ich mich voll auf die Neugestaltung konzentrieren will.

≫ Als Nächstes klickst du oben rechts im MODES-Fenster auf das mittlere Symbol (das mit dem Berg) für LANDSCAPE.

Und es tut sich auch schon was. Nebenan im Editor-Fenster wird es grün. (Nein, das ist noch keine Vegetation.)

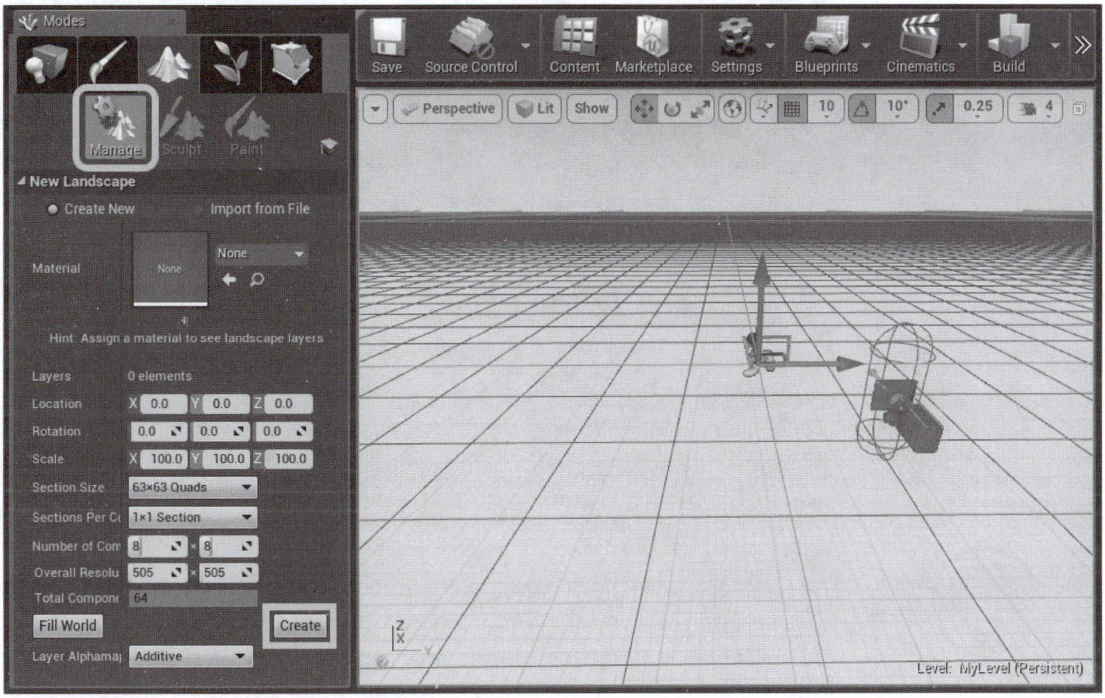

Beachte, dass oben die Schaltfläche MANAGE aktiv ist. Wir managen also das Ganze erst einmal, sorgen dafür, dass die Landschaft zunächst als flaches Gebilde entsteht.

≫ Klicke unten rechts auf CREATE. Womit es vollbracht ist. Es dauert einen Moment und du hast eine Flachlandschaft.

Allerdings sieht die irgendwie so aus wie die Ebene zuvor, nur sehr viel großflächiger.

≫ Klicke zuerst einmal im MODES-Fenster oben auf das Symbol ganz links, um zum normalen Einfügemodus zurückzukehren. (Das ist der Modus, in dem Unreal ein Projekt startet, und er heißt so, weil man da Objekte einfügen kann.)

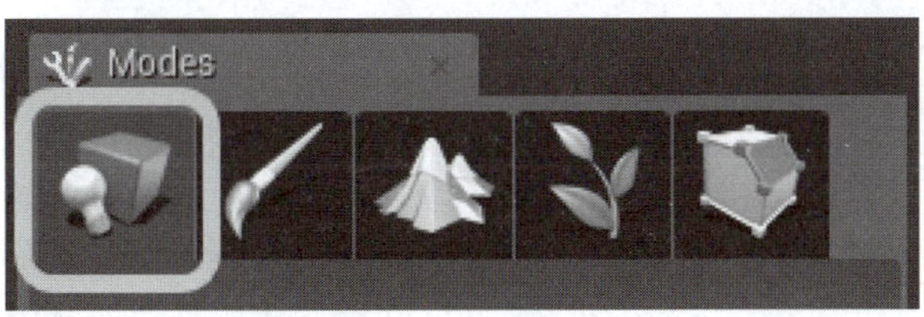

Wie groß ist eigentlich so eine Landschaft? Standardmäßig sind viele Game-Objekte 1 m »groß«. Das heißt: Die 1 hinter den Werten für X, Y und Z bei SCALE im DETAILS-Fenster entspricht bei Unreal einem Meter in der Wirklichkeit (wobei Unreal gern in Zentimetern misst).

Doch schon bei der Ebene (Floor), die Unreal schon einem Start-Projekt mitgibt, ist das etwas anders: Die ist 10 mal 10 m groß.

Noch ein paar Nummern größer wird es bei einer Landschaft, da kann es dann auch schon um Kilometer gehen. Hier in der Tabelle kannst du sehen, was standardmäßig wie groß ist:

Objekttyp	Scale X = 1	Scale Y = 1	Scale Z = 1
CUBE	1 m breit	1 m hoch	1 m tief (lang)
SPHERE	1 m Durchmesser	1 m Durchmesser	1 m Durchmesser
CYLINDER	1 m Durchmesser	1 m hoch	1 m Durchmesser
CONE	1 m Durchmesser	1 m hoch	1 m Durchmesser
LANDSCAPE	ca. 0,5 km breit	bis ca. 0,5 km hoch	ca. 0,5 km lang

Bei einer Landschaft hängt die Größe davon ab, welche Auflösung (Resolution) du vor dem Erstellen gewählt hast. Lässt du alles so, wie von Unreal vorgegeben, dann gelten in etwa die Werte oben in der Tabelle. Genau ist diese Angabe deshalb nicht, weil durch die Auflösungswerte eine »krumme« Maßzahl herauskommen kann.

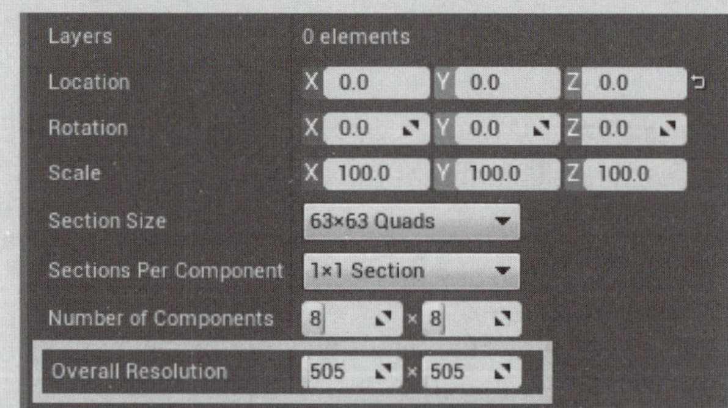

Wenn dein PC keinen allzu schnellen Prozessor besitzt und auch die Grafikeinheit nicht sehr viel leistet, dann solltest du erst einmal lieber eine kleinere Landschaft wählen. Denn diese Landschaft muss ja später auch mit Vegetation dargestellt werden.

Zuerst müssen wir möglicherweise einige Korrekturen vornehmen. Das Objekt PLAYER START (von dem aus der Player ja im Spiel startet) darf **nicht unter** der Landschaft liegen.

≫ Markiere im WORLD OUTLINER den Eintrag PLAYER START und schiebe ihn gegebenenfalls so weit nach oben, dass er über der neuen Ebene liegt. Wenn du den PLAYER START nicht im Editor-Fenster sehen kannst, hole ihn mit der Taste [F] ins Bild.

Anschließend kannst du gern schon mal das Spiel starten und ein bisschen durch die Einöde wandern.

Ein Gelände gestalten

Da haben wir eine riesige Ebene vor uns. Wie langweilig. Deshalb brauchen wir jetzt Werkzeug, mit dem wir diese Öde umgestalten können.

≫ Klicke rechts oben im MODES-Fenster auf das mittlere Symbol (LANDSCAPE). Diesmal müsste darunter das SCULPT-Symbol ebenfalls aktiviert sein. (Wenn nicht, klicke darauf.)

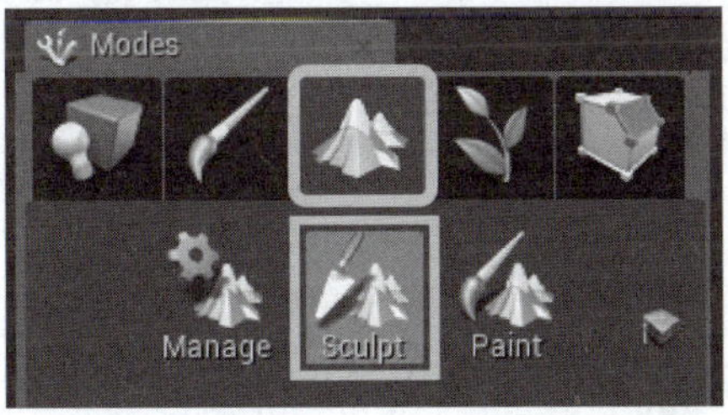

Damit lässt sich die Bodenhöhe im Terrain anheben oder absenken.

≫ Wende dich nun dem Editor-Fenster zu und bewege mal die Maus. Du siehst, dass sich da etwas »helles Rundes« mitbewegt.

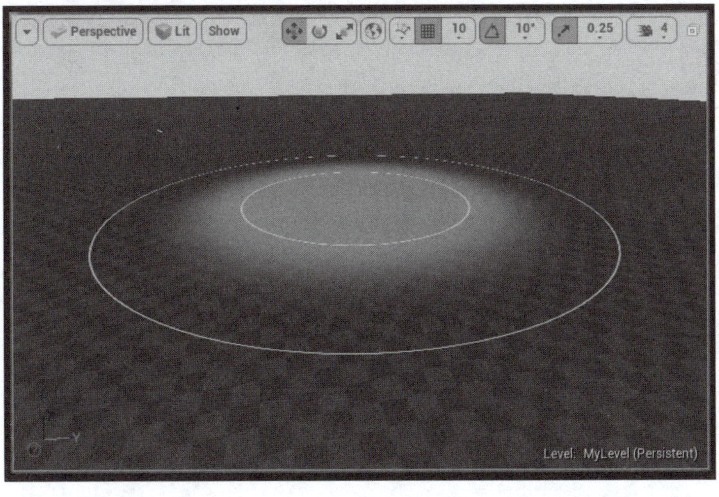

- Solange du die Maus nur bewegst, passiert mit dem Terrain nichts. Halte nun die linke Maustaste gedrückt und bewege sie über die (noch flache) Landschaft.

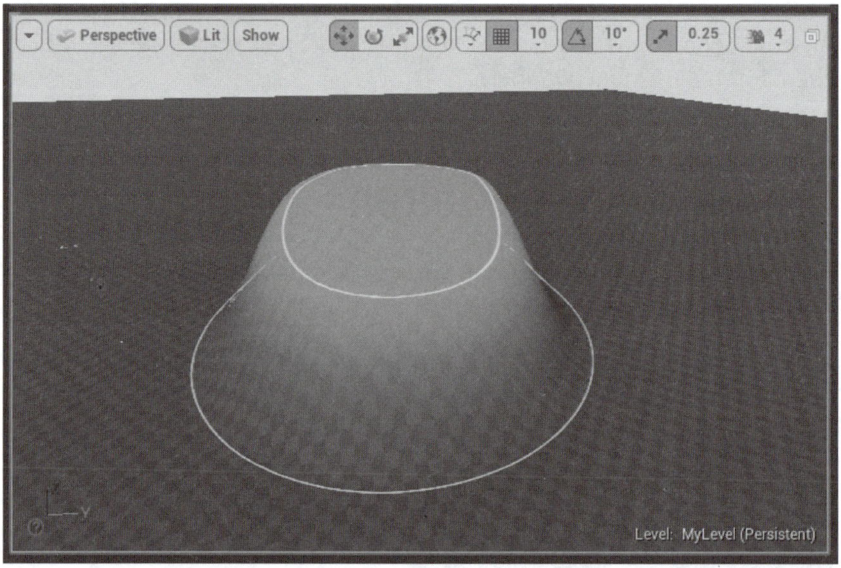

Das, was du dann siehst, ist ein (möglicher) Berg. Wenn du im MODES-Fenster auf das linke Symbol klickst, um zum normalen Einfügemodus zurückzukehren, bleibt dieser Zustand erhalten. Natürlich lässt sich das mit [Strg]+[Z] auch wieder rückgängig machen (und mit [Strg]+[Y] wiederherstellen).

> Es gilt also diese Regel: Solange du die linke Maustaste gedrückt hältst **und** die Maus bewegst, wächst der Hügel beziehungsweise Bergkamm. Drückst du zusätzlich die [⇧]-Taste, wird die Höhe wieder abgesenkt, es gibt eine Vertiefung. So kannst du also beliebig nachbessern (oder sogar alles wieder »wegradieren«).

Natürlich muss es auch etwas für die Feinarbeiten geben.

≫ Klicke dazu mal auf das Symbol für SCULPT TOOL (unter LANDSCAPE EDITOR).

Damit öffnest du ein Menü aus lauter Symbolen. Die wichtigsten sind hier kurz beschrieben:

Höhen (und Tiefen) gestalten

Glätten von Flächen und Übergängen

Plateaus erzeugen

Rampen erstellen

Erosionseffekte erzeugen

Die ersten drei Werkzeuge sind diejenigen, die du wohl am meisten einsetzen wirst, um deine Landschaft zu gestalten. Hier noch mal im Überblick, wie man sie bedient und was genau sie bewirken:

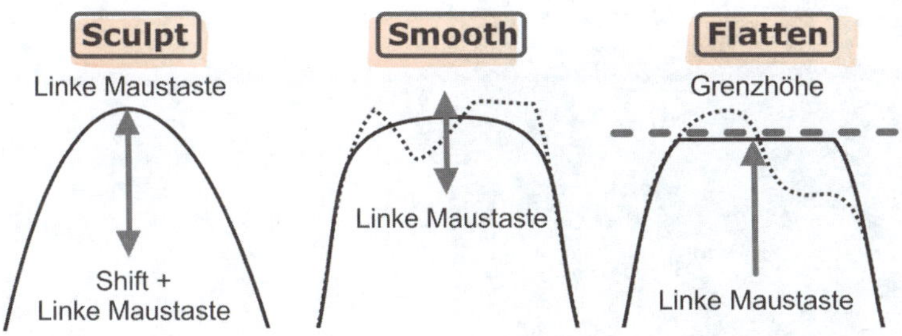

Wichtig sind noch diese beiden Einstellungsmöglichkeiten, die für alle Werkzeuge gelten:

- Mit BRUSH SIZE legst du fest, wie groß die Fläche auf dem Terrain ist, die verändert werden soll. Für Feinarbeiten sind also kleine Brush-Größen sinnvoll.
- Mit TOOL STRENGTH wird eingestellt, wie intensiv das Werkzeug wirkt. Bei großen Werten wächst die Höhe schnell an, bei kleinen lässt sich die Höhe fein einstellen.

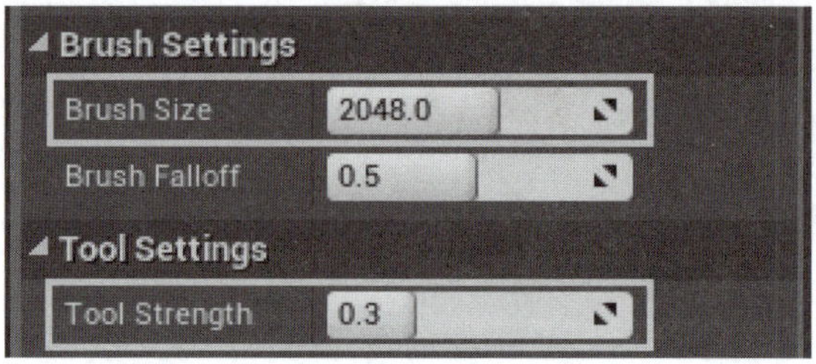

Das war nur ein kleiner Überblick.

≫ Am besten, du probierst erst mal möglichst viel aus, ehe du dann deine Landschaft gestaltest.

Um schnell an bestimmte Stellen zu gelangen, kannst du die Player-Position (LOCATION) verändern und dann die Taste [F] drücken. Und du bist dort in der Landschaft, wo der Player ist.

Außerdem lässt sich die Zoom-Geschwindigkeit für das Scrollrad der Maus erhöhen:

Klicke dazu auf EDIT und EDITOR PREFERENCES.

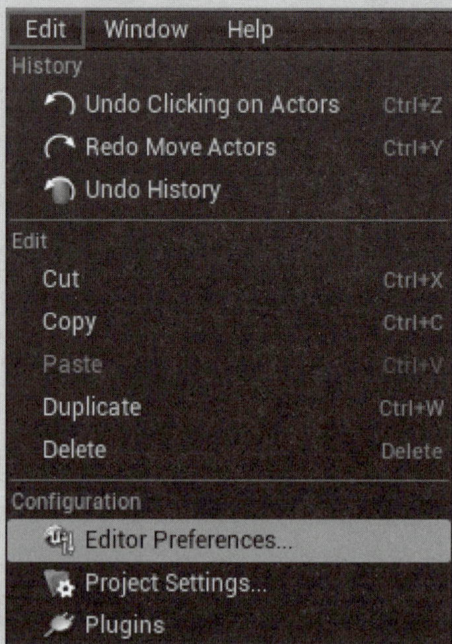

Im Dialogfeld suchst du links unter LEVEL EDITOR den Eintrag VIEWPORTS und klickst darauf, um auf die zugehörige Seite zu wechseln.

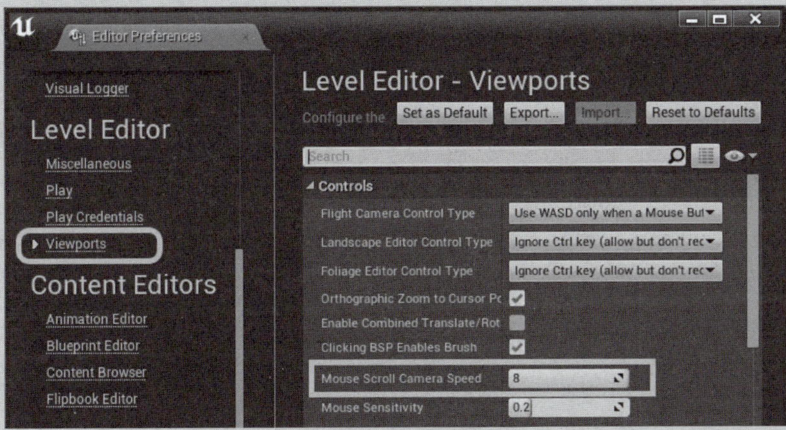

Trage hinter MOUSE SCROLL CAMERA SPEED den größtmöglichen Wert ein. Dann kannst du das Dialogfeld wieder schließen.

Es bleibt dir nicht erspart, dass manches erst einmal schiefgeht und die Teile des Terrains, das du gerade gestaltest, überhaupt nicht so aussehen, wie du es gern hättest. Da hilft nur Übung.

Es kann also eine Weile dauern, bis du deine Landschaft »erfunden« und bearbeitet hast. Denke aber daran, dass es dieses erste Mal nicht darum geht, ein Meisterwerk zu schaffen (meins ist auch keins). Die Gegend kann irgendwie aussehen; Hauptsache: Es gibt ein paar Anhöhen.

≫ Wenn du fertig bist, speichere die Szene. Dann kannst du, wenn du willst, das Ganze mit deinem Player schon mal auskundschaften.

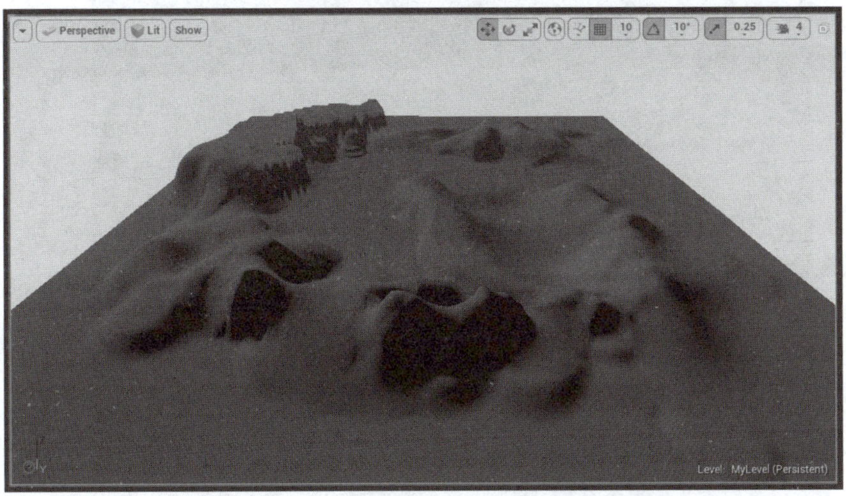

Der Player fällt erst mal und kommt nach einer Weile am Boden an? Das kann man ändern, indem man im DETAILS-Fenster den Y-Wert für PLAYER START hinter LOCATION anpasst.

Der Player steckt im Berg fest? Auch da hilft nur eine Veränderung der Position von PLAYER START. Der Player kommt in dieser weiten Gegend quälend langsam vom Fleck? Am besten, du erhöhst für die Zeit, in der du deine Landschaft gestaltest und durchwanderst, den Player-Wert für MAX WALK SPEED kräftig. Den findest du im DETAILS-Fenster unter CHARACTER MOVEMENT WALKING.

Außerdem müssen die Werte im Player-Blueprint angepasst werden.

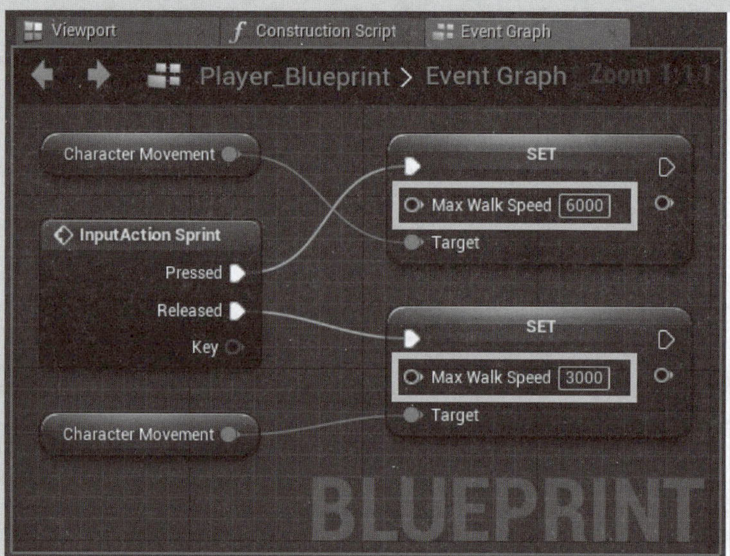

Suche dort den Graphen für InputAction Sprint und ändere die Zahlen in den Set-Knoten entsprechend.

Wenn die Laufgeschwindigkeit hoch ist, kommt der Player recht flott voran. Und du wirst sehen, viele Steigungen und Gefälle nimmt unser Player souverän und locker (wenn es nicht zu steil wird). Und auch springen kann er (→ Walker3).

Texturen-Sammlung

Nun sieht das Ganze noch immer recht öde aus. Die Landschaft braucht eine bunte Haut. Und die bekommen wir mit Texturen. Eine einzige Textur wäre hier nur für den Anfang ausreichend. Weil eine Landschaft eigentlich überall anders aussehen kann, brauchen wir gleich mehrere Texturen.

Beginnen wir mit dem Erzeugen eines Ordners im Content Browser, den wir Landscapes nennen.

≫ Erzeuge diesen Ordner und öffne ihn. Dann erstellst du darin zwei weitere Ordner mit den Namen Textures und Materials.

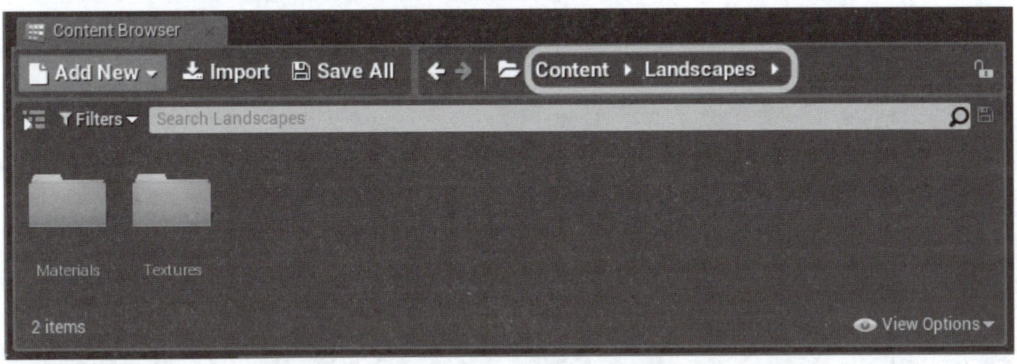

≫ Als Nächstes sammelst du mindestens drei bis vier verschiedene Texturen für Gras und Stein, vielleicht auch noch Erde und Sand.

Vor allem im Internet gibt es jede Menge frei verfügbarer Texturen (z.B. bei maxTextures.com), unter anderem auch für Landschaften. Sinnvoll sind die Formate JPG und PNG. Wichtig ist auch hier, dass die Texturen nahtlos sind.

- Kopiere dann die Textur-Dateien deiner Wahl in den TEXTURES-Ordner von LANDSCAPES. Dazu markierst du alles und ziehst es dann mit der Maus in den CONTENT BROWSER.

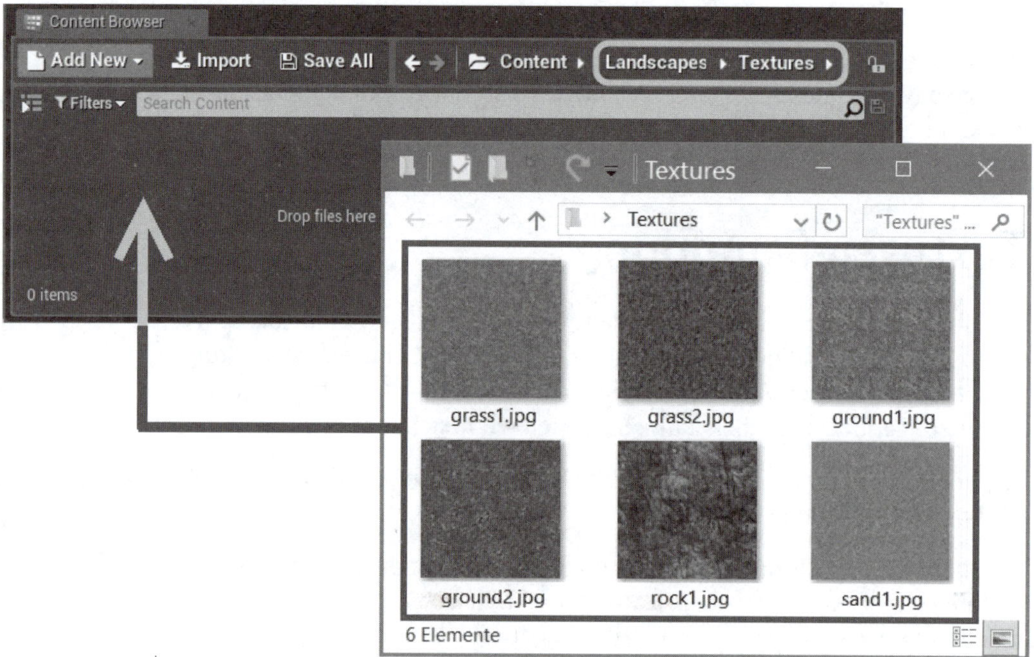

Danach sollte es im CONTENT BROWSER etwa so aussehen:

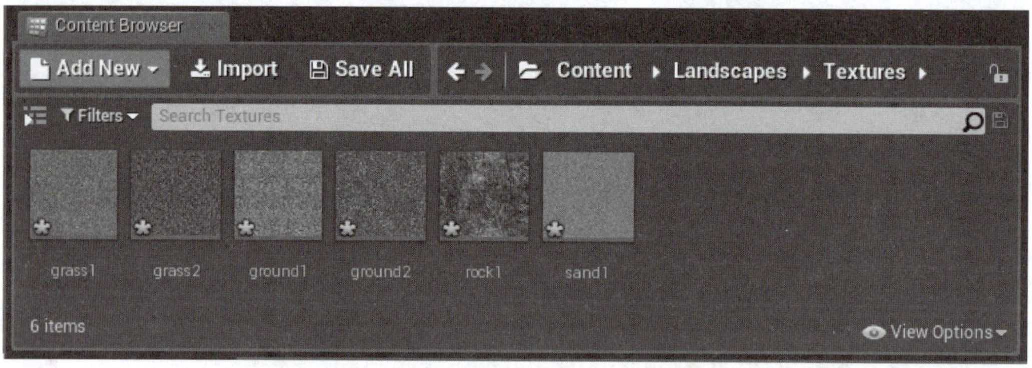

- Als Nächstes öffnest du nun den MATERIALS-Ordner. Dort klickst du mit der rechten Maustaste in die freie Fläche und wählst im Kontextmenü den Eintrag MATERIAL.

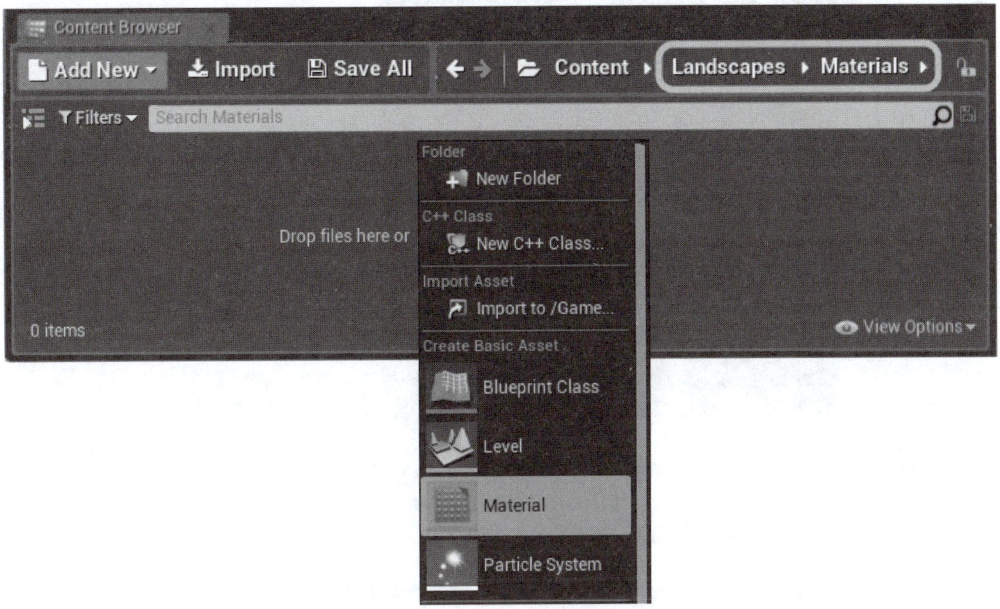

- Wenn du willst, kannst du das neue Material zum Beispiel `Landscape_Material` nennen.

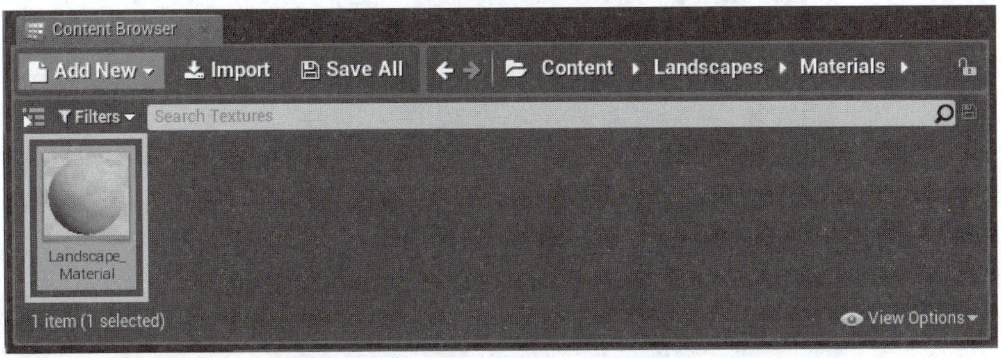

- Dann doppelklicke auf das Material-Symbol und öffne damit das Material-Fenster.

Bevor wir nun die Texturen einsetzen können, benötigen wir eine kleine Voreinstellung. Damit das Material auch für die Landschaft »passt«, muss diese Option aktiviert werden.

- Suche rechts unten im DETAILS-Fenster den Eintrag USAGE und sorge dafür, dass darunter und hinter USED WITH LANDSCAPE ein Häkchen steht.

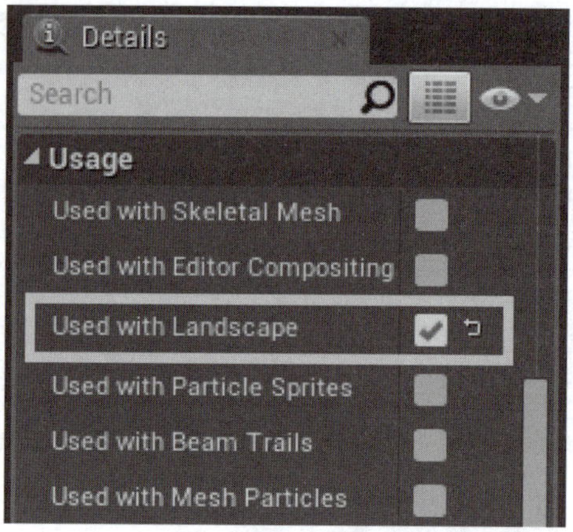

- Dann klicke mit der rechten Maustaste in die karierte Fläche neben dem bereits vorhandenen Knoten und gib im Suchfeld des Kontextmenüs `Landscape` ein.

☑ Automatically set usage in editor

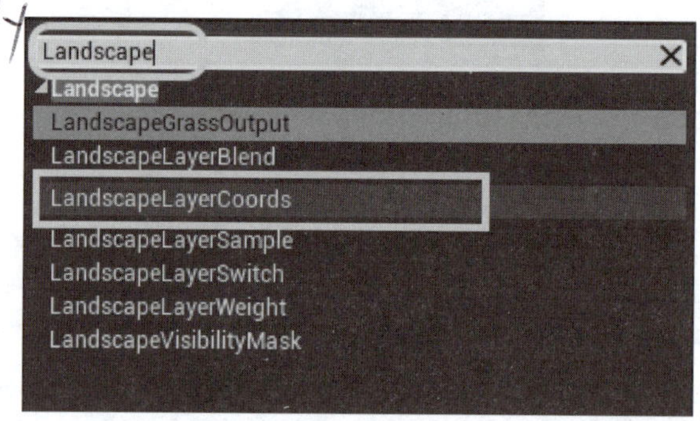

- Wähle den Eintrag LANDSCAPELAYERCOORDS und du bekommst einen neuen Knoten.

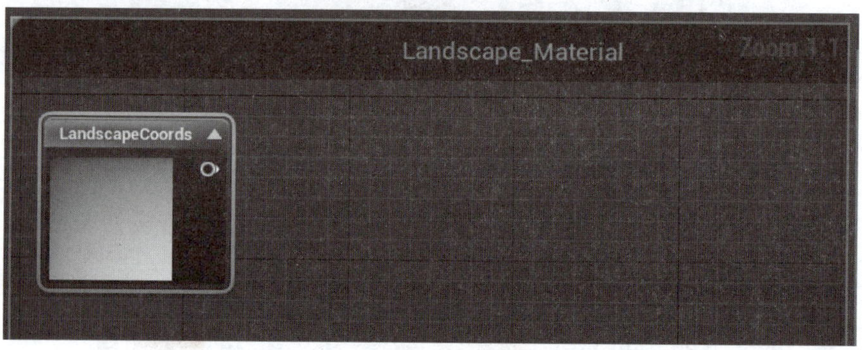

Das ist unser Basis-Knoten für das Landschafts-Material. Wie du im Details-Fenster sehen kannst, lassen sich hier Einstellungen für das Mapping vornehmen.

Info

Wenn dir später deine Textur nicht fein oder dicht genug angezeigt wird, kannst du hier das Mapping einstellen. Hier lässt sich eine Textur skalieren und auch drehen.

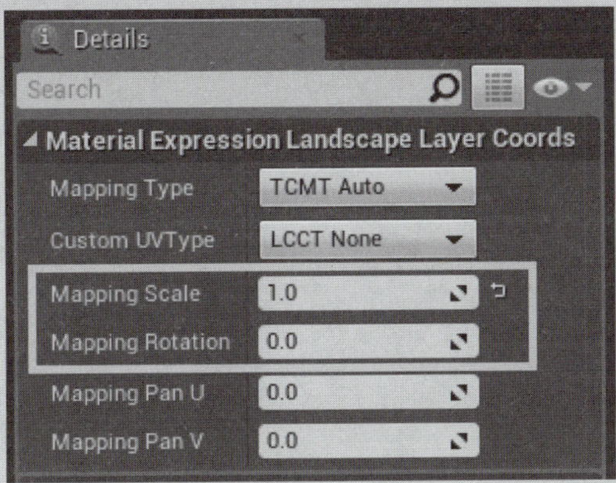

Und jetzt setzen wir unsere Texturen ein.

- Verschiebe zuerst den Knoten mit dem Titel LANDSCAPE_MATERIAL, der bereits beim Start vorhanden war, nach rechts aus dem sichtbaren Bereich, denn du brauchst Platz. (Benutze dazu auch die rechte Maustaste.)
- Als Nächstes wechsle im CONTENT BROWSER über den LANDSCAPE-Ordner zum TEXTURES-Ordner. Dann klickst du auf die Texturen, die du für die Landschaft gesammelt hast, und ziehst sie direkt in den karierten Bereich des Material-Fensters.

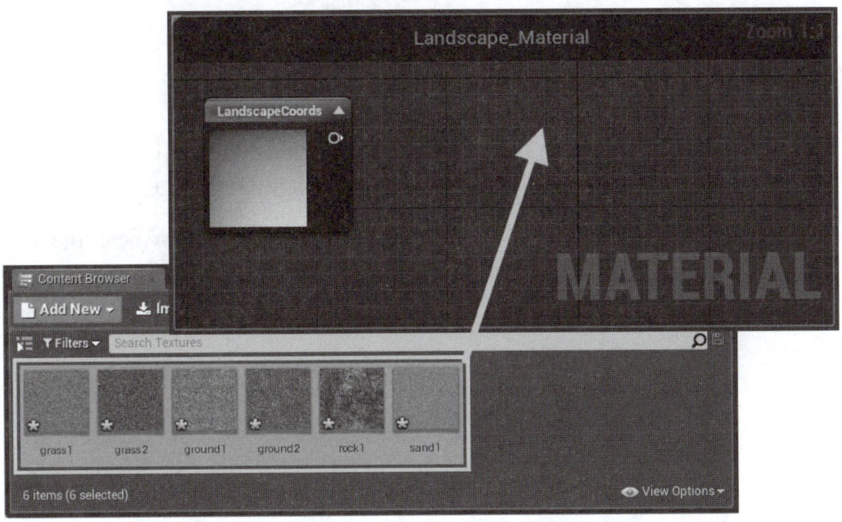

Bei mir gibt es anschließend gleich mehrere neue Textur-Knoten (es würden aber fürs Erste auch zwei genügen).

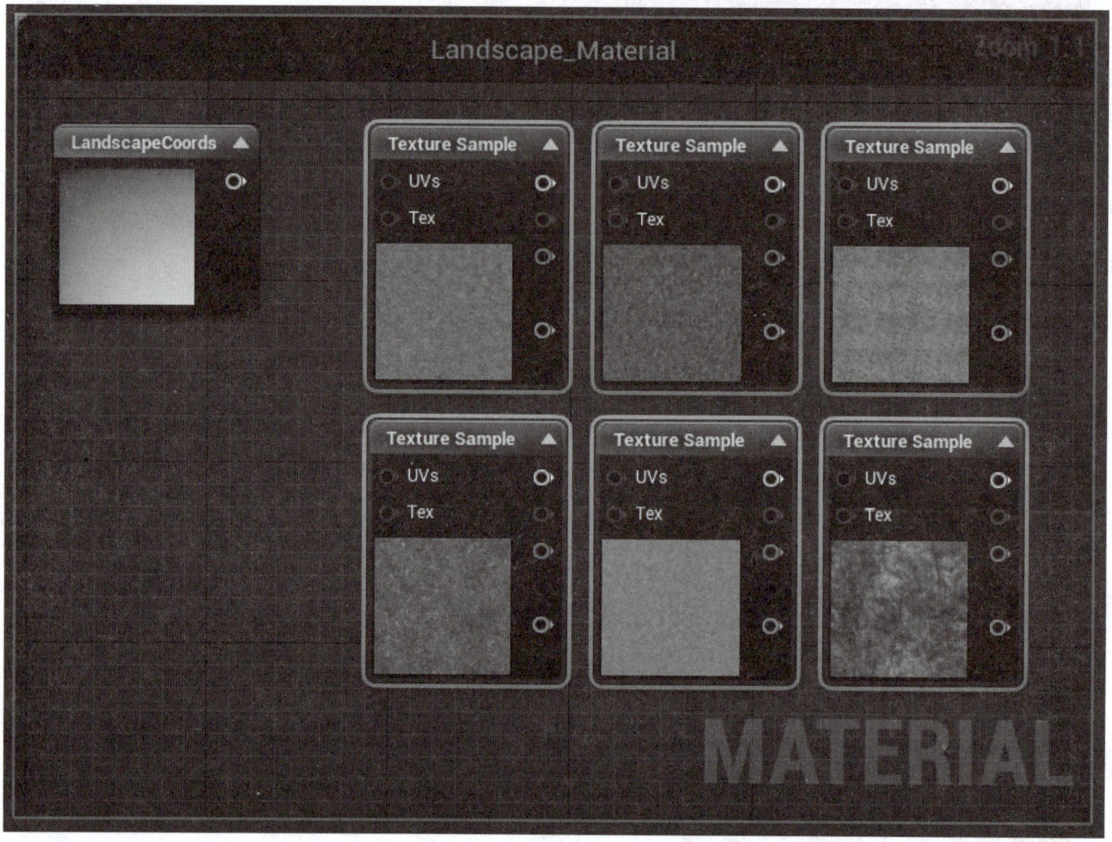

Layer Blending

Nun kümmern wir uns um die Verbindungen zwischen den Textur-Knoten und dem zentralen Sammelknoten namens LANDSCAPECOORDS.

» Ziehe mit der Maus einen Faden zwischen dem einzigen Anschluss von LANDSCAPECOORDS und den UVs-Eingängen der Textur-Knoten.

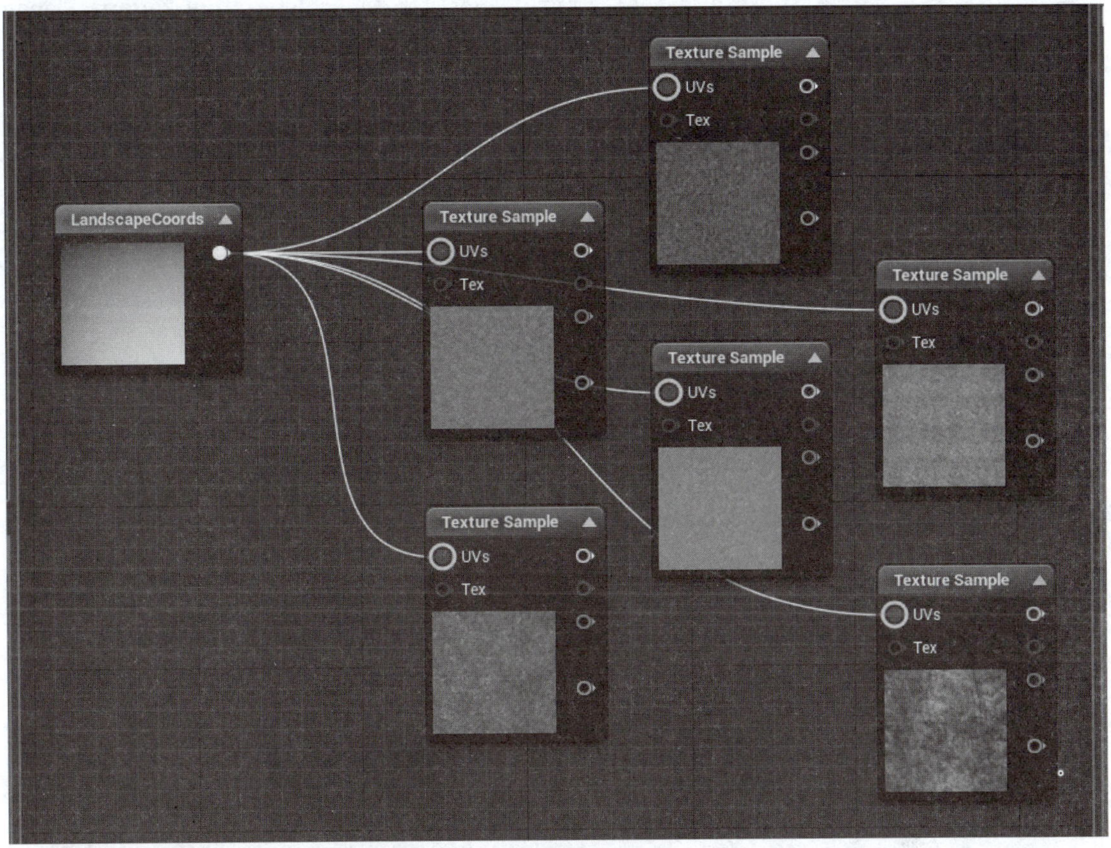

≫ Speichere erst einmal alles, bevor es weitergeht. (Denn es ist noch einiges zu tun, ehe das Material für die Landschaft einsatzfähig ist.)

Die erste Idee wäre wahrscheinlich, die Textur-Knoten einfach nun noch mit dem LANDSCAPE_MATERIAL-Knoten zu verbinden. Das ist der, den wir vorhin aus dem Weg geschoben haben. Damit hatten wir ja auch im letzten Kapitel einen Textur-Knoten verbunden. Und genau da liegt das Problem: Wir haben mehr als eine Textur in diesem Material, also brauchen wir noch einen anderen Knoten als Zwischenstück.

> Während man für ein Objekt normalerweise nur eine Textur pro Material verwendet, braucht man für das Material einer Landschaft mindestens zwei, eher noch ein paar mehr Texturen. Beim Auftragen steht dann nur jeweils eine zur Verfügung. Ein Verteiler-Knoten muss nun dafür sorgen, dass zwischen den angebotenen Texturen umgeschaltet wird.

- Klicke also wieder mit der rechten Maustaste in die karierte Fläche neben dem bereits vorhandenen Knoten und gib im Suchfeld des Kontextmenüs `Landscape` ein.

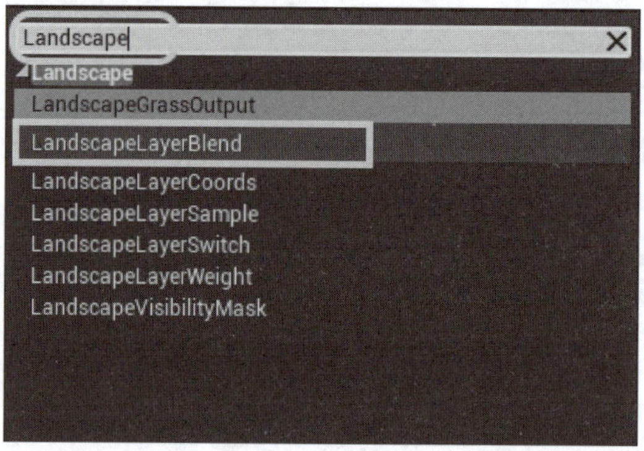

- Jetzt wähle den Eintrag LANDSCAPELAYERBLEND.

Der neue Knoten sieht ziemlich mickrig aus. Der soll als Verteiler funktionieren? Schauen wir doch mal, was er unter DETAILS zu bieten hat. Anscheinend auch nicht viel. Aber das können wir ändern.

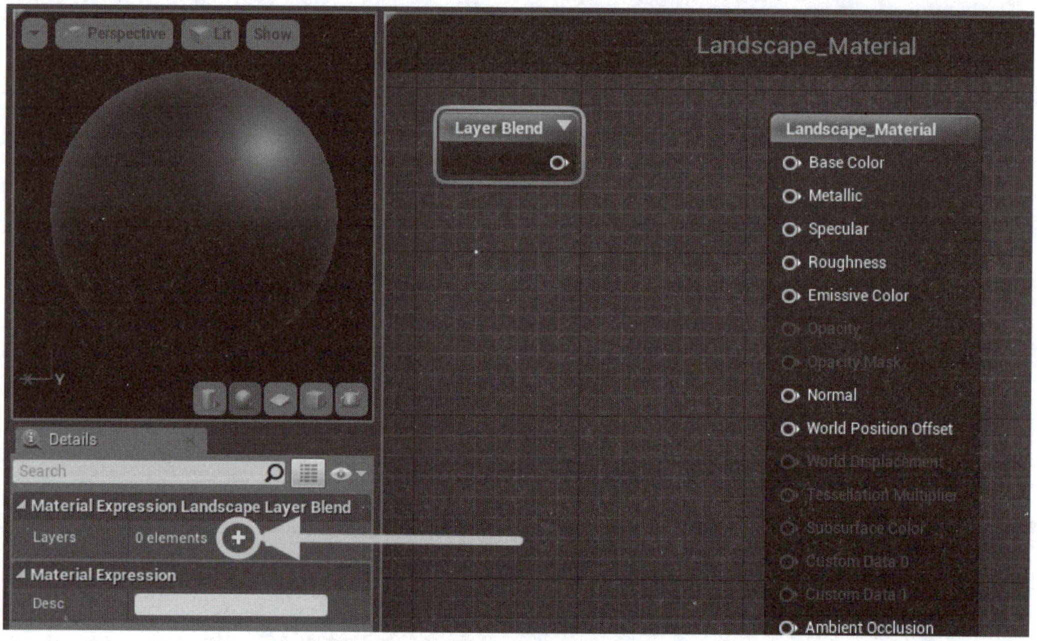

- Sorge dafür, dass der LAYER BLEND-Knoten markiert ist. Klicke rechts im DETAIL-Fenster auf das kleine Plus unter dem langen Namen MATERIAL EXPRESSION LANDSCAPE LAYER BLEND.

Im DETAILS-Fenster werden nun weitere Einzelheiten sichtbar. Uns interessiert hier aber nur der LAYER NAME.

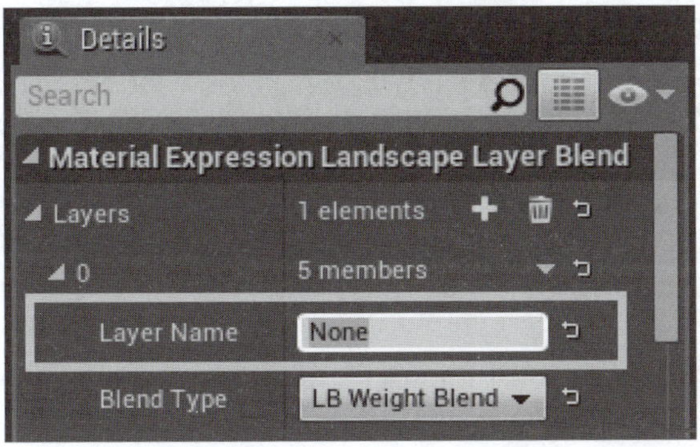

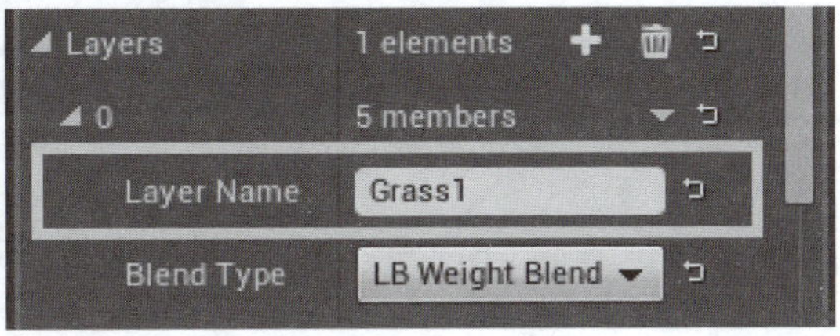

- Gib hinter LAYER NAME einen neuen Namen ein, am besten den einer der Texturen, die du eingesetzt hast. (Bei mir waren das unter anderem Texturen mit Namen wie `Grass` oder `Ground`.)
- Dann klicke erneut auf das Plus und tippe einen weiteren Namen ein. Und das wiederholst du so lange, bis du alle Texturen damit abgedeckt hast. (Bei mir sind es sechs Texturen – für Gras, Erde, Sand und Fels.)

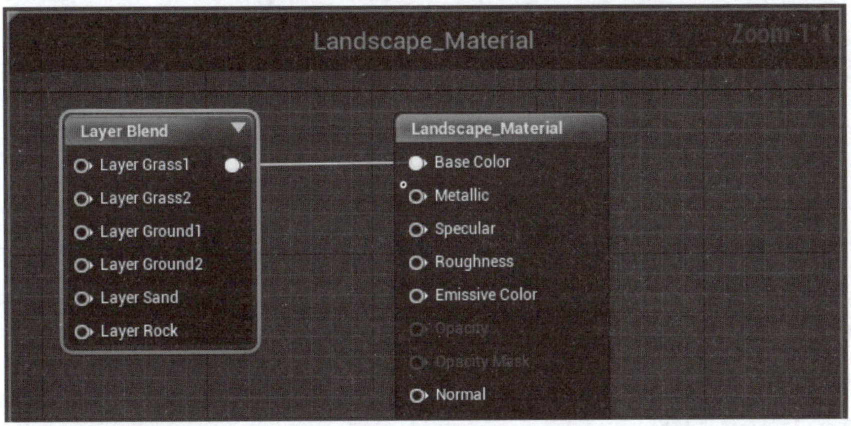

Nun gibt es einen Knoten mit ebenso vielen Eingängen, wie du vorher Textur-Knoten erzeugt hast.

- Verbinde den Ausgang des LAYER BLEND-Knotens mit dem BASE Color-Eingang des Material-Knotens (LANDSCAPE_MATERIAL).

Was ist **Layer Blending** eigentlich genau?

Die einzelnen Texturen sollen ja so auf dem Terrain aufgetragen werden, dass keine sichtbaren Ränder entstehen, bei zwei benachbarten Texturen muss also die eine in die andere übergehen, am Rand quasi beide miteinander vermischt werden. Das nennt man Blending.

Der Begriff Layer kommt daher, dass die Texturen in verschiedenen Schichten angeordnet werden. Auf jede kann man einzeln zugreifen und sie mit einem Pinselwerkzeug auf die Landschaft auftragen.

≫ Nun musst du noch jedem einzelnen Textur-Knoten einen Eingang des LAYER BLEND-Knotens zuweisen.

Bei mir sieht das schließlich so aus:

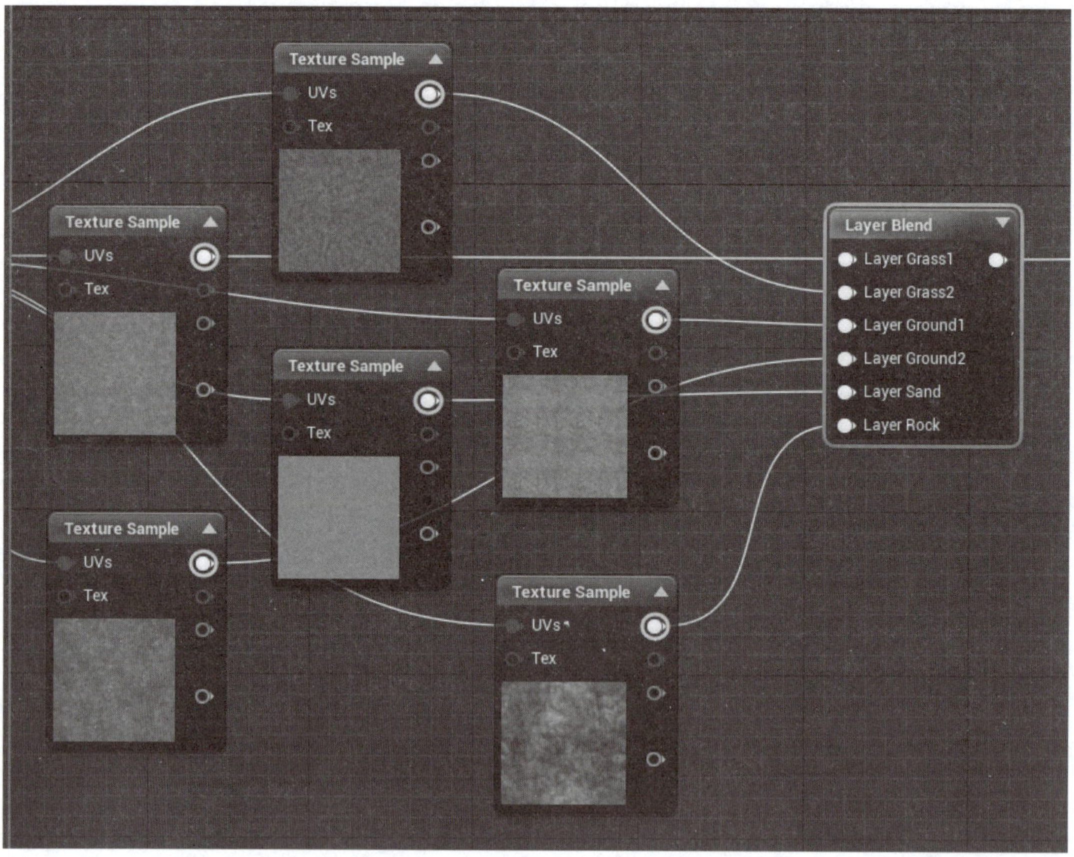

Dich stört, dass nebenan das Vorschaufenster nur eine schwarze Kugel zeigt? Dann ändere doch für die erste Textur den Vorschau-Wert:

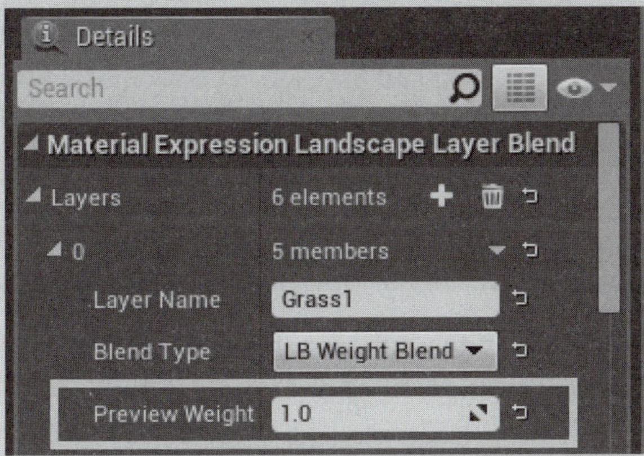

Markiere den LAYER BLEND-Knoten und gib hinter PREVIEW WEIGHT zum Beispiel den Wert `1.0` ein.

- Speichere das Ganze, wenn es fertig ist. Dann kannst du das Material-Fenster schließen.

Feinschliff

Nun muss das Material in die Landschaft. Und das machen wir ähnlich wie bei einem normalen Objekt. Aber nicht, indem wir das Material-Symbol einfach ins Editor-Fenster schieben.

- Klicke im WORLD OUTLINER auf den Eintrag LANDSCAPE. Suche im DETAILS-Fenster nach einer Abteilung mit dem Titel LANDSCAPE.
- Klicke im CONTENT BROWSER auf das Material-Symbol und ziehe es ganz nach rechts zum DETAILS-Fenster in das Feld hinter dem Eintrag LANDSCAPE MATERIAL.

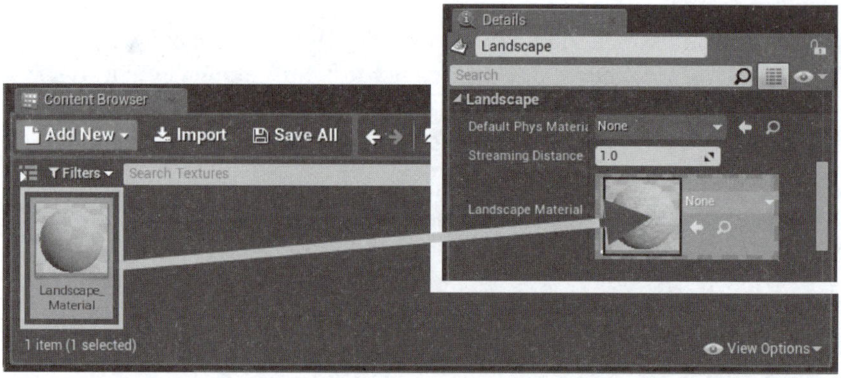

Nun müsste die Landschaft im Editor-Fenster bereits eine Textur haben. Möglicherweise sieht die aber nicht so aus, wie du es erwartet hast. Dann sind einige Nachbesserungen nötig.

Bei mir zum Beispiel glänzte alles, als wäre die Landschaft mit einem Mittel poliert worden. Was natürlich völlig unnatürlich ist und so nicht bleiben kann. Mal schauen, was sich da machen lässt.

> In manchen Fällen ist das Terrain direkt nach der Zuweisung des Materials total schwarz – das war bei mir so, ehe ich die Material-Vorschau für die erste Textur auf 1 gestellt hatte.

- Öffne durch Doppelklick auf das entsprechende Symbol das Material-Fenster. Schiebe die karierte Fläche mit den Graphen so zurecht, dass du den Bereich unter dem LAYER BLEND-Knoten nutzen kannst.

Bevor du weitermachst, schau dir zuerst einmal den Material-Knoten genauer an. Direkt unter dem Eingang BASIC COLOR befinden sich weitere Eingänge für verschiedene Effekte:

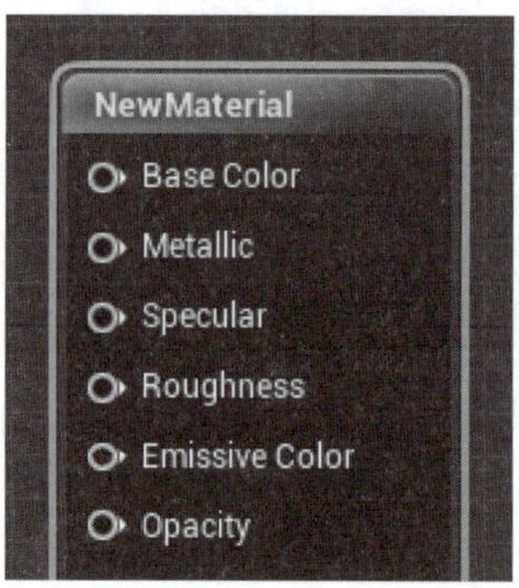

Standard-Darstellung
Metallischer Effekt
Reflexionsfähigkeit
Rauheit-Glattheit
Leuchtkraft
Durchsichtigkeit

Für mich sind hier drei Eingänge interessant: METALLIC, SPECULAR und ROUGHNESS. Für alle drei erzeugen wir jetzt einen Knoten, in dem sich die Intensität einstellen lässt.

➢ Klicke nun mit der rechten Maustaste in den freien Bereich und gib im Kontextmenü `Scalar` ein.

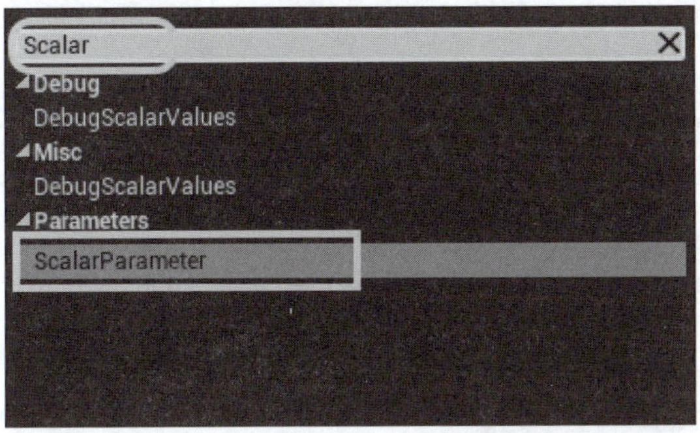

➢ Das wiederholst du noch zweimal. Danach hast du diese drei Knoten:

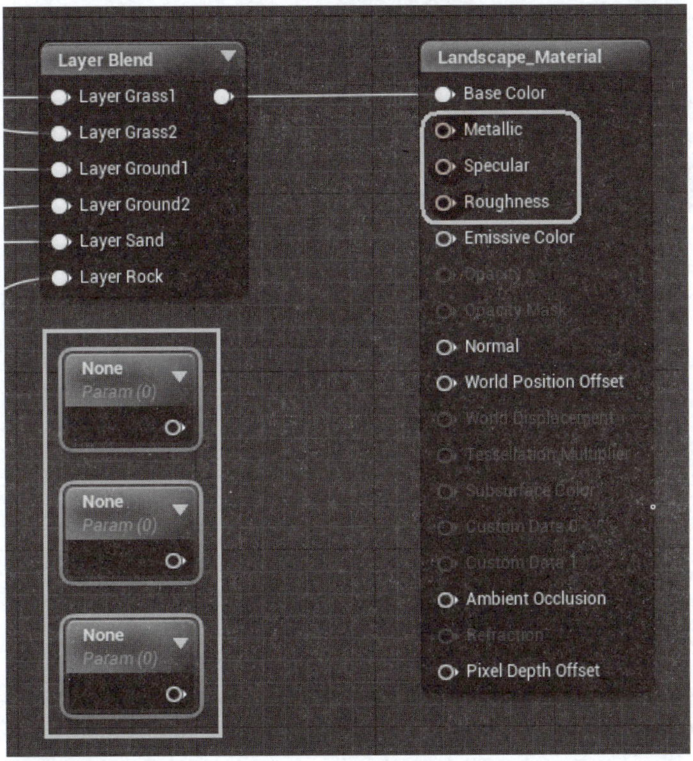

➢ Verbinde nun jeden neuen Knoten mit einem der drei genannten Eingänge.

Ein Skalar-Knoten enthält einen Wert, der auf eine Eigenschaft angewendet wird. Dafür ist die Option DEFAULT VALUE da. Dort steht ein Wert, den du selbst als voreingestellt bestimmen kannst. Durch die zusätzlichen Optionen SLIDER MIN und SLIDER MAX kannst du zwei Grenzwerte angeben, damit sich der Wert auch während des Spiels in diesem Bereich verändern lässt.

≫ Klicke nun auf den oberen Knoten und wechsle nach links unten in das DETAILS-Fenster.

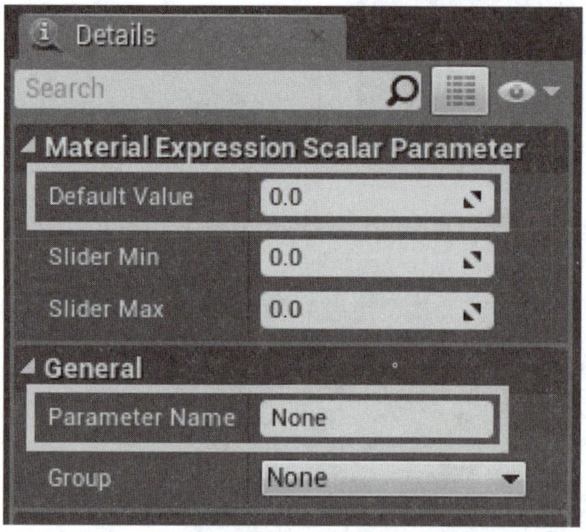

≫ Lasse dort die oberen Werte stehen und gib hinter PARAMETER NAME `Metallic` ein. Ähnlich verfährst du beim nächsten Knoten, etwas anders beim letzten.

Hier sind meine Eingaben im Überblick:

(verbunden mit)	Default Value	Parameter Name
Metallic	0.0	Metallic
Specular	0.0	Specular
Roughness	**1.0**	Roughness

Damit unsere Landschaft nicht irgendwo metallisch glänzt, habe ich die Intensität auf 0 gesetzt; Gleiches gilt für SPECULAR, hier sollte das Material gar nicht (oder kaum) das Licht reflektieren; und das Ganze kann ruhig ein bisschen aufgeraut wirken, deshalb der Wert 1.0.

Du solltest aber selbst mit Werten experimentieren, um herauszufinden, was für dein Landschafts-Material am besten passt.

Zum Schluss sieht das Knoten-Gebilde bei mir so aus:

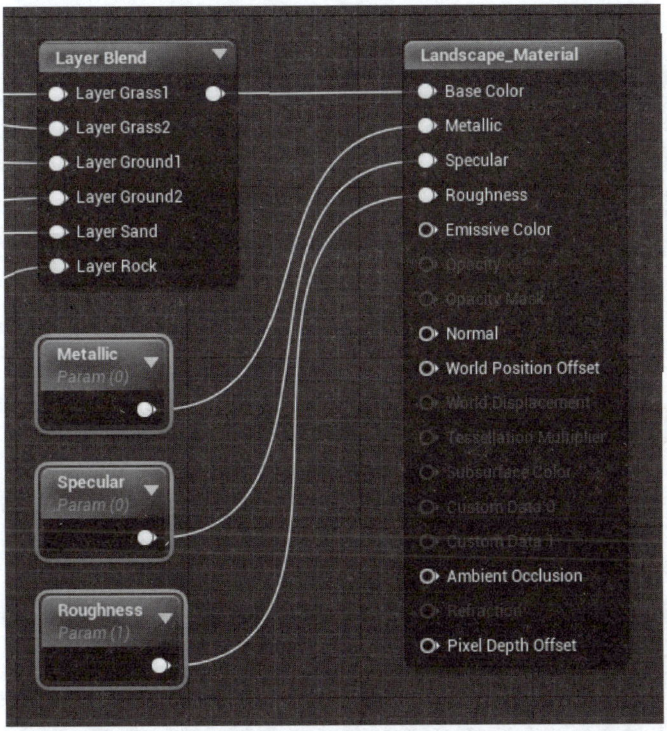

≫ Speichere das Material und schließe dann das Material-Fenster wieder.

Landschaftspflege

Und nun geht es ans Malen. Eine Anfangstextur hat die Landschaft bereits, die anderen müssen wir selber auftragen.

Klicke im MODES-Fenster auf das mittlere Symbol (LANDSCAPE). Dann klicke darunter auf das PAINT-Symbol.

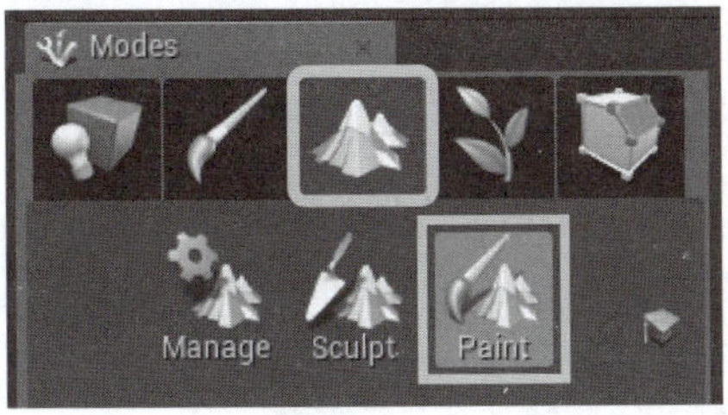

Mit dem Auftragen der Texturen funktioniert es ähnlich wie beim Formen der Landschaft: Man benutzt die Maus als »Pinsel«.

Wenn du nun aber gleich mit dem Malen loslegen willst, bekommst du diese Warnung:

Unreal verlangt für jede Textur (beziehungsweise jeden Textur-Layer) eine Info-Datei. Bevor wir das erledigen, sollten wir dafür einen neuen Ordner anlegen.

- Erstelle im LANDSCAPE-Ordner des CONTENT BROWSERS einen Ordner und nenne ihn `Infos`.

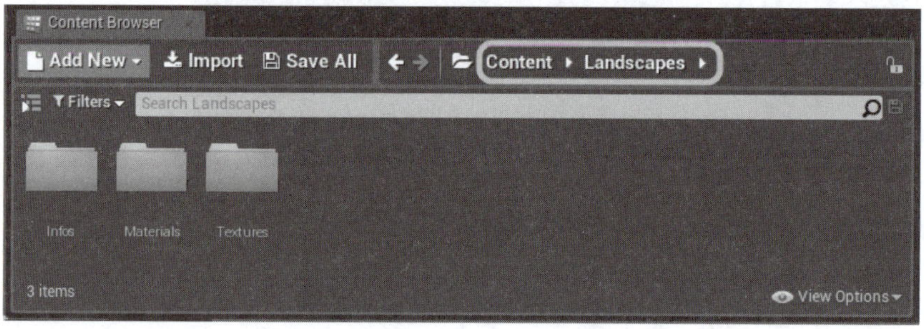

Nun wende dich wieder dem MODES-Fenster zu und suche dort den Bereich TARGET LAYERS. Darunter findest du alle Textur-Layer aufgelistet, die du für das Landschafts-Material eingerichtet hast.

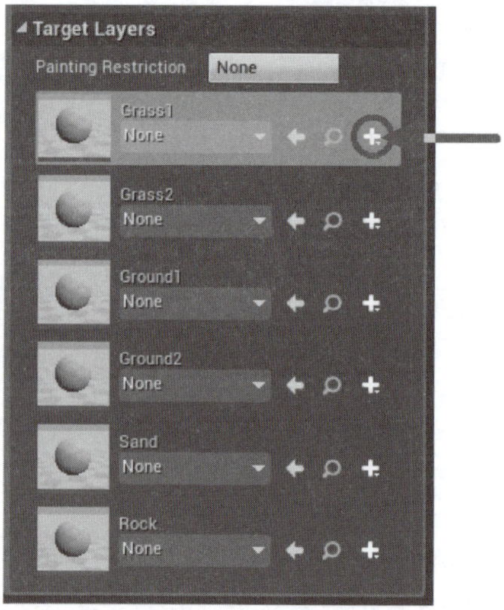

Klicke beim ersten (markierten) Eintrag auf das kleine Plus am Ende. Wähle im (kleinen) Kontextmenü den Eintrag WEIGHT-BLENDED LAYER (NORMAL).

löst das Problem der schwarzen Textur!

Nun öffnet sich ein Dialogfeld, in dem du aufgefordert wirst, einen Ordner für die Info-Datei zu wählen. (Wie du siehst, hat Unreal bereits einen im Angebot. Den könntest du natürlich auch nehmen.)

≫ Suche nach dem Ordner INFOS, den du neu eingerichtet hast. Wenn du ihn gefunden und eingestellt hast, klicke auf OK.

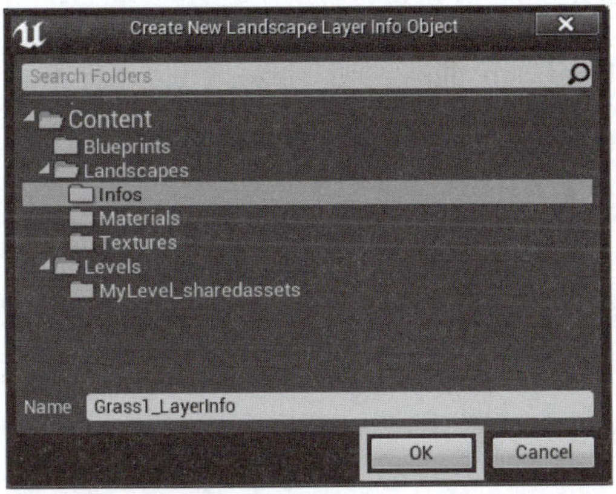

Kurz darauf gibt es im CONTENT BROWSER ein neues Symbol.

≫ Wiederhole das Ganze jetzt für alle anderen Textur-Layer.

Dann könnte es auch bei dir im CONTENT BROWSER so ähnlich aussehen.

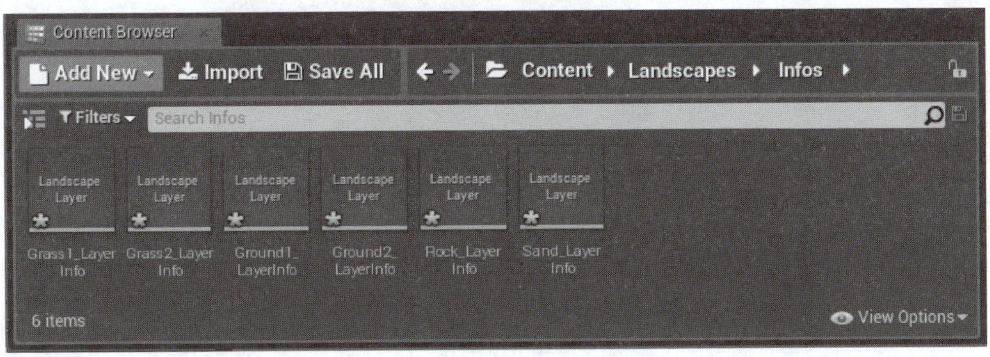

Alles klar zur Landschaftsmalerei?

≫ Um das PAINT-Werkzeug zu benutzen, klickst du auf das Symbol für PAINT TOOL und wählst im Menü das erste Werkzeug.

Und nun kannst du ebenso arbeiten wie beim Formen der Landschaft. Nur dass die gedrückte linke Maustaste diesmal keine Höhen erzeugt, sondern Texturen aufträgt.

Auch hier gibt es die Möglichkeit, mit BRUSH SIZE einzustellen, wie groß die Malfläche sein soll, und mit TOOL STRENGTH, wie intensiv die Textur aufgetragen wird.

Wir beginnen mit der Textur, die du der ganzen Landschaft als »Grundierung« verpassen möchtest, das ist wahrscheinlich die, die du im Editor-Fenster bereits siehst.

Leider gibt es hier zuerst einmal einen Haken, der dir vielleicht sofort auffällt, sobald du mit dem Malen beginnst: Beim Auftragen verschwindet plötzlich nebenan die vorige Textur oder es entstehen schwarze Stellen.

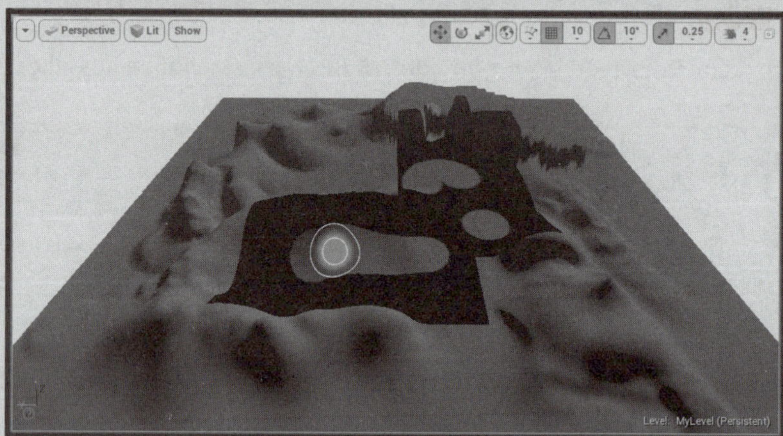

Das liegt daran, dass die Landschaft auch nach der Zuweisung des Materials zuerst weiterhin keine Textur hat. Das, was du im Editor-Fenster siehst, ist leider nur eine **Vorschau**. Und beim Aufmalen einer vermeintlich zusätzlichen Textur wird dieses Problem sichtbar.

v.U.: Beachte in materialeditor: Knoten „LandscapeCoords“ Mapping Scale

≫ Stelle die Pinselgröße auf das Maximum und sorge dafür, dass im Editor-Fenster die gesamte Landschaft zu sehen ist.

≫ Dann übermale den gesamten Bereich, bis nirgendwo mehr schwarze Stellen auftauchen. Nun hast du die Grundtextur aufgetragen.

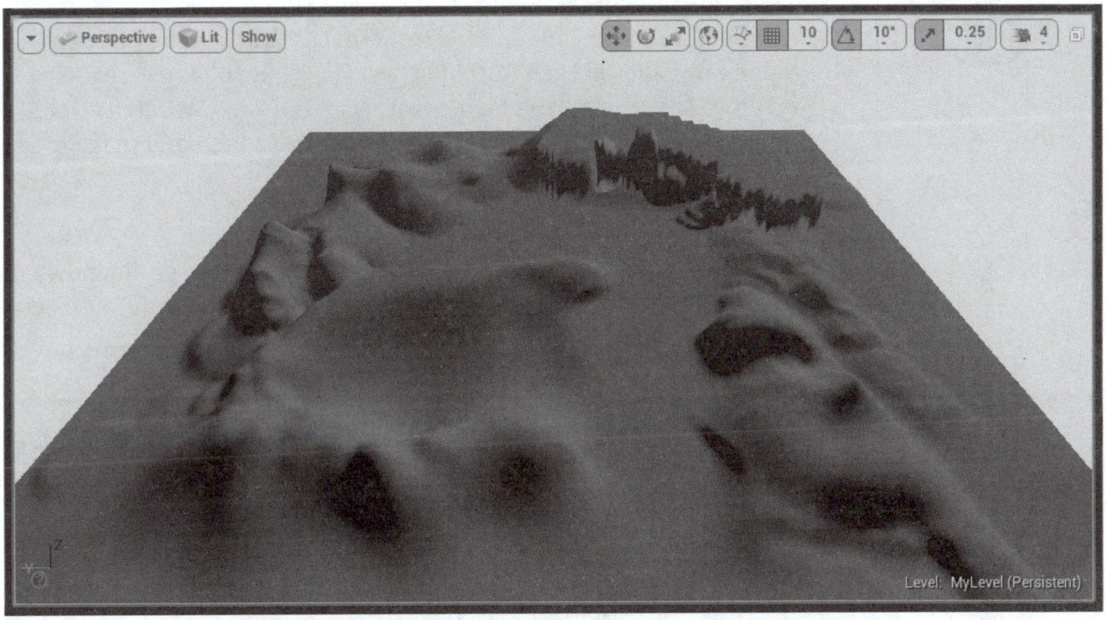

≫ Jetzt suchst du dir die Stellen, die anders texturiert werden soll. Dann wählst du den passenden Textur-Layer rechts im MODE-Fenster und »pinselst« die Textur auf den betreffenden Flächenabschnitt.

Rückgängig machst du einen Arbeitsschritt mit `Strg`+`Z`, und mit `Strg`+`Y` stellst du ihn wieder her.

Nicht immer klappt alles ohne Probleme. Bisweilen braucht die Unreal Engine sehr lange, um das neue Ergebnis »zusammenzubauen«. Dabei gibt sie rechts unten die Meldung »Compiling Shaders« aus.

Dahinter steht dann eine Zahl, die angibt, wie viele noch ausstehen. Ist die Zahl groß, dann kann das eine beträchtliche Zeit dauern. Wie schnell Unreal da arbeiten kann, hängt von deinem Prozessor und von deiner Grafikkarte ab.

Was sind **Shader?** Sie bestimmen, wie Material und Texturen dargestellt werden. Genauer: Shader legen fest, wie die Bild-Daten einer Szene oder eines Objekts grafisch umgesetzt werden. Diese Umsetzung nennt man **Rendern.**

Die Szene eines Spiels ist zunächst nur ein Modell. Daraus wird dann nach dem Spielstart durch Rendern je nach Fähigkeiten der Grafik-Engine etwas hoffentlich Ansehnliches, vielleicht sogar ein optischer Leckerbissen. Je mehr Elemente wie Material und Texturen, Licht, Glanz und so weiter eingesetzt werden, desto länger kann das Rendern dauern.

≫ Es kann sich eine ganze (lange) Weile hinziehen, bis du irgendwann fertig bist. Wenn dir deine Landschaft gefällt, solltest du die Szene gleich speichern.

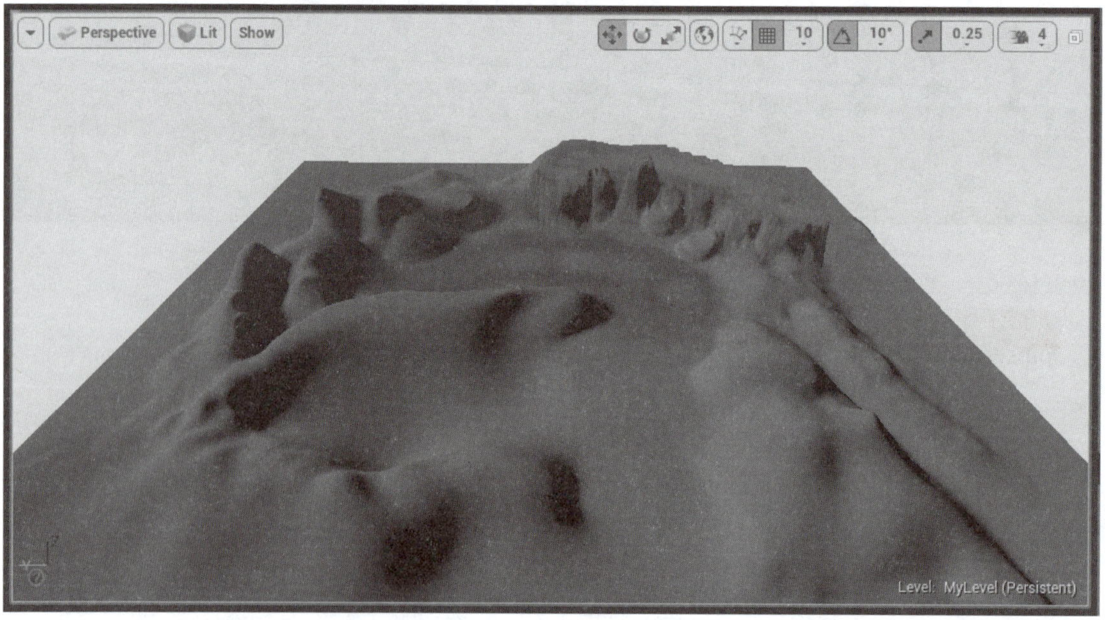

≫ Dann starte das Ganze und laufe los. Vielleicht versuchst du, dir Stellen zu merken, die dir noch nicht so gefallen. Später musst du sie dann bloß im Editor-Fenster wiederfinden, um dort Verbesserungen vornehmen zu können (→ WALKER4).

Zusammenfassung

Nun haben wir eine Landschaft, selbst geformt und »bemalt«. Dabei waren vor allem deine kreativen Fähigkeiten gefragt. Einen Kasten mit leistungsfähigen Werkzeugen hat Unreal dir ja zur Verfügung gestellt. Doch die Landschaft ist noch nicht fertig, es gibt da schon noch einiges, mit dem du auf jeden Fall noch Bekanntschaft machen solltest – im nächsten Kapitel.

Du kennst jetzt ein paar weitere Begriffe:

Layer	Schicht, hier für Texturen, die auf die Landschaft aufgetragen werden
Blending	Übergang von einer Textur zur Nachbar-Textur
Shader	Grafik-Effekte, um die Darstellung zu optimieren

Und du weißt, wie man ein Material mit mehreren Texturen erstellt und wie man mit den wichtigsten Gestaltungs-Werkzeugen für eine Landschaft umgeht:

	Landschafts-Modus anschalten
	Landschaft erzeugen und managen
	Landschaft formen (Höhen, Tiefen, Plateaus)
	Landschaft mit Texturen »bemalen«

Auch zwei neue Blueprint-Knoten hast du kennengelernt:

Name	Bedeutung
Verteiler-Knoten	Verteilt mehrere Texturen auf Layer
Parameter-Knoten	Enthält einen Wert in einem bestimmten Wertebereich

Ein paar Fragen ...

1. Wie groß sind normalerweise die Ausmaße einer Landschaft in Unreal?
2. Wie verschiebt, dreht und zoomt man den Ausschnitt im Editor-Fenster?
3. Worüber regelt man bei den (meisten) Landschafts-Werkzeugen die Fläche fürs Formen und Malen und die Intensität?

... aber keine Aufgabe

6

Vegetation und Wasser

Nun haben wir eine Landschaft. Mit Höhen und Tiefen, vielleicht ein paar Felsen, einem Plateau. Und auf dem Boden wächst mal Gras, mal ist dort nur Erde oder ein Gemisch aus beidem, an einigen Stellen ist es vielleicht steinig, an anderen sandig.

Der größte Teil der Landschaft ist wohl mit Pflanzen bewachsen, aber das ist nur niedriges Gras; was der Landschaft fehlt, sind Bäume und Büsche. Und eigentlich auch Wasser, zum Beispiel das eines Sees. Darum kümmern wir uns jetzt.

In diesem Kapitel lernst du

- wie man Bäume und andere Elemente in die Landschaft setzt
- etwas über den Einsatz von Wind
- wie man die Landschaft um einen See erweitert
- etwas über VOLUMES
- wie man eine Unterwasser-Atmosphäre erzeugt
- etwas über »Landesgrenzen«
- wie man ein Projekt entschlacken kann

Open World

Unreal bietet neben den Tools zum Erstellen und Texturieren einer Landschaft ein weiteres, das du über das Symbol rechts neben dem für LANDSCAPE erreichst: Das FOLIAGE-Tool (ein Ast mit drei Blättern). Damit lassen sich unter anderem auch Bäume in eine Landschaft pflanzen.

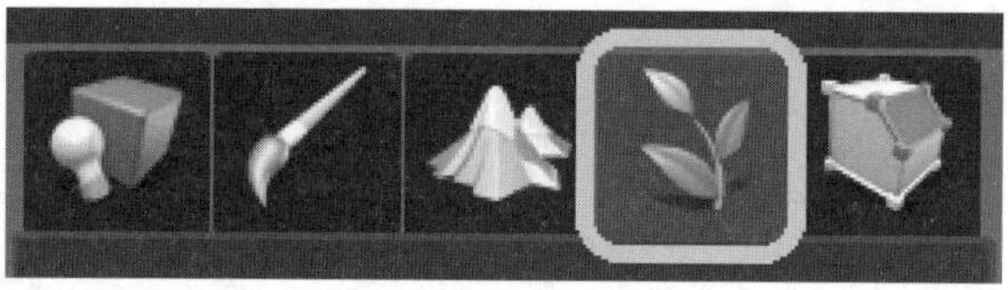

Um aber damit sinnvoll arbeiten zu können, brauchen wir das passende Material. Und das musst du dir wieder aus dem Internet besorgen. Das ist diesmal aber nicht so einfach, wie ein paar Texturen zu laden. Denn ein Baum besteht nicht nur aus einer Datei.

Nun gibt es zum Beispiel im Unreal Marketplace einiges an Baumsammlungen, die aber fast alle etwas kosten. Unreal selbst lässt sich aber nicht lumpen und bietet mit der »Open World Demo Collection« eine mächtige Sammlung von Assets an, die man sich kostenlos herunterladen kann – wenn man viel Platz und Geduld hat.

Auf dieser Seite kannst du dich über diese Asset-Sammlung informieren:

https://www.unrealengine.com/marketplace/open-world-demo-collection

Wenn du dich entschlossen hast, es mit diesem Riesen-Paket zu versuchen, dann solltest du zuerst ein leeres Projekt erzeugen und es OPENWORLD nennen. Dort hinein wird dann von Epic Games die ganze Sammlung von Assets importiert. Problem: Die Datei ist fast 7 GB groß, es kann also sehr lange dauern, bis alles geladen und in das Projekt eingefügt ist. Und auch wenn du die Assets in deinem Projekt einsetzt, solltest du (viel) Geduld haben.

Man kann das Paket nicht direkt von der oben genannten Seite laden, sondern muss in jedem Fall den Epic Games Launcher benutzen. Deshalb installieren wir die OPEN WORLD DEMO COLLECTION direkt von dort aus.

≫ Wechsle auf die Seite MARKTPLATZ und gib oben rechts im Suchfeld `Open World` ein.

Nach einiger Zeit hat der Launcher das Gesuchte gefunden.

- Klicke auf die Fläche, die OPEN WORLD DEMO COLLECTION anzeigt. Dann blättere die Seite hinunter – du sieht eine kurze Beschreibung – und suche die Schaltfläche DEM PROJEKT HINZUFÜGEN. Klicke darauf.

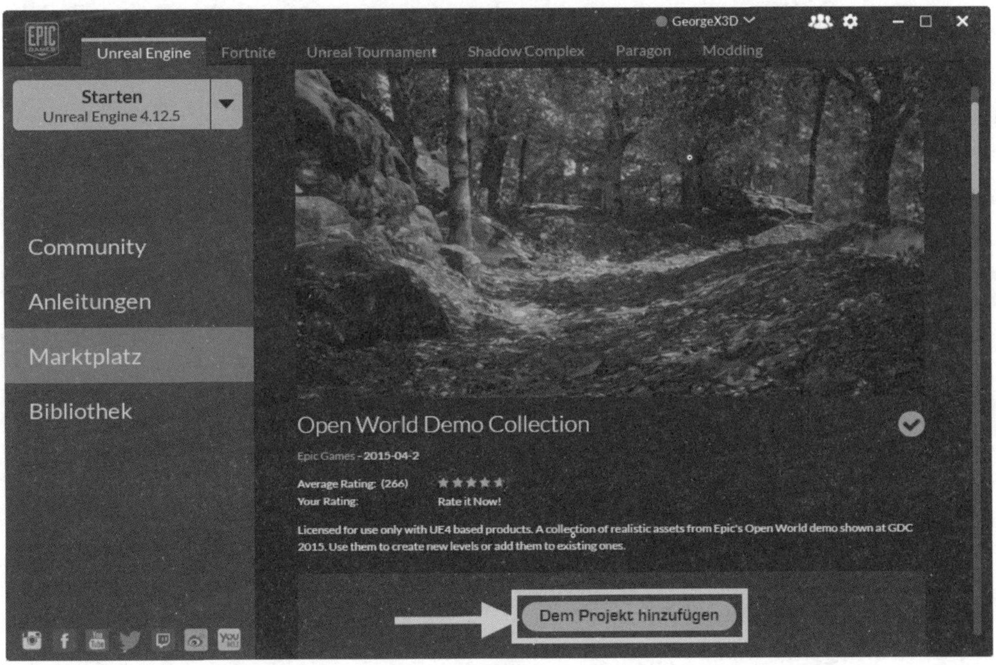

Nun wird das Paket nicht einfach heruntergeladen, sondern du wirst gefragt, in welches Projekt du es integrieren willst. Und damit das nicht jetzt schon unser aktuelles Landschafts-Projekt ist, sollest du ein leeres Objekt zur Verfügung haben – wie ich, am besten mit einem passenden Namen.

≫ Wähle OPENWORLD und klicke dann auf DEM PROJEKT HINZUFÜGEN.

Und nun heißt es abwarten. Je nach PC-Leistung und Internetzugang kann das Ganze weniger als eine halbe Stunde oder auch deutlich mehr als eine ganze dauern.

≫ Wenn der ganze Prozess beendet ist, starte das OPENWORLD-Projekt. Dann klicke im CONTENT BROWSER auf den einzigen Ordner mit dem Namen KITEDEMO.

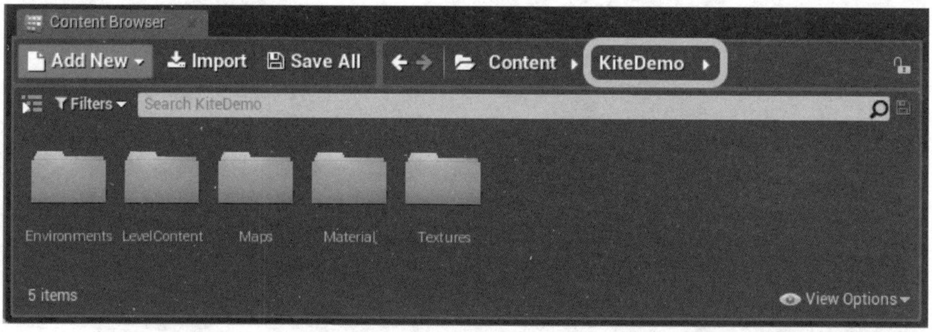

Und dich erwarten insgesamt fünf Ordner (aktuell; vielleicht sind es später auch mehr). Dazu gehören Bäume, Blumen, Gräser, Felsen, Steine, jede Menge Texturen, zahlreiche fotorealistische Meshes. Wir brauchen hier erst mal nur Bäume.

≫ Klicke dich über ENVIRONMENT zum Ordner TREES durch und öffne ihn.

Auf den ersten Blick sehen die Namen der Ordner nicht aus wie die Namen, die man Bäumen geben würde.

Doch in jedem dieser Ordner stecken alle Dateien, die man zum Erstellen eines kompletten Baums benötigt. Genauer ausgedrückt gibt es nur zwei Baumarten: HILLTREE und SCOTSPINE (und das je zweimal). Dazu ein Baumstumpf und irgendwelche Baumreste.

Wenn du die Ordner öffnest, siehst du dort eine Menge »herumliegen«. Für den Einsatz wichtig sind immer die Dateien, die als STATIC MESH gekennzeichnet sind.

≫ Um das zu finden, fährst du mit dem Mauszeiger über die Symbole, bis du eines findest, das als STATIC MESH gekennzeichnet ist.

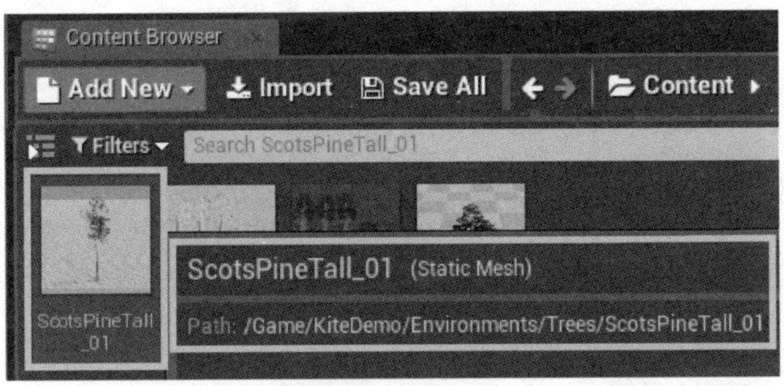

Vielleicht geht es dir auch so: Meine Erfahrungen mit diesem umfangreichen Paket waren erst einmal negativ. Der Versuch, eine Mesh-Datei zu benutzen, führte dazu, dass Unreal zunächst einzufrieren schien. Erst nach einer scheinbar endlosen Wartezeit gelang es mir, Bäume in die Landschaft zu setzen.

Das Ganze wurde zu einem Geduldspiel. Dein PC sollte wirklich sehr leistungsfähig sein und du eher jemand, der/die nicht so schnell die Ruhe verliert.

Andererseits hat das Open-World-Paket eine wirklich sehr hochwertige Asset-Sammlung zu bieten. Deshalb dauert es auch so lange, bis ein Objekt oder eine Szene einsatzbereit ist. Geduld kann sich also auch lohnen. Probiere für dich aus, wie du damit zurechtkommst.

Speed Trees

Eine Alternative zur mächtigen Open-World-Sammlung ist ein kostenloses kleines Paket mit drei Bäumen (Laubbaum, Nadelbaum, Palme), das du auf der Seite von **SpeedTree** finden kannst. Das Programm selbst ist kostenpflichtig, damit lassen sich Bäume sehr gut selbst erstellen. Man kann aber auch fertige Baum-Sammlungen kaufen. Der folgende Link führt dich zu dem kostenfreien Angebot für Unreal:

http://store.speedtree.com/unreal-engine-4/

Dort klickst du auf den Eintrag DOWNLOAD FREE SAMPLE TREES.

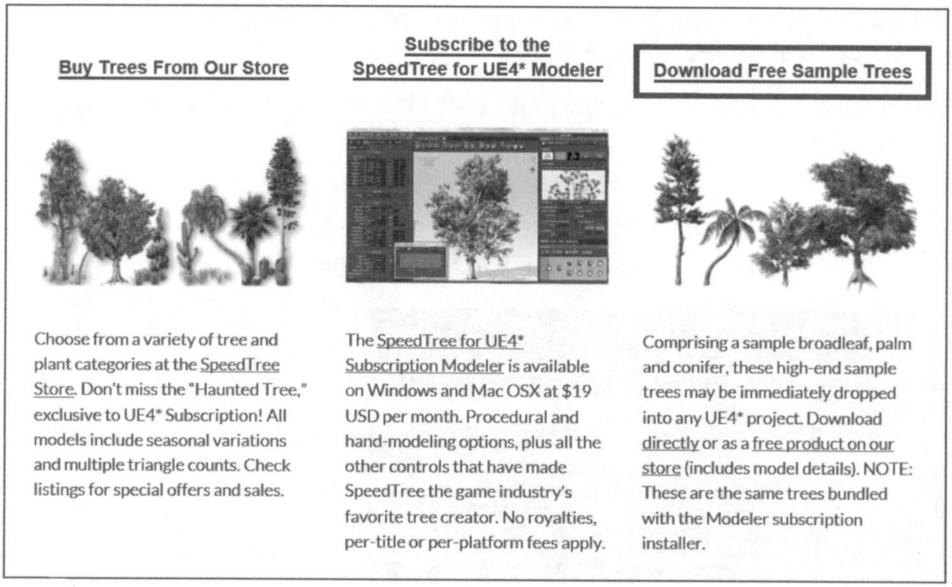

- Und nach einiger Zeit hast du eine ZIP-Datei, die du nur **entpacken** musst. Nenne den Ordner um in `Trees`.

Du kannst nun ein neues Projekt erstellen, wenn du die Bäume erst einmal ausprobieren willst. Oder du fügst sie gleich in dein aktuelles Landschafts-Projekt ein. Weil das relativ flott geht, empfehle ich dir diesen Weg:

- Starte dein letztes Projekt. Öffne dann im CONTENT BROWSER den Ordner LANDSCAPES.
- Erstelle einen neuen Ordner TREES und wechsle dorthin. Ziehe dann von außen den Windows-Ordner mit dem Namen TREES komplett ins CONTENT-Fenster.

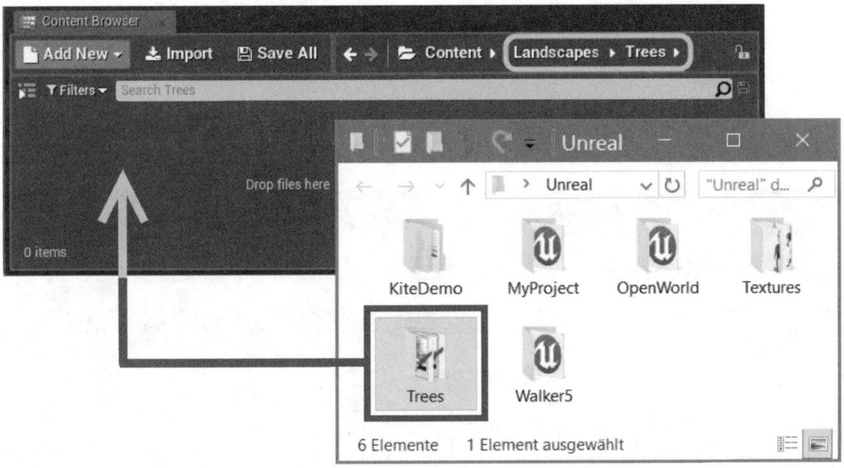

Es dauert einige Zeit, bis alle Dateien importiert worden sind. Das geht nicht ohne Unterbrechungen. Zwischendrin tun sich einige Dialogboxen auf, zuerst eine mit Import-Optionen von Unreal, danach offenbar je eine weitere pro Baum-Import, die sich auf SpeedTree-Optionen bezieht.

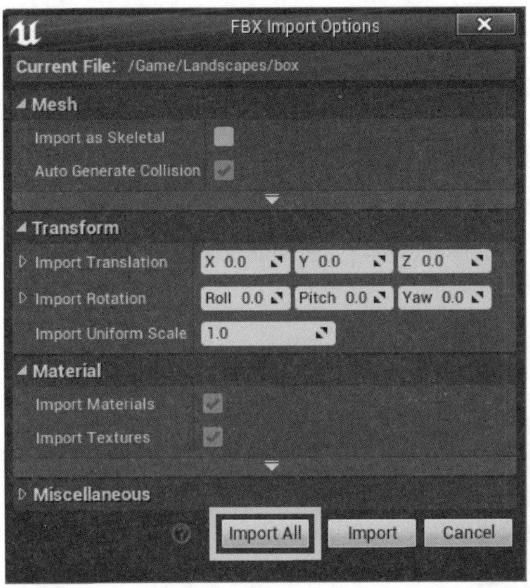

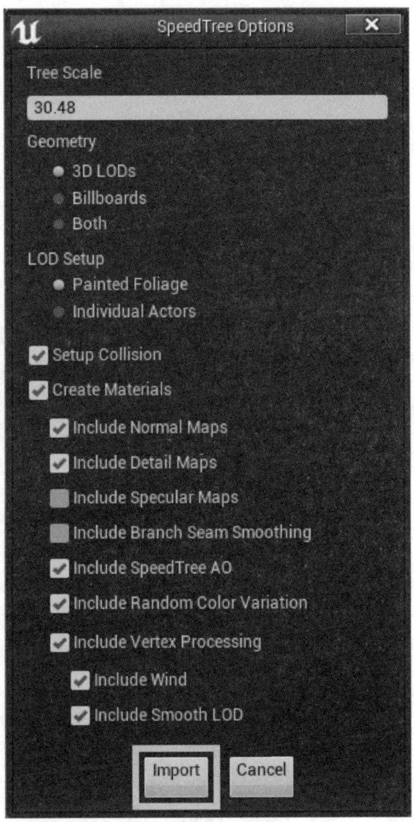

≫ Klicke beim ersten Mal auf IMPORT ALL, danach jedes Mal auf IMPORT. Das abschließende Warnfenster kannst du hier ignorieren und einfach schließen.

Danach ist der TREE-Ordner erst einmal voll – bei mir mit über 100 Dateien.

Bäume pflanzen

Nun haben wir das Material, das wir brauchen, um unsere Landschaft mit Bäumen zu bestücken. Und dazu benutzen wir das oben genannte FOLIAGE-Werkzeug. Dabei ist es egal, welche Bäume du nun benutzt – ob aus dem Vorrat von Open World oder von SpeedTree oder andere, vielleicht sogar selbst gemachte.

≫ Dazu klickst du oben im MODES-Fenster auf das zweite Symbol von rechts (das mit dem Zweig).

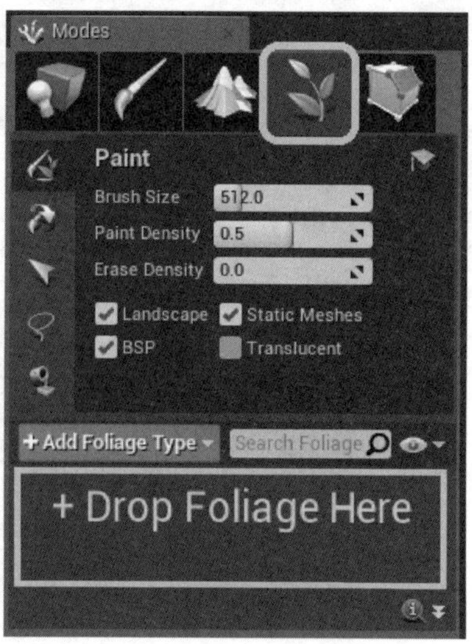

Bevor wir Bäume »pflanzen« können, müssen wir einige ins Mesh-Feld schieben. Das ist der Bereich, in dem »+ Drop Foliage Here« steht.

- Sorge also dafür, dass im CONTENT BROWSER der TREES-Ordner geöffnet ist. Dann suche nach dem ersten Baum-Mesh (du erkennst das an der zugehörigen Info-Box, in der STATIC MESH vorkommen muss).

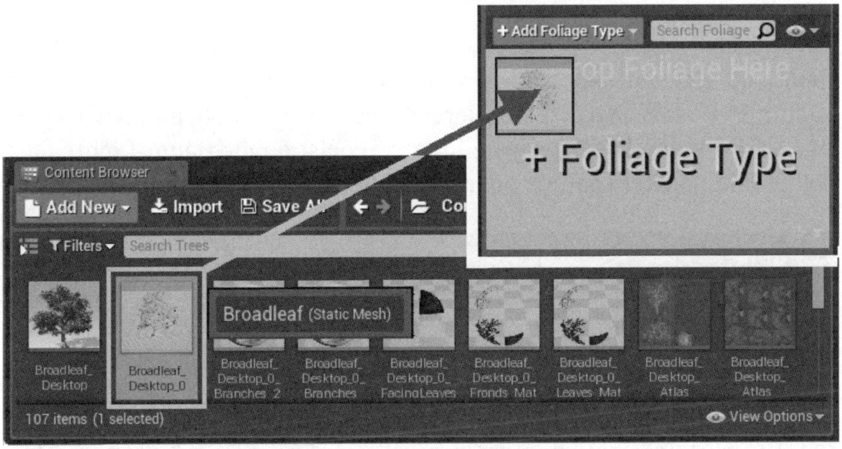

- Ziehe das Symbol in den Mesh-Bereich des FOLIAGE-Tools. Wenn du die richtige Mesh-Datei erwischt hast, wird die Meldung »+ Foliage Type« angezeigt.
- Wenn dir dieser eine Baum nicht reicht, wiederhole das für die anderen: Suche die Mesh-Dateien und ziehe sie jeweils vom CONTENT BROWSER ins Mesh-Feld.

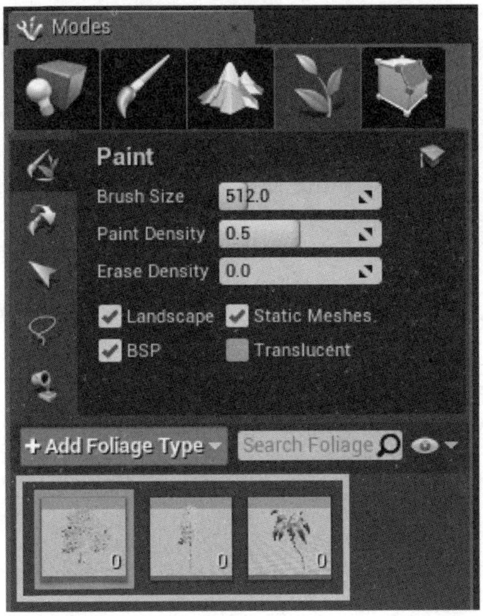

Nun hast du einige Bäume, die du in deiner Landschaft verteilen kannst. Das funktioniert ebenso, wie du es vom Formen der Höhen und Tiefen oder vom Aufmalen der Texturen kennst.

≫ Markiere einen der Baum-Symbole im Mesh-Feld. Dann wandere mit der Maus ins Editor-Fenster und klicke dorthin, wo die ersten Bäume wachsen sollen. Auch hier lässt sich jeder Schritt mit [Strg]+[Z] wieder rückgängig machen.

Damit du steuern kannst, wie viele Bäume wohin kommen, lässt sich auch hier über BRUSH SIZE der Bereich festlegen, der »bepflanzt« werden soll. Und mit den DENSITY-Einstellungen regelst du die Baum-Dichte (also ob die Bäume eher spärlich oder dicht wie ein Wald wachsen sollen):

Option	Bedeutung	Steuerung
PAINT DENSITIY	Mal-Intensität	Linke Maustaste
ERASE DENSITIY	Lösch-Intensität	[⇧] + linke Maustaste

Zu viel gemalter Wald lässt sich also auch wieder stellenweise ausradieren. Um einzelne Bäume zu setzen, solltest du BRUSH SIZE möglich klein wählen.

Wenn du im MODES-Fenster weiter nach unten scrollst, findest du weitere Einstellungsmöglichkeiten, unter anderem diese:

Option	Bedeutung
PAINTING/DENSITY	Häufigkeit, wie oft Element pro Bereich vorkommt
PAINTING/RADIUS	Mindestabstand der Elemente voneinander
PAINTING/SCALING	Skalierungsart: uniform = alle Dimensionen verändern sich gleich
PAINTING/SCALEX	Bereich, in dem sich die Größe eines Elements »bewegt«

Probiere einfach aus, welche Wirkung du mit verschiedenen Optionen erzielen kannst.

Wundere dich nicht, wenn die Bäume erst einmal etwas seltsam aussehen, zumindest zum Teil eher wie Baumruinen. Je nach Anzahl aller Bäume, die du in der Landschaft verteilt hast, muss Unreal ganz schön arbeiten, um die Shader zu kompilieren.

≫ Es kann nicht schaden, auch mal wieder auf die BUILD-Schaltfläche oben im Symbolbereich zu klicken.

≫ Nun speichere das ganze Projekt erst einmal. Dann lasse den Player wie einen Förster durch die Gegend wandern und die Bäume begutachten. Wo steht einer zu viel, wo könnte noch einer hin? Welcher sollte besser umgepflanzt werden?

Voraussichtlich wirst du hier und da noch einige Korrekturen vornehmen wollen. Du weißt ja, wie man Bäume »ausradieren« kann. Aber was ist, wenn man einen Baum verschieben will, weil er zum Beispiel etwas zu weit rechts oder links sitzt beziehungsweise steht?

Dafür gibt es das Selektions-Tool. Normalerweise ist das PAINT-Tool im FOLIAGE-Bereich das zuerst aktivierte.

≫ Klicke oben im MODES-Fenster auf das dritte Symbol (ganz links von oben gezählt).

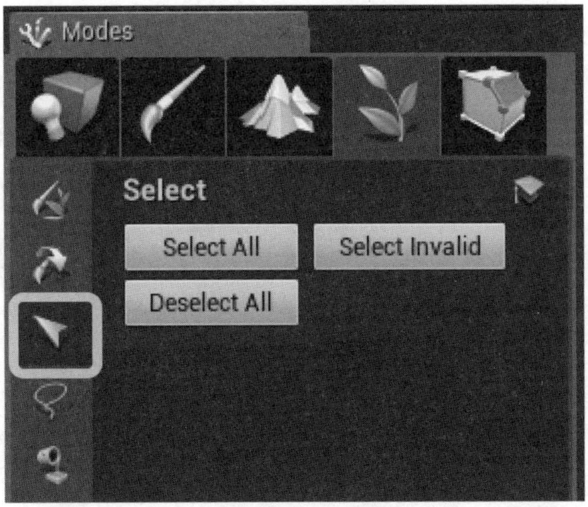

Du siehst mehrere Buttons mit dem Text »Select«, lasse sie alle in Ruhe, denn du willst ja nur einen Baum bearbeiten.

≫ Wandere mit der Maus zum Editor-Fenster und suche den Baum, der verschoben werden soll. Dann klicke darauf.

Der Baum ist nun gelb umrahmt (»erleuchtet«?). Bei mir steht er auf einer Ebene, die eher erdig-sandig ist. Besser wäre ein Platz auf der linken oder rechten Seite, wo es mehr Wiese gibt.

⋙ Schiebe den Baum auf eine Seite und positioniere ihn nicht zu dicht an anderen Bäumen. Wenn du willst, kannst du auch noch oben auf Rotation oder Skalieren umschalten und ihn drehen oder die Größe nachträglich ändern.

Nun sind bei mir der Weg und der Blick auf die Felsen im Hintergrund wieder frei. Wahrscheinlich wird es einige weitere Stellen geben, an die man lieber einzeln herangeht. Und so wird deine Landschaft nach und nach immer schöner. Und der Player geht gern darin spazieren.

⋙ Wenn du mit deinem Baumbestand zufrieden bist, speichere das ganze Projekt (→ WALKER5).

Neben Bäumen könnte es außerdem in deiner Landschaft ein paar Büsche, Steine, höheres Gras, vielleicht auch Blumen geben. Wenn du dazu entsprechendes Material findest (im Open-World-Paket gibt es einiges), dann kannst du auch da die Mesh-Dateien in den Einsatzbereich des FOLIAGE-Tools ziehen und sie dann in bestimmten Gegenden der Landschaft verteilen.

Zu guter Letzt solltest du wissen, dass man mit dem FOLIAGE-Werkzeug auch einfache Objekte wie Kugeln und Quader verstreuen kann.

Wind und Wasser

Irgendetwas stört mich, wenn ich so durch meine Landschaft wandere. Da regt sich kein Lüftchen. Kein einziges Blatt rührt sich. Aber etwas Wind gibt es doch immer. Und genau das lässt sich natürlich auch in Unreal einstellen. Wir brauchen nur den passenden Actor.

≫ Dazu wählst du im Modes-Fenster links den unteren Eintrag ALL CLASSES. Dann blätterst du daneben ganz weit nach unten, um den Objekttyp WIND DIRECTIONAL SOURCE zu finden.

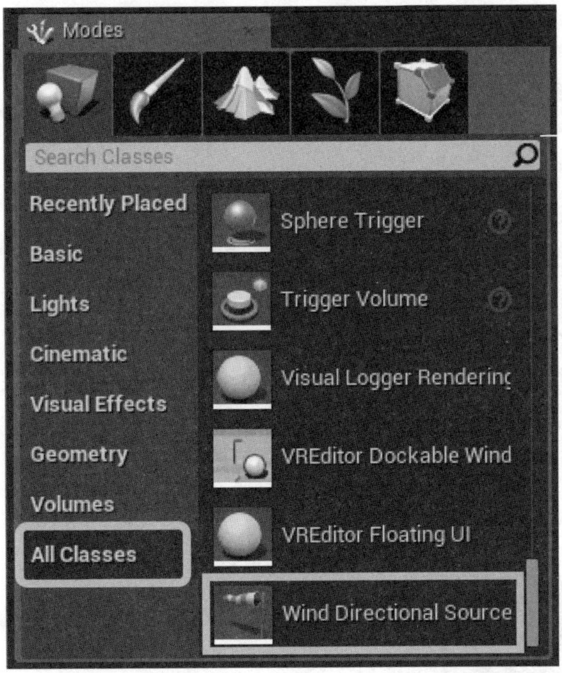

≫ Klicke darauf und ziehe die Maus nach rechts ins Editor-Fenster.

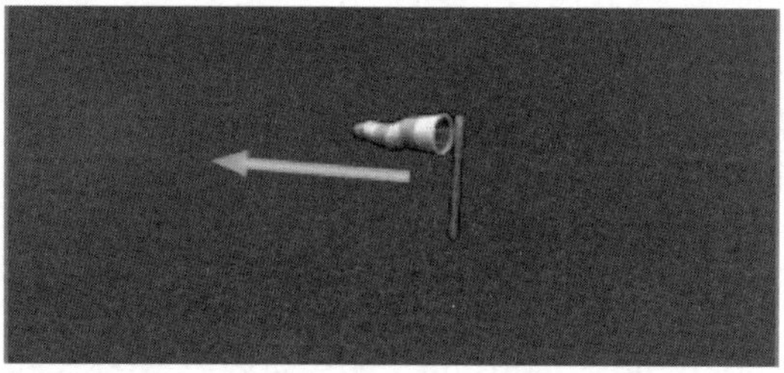

Das Wind-Symbol zeigt mit dem Pfeil die Richtung an, in die der Wind bläst. Ob es nur ein laues Lüftchen sein soll oder gar ein Sturm, kannst du im DETAILS-Fenster über die Einstellungen für Stärke (STRENGTH) und Geschwindigkeit (SPEED) bestimmen:

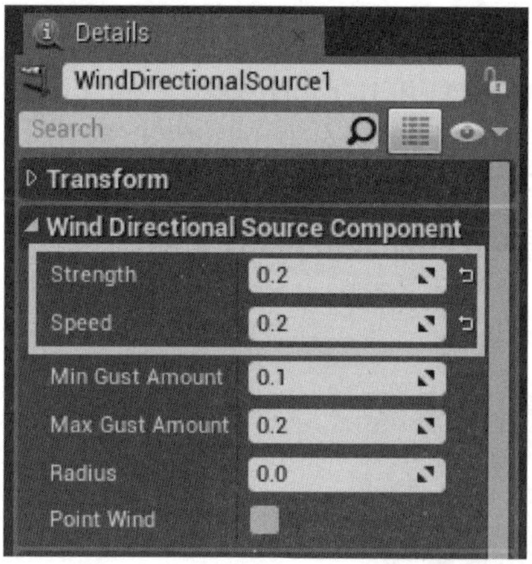

Wenn du nun durch deine Landschaft gehst, siehst du an den Blättern, wie windig es ist. Dennoch fehlt weiterhin etwas. Denn was in jede Landschaft gehört, ist Wasser. Es muss ja kein Fluss sein, ein kleiner See genügt.

- Bevor du aber Wasser in die »Wanne« lässt, suche die Gegend erst einmal ab, damit du eine passende Stelle dafür findest.
- Wenn du eine passende Stelle gefunden hast, grabe eine kleine (unregelmäßige) Vertiefung hinein. Dazu brauchst du auf jeden Fall das SCULPT-Tool, das du mit der linken Maustaste bedienst, diesmal zusammen mit der [⇧]-Taste.

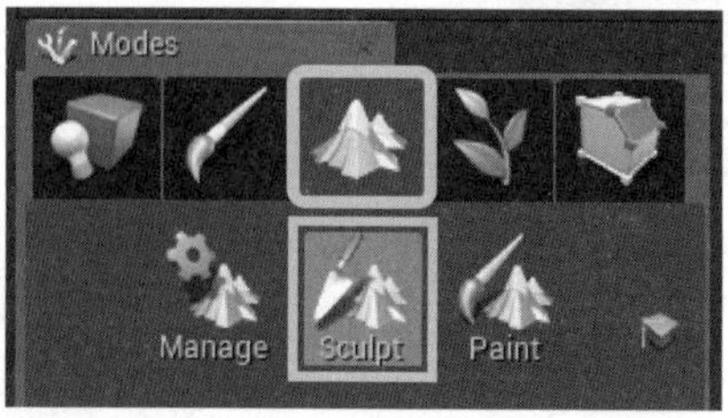

> Wie zoomt man noch mal im Editor-Fenster? Eine Möglichkeit ist die Verwendung des Scroll-Rads der Maus. Außerdem kannst du beide Maustasten und zusätzlich die `Alt`-Taste benutzen, um bestimmte Stellen »zurechtzurücken«.

Für das Wasserelement brauchen wir jetzt ein Objekt, das sich möglichst gut in die unregelmäßige Bodenvertiefung einpassen lässt. Da der Player später nicht übers Wasser gehen soll, muss dieses Element für ihn durchlässig sein, er darf also dort keinen festen Boden unter den Füßen haben.

Ich habe mich für einen Zylinder entschieden, aus dem ich eine flache Platte mache. Du kannst aber auch den Typ Cube benutzen, dann sähe das Ergebnis so ähnlich aus wie die rechteckige Ebene, die man bei einem neuen Projekt erhält.

- Sorge im Modes-Fenster dafür, dass die Seite Basics eingestellt ist, klicke auf den Objekttyp Cylinder und ziehe ihn ins Editor-Fenster an die Stelle, wo dein See entstehen soll.

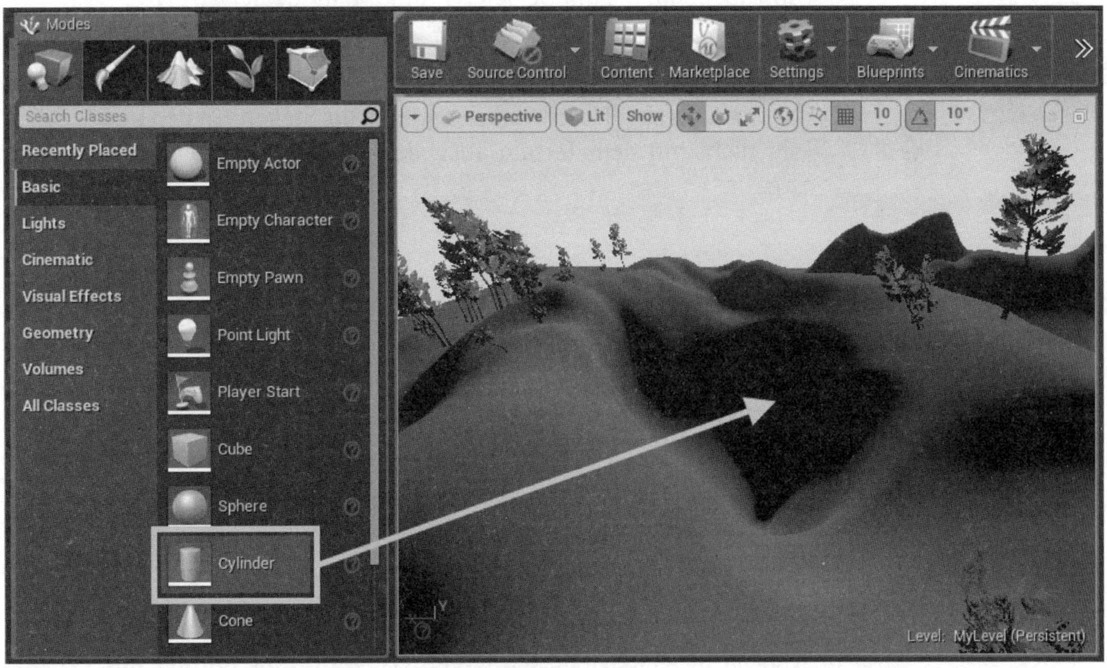

- Passe im Details-Fenster unter Transform die Skalierung an (bei mir waren recht hohe Werte nötig). Dann verschiebe den (flachen) Zylinder, bis er wie ein Deckel passt und alles abdeckt. Möglicherweise musst du den Zylinder auch etwas drehen (Rotation um Z).

- Außerdem empfehle ich dir, das neue Objekt (im WORLD OUTLINER) umzubenennen: zum Beispiel in `Lake` oder besser `Surface`.
- Speichere alles und starte dann das Projekt. Wandere zum See und drum herum, du kannst auch (noch) darauf herumspazieren, das Ganze ist wie eine zugefrorene Fläche. Merke dir Stellen, an denen der Zylinder nicht mit dem Terrain abschließt, und bessere das anschließend aus.

Material aus dem Starter Content

Nun brauchen wir noch ein passendes Material, das nicht nur nach Wasser aussieht, etwas Wellenbewegung an der Oberfläche könnte auch nicht schaden.

Das klingt nach mehr Aufwand, das Zuweisen einer einfachen Textur und ein bisschen Glitzern dürfte nicht reichen. Wir sollten uns die Arbeit leichter machen und uns bei dem bedienen, was Unreal zu bieten hat.

Dass dort schon einige vorgegebene Start-Level zur Verfügung stehen, hast du ja im ersten Kapitel bereits erfahren. Und von der 3rd-Person-Figur haben wir auch schon Gebrauch gemacht. Was wir uns noch gar nicht angeschaut haben, ist das STARTER CONTENT-Paket.

Das konnte man beim Erzeugen eines neuen Projekts direkt einbinden, wenn man das entsprechend über WITH STARTER CONTENT einstellte.

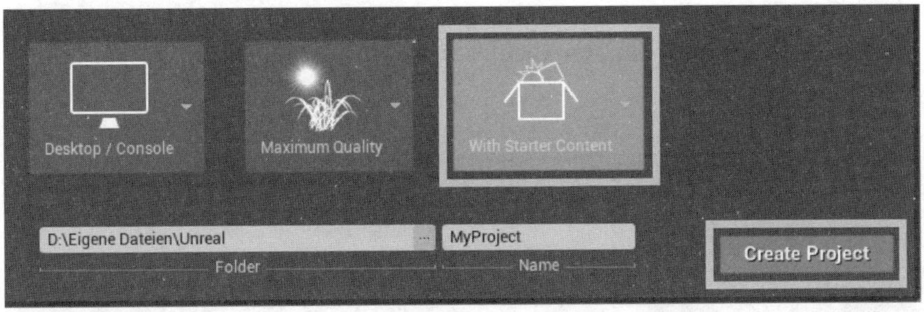

Aber auch wenn man – wie wir – ein Projekt ohne diese Zugaben erstellt hat, lässt sich diese Sammlung noch nachträglich einfügen.

≫ Dazu klickst du im CONTENT BROWSER auf ADD NEW und im Menü oben auf den Eintrag ADD FEATURE OR CONTENT PACK.

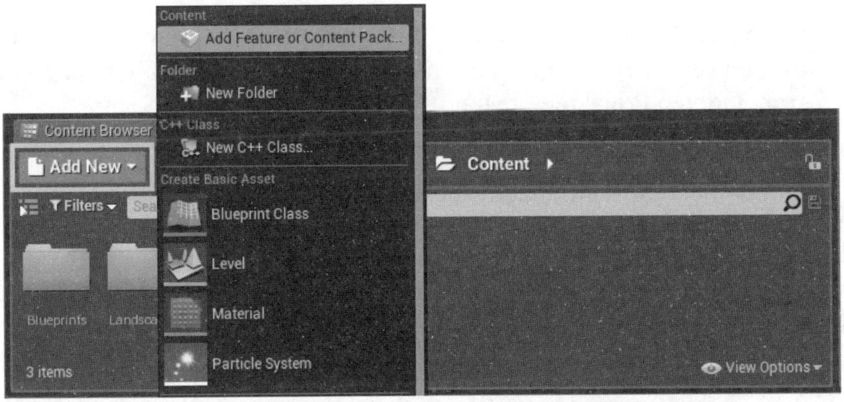

≫ Sorge dafür, dass die Seite CONTENT PACKS angezeigt wird. Klicke auf das Symbol für STARTER CONTENT und dann auf ADD TO PROJECT.

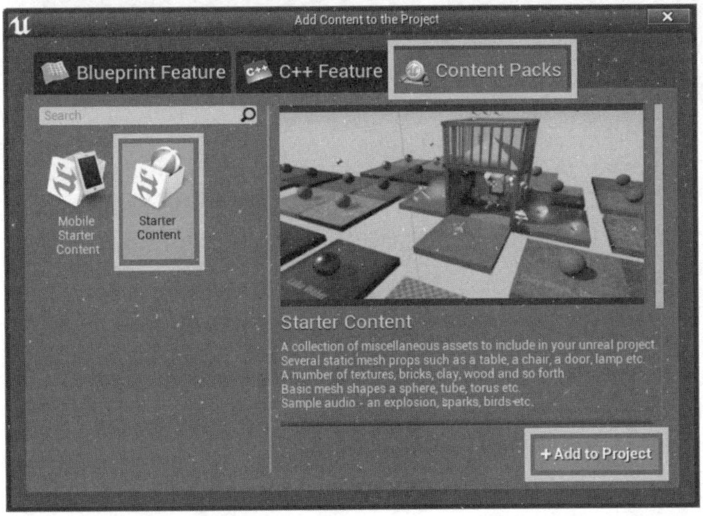

Nun wird einiges eingeladen, wie du anschließend sehen kannst, wenn du dich mal durch die ganzen Unterordner von STARTERCONTENT hindurchklickst.

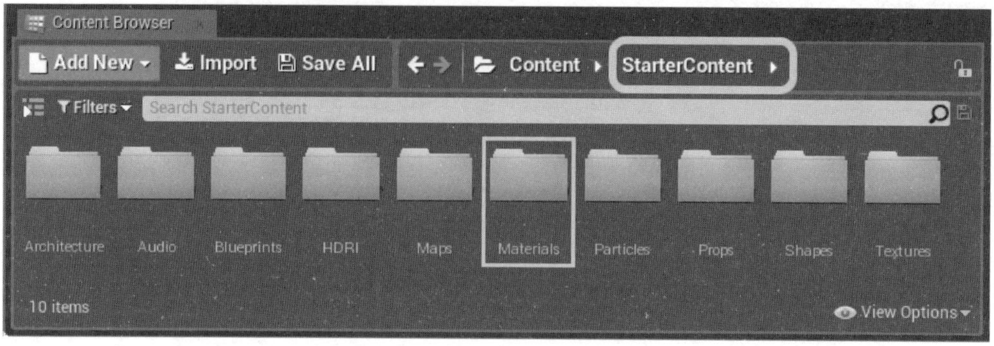

Vieles davon können wir in unserem Projekt nicht gebrauchen, um das Entfernen von Überflüssigem kümmern wir uns später. Manches wird uns aber in anderen Projekten noch nützlich sein.

- Für unser Wasser benötigen wir ein bestimmtes Material, das natürlich im Ordner MATERIALS liegt. Klicke also darauf. Dann blättere weiter nach unten.

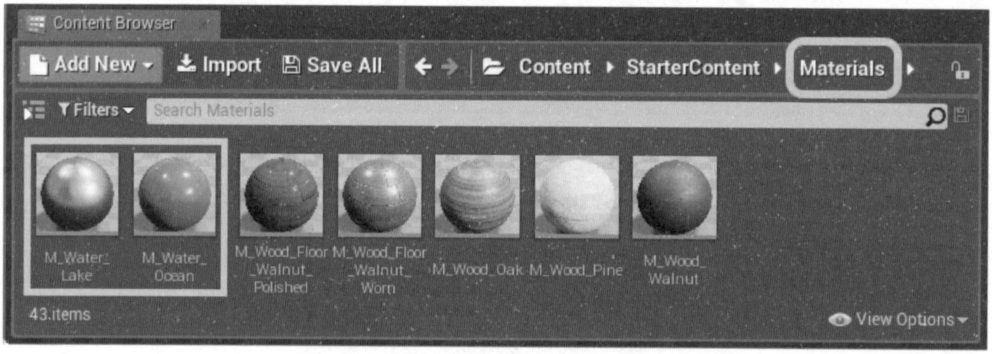

Für uns von Interesse sind die beiden Materialien, deren Namen etwas mit »Water« zu tun hat. Welches du bevorzugst, ist deine Sache. Nicht nur WATER_LAKE, sondern auch WATER_OCEAN kann für ein Gewässer passen – je nach Lage und Größe.

- Markiere den Eintrag LAKE oder SURFACE im WORLD OUTLINER.
- Klicke im CONTENT BROWSER auf eins der beiden Material-Symbole für WATER und ziehe es ganz nach rechts zum DETAILS-Fenster in das Feld hinter dem Eintrag ELEMENT 0 unter MATERIALS.

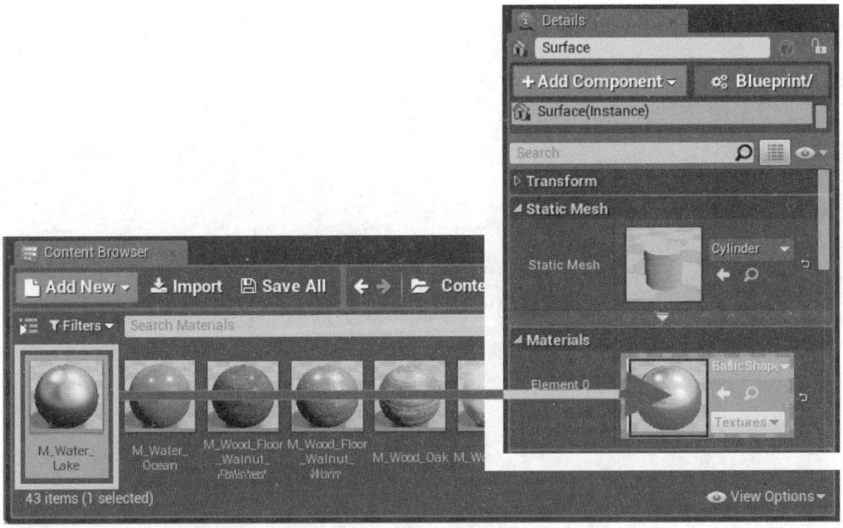

Und schon glitzert der See. Wenn du willst, kannst du dir das auch als Fußgänger mal näher anschauen.

Wahrscheinlich entspricht das, was du siehst, nicht unbedingt dem, was du gern hättest. Bei mir sah die Wasseroberfläche erst einmal gar nicht blau, sondern eher grau-silbrig glänzend aus. Da muss man doch noch etwas nachbessern können. Schauen wir uns doch mal das Material M_WATER_LAKE etwas näher an.

- Öffne durch Doppelklick auf das Symbol im CONTENT BROWSER das Material-Fenster.

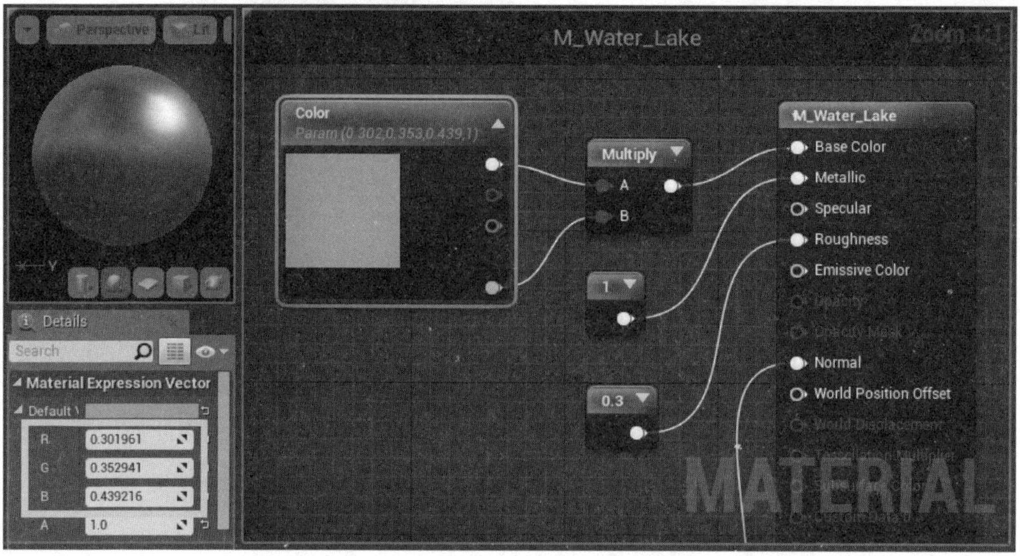

- Suche den Knoten mit dem Titel COLOR. Links unten im DETAILS-Fenster siehst du eine Auflistung mit den Buchstaben R-G-B.

Jede Lichtfarbe setzt sich aus den drei Grundfarben Rot (Red), Grün (Green) und Blau (Blue) zusammen, daher die Anfangsbuchstaben R, G und B. Die Werte im Details-Fenster hinter den drei Buchstaben geben den Anteil an, den jede Grundfarbe an der Hauptfarbe hat. Wasser ist vorwiegend blau, also ist hier der Blauanteil auch am höchsten.

> Und was bedeutet das A unter R-G-B? Das steht für den Alpha-Wert, damit wird angegeben, wie transparent die Farbe sein soll.

- Experimentiere mit den Zahlen, ändere sie, beobachte, wie der Farbstreifen hinter DEFAULT danach aussieht.

Man könnte die Farbwerte zum Beispiel so ändern:

R	G	B	
0.3	0.35	0.45	Wasser eher grau-blau
0.2	0.4	0.8	Wasser in stärkerem Blau
0.1	0.6	0.4	Grünliches Wasser

Wenn dir das Wasser zu viel glänzt, dann sind noch diese beiden Werte interessant:

Metallic	Roughness	
1.0	0.3	Stark reflektierend
0.7	0.5	Schwächer reflektierend, »rauer«

≫ Probiere auch aus, ob sich das Wasser-Material für dich verbessern lässt, wenn du die Werte für METALLIC und ROUGHNESS änderst.

Solltest du das Material M_WATER_OCEAN bevorzugen, dann kannst du dort beim Knoten WATER BASE COLOR die Farbe zum Beispiel ins Bläuliche verändern. (Auch bei WATER CREST COLOR ist Experimentieren erlaubt.)

≫ Speichere das Material. Dann starte das Spiel und wandere am See entlang. Wenn du zufrieden bist, speichere noch mal alles.

Unter Wasser

In einen echten See kann man hineinfallen oder -springen. Das heißt, die Wasseroberfläche muss (nicht nur) für den Player durchlässig sein.

≫ Klicke im WORLD OUTLINER auf das See-Objekt (bei mir SURFACE). Suche im DETAILS-Fenster unter COLLISION den Eintrag COLLISION PRESETS.

≫ Klicke dahinter und wähle im Menü NOCOLLISION.

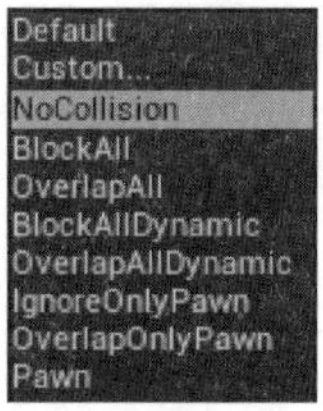

- Anschließend starte das Spiel und wandere mit dem Player zum See. Versuche jetzt mal, über die Oberfläche zu gehen.

Nun landet der Player im Wasser beziehungsweise unter Wasser. Aber dort erwartet ihn nur ein Hohlraum. Es wirkt nicht, als ob da irgendwo Wasser wäre. Und erst recht sieht es nicht wie eine wirkliche Unterwasserlandschaft aus.

Für das Wasser brauchen wir also ein weiteres Objekt. Aber diesmal nicht noch einen Zylinder (oder Quader), sondern eines, das in Unreal als PHYSICS VOLUME bezeichnet wird.

Ein **Volume** in Unreal ist kein Körper, sondern ein 3D-Bereich in einer Szene, der man speziellen Eigenheiten zuordnen kann, die dann nur in diesem Bereich gelten. Während man in der ganzen Landschaft nur festen Boden unter den Füßen hat und ansonsten durch die frische Luft läuft, kann ein Volume zum Beispiel aus Wasser bestehen, aber auch aus Lava. Der Bereich kann für den Player tödlich sein. Oder das Betreten dieses Bereichs löst eine Aktion aus. PHYSICS VOLUME ist nicht das einzige Mitglied der Familie, das du kennenlernst.

- Klicke im MODES-Fenster links auf den Eintrag VOLUMES. Suche rechts den Objekttyp PHYSICS VOLUME.

» Klicke darauf und ziehe ihn nach rechts ins Editor-Fenster, zum See hin. Nenne das Objekt im WORD OUTLINER in Lake um.

Sieht aus wie ein Würfel, solange es markiert ist. Ansonsten ist es unsichtbar. Es gilt nun, diesen Quader in das »Wasserloch« zu bringen, entsprechend zu vergrößern und wahrscheinlich auch zu drehen, bis er genau unter der Wasseroberfläche (SURFACE) liegt.

Vielleicht empfiehlt es sich, das SURFACE-Objekt vorübergehend aus dem Weg zu schaffen. Zum Beispiel, indem du im DETAILS-Fenster den Z-Wert für LOCATION deutlich unter 0 einstellst. Du solltest dir die aktuelle Einstellung aber vorher merken, denn wenn das leere Objekt in der Kuhle liegt, musst du die Wasseroberfläche wieder auf ihre Ursprungs-Position zurücksetzen.

» Passe das neue Objekt also möglichst genau in den Unterwasser-Hohlraum ein und benutze dazu die Pfeile in Editor-Fenster und die Einstellungsmöglichkeiten im DETAILS-Fenster (unter TRANSFORM). Beachte, dass die SCALE-Werte nicht die gleichen sind wie beim SURFACE-Zylinder.

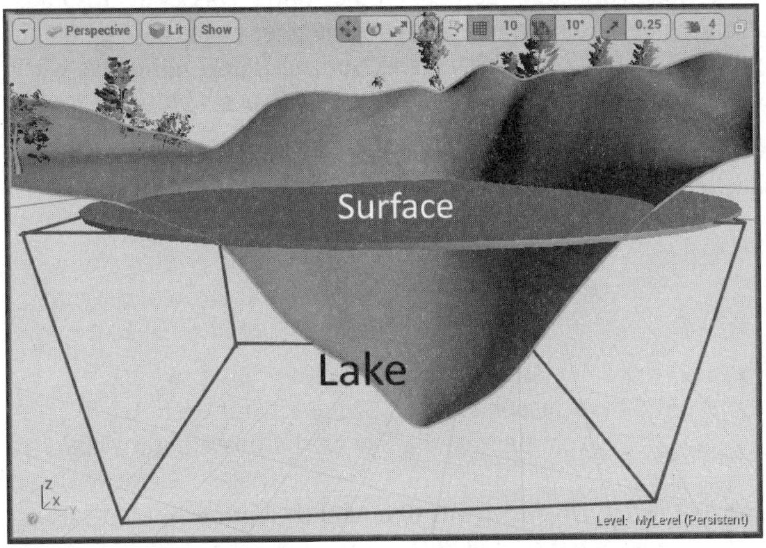

Wichtig ist, dass das VOLUME-Element den Unterwasserbereich komplett umschließt (es kann also ruhig um einiges größer sein, da der Rest ja in der Landschaft verschwindet).

Nun müssen wir beim neuen Objekt noch die Wasser-Eigenschaften aktivieren.

≫ Suche im DETAILS-Fenster die Abteilung CHARACTER MOVEMENT. Sorge dafür, dass dort hinter WATER VOLUME ein Häkchen steht. Damit fühlt sich das Element für den Player »flüssig« an.

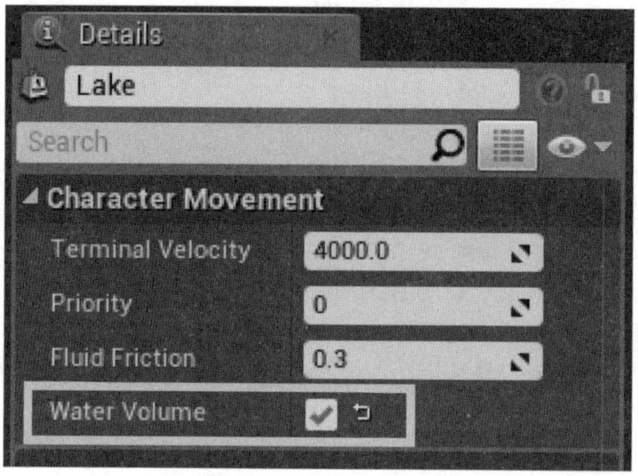

≫ Und nun starte das Spiel und gehe ins Wasser.

Du schwebst sozusagen darin, leider kannst du nicht nach oben oder unten tauchen. Und nur wenn es am Ufer seicht genug ist, kommst du wieder aus dem See heraus. Da gibt es also noch einiges nachzubessern.

Zuerst aber wollen wir dafür sorgen, dass es unter Wasser auch so aussieht, also dass dort keine klare, sondern eine eher etwas neblige bläuliche Sicht herrscht. Dazu ist ein weiteres VOLUME-Objekt nötig, das wir in das LAKE-Objekt einfügen müssen. Es heißt POST PROCESS VOLUME.

Noch so ein Volume. Ich habe mal die beiden, die du bis jetzt kennst, in einer Tabelle zusammengefasst:

PHYSICS VOLUME	Im Bereich dieses Objekttyps lassen sich physikalische Eigenschaften separat einstellen – zum Beispiel ein mit Flüssigkeit gefülltes Objekt.
POST PROCESS VOLUME	Im Bereich dieses Objekttyps lässt sich die Atmosphäre einer Szene separat gestalten – zum Beispiel die Sichtverhältnisse unter Wasser.

Du kannst den neuen Objekttyp aus dem VOLUME-Vorrat im MODES-Fenster ins Editor-Fenster ziehen und dort genau einpassen.

≫ Es geht aber auch einfacher: Klicke dazu im WORLD OUTLINER auf den Eintrag LAKE (also das PHYSICS VOLUME).

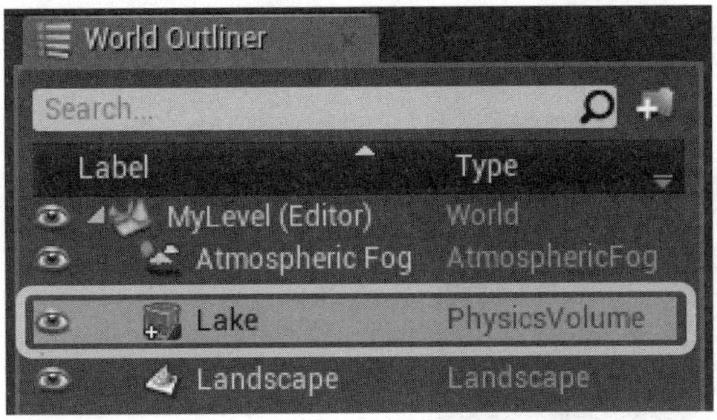

- Dann benutze direkt hintereinander die Tastenkombinationen Strg+C und Strg+V (= Kopieren und Einfügen), um das Objekt zu verdoppeln.

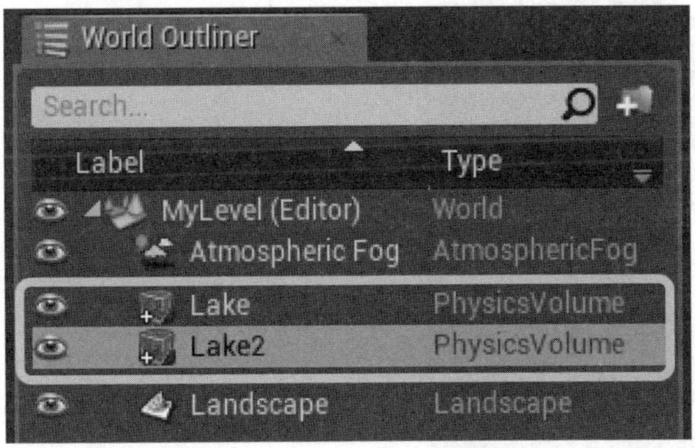

- Nun gibt es ein weiteres Objekt, noch heißt es LAKE2, aber das solltest du gleich ändern: Nenne es in `Underwater` um.

Das genügt natürlich nicht, denn wir brauchen einen anderen Objekttyp. Bis jetzt sitzt das neue Objekt immerhin genau da, wo es hin soll, und hat auch schon die passende Größe. Nun müssen wir es nur noch umwandeln. Und das geht in Unreal so:

- Suche im DETAILS-Fenster die Abteilung ACTOR und klicke auf das Feld hinter CONVERT ACTOR.

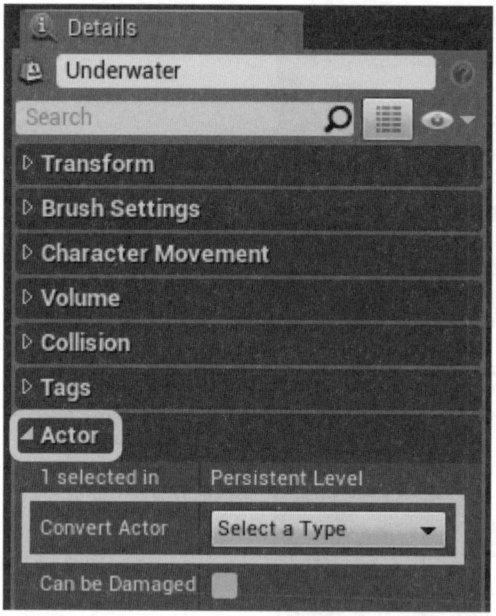

➢ Suche im Menü den Eintrag PostProcessVolume und klicke darauf.

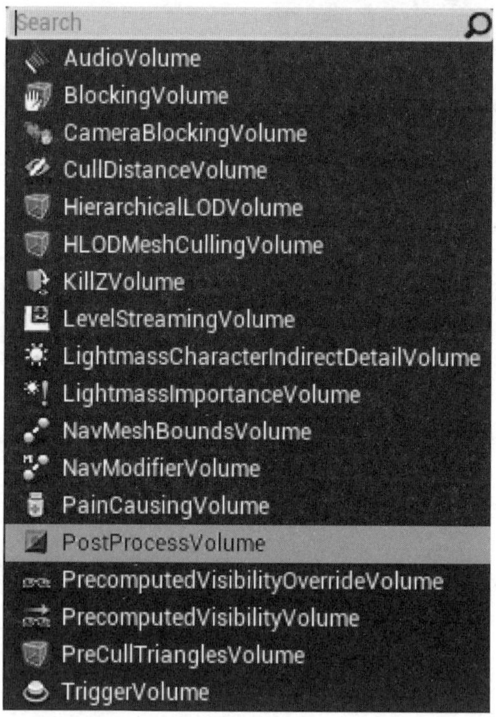

Und schon ändert sich einiges im Details-Fenster. Denn wir haben es ja auch mit einem neuen Typ von Objekt zu tun. Und wenn du im Details-

Fenster in der Rubrik POST PROCESS VOLUME die Unterabteilung SETTINGS aufklappst, dann siehst du, dass es da einiges einzustellen gibt, womit man nicht nur die Atmosphäre beeinflussen kann.

≫ Klicke dich dort bis zu SCENE COLOR durch. Dort setzt du vor SCENE COLOR TINT ein Häkchen. Dann kannst du darunter die RGB-Werte für die Färbung einstellen, die deine Unterwasser-Atmosphäre haben soll.

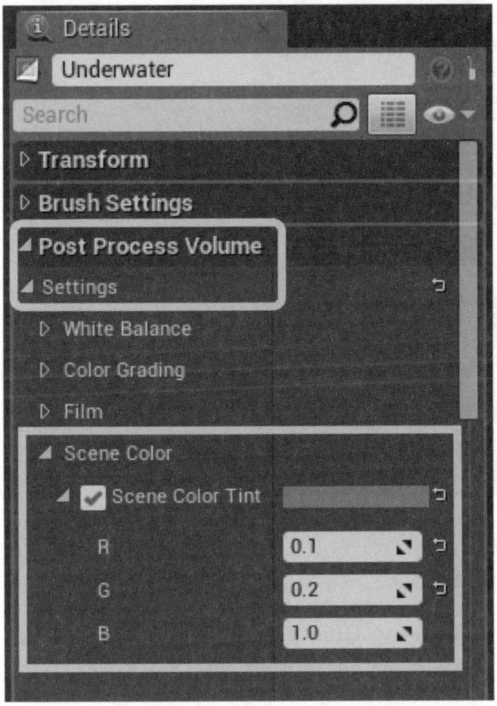

≫ Starte dann das Spiel und begib dich unter Wasser, um dir die Lage dort anzuschauen. Experimentiere ruhig auch ein bisschen mit ausgefalleneren Werten. Wenn du zufrieden bist, speichere alles (→ WALKER5).

Grenzkontrollen

Beim Wandern durch die Landschaft ist es mir immer wieder mal passiert, dass ich dem Rand zu nahe kam. Ein Absturz war dann unvermeidlich. Auch wenn der Player dabei nicht zu Tode kommt, das Spiel ist dann zu Ende, denn es gibt keinen Weg zurück auf die Insel beziehungsweise das Terrain.

Lässt sich da nicht etwas machen? Natürlich hat Unreal auch dafür eine Lösung. Und die findet sich wieder bei den Volumes.

- Klicke im MODES-Fenster links auf den Eintrag VOLUMES. Ganz oben findest du den Objekttyp BLOCKING VOLUME.

- Klicke darauf und ziehe ihn nach rechts ins Editor-Fenster. Benenne das Objekt im WORD OUTLINER in `Northwall` um.

Wir brauchen insgesamt vier von diesen Objekten, jedes positioniert als Trennwand an einem Rand des Spielfelds beziehungsweise unserer Landschaft.

Ich schlage vor, die Wände nach der Richtung zu benennen, in der sie aufgestellt sind. Ich habe mich dabei an der Blickrichtung des Players bei Spielstart orientiert (vorgegeben durch PLAYER START). Ich unterstelle einmal, dass das Norden sein kann. Also habe ich die erste Wand so umbenannt und empfehle dir das auch.

Natürlich kann man in einer Unreal-Spielwelt jede Richtung als Norden bezeichnen. Es steht dir also frei, die einzelnen (Himmels-)Richtungen nach deinem Geschmack zu benennen. Du kannst auch die Trennwand-Objekte zum Beispiel `Upperwall`, `Lowerwall`, `Leftwall` und `Rightwall` nennen. Wobei du dann vorher entscheiden musst, was oben und unten, links und rechts ist.

Diese Objekte sollen nun möglichst nah an den jeweiligen Spielfeldrand. Wo genau das ist, hängt davon ab, wie groß deine Landschaft ist und wo genau du sie positioniert hast.

Ich nehme als Beispiel mal meine Landschaft, die hat diese Daten für Position und Größe:

LOCATION	X = -25200	Y = -25200	Z = 0
SCALE	X = 100	Y = 100	Z = 100

Damit sind für meine erste »Trennwand« nun diese Einstellungen im DETAILS-Fenster unter TRANSFORM nötig:

LOCATION	X = 25200	Y = 0	Z = 0
SCALE	X = 1	Y = 252	Z = 20

Nun landet dieses Objekt an einer Kante des Terrains. Beim Z-Wert kannst du selber bestimmen, wie hoch die Wand sein soll. Ich habe sie mittig positioniert, sodass nur die Hälfte oberhalb der Landschaft liegt. Bei den anderen Werten musst du ausprobieren, was für deine Landschaft passt.

≫ Du solltest schon jetzt einmal testen, ob diese Grenze auch funktioniert. Starte das Spiel und laufe geradeaus, bis der Player auf die neue unsichtbare Mauer stößt und hoffentlich nicht vom Terrain fällt.

Die nächsten drei Trennwände sehen im Prinzip gleich aus wie die erste, sie müssen nur anders ausgestellt werden. Wie man sie dupliziert, weißt du ja:

≫ Markiere die erste Trennwand und drücke direkt hintereinander die Tastenkombinationen `Strg`+`C` und **dreimal** `Strg`+`V`.

Damit hast du nun insgesamt vier Wände. Die müssen jetzt nur noch richtig positioniert werden:

≫ Die erste benennst du in `Southwall` um und schiebst sie geradewegs an das gegenüberliegende Ende der Landschaft.

Die SCALE-Werte ändern sich ja nicht, deshalb stehen in der folgenden Tabelle auch nur alle LOCATION-Werte, wie sie für meine Landschaft gelten:

SOUTHWALL	X = -25200	Y = 0	Z = 0
EASTWALL	X = 0	Y = 25200	Z = 0
WESTWALL	X = -25200	Y = 0	Z = 0

Dabei ist zu beachten, dass für die beiden Wände im Osten und Westen der ROTATION-Wert für Z = 90 betragen muss.

- Passe deine Trennwände in die Landschaft ein und starte dann das Spiel, um die Grenzen zu kontrollieren. Alles dicht? Der Player kann nirgends aus dem Spiel fallen? Dann speichere das Projekt (→ WALKER5).

Entschlackungskur

Dabei wollen wir es für dieses Kapitel belassen. Wie du gesehen hast, gibt es beim Gestalten deiner Landschaft immer neue und zusätzliche Materialien, auf die man gern zugreifen möchte. Nicht alle wird man verwenden, aber viele wenigstens mal ausprobieren wollen.

Beim ständigen Importieren von Paketen kann ein Projekt schnell riesig werden. Die Unreal Engine achtet zwar darauf, dass in das fertige Spiel (das dann auch allein funktioniert) nur das hineinkommt, was auch wirklich an Assets im Spiel verwendet wird. Doch warum sollen wir unser Projekt mit Zutaten belasten, die wir nicht mehr brauchen?

Ich jedenfalls habe mein Walker-Projekt kräftig abgespeckt, indem ich alles hinausgeworfen habe, was ich nicht für die Gestaltung der Landschaft verwenden konnte. So sind bei mir aus anfangs weit über 1000 MB nunmehr weniger als 250 MB geworden. (Auch bei noch größeren Projekten, bei denen man erst mal einige bis viele Hundert MB Assets-Material importiert, lässt sich dann meistens wieder viel Überflüssiges entfernen.)

Sollte mir später die Idee kommen, diese oder jene Texturierung zu ändern, einige neue Baumarten zu pflanzen oder andere Elemente einzusetzen, dann kann ich jederzeit Material nachimportieren und neue Elemente direkt in die betreffenden Ordner im CONTENT-Fenster schieben.

> Und so wird's **nicht** gemacht: Von Windows aus in den CONTENT-Ordner gehen und dort dann das löschen, von dem man meint, es wäre überflüssig. Wichtig ist, dass alle Vorgänge immer **innerhalb** von Unreal ablaufen, damit man die Kontrolle hat, ob das Projekt weiterhin funktionsfähig bleibt.
>
> Was du aber auf jeden Fall von Windows aus tun solltest: Sorge dafür, dass du irgendwo eine **Kopie** des kompletten aktuellen Projekt-Ordners hast – falls etwas schiefgeht.

Konkret: In unserem Falle können alle Unterordner außer MATERIALS und TEXTURES komplett entfernt werden.

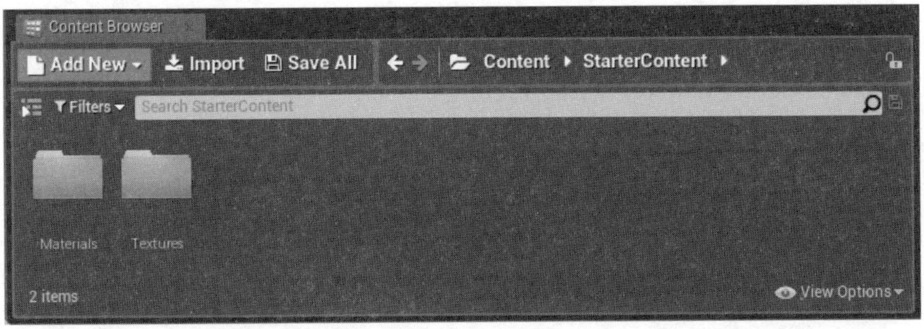

In MATERIALS können alle Materialien außer denen für Wasser gelöscht werden. Außer du willst einiges davon für Elemente verwenden, um die du deine Landschaft bereichern möchtest. Da solltest du also genau überlegen, was du entfernen willst. (Notfalls lässt sich aber alles wieder nachladen.)

In TEXTURES musst du vorsichtig sein. Benutzt du nur die Materialien fürs Wasser, dann kannst du alle Texturen außer PERLIN_NOISE und WATER löschen.

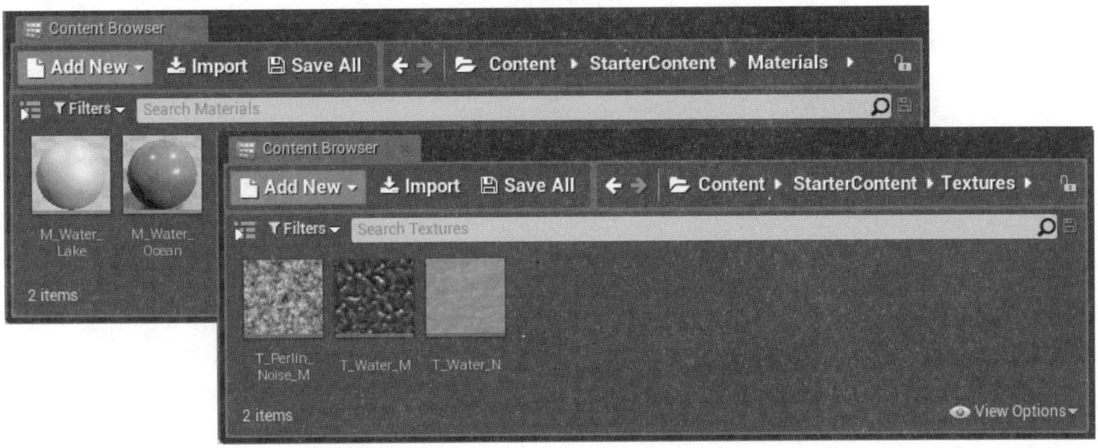

Aber wie erwähnt: Nun stehen dir nur noch diese beiden Materialien aus dem STARTER CONTENT zur Verfügung.

Zusammenfassung

Eigentlich ist unsere Landschaft schon recht komplett. Und immer noch friedlich. Kein Feind in Sicht, und der Player bleibt nur Spaziergänger oder Wanderer. Wir sollten auch vorerst unsere Landschaft so lassen, wie sie ist.

Du kennst jetzt ein paar kostenlose Asset-Sammlungen wie STARTER CONTENT, OPEN WORLD DEMO COLLECTION oder SPEEDTREE-Paket, um deine Spielszenen besser ausstatten zu können.

Und du weißt, dass man mit dem FOLIAGE-Tool Elemente wie zum Beispiel Bäume in die Landschaft setzen und sie dort unter anderem in ihrer Größe ändern kann.

Einige weitere interessante Objekttypen von Unreal sind dir hier begegnet:

WIND DIRECTIONAL SOURCE	Lässt Wind über die ganze Landschaft wehen
PHYSICS VOLUME	Ein bestimmter Bereich lässt sich zum Beispiel mit Wasser füllen.
POST PROCESS VOLUME	Ein bestimmter Bereich lässt sich zum Beispiel anders einfärben.
BLOCKING VOLUME	Ein bestimmter Bereich kann nicht vom Player (oder einer anderen Figur) passiert werden.

Ein paar Fragen ...

1. Wie fügt man der Landschaft Bäume, Büsche und Steine hinzu?
2. Was ist ein Volume?
3. Wie stellt man die Windstärke und -geschwindigkeit ein?
4. Wie macht man aus einem Bereich ein Unterwassergebiet?
5. Wie macht man ein Gebiet unzugänglich?

... und eine Aufgabe

1. Erstelle ein neues Projekt mit einem kleinen Schwimmbecken. Eine Landschaft brauchst du nicht unbedingt. Verzehnfache Breite und Länge der schon vorhandenen Ebene. Fülle alles mit Wasser und lasse deinen Player baden gehen.

7

Bauwerke

Ich möchte das Walker-Projekt jetzt erst einmal so verlassen, wie es ist. Wir kehren später wieder zurück, wenn wir Neues mitbringen können. Für unser nächstes Projekt soll uns eine einfache Ebene genügen.

Dabei betätigen wir uns als Handwerker und errichten ein Gebäude, das man als Haus oder als Gewölbe oder (unfertig) auch als Ruine einsetzen könnte. Dabei gehen wir vor wie beim Bau eines Fertighauses und setzen unser Bauwerk aus Grundelementen zusammen. Außerdem kümmern wir uns um die Beleuchtung.

In diesem Kapitel lernst du

- etwas über »geometrische« Objekte (Brush)
- wie man Böden, Wände, Decken und Dächer »baut«
- wie man Objekte in Ordnern gruppiert
- einige Licht-Typen kennen
- etwas über Treppen

Grenzmauern

Auch für unser neues Projekt brauchen wir einen Player. Da bietet es sich an, einfach eines unserer Anfangs-Projekte zu klonen und dabei umzubenennen – zum Beispiel WALKER1.

- Klicke im EPIC GAMES LAUNCHER mit der rechten Maustaste auf das Projekt-Symbol und dann im Kontextmenü auf KLONEN.

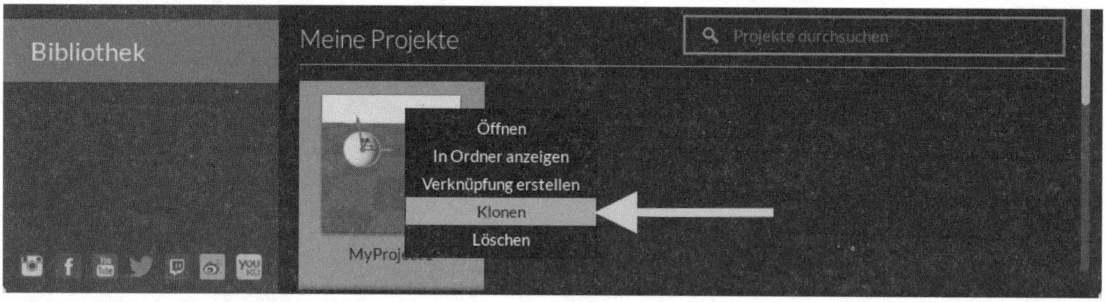

- Klicke dann im Dialogfeld auf ERSTELLEN.

- Klicke im letzten Dialogfeld auf FORTFAHREN.

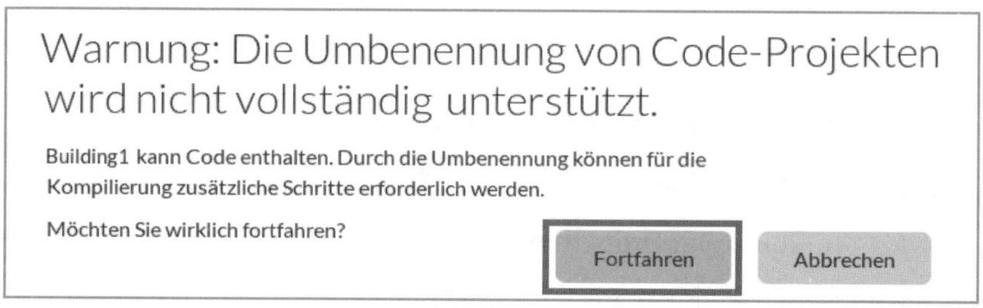

- Starte das Spiel und teste zuerst, ob der Player auch alle Bewegungen macht, die du ihm beigebracht hast.

Nun brauchen wir erstens mehr Bewegungsfreiheit und zweitens eine Grenze, die den Player vor dem Herunterfallen sichert.

- Vergrößere die Ebene (FLOOR) mindestens auf das Fünffache.

Als Nächstes könnten wir wieder mal ein Quartett aus VOLUMES nehmen – wie bei der Landschaft im letzten Kapitel. Hier aber soll es rundherum eine sichtbare Mauer geben. Dazu würden Objekte vom schon bekannten Typ CUBE passen. Aber warum nicht mal was anderes versuchen?

≫ Klicke im MODES-Fenster auf den Eintrag GEOMETRY. Wähle daneben rechts oben den Objekttyp BOX und ziehe ihn ins Editor-Fenster.

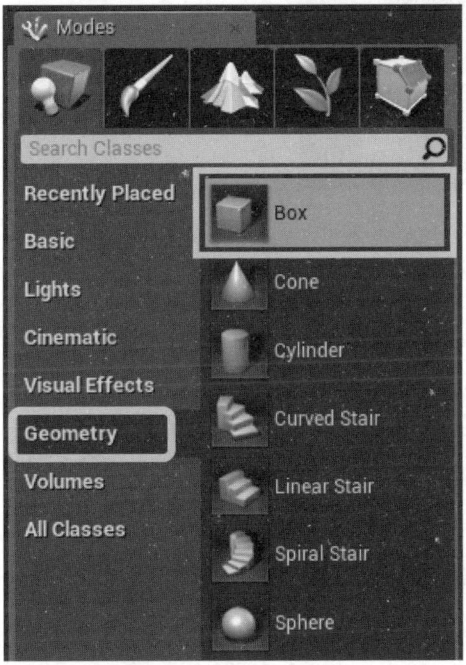

≫ Nenne das neue Objekt `Ringwall` und vergrößere es so, dass der Bereich die gesamte Fläche des FLOOR-Objekts bedeckt.

Zur Orientierung meine Werte in einer Tabelle:

FLOOR	LOCATION	X = 0	Y = 0	Z = 20
	SCALE	X = 5	Y = 5	Z = 1
RINGWALL	LOCATION	X = 0	Y = 0	Z = 150
	SCALE	X = 25	Y = 25	Z = 5

Die Objekttyp-Gruppe GEOMETRY umfasst Grundtypen, die du schon aus BASIC kennst, zum Beispiel Quader, Kugel und Zylinder. Nur dass hier der Quader BOX heißt und bei BASICS CUBE. Was aber ist der eigentliche Unterschied?

Wie du im Outliner-Fenster sehen kannst, heißt das Objekt dort Box Brush und ist vom Typ Brush. Darunter steht für Floor der Objekttyp StaticMesh-Actor. Es genügt eigentlich zu wissen, dass die Basic-Objekte grundsätzlich ein Mesh haben und die Objekte aus der Geometry-Gruppe keins.

Das ist aber nicht alles, denn nun machen wir uns eine Eigenheit zunutze, die nur die Brush-Typen zu bieten haben. Denn von einer Ringmauer kann man bei unserem Objekt wohl kaum sprechen. Es sei denn, wir schneiden in der Mitte etwas heraus. Und genau das ist bei einem Brush-Objekt möglich.

Dazu benötigen wir aber ein zweites Objekt von der Sorte.

≫ Markiere im Word Outliner den Ringwall (der noch gar keiner ist) und drücke direkt hintereinander die Tastenkombinationen `Strg`+`C` und `Strg`+`V`.

≫ Benenne das duplizierte Objekt zum Beispiel in `Innerwall` um. Dann ändere die Maße so, dass das innere Objekt etwas schmaler ist als das äußere (Ringwall), zum Beispiel jeweils auf 22. Die Differenz wird dann die Dicke der eigentlichen Mauer.

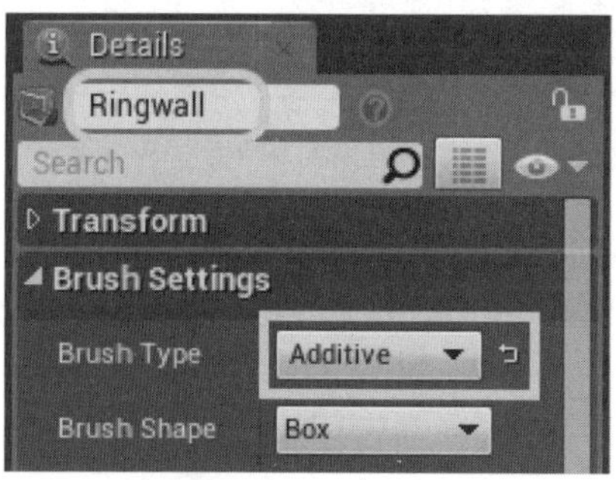

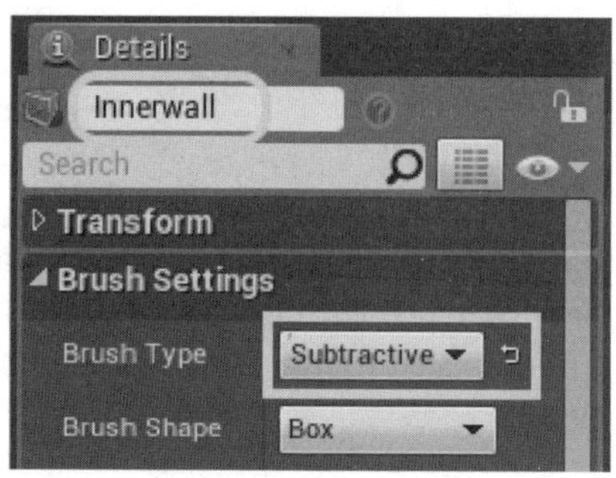

Als Nächstes schaue mal ins DETAILS-Fenster. Für beide Objekte ist dort bei den BRUSH SETTINGS hinter BRUSH TYPE ADDITIVE eingestellt. Das bedeutet: Das betreffende Objekt wird aufgebaut beziehungsweise hinzugefügt. Man sieht es ja, weil etwas da ist.

≫ Für das zweite Objekt (Innerwall) änderst du jetzt diese Einstellung auf SUBTRACTIVE.

Das bedeutet: Das betreffende Objekt wird entfernt beziehungsweise herausgeschnitten. Man sieht nun, dass in der Mitte etwas fehlt. Unsere Mauer ist fertig.

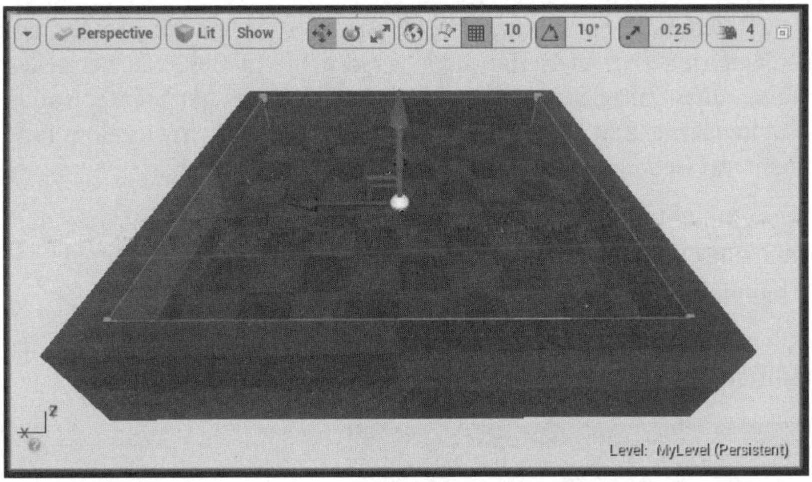

Baumaterial

Nun erstellen wir zuerst im CONTENT BROWSER ein paar neue Ordner: LEVELS, MATERIALS und TEXTURES. Für den letzten benötigen wir etwas, womit sich Mauern und Boden »schmücken« lässt.

≫ Erstelle die drei Ordner, speichere die aktuelle Szene und sorge dafür, dass das Asset im LEVELS-Ordner landet. Dann sammle ein paar Texturen und kopiere sie in den TEXTURES-Ordner. (So wie du es zuletzt beim Landschafts-Projekt gemacht hast.)

Bevor wir mit dem Bauen anfangen, sollten Mauern und Boden ihre Texturen haben. Dazu benötigen wir natürlich wieder je ein Material.

> Wenn du die Textur direkt auf das FLOOR-Objekt ziehst, wird automatisch ein (einfaches) Material erzeugt. Ansonsten gehst du vor, wie in Kapitel 4 ausführlich beschrieben.

➢ Sorge dafür, dass dein Boden erdig oder grasig oder steinig aussieht. Bei der Ringmauer musst du das Material jeder Seite einzeln zuweisen.

Und jetzt geht es los – aber erst mit der Planung. Wir haben zwei Möglichkeiten: Wir können das Haus so errichten wie die Ringmauer: Einen großen Quader aufstellen, den dann »entkernen«, oben eine Platte als Dach darauf, fertig ist der Rohbau. Dann schneiden wir die Öffnungen für Fenster und Türen einfach aus. Das geht ja mit subtraktiven Elementen aus der GEOMETRY-Gruppe.

Oder wir benutzen fertige Bauelemente, setzen die Wände aus einzelnen Platten zusammen und lassen dort Lücken, wo Fenster und Türen hinsollen. Der Vorteil dieser modularen Methode ist, dass wir mit den passenden Elementen sehr vielseitig auch verschachtelte Gebäude herstellen können – oder ganze Straßenzüge, kleine Dörfer oder gar Städte. Natürlich kann das viel Zeit kosten, weshalb wir uns hier auf ein einzelnes (und einfacheres) Gebäude beschränken.

Damit wir nicht alles selber machen müssen, könnten wir uns auch hier beim STARTER CONTENT bedienen, denn da findet sich einiges an brauchbarem Baumaterial.

➢ Klicke im CONTENT BROWSER auf ADD NEW und im Menü oben auf den Eintrag ADD FEATURE OR CONTENT PACK.

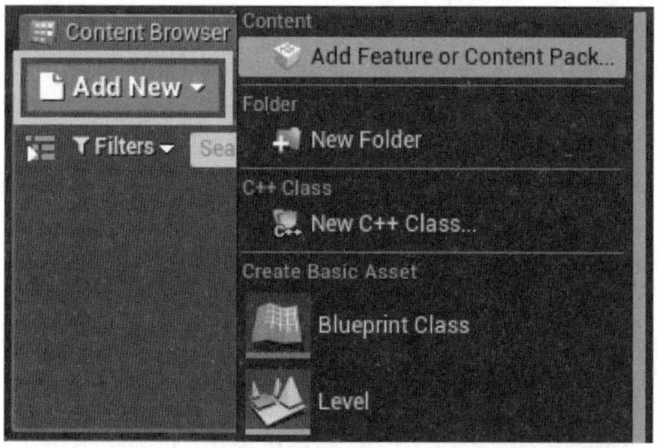

➢ Sorge dafür, dass die Seite CONTENT PACKS angezeigt wird.

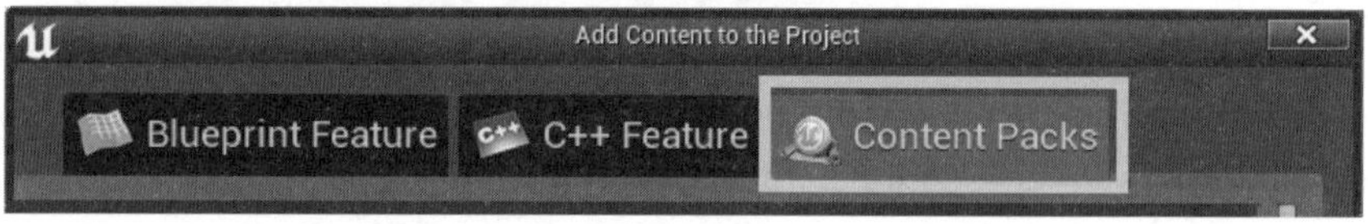

➢ Klicke auf das Symbol für STARTER CONTENT und dann auf ADD TO PROJECT.

Anschließend hast du (wieder) einen Ordner STARTERCONTENT mit zahlreichen Unterordnern. Interessant für uns sind jetzt die mit den Namen

ARCHITECTURE und SHAPES. In dem einen finden wir Baumaterial für Gebäude, im anderen weitere nützliche Körper – die wir vorläufig noch nicht brauchen.

Sollte man den STARTER CONTENT nicht gleich beim Erstellen des neuen Projekts mitnehmen? Ich empfehle das nicht, denn du bekommst dann beim Start nicht nur eine Ebene, sondern auch gleich einen Satz Möbel dazu.

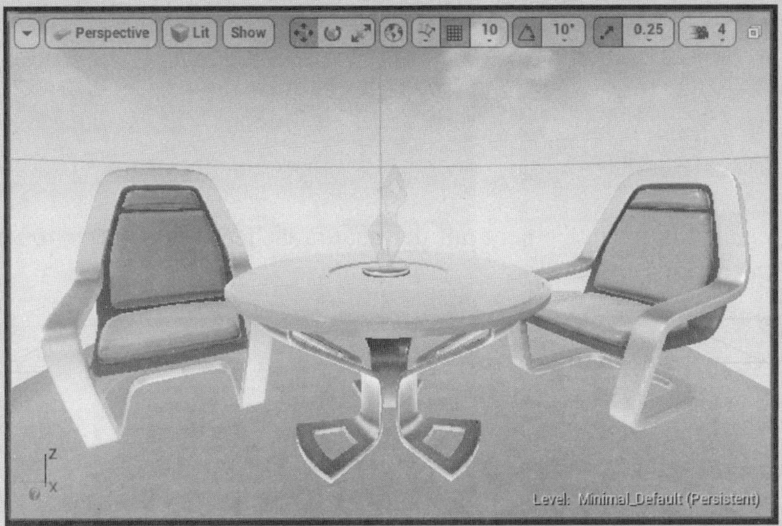

Weil wir die nicht gebrauchen können, müssten wir sie mühsam wieder entfernen. (Probiere es ruhig mal aus, wenn du willst.)

Schauen wir uns jetzt mal im ARCHITECTURE-Ordner an, was wir gebrauchen können.

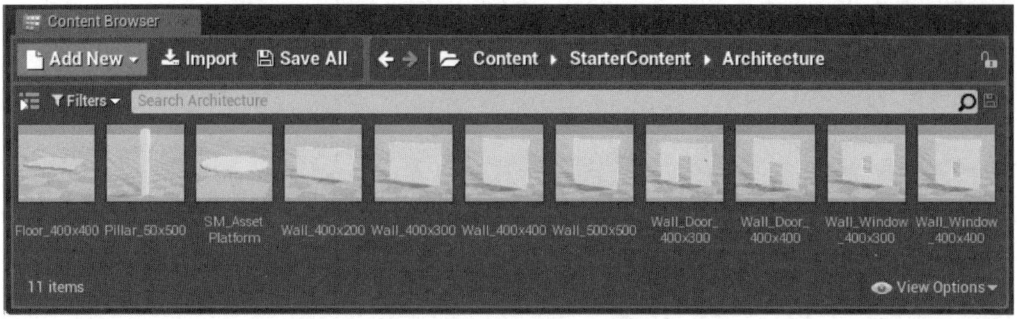

Interessant sind alle Elemente, in deren Namen WALL vorkommt. Außerdem können wir das FLOOR-Stück für unseren Hausboden gebrauchen. Du kannst aber auch alle Teile selber (aus Objekten vom Typ CUBE oder BOX) herstellen.

Schauen wir uns die Module mal genauer an, die für uns jetzt infrage kommen. Dabei gibt es insgesamt vier Typen (XXX und YYY stehen für die Maße):

WALL_XXX_YYY	Normale geschlossene Wandplatte in mehreren verschiedenen Größen
WALL_DOOR_XXX_YYY	Wandplatte mit Türöffnung in zwei verschiedenen Größen
WALL_WINDOW_XXX_YYY	Wandplatte mit Fensteröffnung in zwei verschiedenen Größen
FLOOR_400_400	Boden- oder Deckenplatte in einer Größe

» Ziehe nun je ein Element mit der quadratischen Größe 400 x 400 cm ins Editor-Fenster.

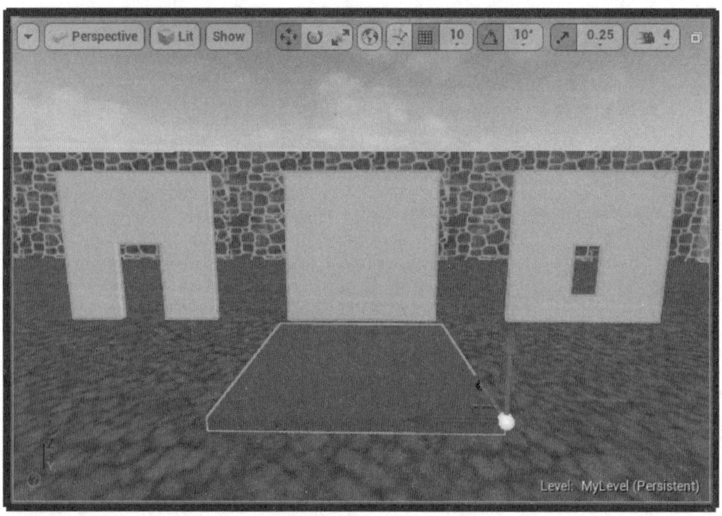

Aus diesen Elementen bauen wir nun unser erstes kleines Häuschen. Vorher aber gibt es etwas zu organisieren: Als Erstes sollten wir die (schrecklich langen?) Namen ändern. Ich habe die Einzelteile FLOOR_TILE, WALL_TILE, DOOR_TILE und WINDOW_TILE genannt.

Damit ist es aber nicht getan, denn wenn das Haus fertig ist, tummeln sich jede Menge Einträge im WORLD OUTLINER herum. Dagegen gibt es ein Ordnungsmittel:

- Klicke mit der rechten Maustaste ins OUTLINER-Fenster auf MYLEVEL (EDITOR) und wähle im Menü den Eintrag CREATE FOLDER.

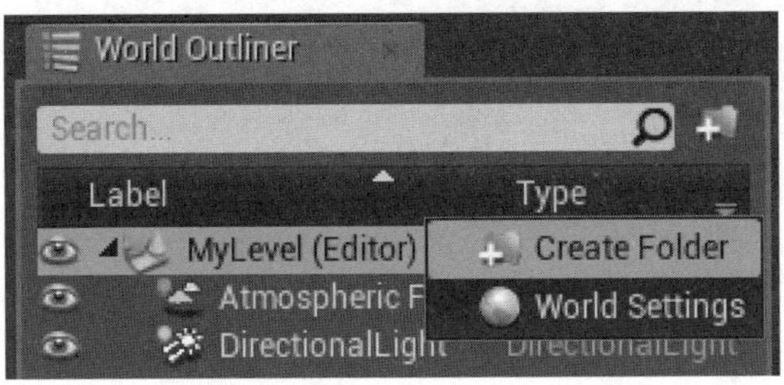

≫ Nenne den neuen Ordner `House` oder `Building`. Schiebe die TILE-Elemente in diesen Ordner.

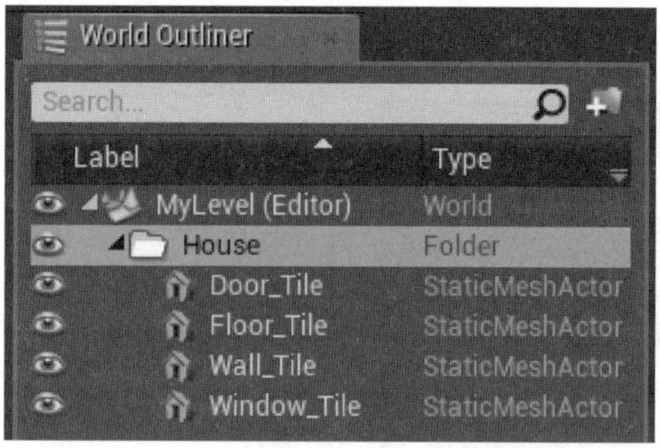

Ehe wir nun mit dem Bau beginnen, verpassen wir den Wandelementen und der Bodenplatte jeweils eine Textur.

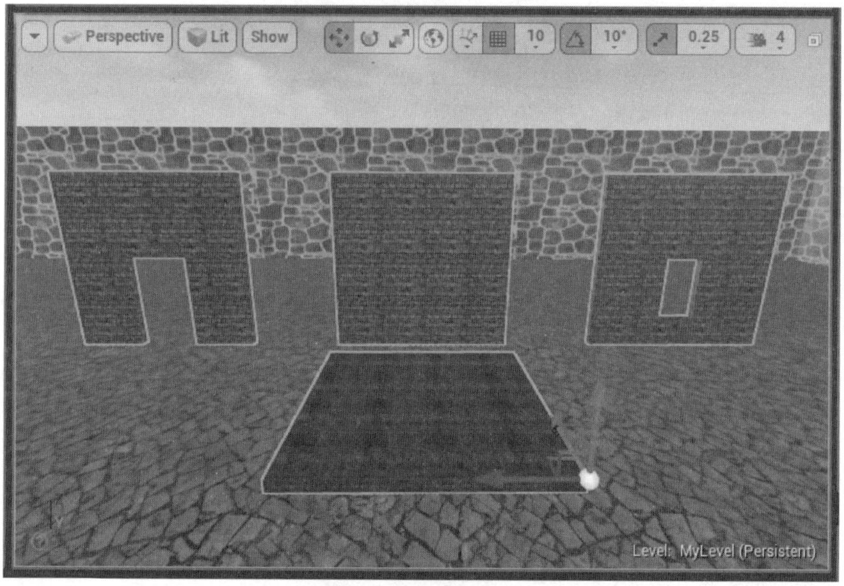

≫ Erledige das Texturieren der Wand- und Bodenteile, dann starte das Spiel und schaue dir alles mal aus der Nähe an.

Plattenlegen

Nun brauchen wir eine Stelle, in der wir mit einer Ecke des Gebäudes beginnen können. Du solltest vorher aber wissen, wie groß dein Bauwerk werden soll und ob du genug Platz hast. Sitzt das Ganze nachher an der falschen Stelle, kann man es als Gesamtes verschieben.

Beginnen wir mit dem Verlegen der Bodenplatten.

≫ Markiere das FLOOR_TILE-Element und drücke nacheinander Strg+C und Strg+V. Dann verändere die Position der neuen Platte im DETAILS-Fenster hinter LOCATION um den Wert 400 – aber grundsätzlich nur bei X oder Y, nie bei Z.

≫ Setze das nun fort, bis du eine Bodenreihe fertig hast.

Wenn es noch schneller gehen soll, kannst du auch die Tastenkombination Strg+W (= DUPLICATE) benutzen. Das neue Element liegt dann leicht versetzt auf dem alten. Für mich war der Vorteil von Strg+C und Strg+V, dass ich dann nur jeweils einen Wert ändern musste.

≫ Markiere jetzt mit gedrückter Strg-Taste alle Platten der Reihe.

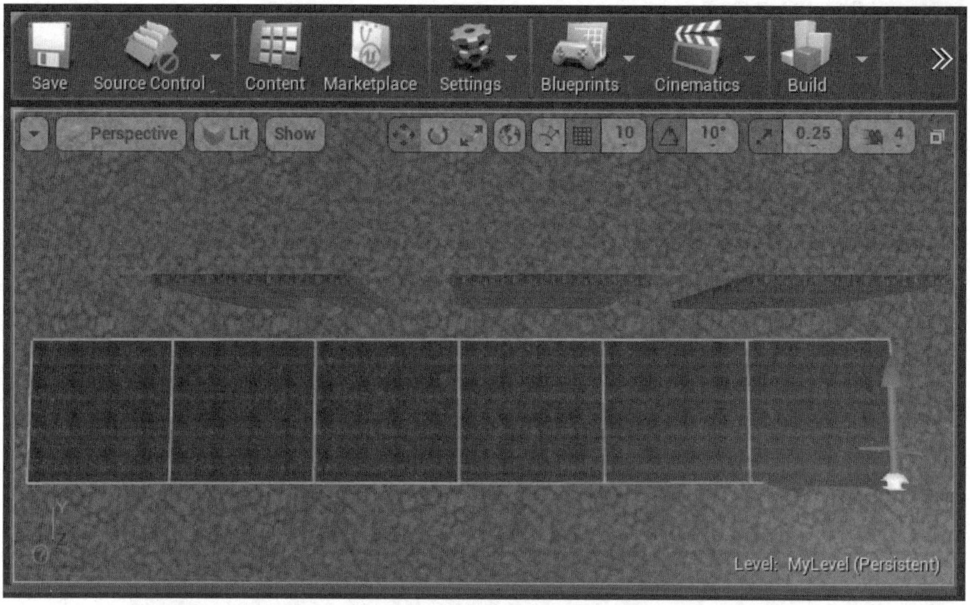

» Dann kopiere sie und verschiebe sie (wieder um den Wert 400). Achte aber darauf, dass du nur jeweils **einen** Positions-Wert änderst, X **oder** Y, damit die neuen Platten nicht alle auf demselben Platz landen.

Und irgendwann hast du eine größere Bodenfläche erstellt. Wenn du keine rechteckige Fläche als Boden haben willst, musst du an den entsprechenden Stellen eine Platte wieder löschen oder eine einzelne einfügen. Am Ende könnte dann zum Beispiel so etwas herauskommen:

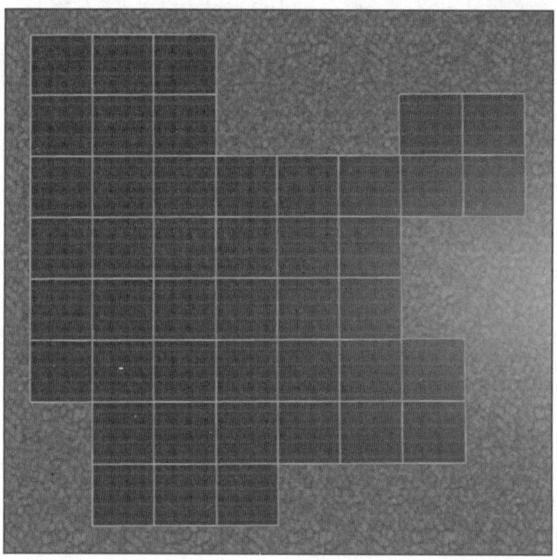

➢ Wenn du Lust hast, kannst du mit dem Player schon mal den frisch verlegten Boden begehen. Auf jeden Fall solltest du das Ganze speichern.

Bei mir führte die Hausplanung dazu, dass das umgebende Grundstück zu klein wurde. Also habe ich die Objekte FLOOR, RINGWALL und INNERWALL um einiges vergrößert.

Als Nächstes kommen die Wandplatten. Bevor du beginnst, überlege, wo die Haustür hinsoll (oder gar zwei Eingangstüren) und an welchen Stellen du dir Fenster wünschst. Aber wenn du nachher nicht zufrieden bist, kannst du ja jederzeit eine normale Wandplatte gegen eine Fensterplatte austauschen.

➢ Setze die erste Wandplatte jetzt an einer Ecke an.

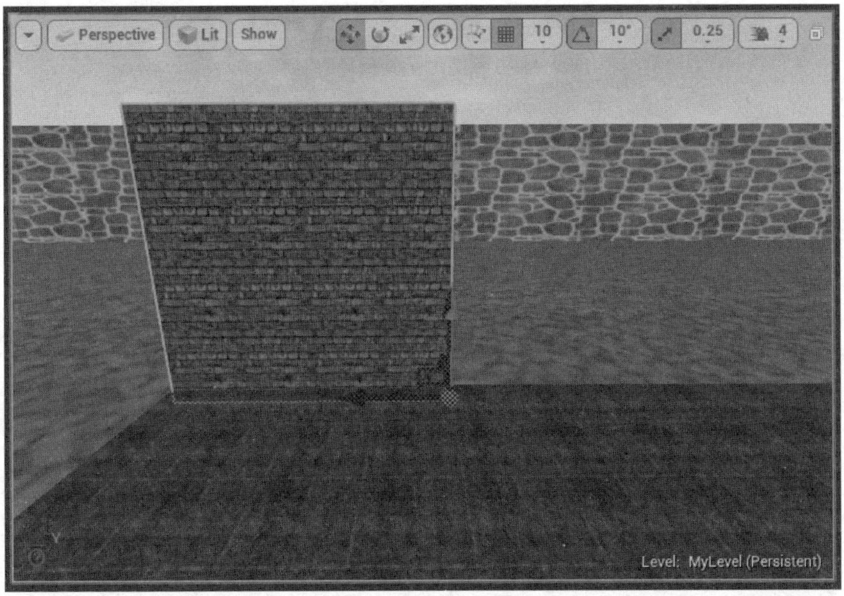

➢ Dann vervollständige die Wand durch Duplizieren und Verschieben der Platten (jeweils um den Wert 400).

Nun geht es um die Ecke: Dazu muss eine Wandplatte kopiert und dann um Z gedreht werden.

➢ Dupliziere eine Wandplatte, dann ändere im DETAILS-Fenster den ROTATION-Wert für Z auf 90. Damit wird sie im rechten Winkel gedreht. Füge die Platte an der Ecke an.

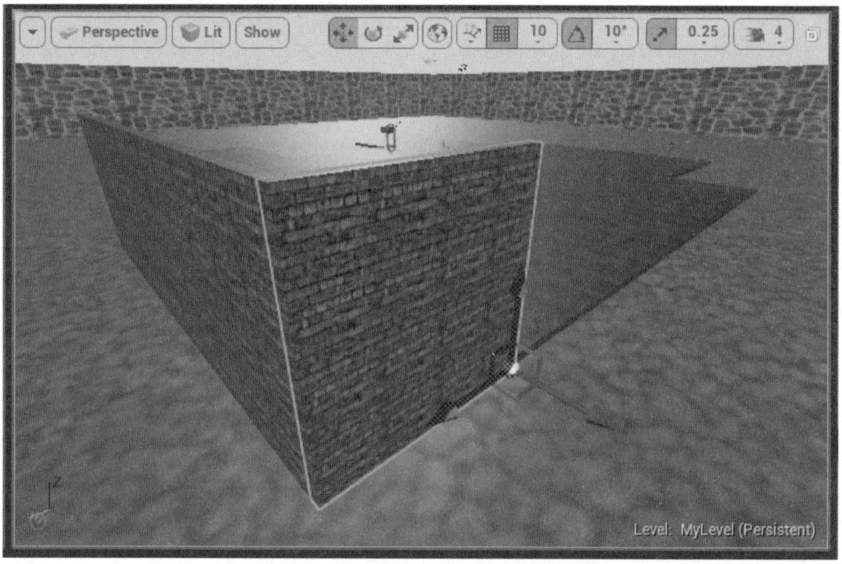

Weil jedes Plattenelement eine Dicke hat (hier 20 cm), kannst du die Wände an einigen Stellen noch um 10 cm nach innen oder außen schieben, damit sie an den Ecken bündig abschließen.

≫ Irgendwo gehört dann auch mal eine Tür hin. Und vergiss nicht, ein paar Fenster-Tiles einzufügen.

Das Ergebnis deiner Bemühungen sieht sicher anders aus als meines. Hast du auch ein paar Zwischenwände eingezogen?

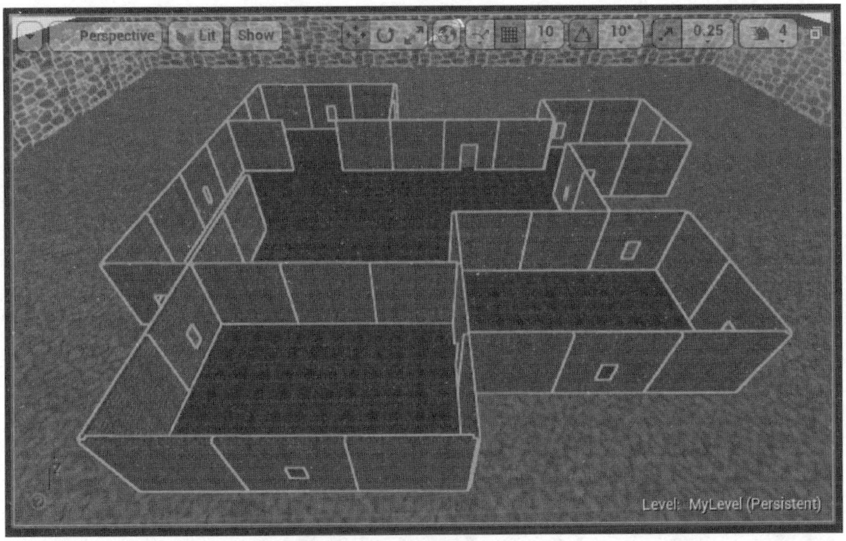

Dach-Varianten

Als Nächstes käme die Decke des Gebäudes. Dazu genügt es, einfach sämtliche Bodenelemente zu duplizieren und entsprechend weit nach oben zu verschieben.

Vorher schlage ich vor, wieder etwas mehr Ordnung zu schaffen – mit einigen Unterordnern.

Klicke mit der rechten Maustaste ins OUTLINER-Fenster auf den bereits vorhandenen Ordner HOUSE und wähle im Menü den Eintrag CREATE SUB-FOLDER.

- Erzeuge so drei Unterordner: HouseFloor, HouseWalls und HouseCeiling. Dann schiebe die TILE-Elemente für den Boden und die Wände in die jeweiligen Ordner.

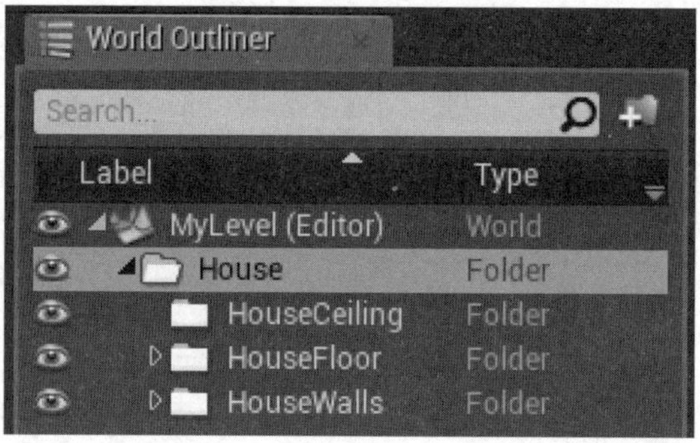

- Dann klicke (wieder) mit der rechten Maustaste auf HOUSEFLOOR und wähle im Menü erst SELECT und dann ALL DESCENTS.

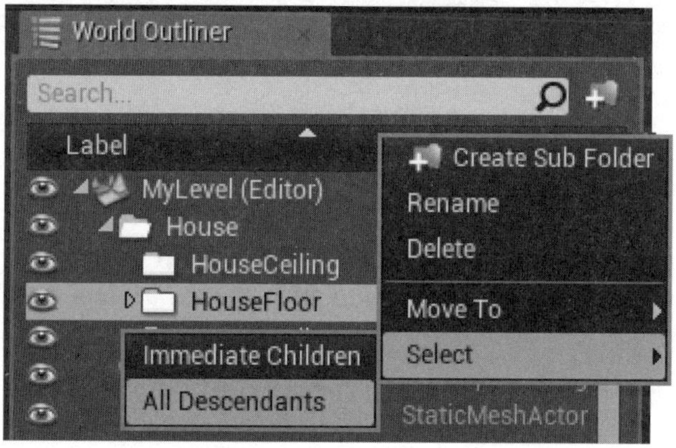

- Nun sind alle Bodenelemente markiert. Klicke darauf und verschiebe sie in den Unterordner HOUSECEILINGS. Was nicht unbedingt einfach ist und nur gelingt, wenn du das OUTLINER-Fenster vorher groß genug gemacht hast.
- Lasse alle neuen Elemente markiert (oder markiere sie neu – auf dieselbe Weise wie bei HOUSEFLOOR) und ändere im DETAILS-Fenster hinter LOCATION den Z-Wert um 400.

Nun hat das Gebäude auch ein Dach. Dass das Ganze keinen Schönheitspreis gewinnen kann, darüber sehen wir jetzt hinweg (→ BUILDING1).

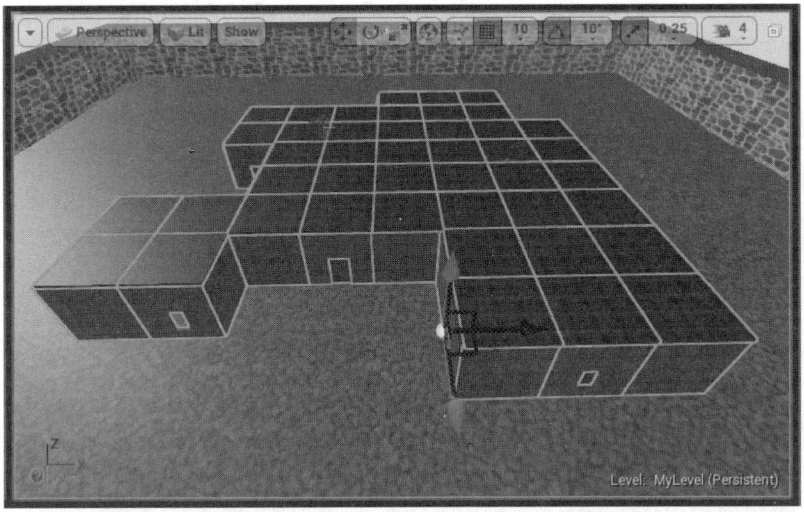

≫ Speichere dein Projekt und starte das Spiel. Dann gehe außen um das Gebäude herum und hinein, kontrolliere auch drinnen alle Ecken. Passen alle Wände, keine klaffenden Lücken irgendwo? Das zu korrigieren ist erst einmal das Wichtigste.

Es gibt im Architecture-Ordner des Starter Content ein Säulen-Element (Pillar_50_500). Wenn du das ins Editor-Fenster ziehst und dessen Größe (Scale) mit 0.8 entsprechend anpasst, lassen sie sich für die Hausecken verwenden, also überall da, wo Platten im rechten Winkel aufeinanderstoßen.

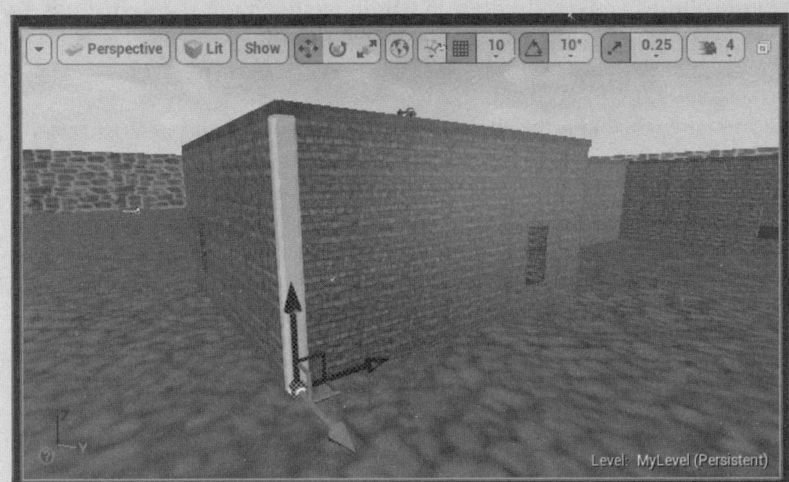

Das sieht dann an den Ecken vielleicht etwas schöner aus. Du kannst die Pfeiler weiß lassen oder ihnen eine Extra-Textur geben.

Man könnte jetzt obendrauf noch zum Beispiel eine Pyramide als Dach setzen. Die findest du im SHAPES-Ordner des STARTER CONTENT. Oder man setzt das Dach aus schrägen Platten zusammen (wobei es egal ist, ob du dafür Boden- oder Wandplatten benutzt). Im Shapes-Ordner gibt es auch ein Dreiecks-Prisma (SHAPE_WEDGE), aus dem sich einen Dachgiebel »zimmern« lässt (→ BUILDING2).

Auf jeden Fall kennst du jetzt die Grundlagen des Bauhandwerks. Für mehr zählt dein Geschick, statt eines primitiven Plattenbaus ein schönes Haus zu errichten. Dazu wären natürlich mehr Elemente nötig als die, die wir jetzt verwendet haben. Zum Beispiel hätte ich gern ein Bauelement für ein größeres Fenster. In diesem Fall musste ich mir das selbst aus zwei BOX-Objekten aus der GEOMETRY-Gruppe (additiv und subtraktiv) zusammenbauen.

Das geht auf die gleiche Weise, wie du den Ringwall für diese Szene erstellt hast, nur einige Nummern kleiner. Und eingesetzt könnten diese Elemente dann so aussehen:

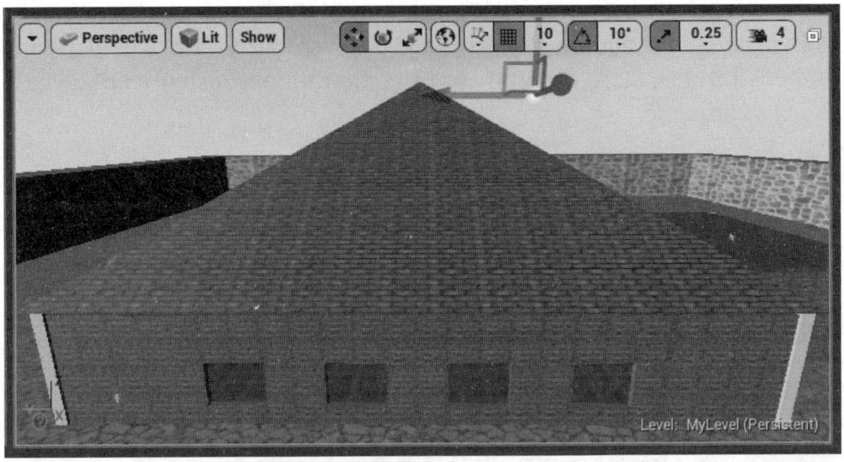

Ein schönes Haus zu bauen, ist nicht einfach, und nur Übung macht den Meister. Von einer hochwertigen Immobilie kann man in meinem Fall sicher nicht reden, doch wenn man das Ganze an der passenden Stelle in einer Landschaft aufbaut, dazu drinnen noch irgendeinen Gegenstand versteckt und von einem Monster bewachen lässt, dann wäre das doch etwas für ein Spiel, oder?

Wie du sehen kannst, stößt Unreal hier an seine Grenzen. Es ist eben in erster Linie ein Programm, um Spiele zu erstellen. Doch Unreal kann 3D-Modelle importieren, die man selbst konstruiert oder aus dem Internet erworben hat. Da lohnt es, sich gründlich im MARKETPLACE umzuschauen. (Gib da zum Beispiel mal »building« als Suchtext ein.)

Wenn du es dir nicht nehmen lässt, alles selbst zu erstellen, dann findest du zum Beispiel in **Blender** eine sehr leistungsfähige und kostenlose 3D-Software. Wie man mit diesem Programm umgeht, erfährst du allerdings nicht in diesem Buch.

Lichtverhältnisse

Im Gebäude gibt es eigentlich nicht viel zu sehen, nur kahle Wände. Wohnen möchte man da (noch) nicht. Aber du könntest, wenn du willst, einige Möbel hinzufügen (hergestellt aus Objekten zum Beispiel vom Typ CUBE oder BOX). Oder wenn es mehr etwas »Unterirdisches« sein soll, was in Spielen oft als »Dungeon« bezeichnet wird, könnte man in den verschiedenen Räumen auch einige Kisten und Fässer (aus dem Typ CYLINDER) verteilen.

Ich werde jetzt die Räume so leer lassen, wie sie sind. Mich interessiert mehr die Beleuchtung. Beim Durchgehen stellt man fest, dass manche Wände hell und andere dunkel sind. Das verdanken wir einem Objekt namens LIGHT SOURCE, das von Unreal schon im ansonsten leeren Start-Projekt vorhanden ist.

Wenn du möchtest, kannst du mal im OUTLINER-Fenster den Eintrag LIGHT SOURCE löschen und dann durch das Gebäude gehen. Gruselig? (Mit Strg+Z stellst du den alten Zustand wieder her.)

Unreal bietet einiges an verschiedenen Licht-Typen, hier ein kleiner Überblick:

DIRECTIONAL LIGHT	Beleuchtung der gesamten Szene aus einer Richtung (Änderung über ROTATION). LIGHT SOURCE ist ein solches direktes Licht.
POINT LIGHT	Kugelförmige Lichtverteilung (ähnlich wie bei einer Glühbirne)
SPOT LIGHT	Trichterförmige Beleuchtung (ähnlich wie bei einer Taschenlampe)
SKY LIGHT	»Himmels-Licht«, Grundhelligkeit einer Szene

Alle Lichtarten lassen sich nicht nur in ihrer Helligkeit, sondern auch in der Lichtfarbe einstellen.

≫ Experimentiere mit LIGHT SOURCE, indem du im DETAILS-Fenster die Winkel änderst (TRANSFORM/ROTATION). Außerdem verstelle mal die Werte für INTENSITY und LIGHT COLOR.

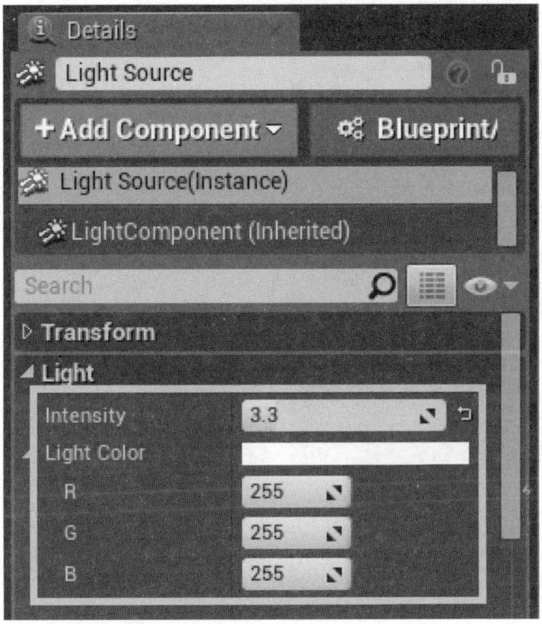

≫ Anschließend solltest du aber wieder zu den Ausgangswerten zurückfinden. (Es sei denn, eine neue Einstellung gefällt dir besser.)

Um die dunklen Seiten zum Beispiel der Außenwände aber auch innerhalb des Gebäudes zu erhellen, können wir ein weiteres Direktlicht installieren. So sieht es bei mir aktuell mit der Standardeinstellung aus:

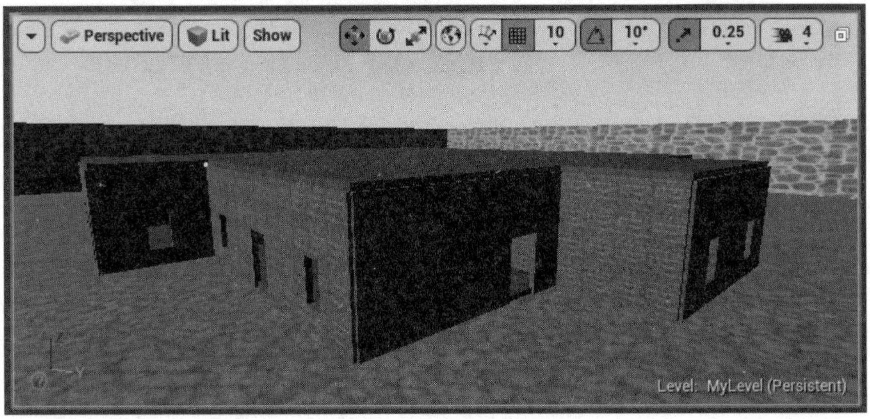

≫ Klicke nun im MODES-Fenster auf LIGHTS, wähle dann rechts den Eintrag DIRECTIONAL LIGHT.

≫ Ziehe den Licht-Typ ins Editor-Fenster. Stelle dort den ROTATION-Winkel für Z auf einen anderen Wert als bei LIGHT SOURCE ein. Probiere aus, was welche Werte bewirken.

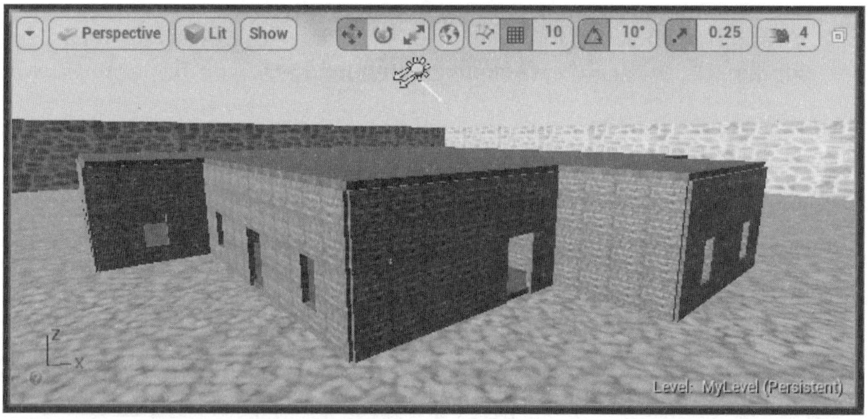

≫ Starte das Spiel und gehe ins Gebäude. Wie sehen die vormals dunklen Wände aus? Gegebenenfalls musst du den Winkel und die Intensität deiner neuen Lichtquelle noch ändern.

Möglicherweise gibt es weiterhin dunkle Stellen im Inneren des Gebäudes. Aber wir haben ja noch andere Licht-Objekte, die wir leuchten lassen können. Und die schauen wir uns jetzt an. Dazu müssen wir sie in Szene setzen.

≫ Klicke im MODES-Fenster auf LIGHTS, wähle dann rechts einen der Einträge POINT LIGHT oder SPOT LIGHT.

Schiebe den Objekttyp ins Editor-Fenster und positioniere das Licht so, wie du es haben willst.

Das »Punktlicht« sieht bei mir wie eine Außenlampe aus. Man kann das Ganze natürlich auch im Haus installieren.

Beim Spot-Light musst du nicht nur die Position einstellen, sondern auch die Rotation. (Kann sein, dass der Scheinwerferkegel erst auf den Boden zeigt.)

Ich habe das Licht auf dieselbe Stelle der Hauswand gerichtet, an der zuvor die Lampe »installiert« war.

Für beide Lichtquellen gibt es im DETAILS-Fenster einige zusätzliche Einstellungen. Hier sind die wichtigsten:

INTENSITY	Lichtstärke
LIGHT COLOR	Lichtfarbe
RADIUS|LENGTH	Reichweite des Lichts
ANGLE	Leuchtwinkel (nur SPOT LIGHT)

» Verteile deine Lichtquellen am und im Haus. Und füge nach Bedarf weitere hinzu.

Wenn du alle Elemente im Ordner HOUSECEILING markierst und die Position der Decke so in eine seitliche Richtung (X oder Y) verschiebst, dass das Gebäude vorübergehend von oben zugänglich wird, dann lassen sich die Spotlights und Lampen einfacher positionieren und ausrichten. Anschließend machst du den Deckel einfach wieder zu.

» Packe alle Lichter in einen Ordner. Mache das DIRECTIONAL LIGHT dunkler oder wähle eine dunkelgraue Lichtfarbe. Dann hast du eine (fast) nächtliche Atmosphäre (→ BUILDING3).

Treppen

Verlassen wir die Lichtspiele. Ich gehe jetzt von einem Haus bei Tageslicht aus, das ausreichend durch direkte Lichtquellen beleuchtet ist.

Und ich möchte noch ein bisschen an meinem Bauwerk herumbasteln: Aus der Decke möchte ich (mindestens) eine Bodenplatte herausnehmen – für ein weiteres Stockwerk. Doch um dorthin zu gelangen, braucht man zusätzlich eine Treppe. Und auch so etwas hat Unreal im Angebot, und zwar direkt im MODES-Fenster.

≫ Such dir zuerst eine Stelle, an der du dir eine Öffnung in der Decke für einen Treppenaufgang vorstellen kannst. Dann entferne eine Platte (oder mehrere).

> Auch hier kann es sinnvoll sein, ein paar Wände vorübergehend weit zur Seite oder nach oben zu schieben, um einen besseren Zugang zu den Bauarbeiten für die Treppe zu haben.

Nun hast du eine Öffnung, unter die jetzt eine Treppe gesetzt werden soll.

≫ Klicke im MODES-Fenster auf GEOMETRY und wähle rechts daneben den Objekttyp LINEAR STAIR. Den ziehst du dann ins Editor-Fenster.

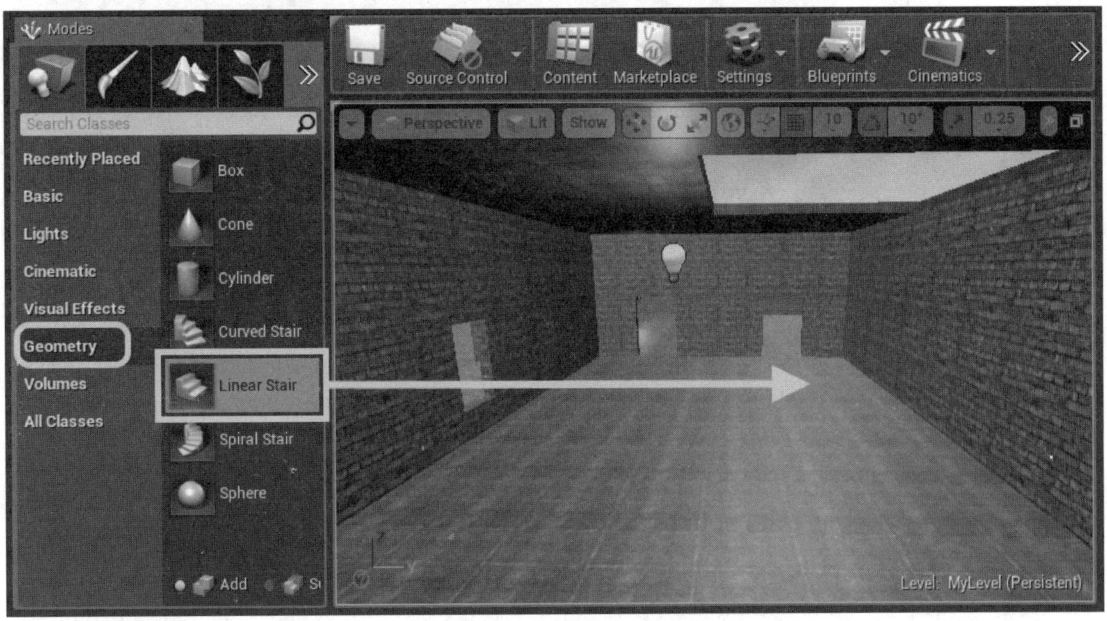

≫ Passe die Treppe in ihrer Größe an (bei mir habe ich alle SCALE-Werte verdoppelt), dann schiebe sie so zurecht, dass du später mit dem Player die Stufen bis zum künftigen Obergeschoss gehen kannst.

Außer der Gesamtgröße der Treppe lässt sich im DETAILS-Fenster noch einiges mehr einstellen:

STEP LENGTH	Tiefe einer Stufe
STEP HEIGHT	Stufenhöhe
STEP WIDTH	Stufenbreite
NUM STEPS	Anzahl der Stufen

Das Ändern dieser Einstellungen beeinflusst auch die Maße der gesamten Treppe.

≫ Starte das Spiel und überprüfe, ob die Treppe passt (→ BUILDING4).

Wie du siehst, hat der Player keine Probleme, die Stufen zu erklimmen. Etwas, um das wir uns also nicht mehr kümmern müssen.

Schwierigkeiten gibt es bei der Textur für die Treppe. Eigentlich kann man nicht von einem Problem sprechen, aber Zuordnen von Material für jede einzelne Stufenfläche ist schon mühsam.

Es gäbe zwar einen Weg, die Treppe in ein Objekt vom Typ STATIC MESH umzuwandeln, doch dann verliert sie ihre Kollisionseigenschaften. Der Player würde also durch die Treppe hindurchgehen, als wäre sie nicht da.

Da ich aber ohnehin die Stufenflächen und die Seiten verschieden texturieren will, mache ich mir eben die Mühe und »male« alles einzeln an (→ BUILDING4).

Wenn du willst, kannst du auch mal die beiden anderen Treppenarten ausprobieren: Bei CURVED STAIR macht die Treppe eine Kurve, bei SPIRAL STAIR handelt es sich um eine Wendeltreppe.

Der Player kann übrigens nicht jede beliebige Treppe besteigen. Wie hoch die Stufen sein dürfen, die er erklimmen kann, lässt sich im DETAILS-Fenster unter WALKING einstellen:

Die Zahl hinter MAX STEP HEIGHT bestimmt die Stufenhöhe, hier sind 45 cm voreingestellt. Wenn du diese Zahl sehr niedrig oder gar auf 0 einstellst, kommt der Player keine Treppe mehr hoch.

Zusammenfassung

So, nun haben wir einiges geschafft. Und alles vorwiegend aus einfachen Platten. Jedes dieser Elemente ließe sich in seinen Maßen auch beliebig strecken und stauchen. Und natürlich mit neuen Texturen versehen. Es kostet etwas Geduld, bis man endlich ein Haus gebaut hat. Und es kostet sehr viel Geduld, wenn dieses Gebäude richtig gut werden soll. Wobei man dafür lieber auf externe Hilfsmittel wie spezielle 3D-Modellierungssoftware zurückgreifen sollte.

Auch hier gab es wieder eine Handvoll neuer Objekttypen, diesmal ging es um Licht:

DIRECTIONAL LIGHT	Licht für die ganze Szene
POINT LIGHT	Kugelförmiges Licht
SPOT LIGHT	Kegelförmiges Licht
SKY LIGHT	Grundhelligkeit der ganzen Szene

Außerdem kennst du die sogenannten »geometrischen« oder BRUSH-Typen und weißt, wie man über ADDITIVE und SUBTRACTIVE Löcher in Objekte »schneiden« kann. Und du hast verschiedene Sorten von Treppen kennengelernt.

Ein paar Fragen …

1. Welche Rolle spielt die Position für ein DIRECTIONAL LIGHT?
2. Wie schneidet man in einen Zylinder ein rundes Loch – zum Beispiel für ein Gefäß?

… und ein paar Aufgaben

1. Baue ein Haus mit Öffnungen für Tür und Fenster. Und gib ihm ein schräges Dach, das innen hohl ist.
2. Mache aus dem Building-Projekt ein zweistöckiges Haus mit Innentreppen.

8

Klettern und Schwimmen

Nachdem die Spielfigur schon Treppen steigen kann, sollte sie vor Leitern und steilen Abhängen nicht haltmachen müssen. Nun ist also das Klettern angesagt. Und wenn wir schon dabei sind, der Figur zu helfen, wie man Hindernisse überwindet, sollte das außer für trockenes Gelände auch für Wasser gelten: Da kann der Player nämlich noch nicht auf- und abtauchen und ans Ufer klettern.

In diesem Kapitel lernst du

- etwas über Trigger
- wie man eine Spielfigur zum Klettern bringt
- wie man die »Bremsfähigkeit« des Players verändert
- etwas über Migration
- wie die Spielfigur außer dem Schwimmen auch das Tauchen lernt
- wie man Daten zwischen Blueprints austauscht

Ein Kletter-Trigger

Wie du wahrscheinlich schon beim Durchwandern deiner Landschaft gesehen hast, scheut sich der Player nicht vor steilen Anstiegen. Doch kommt er an eine senkrechte Wand, muss er passen. In einem Spiel ist es oft gar nicht erwünscht, dass man überall hochklettern kann, sondern nur an bestimmten Stellen. Die sind dann meistens durch Leitern oder auffälligere Texturen markiert.

Wie aber kommt dann die Spielfigur dort hinauf? Oder auch hinunter, denn nicht immer ist ein Sprung in die Tiefe angebracht. Probieren wir in einem neuen Projekt aus, was wir dem Player noch beibringen können.

- Klone ein Projekt, das bereits einen Player hat, zum Beispiel WALKER1. Oder du nimmst das letzte BUILDING-Projekt und entfernst das komplette Gebäude.
- Dann füge ein Basic-Objekt vom Typ CUBE hinzu. Und gib ihm ein Material mit einer passenden Textur. Wenn du willst, nenne es einfach nur `Block`.

Diesen Quader benutzen wir als Kletterblock für den Player. Ich schlage für TRANSFORM diese Werte vor:

LOCATION	X = 0.0	Y = 0.0	Z = 200
SCALE	X = 4.0	Y = 8.0	Z = 8.0

Doch wie soll die Spielfigur wissen, wann sie eine Klettermöglichkeit vor sich hat? Dazu brauchen wir ein Element, das etwas auslösen kann, wenn der Player es berührt. Nicht nur bei Unreal nennt man so etwas ein **Trigger**-Element.

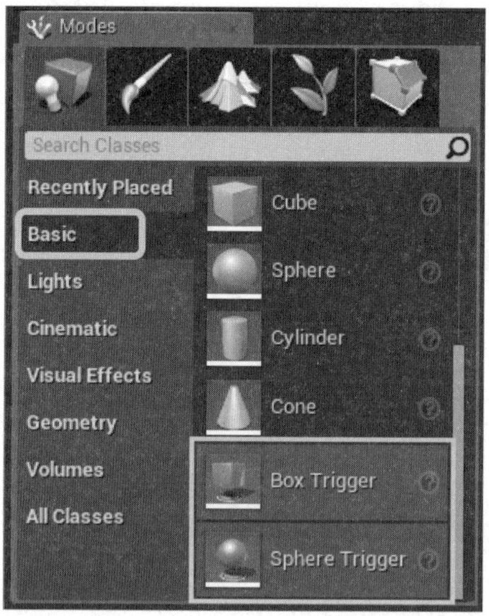

Wenn du mal im MODES-Fenster schaust, was sich da unter den BASIC-Objekttypen außer den schon bekannten Würfeln und Kugeln noch so tummelt, dann findest du ganz unten in der Liste auch zwei Trigger-

Typen. Dabei haben wir es mit einem im Spiel unsichtbaren Objekt zu tun. Denn nicht immer ist es erwünscht, dass man einen Trigger sieht. Andererseits kann man einem sichtbaren Trigger-Element zum Beispiel eine Textur auftragen, die wie eine Leiter oder eine bestimmte Kletterstruktur aussieht.

Und so ein sichtbares Trigger-Objekt, das brauchen wir jetzt. Und dazu genügt uns wieder ein einfacher Quader, den müssen wir nur später entsprechend anpassen.

- Klicke also im BASIC-Bereich des MODES-Fensters **nicht** auf den Eintrag BOX TRIGGER, sondern ziehe einen weiteren Objekttyp CUBE ins Editor-Fenster.
- Richte das neue Objekt an der Wand des Blocks aus, die kletterbar sein soll. Und gib ihm den Namen `Ladder`.

Wenn du von mir die Maße für den Block übernommen hast, dann dürften die folgenden Werte für das künftige Trigger-Element passen:

LOCATION	X = -100.0	Y = 0.0	Z = 200
SCALE	X = 0.3	Y = 2.0	Z = 4.0

Ich habe einen kletterbaren Bereich gewählt, der deutlich schmaler ist als die gesamte Blockbreite.

- Damit du die Kletterfläche und den Block genau aufeinander abstimmen kannst, solltest du dem Objekt ein Material und eine Textur geben. Das könnte das Muster einer Leiter oder von Kletterstäben sein, sinnvoll ist eine Struktur, die aussieht, als könnte man sich daran festhalten (→ CLIMBER1).

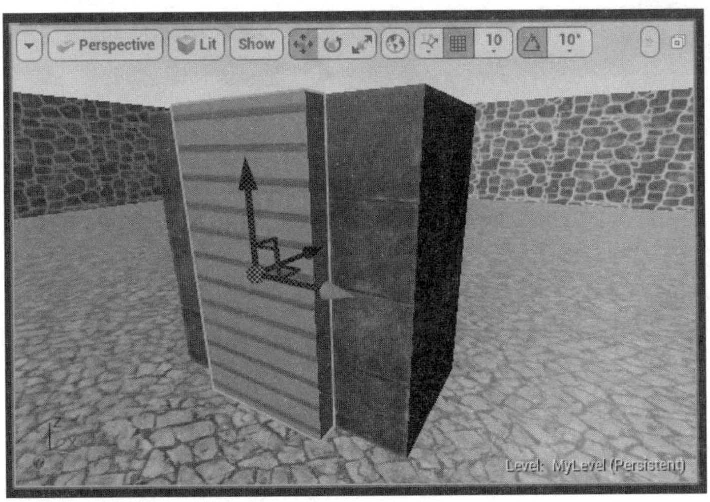

Bis jetzt ist das Kletter-Element nicht mehr als ein normaler (flacher) Quader. Das ändert sich gleich:

- Sorge dafür, dass dieses Objekt markiert ist, und klicke im DETAILS-Fenster unter COLLISION hinter den Eintrag COLLISION PRESETS.

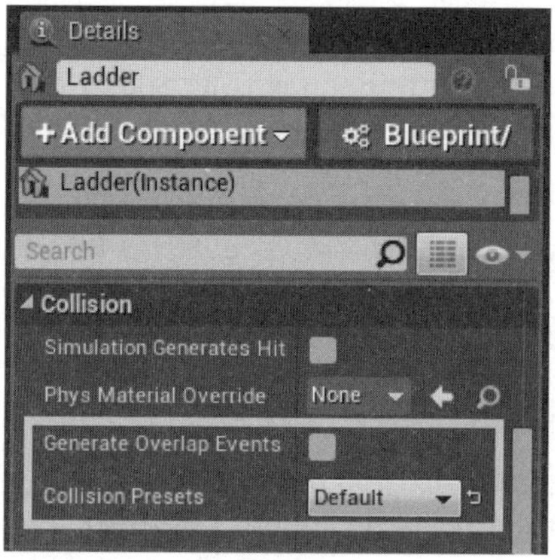

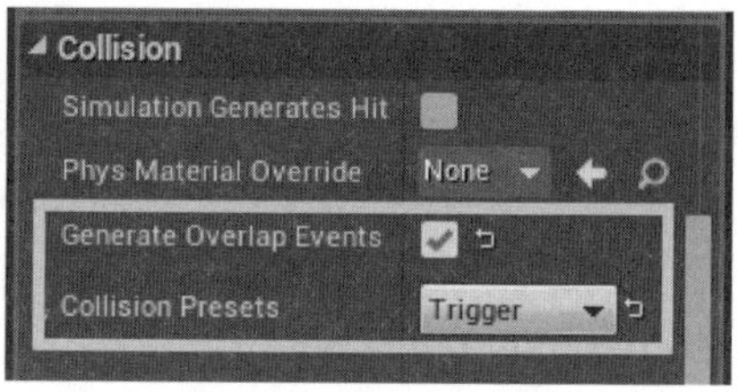

- Wähle im Menü den Eintrag TRIGGER. Und setze hinter GENERATE OVERLAP EVENTS ein Häkchen.

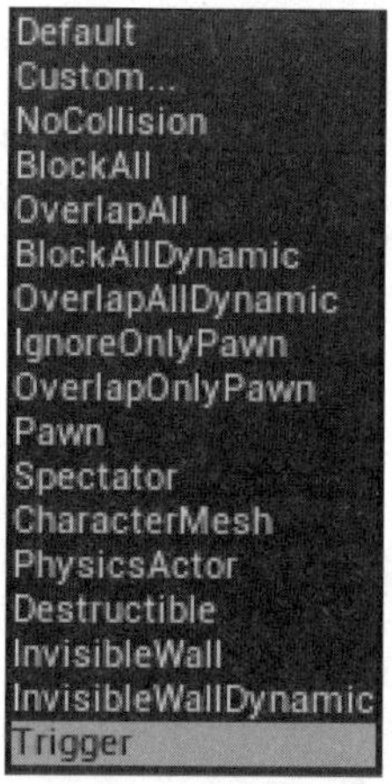

Was heißt GENERATE OVERLAP EVENTS eigentlich? Das bedeutet, dass jedes Objekt, bei dem diese Option aktiviert ist, automatisch ein Ereignissignal setzt, sobald es mit einem anderen Objekt in Berührung gekommen ist (»Überlappung«).

Nun kann dieses Element als Auslöser dienen, wenn der Player in seinen Bereich kommt. Aber was genau soll es auslösen? Der Player soll in diesem Bereich auf Tastendruck nach oben klettern können (beziehungsweise von oben wieder runter). Wir müssen also im Blueprint des Players etwas ändern beziehungsweise ergänzen. Erst einmal ist zu klären, mit welchen Tasten wir den Player zum Klettern bringen. Naheliegend wären die beiden Pfeiltasten, die jetzt für die Bewegung vorwärts und rückwärts zuständig sind. Die könnte man beim Klettern einfach auf Rauf und Runter umschalten:

CHARACTER MOVEMENT	↑	↓
WALKING (Gehen)	vorwärts	rückwärts
CLIMBING (Klettern)	aufwärts	abwärts

Das Ganze funktioniert aber nur, wenn es vorübergehend keine **Gravitation** gibt. Deshalb darf sie nur in Kraft treten, wenn kein Klettern möglich beziehungsweise nötig ist. Das ist beim Walking ja der Fall. Für das Climbing könnten wir die Gravitation also abschalten (lassen).

Ich frage mich allerdings, ob es so etwas schon gibt. Und wenn du genauer hinschaust, wirst du im DETAILS-Fenster des Players unter CHARACTER MOVEMENT eine Option fürs Fliegen entdecken (FLYING). Da ist die Gravitation deaktiviert, sonst könnte man ja nicht fliegen. Ob wir das auch zum Klettern gebrauchen können? Schauen wir mal.

Es gibt übrigens auch eine Möglichkeit, die Steigfähigkeit des Players zu verändern. Dazu suchst du im DETAILS-Fenster bei den WALKING-Einstellungen den Eintrag WALKABLE FLOOR ANGLE und änderst den voreingestellten Wert von 45 Grad.

Maximal möglich sind 90°, da kannst du Wände hochmarschieren, die fast senkrecht sind. Probiere das aus, indem du den Block mit der Leiter mal um 5 bis 10 Grad kippst.

Ereignis-Steuerung

Zuerst müssen wir uns um das Umschalten kümmern. Dazu benötigen wir einen Hinweis, wann der Player den Trigger-Bereich betritt oder verlässt. Zuständig dafür sind zwei Ereignisse:

ACTORBEGINOVERLAP	Ein Trigger-Element wird berührt beziehungsweise betreten.
ACTORENDOVERLAP	Ein Trigger-Element wird verlassen.

Und weil eines dieser Ereignisse im Kletter-Objekt (=Trigger-Element) ausgelöst wird, brauchen wir dafür jetzt ein neues Blueprint.

» Markiere also das LADDER-Objekt und klicke dann im DETAILS-Fenster auf BLUEPRINT.

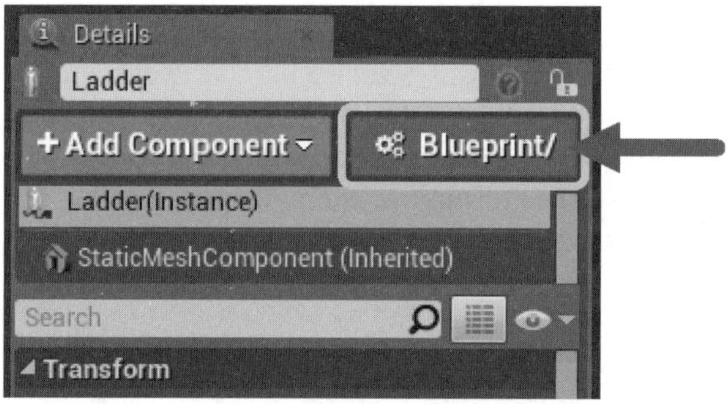

» Im nächsten Fenster kannst du den vorgegebenen Namen LADDER_BLUEPRINT so stehen lassen (oder ändern). Um das Blueprint zu erzeugen, wähle den Ordner (BLUEPRINTS), dann klicke auf CREATE BLUEPRINT.

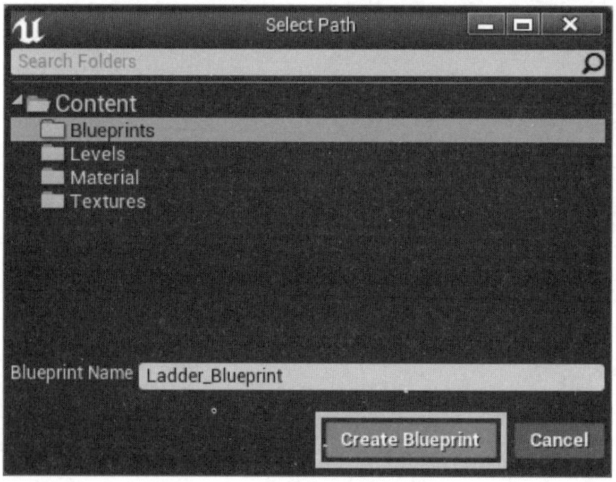

Im WORLD OUTLINER hat sich der Name für das Leiter-Element geändert. Ich habe daraus wieder das alte `Ladder` gemacht. Auch im BLUEPRINTS-Ordner gibt es nun ein Symbol mehr.

≫ Das zugehörige Fenster hat sich geöffnet. Sorge dafür, dass du dort zuerst auf der VIEWPORT-Seite bist.

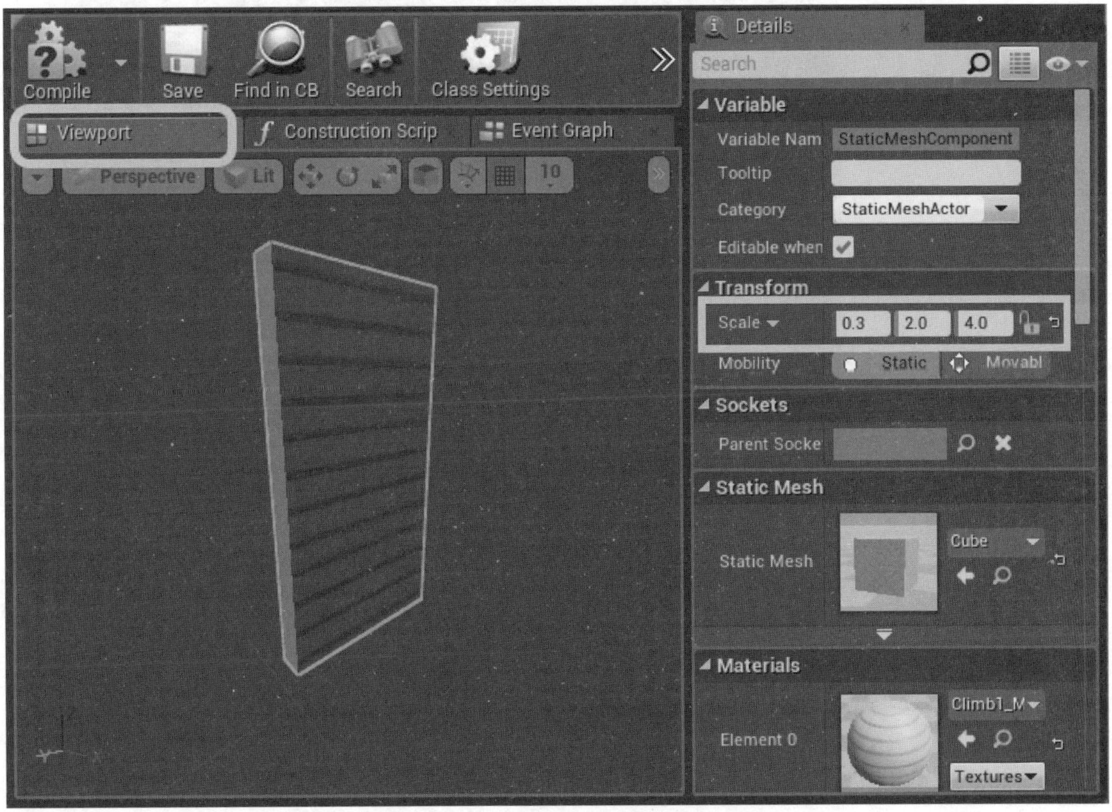

≫ Markiere das LADDER-Element und passe rechts im DETAILS-Fenster die SCALE-Werte an. Dann wechsle zur Seite EVENT GRAPH.

Nun brauchen wir als Erstes einen Knoten für das Ereignis, das eintritt, wenn der Trigger-Bereich berührt wird. Doch bevor du nun die dort bereits vorhandenen deaktivierten Knoten beiseiteschiebst, schau einmal genauer hin:

Da ist doch bereits ein Knoten, der für uns infrage kommt. Wir müssen ihn nur aktivieren.

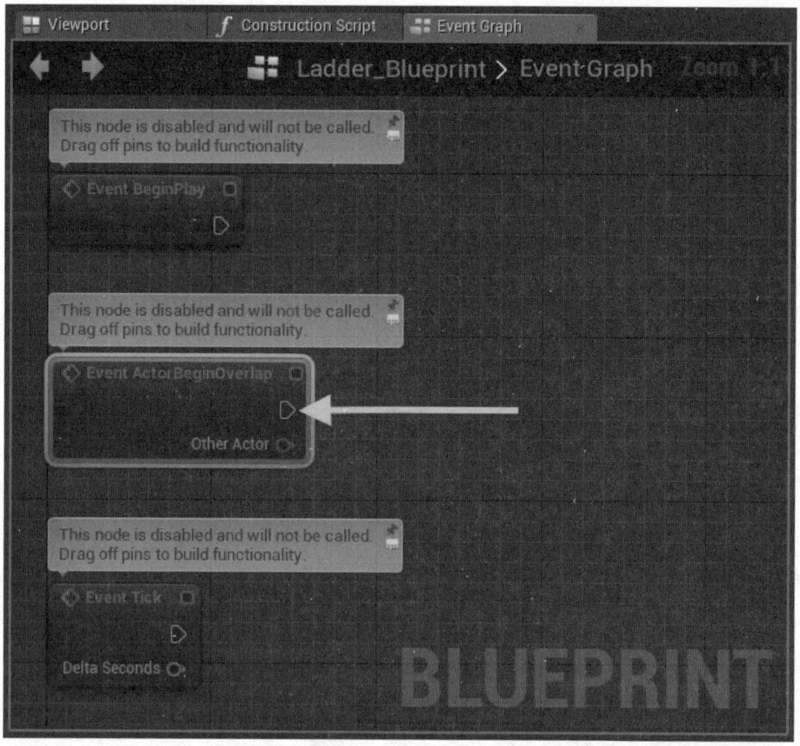

Und das geschieht, indem wir vom oberen (unbenannten) Ausgang mit der Maus (bei gedrückter linker Taste) einen Faden ziehen. Doch was sollen wir ins Menü eingeben?

Man könnte einen Schalter definieren, der aktiviert wird, sobald ein anderes Objekt in den Trigger-Bereich eintritt (sich beide »überlappen«). Oder man spricht das andere Objekt direkt an. Das nennt man **Casting**. Man kann hier auch davon sprechen, dass ein Blueprint eine Nachricht an ein anderes schickt. Probieren wir's aus.

≫ Klicke auf den oberen Ausgang des Event-Knotens für ACTORBEGINOVERLAP und ziehe einen Faden. Gib im Suchfeld des Kontextmenüs `Cast to Player` ein.

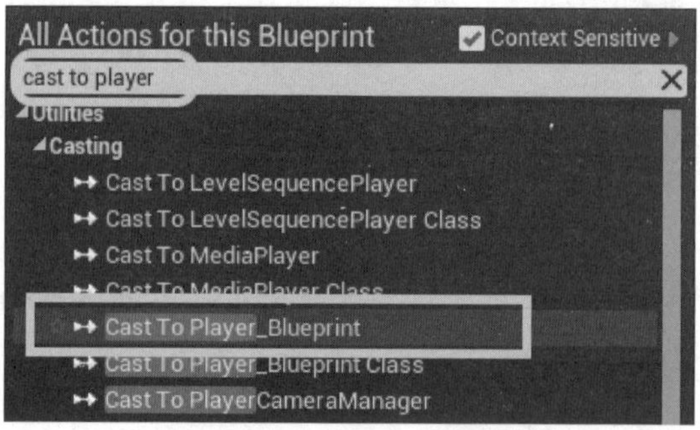

- Wähle den Eintrag CAST TO PLAYER_BLUEPRINT (so heißt bei mir die Blueprint-Datei zum Player).
- Verbinde auch den Ausgang OTHER ACTOR (links) mit dem Eingang OBJECT (rechts).

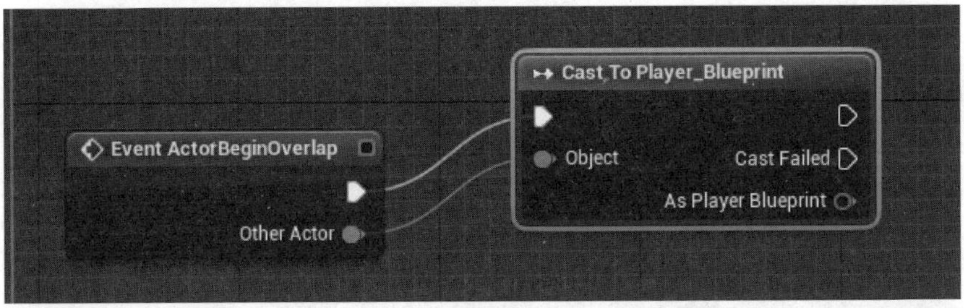

Mit OTHER ACTOR ist das andere Objekt gemeint, das an der »Überlappung« beteiligt ist, und das ist ja der Player. Und auf dessen Blueprint haben wir jetzt von hier aus eine Zugriffsmöglichkeit.

> Mithilfe des CAST-Knotens kann ein Blueprint eine Verbindung zu jedem anderen Blueprint im Projekt herstellen. Das tun wir hier, damit das Kletter-Blueprint im Player-Blueprint eine Einstellung ändern kann.
>
> Das Ganze wäre natürlich auch umgekehrt möglich, also vom Player zum Kletter-Element – wenn man es braucht.

Nun müssen wir uns entscheiden. Wie wäre es mit einer Umschaltung vom Walking- auf den Flying-Modus?

- Ziehe vom oberen Ausgang einen Faden und gib im Suchfeld des Kontextmenüs `Movement Mode` ein. Wähle den Eintrag SET MOVEMENT MODE.

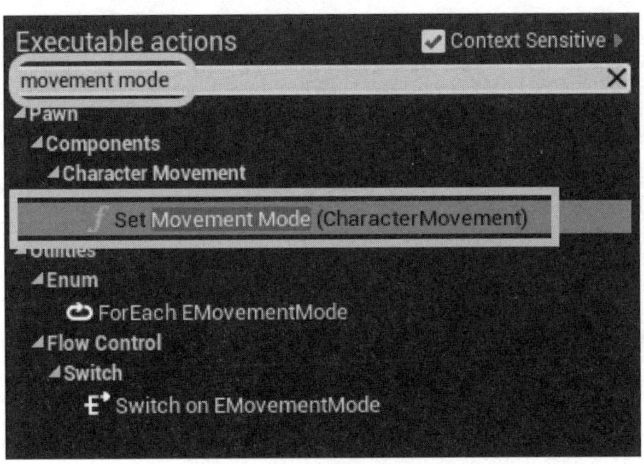

Und du bekommst gleich zwei neue Knoten. Der eine ist ein SET-Knoten, in dem man einen Wert setzen kann. Der andere ist ein Verbindungsknoten. Beginnen wir mit dem SET-Knoten:

≫ Wähle unter NEW MOVEMENT MODE den Eintrag FLYING. (Voreingestellt ist NONE.)

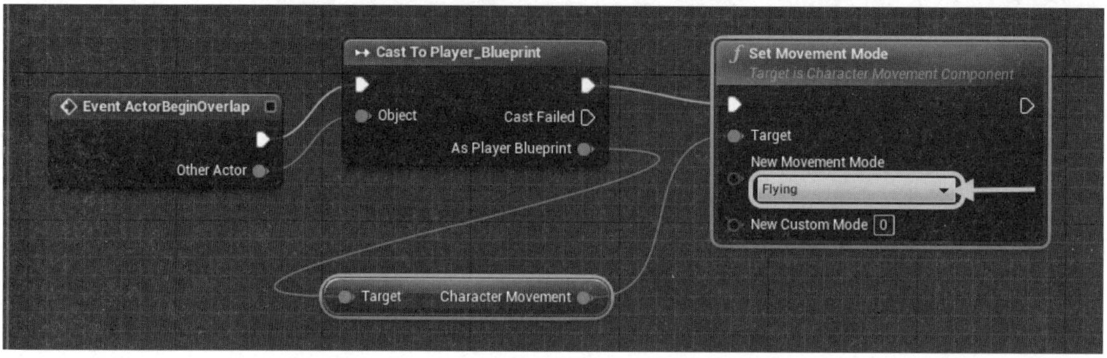

Nun muss noch eine Zielverbindung hergestellt werden (TARGET).

≫ Als Nächstes ziehe vom Ausgang AS PLAYER BLUEPRINT des CAST-Knotens einen Faden zum TARGET-Eingang des Verbindungsknotens (CHARACTER MOVEMENT).

Erst jetzt ist dafür gesorgt, dass bei einem Kontakt des Players mit der Leiter der Flug-Modus eingeschaltet wird.

Und nun wiederholen wir im Prinzip das Gleiche fürs Verlassen des Trigger-Bereichs.

≫ Klicke dazu mit der rechten Maustaste in das karierte Feld und gib als Suche `Actor Overlap` ein. Dann wähle den Eintrag EVENT ACTOREND-OVERLAP.

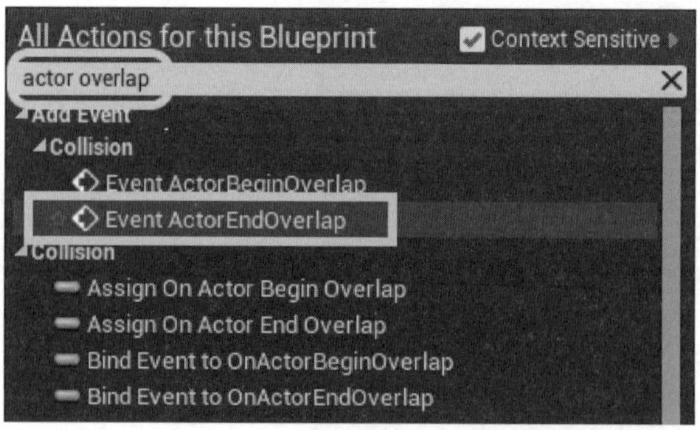

- Klicke auf den oberen Ausgang des neuen Event-Knotens und ziehe einen Faden für einen weiteren CAST-Knoten. Gib als Suche wieder `Cast to Player` ein. Dann wähle wieder den Eintrag CAST TO PLAYER_BLUEPRINT.
- Verbinde auch hier den Ausgang OTHER ACTOR mit dem Eingang OBJECT.

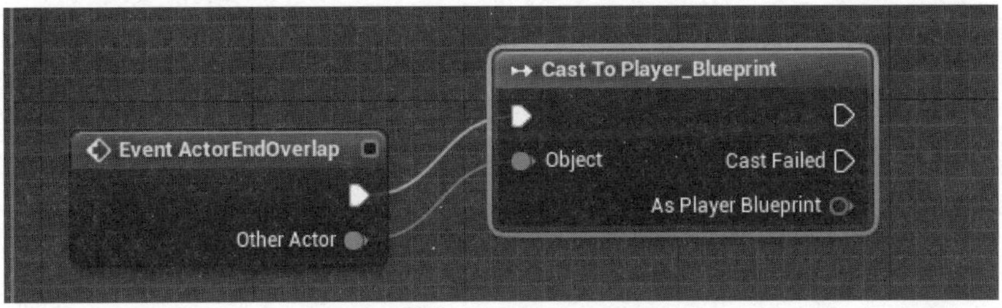

- Schließlich erzeugst du noch die beiden anderen Knoten (Suche nach `Movement Mode` und Wahl von SET MOVEMENT MODE).
- Diesmal stellst du unter NEW MOVEMENT MODE den Eintrag WALKING ein. Vergiss nicht den Verbindungsfaden von AS PLAYER BLUEPRINT zum TARGET-Eingang des Verbindungsknotens (CHARACTER MOVEMENT).

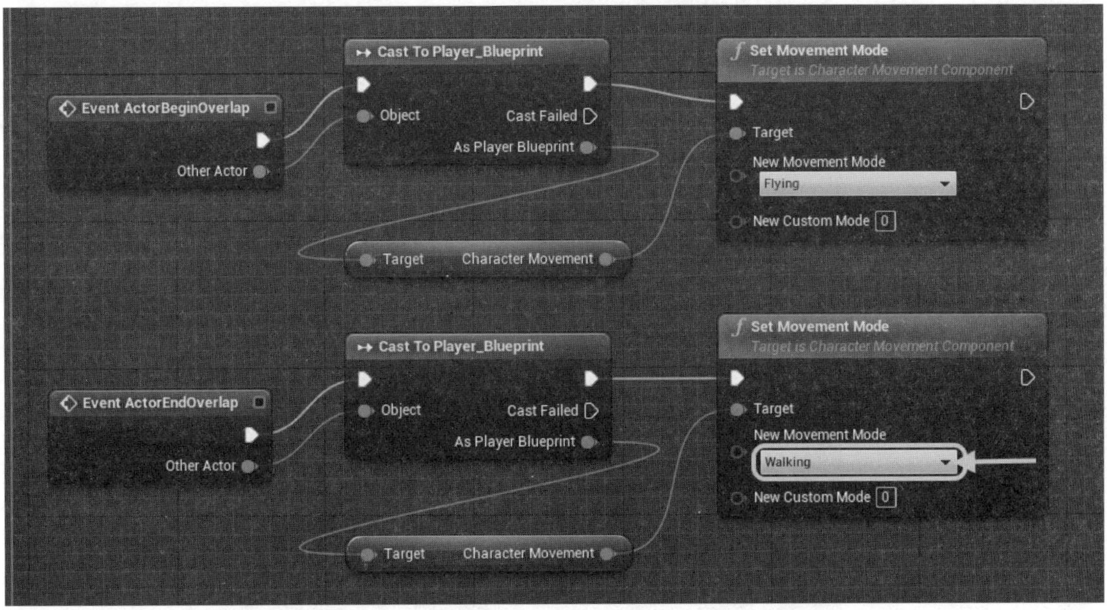

Nun dürften wir erst einmal alles zusammenhaben, was es in diesem Blueprint zu erledigen gab.

- Klicke jetzt oben in der Symbolleiste auf COMPILE und dann auf SAVE. Danach kannst du das Blueprint-Fenster schließen.

Möglicherweise haben sich im Hauptbereich alle SCALE-Werte für das Leiter-Element wieder auf 1 gesetzt. Dann musst du sie erneut anpassen.

≫ Und nun teste das Spiel. Wenn du den Player zur Leiter in den Trigger-Bereich schickst, kannst du nicht mehr springen.

Mehr Input

Ob die Gravitation deaktiviert ist? Genau wissen wir das noch nicht, wir brauchen erst eine Steuerung, um den Player nach oben oder unten »schweben« zu lassen. Und erst wenn das klappt, dann haben wir einen »Kletter-Effekt« erreicht.

Für die Tastensteuerung müssen wir nun zuerst in den Projekt-Einstellungen den INPUT-Bereich erweitern. Ich schlage vor: Wir versuchen es nicht mit einer Umschaltung der Pfeiltasten, sondern mit einem neuen Tastenpaar: Mit [Bild↑] und [Bild↓] bewegt man den Player nach oben oder unten.

≫ Öffne nun über EDIT und PROJECT SETTINGS das Fenster für die Projekt-Einstellungen und schalte dort auf die INPUT-Seite um.

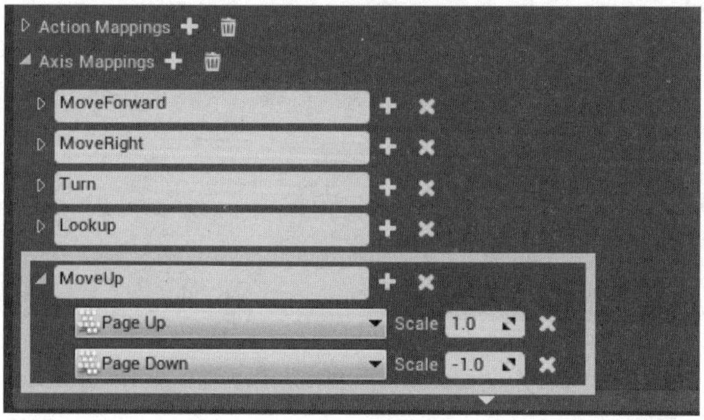

≫ Klicke auf das Plus hinter AXIS MAPPINGS und füge eine neue Option namens MOVEUP hinzu. Ergänze die Option um die zwei Tastenbelegungen. Und vergiss nicht, für beide verschiedene SCALE-Werte zu setzen (+1.0 / -1.0).

» Schließe das Fenster für die Projekt-Einstellungen wieder und öffne das Blueprint-Fenster für den Player mit Doppelklick auf das Symbol im CONTENT BROWSER.

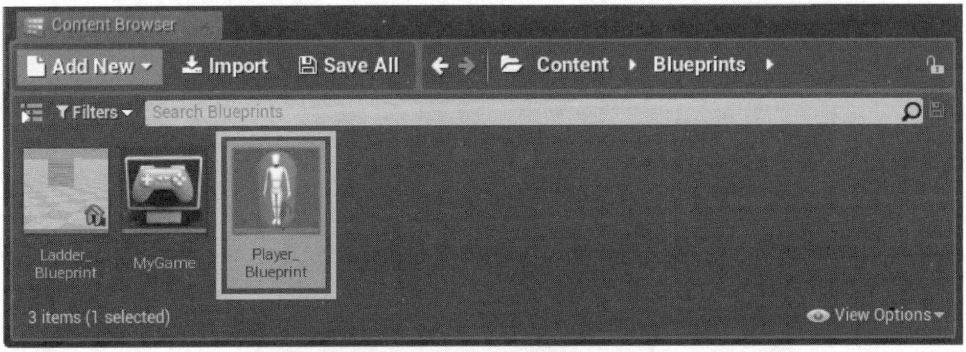

» Sorge dafür, dass die Seite EVENT GRAPH angezeigt wird.

Du erinnerst dich: Die karierte Fläche lässt sich mit gedrückter rechter Maustaste verschieben.

» Klicke mit der rechten Maustaste auf eine freie Fläche und gib im Suchfeld des Kontextmenüs `MoveUp` ein. Wähle den gleichnamigen Eintrag unter AXIS EVENTS.

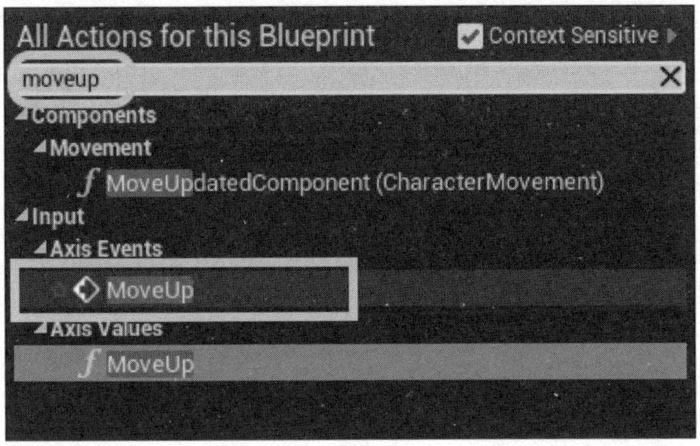

Einen solchen Knoten, wie er jetzt im EVENT GRAPH-Bereich entsteht, kennst du schon – von INPUTAXIS MOVEFORWARD und INPUTAXIS MOVERIGHT.

Damit weißt du auch noch, wie es jetzt weitergeht:

≫ Klicke auf den Kreis hinter AXIS VALUE und ziehe einen Faden. Gib als Suche `Movement Input` ein.

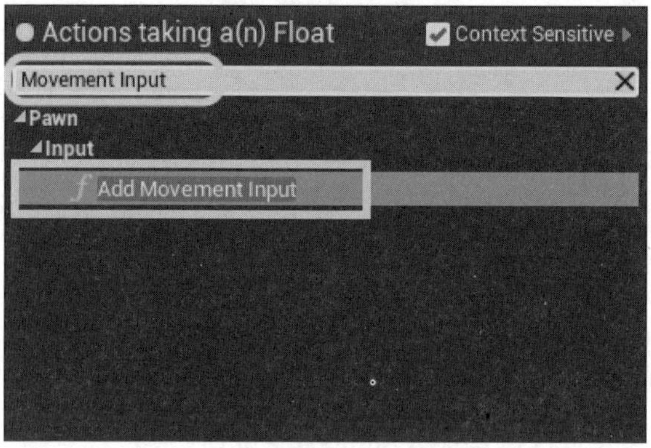

Und du hast nun diese Knoten-Struktur (auch Graph genannt):

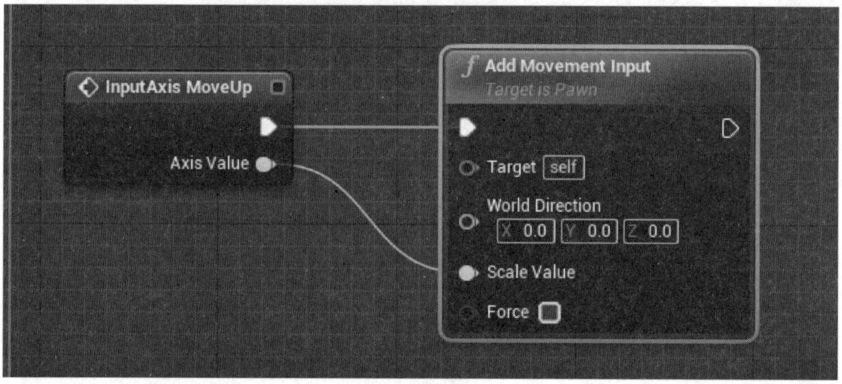

Du erinnerst dich: Der Ereignis-Knoten (hier INPUTAXIS MOVEUP) gibt über AXIS VALUE einen Wert weiter, der durch eine Taste oder die Maus erzeugt wurde. Der **Aktions**-Knoten daneben, der für die Bewegung (MOVEMENT) zuständig ist, übernimmt diesen Wert.

Nun brauchen wir einen dritten Knoten, der für die richtige Richtung zuständig ist.

- Klicke auf den Kreis vor WORLD DIRECTION und ziehe mit der Maus einen Verbindungsfaden. Suche nach `Up Vector`. Wähle den Betrag GET UP VECTOR.

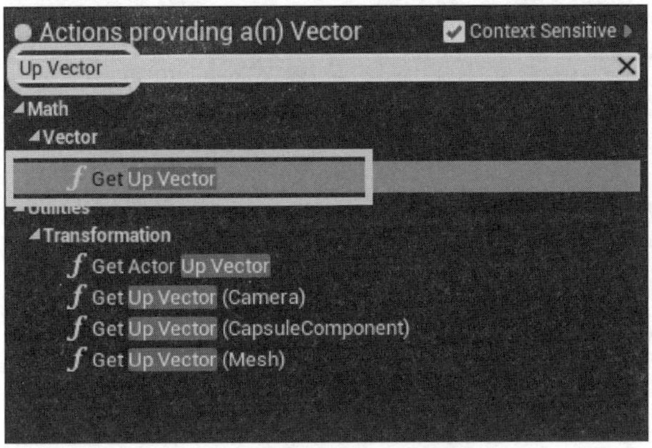

Und damit hätten wir die nötigen Knoten für die Auf- und Abwärtsbewegung zusammen:

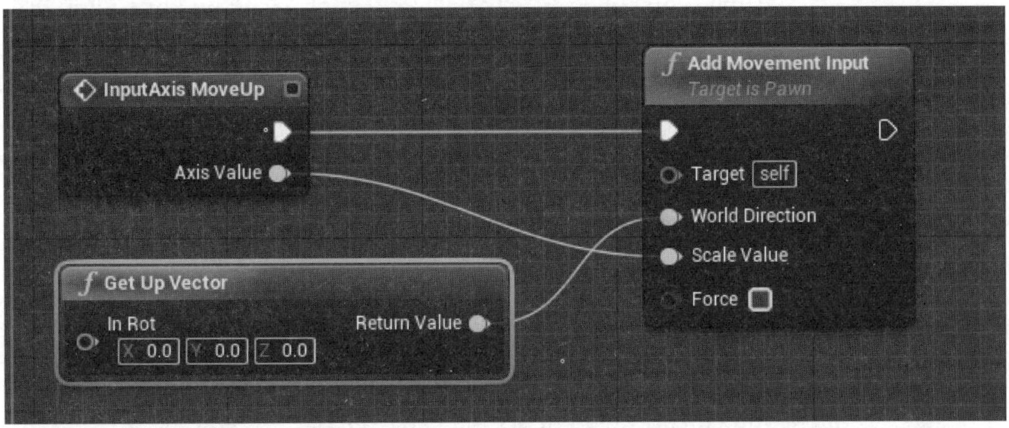

Was war noch mal ein Vektor? Ein **Vektor** enthält die drei Koordinaten, die die Position oder Richtung eines Objekts angeben. Hier ändern sich die Werte bei jeder Bewegung.

Ich habe den letzten Knoten ebenso wie schon früher die Knoten für GET FORWARD VECTOR und GET RIGHT VECTOR mit dem MAKE ROTATOR-Block verbunden. Das ist hier nicht unbedingt nötig, kann aber für mögliche spätere Erweiterung sinnvoll sein.

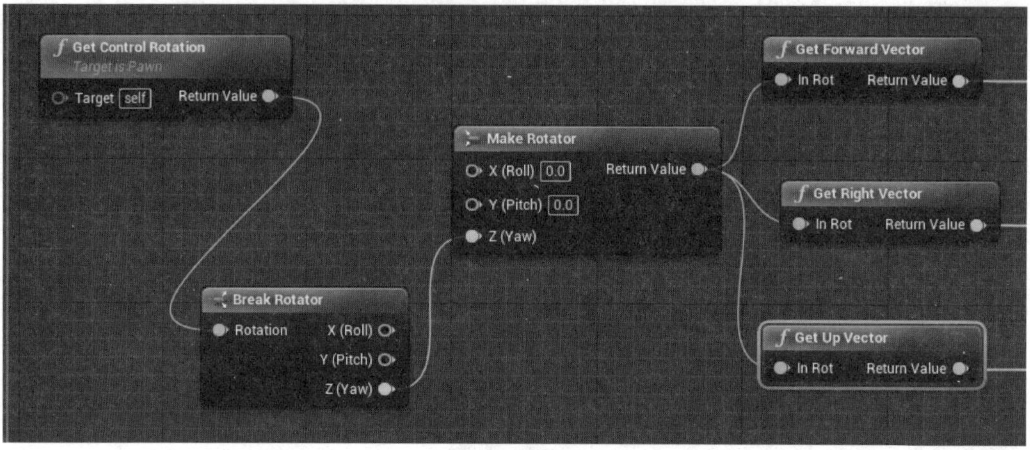

- Damit kannst du das Blueprint kompilieren und speichern. Danach schließe das Fenster.

Probieren wir jetzt aus, was geht.

- Starte das Spiel und nähere dich der Leiter. Wenn du direkt dran bist, benutze die Taste `Bild↑`, um nach oben zu kommen. Klappt es? Anschließend versuche es umgekehrt mit `Bild↓`.

Bei mir klappt es irgendwie, aber nicht wirklich voll zufriedenstellend. Der Player schwebt die Leiter hinauf und segelt quasi hinunter. Dafür genügt ein kurzer Tastendruck. Nicht wirklich überzeugend.

Was mich aber am meisten stört: Sobald ich mit dem Player im Trigger-Bereich bin und eigentlich stehen bleibe, gleitet er langsam nach rechts oder links. Außerdem »fliegt« der Player mit nur einem kurzen Tastendruck die Leiter hinauf. Doch eigentlich sollte er sofort mit dem Klettern aufhören, sobald man die `Bild↑`-Taste loslässt. Sonst hätte das Ganze mehr von einem Fahrstuhl als von einer Leiter.

Daran sollten wir gleich etwas ändern.

- Öffne das Blueprint für den Player und markiere links oben den Eintrag CHARACTERMOVEMENT und suche rechts im DETAILS-Fenster nach den Einstellungen für FLYING.

≫ Stelle dort hinter BRAKING DECELERATION FLYING einen Wert von mindestens 200 ein (besser mehr).

Das ist der Bremsfaktor. Steht er auf 0, dann ist es wie beim Fahren mit dem Fahrrad. Wenn du aufhörst, in die Pedale zu treten, rollst du noch eine ganze Weile weiter, bis du langsam zum Stehen kommst. Und je nachdem, wie stark du bremst (= BRAKING DECELERATION), steht das Fahrrad entsprechend schneller. Genauso verhält es sich hier mit dem Flug-Modus.

Übrigens ist schon beim Erzeugen eines Player-Blueprints dieser Bremsfaktor unter WALKING sehr hoch eingestellt. Damit kommt der Player auch bei sehr schnellem Laufen immer abrupt zum Stehen.

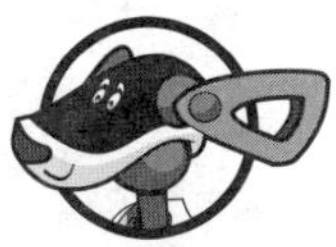

Nun klappt es bei mir ganz gut mit dem Klettern. Und auch das Andocken an der Oberfläche des Blocks gelingt gut (wenn man die Pfeiltaste für Vorwärts benutzt).

Migration

Nun möchte ich an dieser Stelle auch gern wissen, ob wir die eben vorgenommenen Einstellungen auch für das Schwimmen nutzen können. Denn da konnte der Player im vorletzten Kapitel zwar in den See waten oder springen, aber weder auf- noch abtauchen. Um die neuen Player-Eigenschaften zu testen, brauchen wir ein Schwimmbecken oder einen See.

Dazu könnten wir entweder das letzte Landschafts-Projekt (WALKER5) oder das Projekt für die Aufgabe aus Kapitel 6 (WATER1) benutzen. Doch wie kriegen wir das neue Player-Blueprint dort hinein?

> Klicke im CONTENT BROWSER mit der **rechten** Maustaste auf das Symbol für das Player-Blueprint.

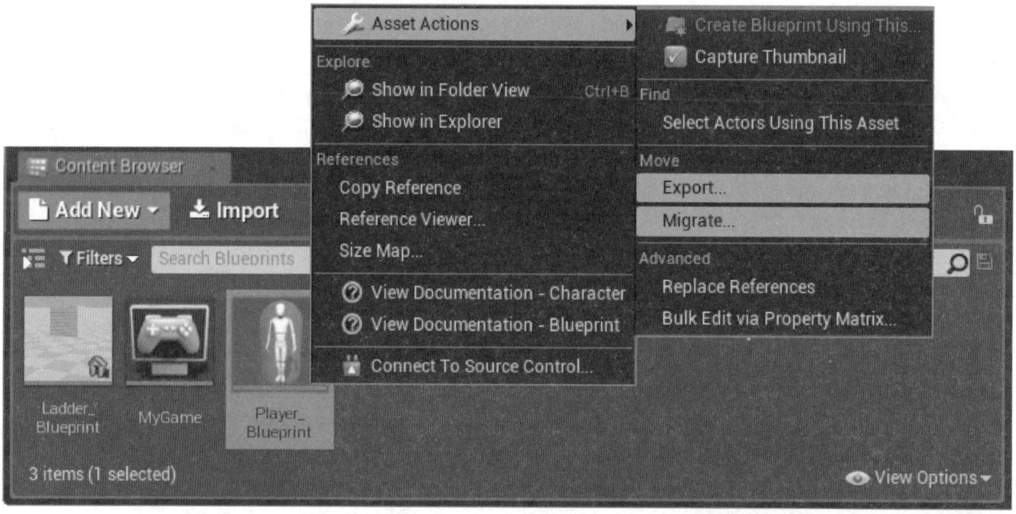

> Im ersten Menü suchst du den Eintrag ASSET ACTIONS und gelangst darüber zu einem weiteren Menü. Dort wählst du EXPORT oder MIGRATE.

Das sind die Unterschiede:

ASSET-EXPORT	Alle markierten Assets werden in einer Datei gespeichert.
ASSET-MIGRATE	Alle markierten Assets werden in ein anderes Projekt kopiert.

Ich schlage vor, sich hier für die Migration zu entscheiden. Vorausgesetzt, du hast ein passendes Projekt (ich habe zum Beispiel im Epic Launcher WATER2 aus WATER1 geklont).

Übrigens: Wenn du im neuen Projekt kein Blueprint für den **Game-Mode** hast, dann solltest du auch gleich MYGAME mitkopieren.

Nach einem Klick auf MIGRATE erscheint ein Dialogfeld:

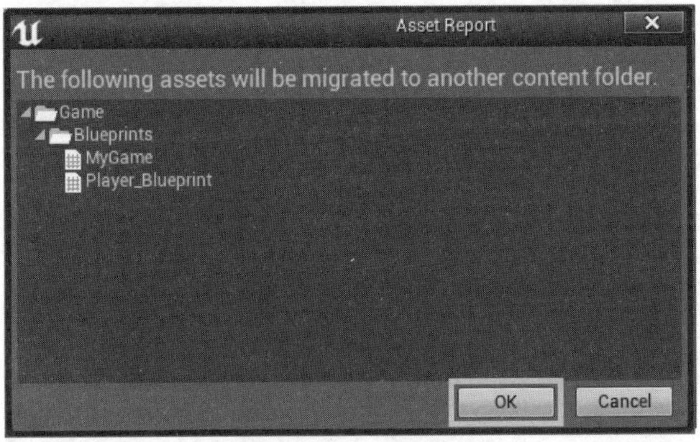

- Dort markierst du das Asset, das du kopieren willst, in diesem Fall PLAYER_BLUEPRINT. Dann klicke auf OK.
- Nun erscheint eine Windows-Dialogbox und es heißt, sich »durchzuhangeln«. Es kann schon eine Weile dauern, bis du im UNREAL-Ordner auf das Projekt und den Unterordner CONTENTS gestoßen bist.

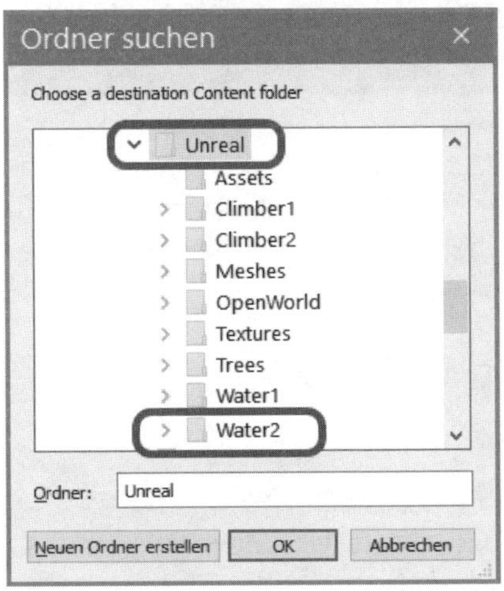

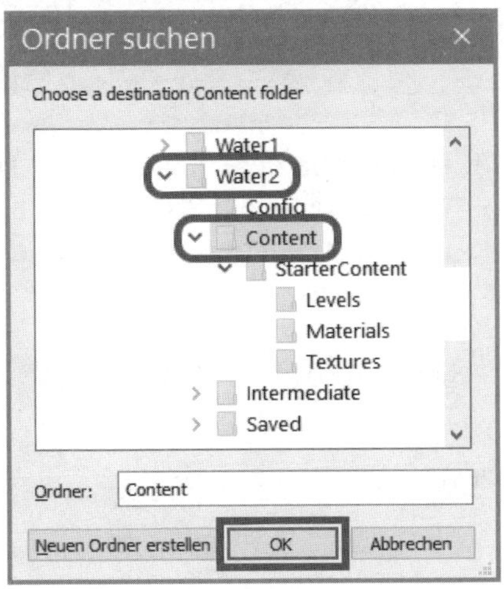

- Klicke abschließend wieder auf OK.

Wird der Kopiervorgang als erfolgreich gemeldet, kannst du das aktuelle Projekt verlassen und das andere (in meinem Fall WATER2) öffnen.

≫ Wechsle also zu deinem neuen Projekt. Kontrolliere dort, ob alle Dateien angekommen sind.

≫ Dann markiere das Symbol für das Player-Blueprint und ziehe es ins Editor-Fenster.

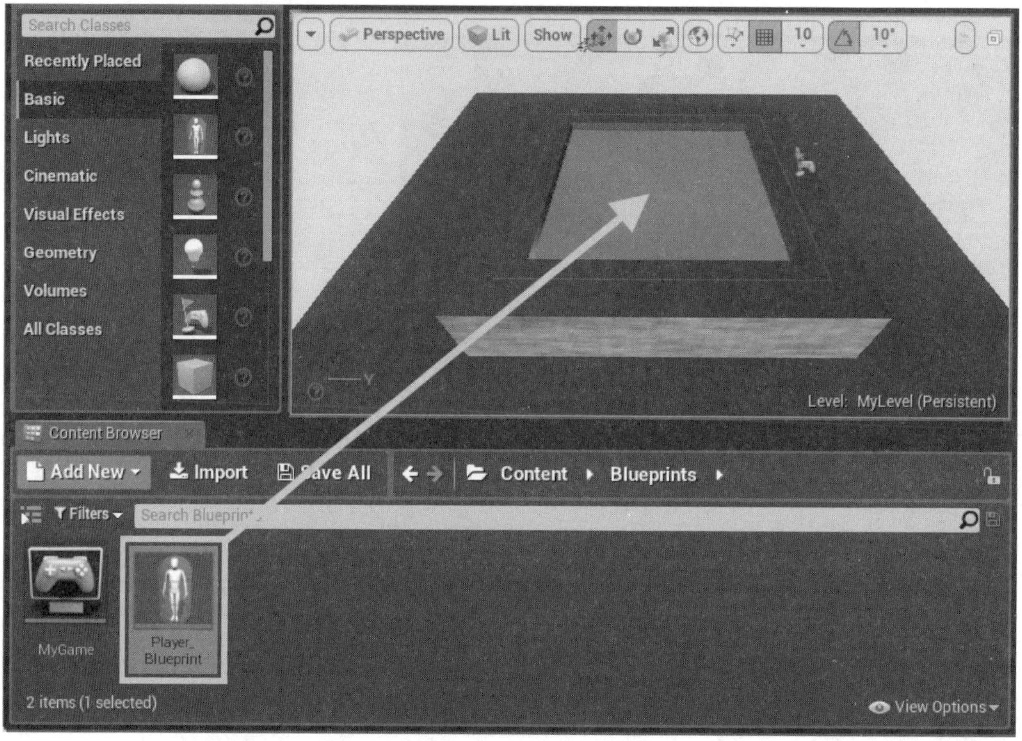

≫ Öffne außerdem über EDIT und PROJECT SETTINGS das gleichnamige Dialogfeld und stelle sicher, dass unter MAPS & MODES sowie unter INPUT alle Einstellungen stimmen – gegebenenfalls passe alles nach dieser Tabelle an:

MAPS & MODES | DEFAULT MAPS	EDITOR STARTUP MAP = MYLEVEL
	GAME DEFAULT MAP = MYLEVEL
MAPS & MODES | DEFAULT MODES	DEFAULT GAMEMODE = MYGAME
INPUT | AXIS MAPPINGS	MOVEFORWARD ; MOVERIGHT ; MOVEUP
	TURN ; LOOKUP

Du brauchst hier keine oder nicht alle Action Mappings, wichtig ist, dass der Player sich nachher in alle Richtungen bewegen kann.

Damit du die Input-Einstellungen nicht alle neu erstellen musst, gibt es auch diesen (inoffiziellen) Weg direkt über die Windows-Ordner:

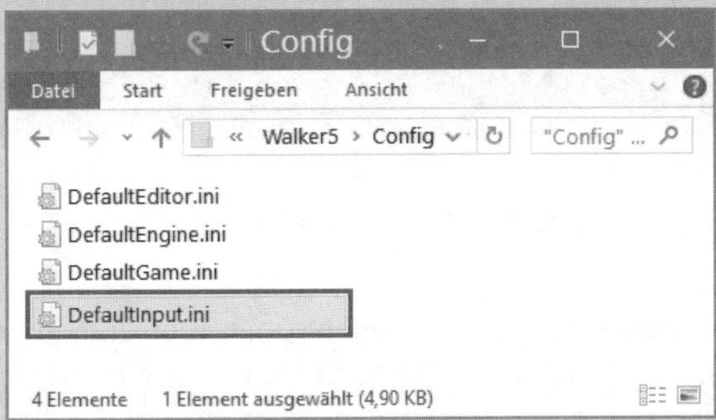

Kopiere aus dem Config-Ordner eines Projekts mit diesen Einstellungen die Datei DefaultInput.ini in den Config-Ordner des neuen Projekts, **bevor** du es über den Epic Launcher startest.

Übrigens lassen sich auch statt einer Migration die Dateien Player_Blueprint und MyGame vom Content-Blueprint-Ordner des Original-Projekts in den gleichnamigen Ordner eines anderen Projekts kopieren.

Auf- und Abtauchen

Und nun schauen wir mal, ob und wie der Player schwimmen kann.

≫ Starte das Spiel und lenke den Player ins Wasser. Probiere aus, ob und wie das Tastenpaar `Bild↑` und `Bild↓` funktioniert.

Bei mir klappt es nicht so gut, weil dort das gleiche Problem wie beim Klettern auftritt: Lässt man die betreffende Taste los, schwimmt der Player noch eine ganze Weile weiter. Außerdem sackt er nach dem Auftauchen gleich wieder ab. Ob sich das ähnlich lösen lässt wie beim Klettern?

≫ Öffne also das Blueprint für den Player und markiere (wieder) links oben den Eintrag CharacterMovement. Suche rechts im Details-Fenster diesmal nach den Einstellungen für Swimming.

» Stelle dort hinter Braking Deceleration Swimming einen Wert von mindestens 100 bis 200 ein.

Es klappt gut mit dem Schwimmen und Tauchen. Doch raus komme ich mit dem Player nicht mehr. Ein Grund dafür kann sein, dass das Wasser-Objekt üblicherweise direkt unter der Oberfläche endet. Sobald der Player diesen Bereich verlassen will, gelten wieder die Movement-Bedingungen für Walking. Und wenn die Wasseroberfläche von Ufer aus gesehen zu tief liegt, kommt der Player nicht aus dem Wasser.

» Wenn das auch bei dir ein Problem ist, vergrößere im Details-Fenster den Scale-Wert für das Wasser-Objekt (Typ PhysicsVolume) und passe dann die Höhe an (beide Male im Z-Bereich).

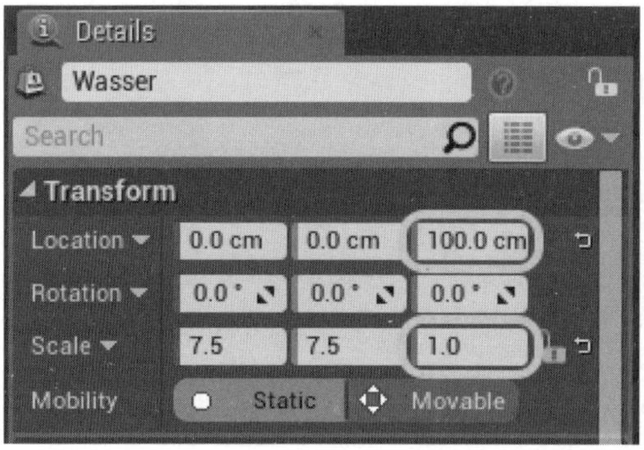

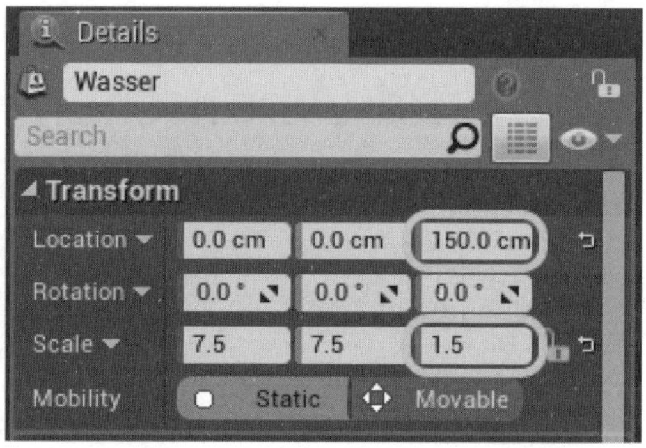

Nun sollte es klappen: Der Player schwimmt ans Ufer und bei gleichzeitigen Drücken der Tasten [Bild ↑] und [Pfeil ↑] müsste es ihm gelingen, das Ufer zu erklimmen (→ Water2). Sonst musst du beim (unsichtbaren) Wasserelement noch etwas nachbessern, es also noch etwas höher machen.

» Kontrolliere auch in deinem letzten Landschafts-Projekt, ob der Player dort mit den Verhältnissen im See und drum herum zurechtkommt (→ Walker6).

Wenn man die Höhe geschickt einstellt, dann landet der Player nicht erst mal unter Wasser, sondern die Kamera ist noch etwas über der Oberfläche. So kann er dort herumschwimmen. Erst mit Druck auf die [Bild↓]-Taste beginnt er, unterzutauchen.

Ich habe in meinem Landschafts-Projekt einige steile Klippen. Deshalb habe ich dort auch gleich eine breite Kletterfläche angebaut, um zu testen, wie gut der Player dieses hohe Stück hinaufkommt (→ Walker6). Dazu musste ich noch das Ladder-Blueprint und die zugehörigen Material- und Textur-Dateien hinüberkopieren und an die neuen Bedingungen anpassen.

Wie kriege ich übrigens andere Objekte, die im World Outliner aufgelistet sind, vom einen ins andere Projekt? Das Runterziehen in den Content Browser klappt nur bei Blueprint-Elementen.

Markiere die betreffenden Objekte in der Outliner-Liste, dann klicke mit der rechten Maustaste darauf. Im Kontextmenü wählst du Edit und Copy. Oder du benutzt direkt [Strg]+[C].

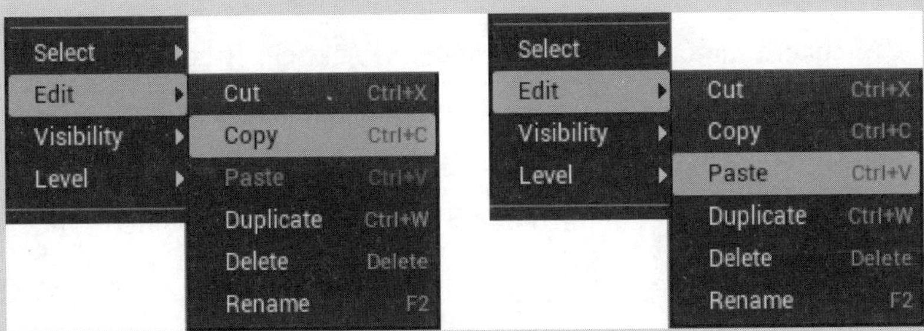

Dann verlässt du das Projekt, indem du direkt das andere öffnest, in das du die Objekte migrieren willst. Dort fügst du sie über Edit und Paste oder direkt über [Strg]+[V] ein (im World Outliner oder im Editor-Fenster).

Oder du wählst den Weg über das Kopieren mit zwei Ordner-Fenstern, wie du es unter Windows kennst. Möglicherweise sind danach einige Nachbesserungen nötig.

Zusammenfassung

Nun kann die Spielfigur einigermaßen gut mit steilen Wänden und mit Wasser umgehen. Und dabei hast du gleich etwas Neues kennengelernt: Wenn man ein Objekt über die Kollisions-Eigenschaften zum Trigger macht, kann es auf diese Ereignisse reagieren:

ActorBeginOverlap	Ein Trigger-Element wird berührt beziehungsweise betreten.
ActorEndOverlap	Ein Trigger-Element wird verlassen.

Im entsprechenden Blueprint gibt es dazu zwei passende Ereignis-Knoten. Dazu kommt neben mehreren bekannten ein weiterer neuer Knoten:

Name	Bedeutung
Cast-Knoten	Verbindung zu einem anderen Blueprint und damit der Möglichkeit, auf Inhalte zuzugreifen.

So weißt du nun auch, wie sich Blueprints gegenseitig Daten schicken können.

Ein paar Fragen ...

1. Wie macht man aus einem normalen Objekt ein Trigger-Element?
2. Wie bekommt man das Gleiten in den Modi Flying und Swimming in den Griff?
3. Wie kann ich von einem Blueprint Einstellungen in einem anderen lesen oder ändern?

... und ein paar Aufgaben

1. Baue einen zwei- oder mehrstöckigen kleinen Kletterpark.
2. Erweitere das Wasser-Projekt noch um Möglichkeiten, in denen der Player möglichst alle seine sportlichen Fähigkeiten einsetzen kann.

9

Ein neues Feindbild

So langsam wird es Zeit, sich auf dem Spielfeld nach einem Gegner umzusehen. Natürlich gibt es jede Menge Spiele, in denen es vorwiegend um das Bewältigen von Aufgaben oder das Lösen von Rätseln geht. Doch das alles ohne jemand anders, der einem dazwischenfunkt? Ein passender Gegner zu unerwarteter Zeit macht die Sache doch spannender.

Allerdings kostet es einige Mühe, eine richtige Spielfigur selbst zu erstellen, und in der Regel geht es nicht wirklich ohne Hilfe von außen, denn die Unreal Engine allein ist damit überfordert. Für das Erstellen der Spielfiguren sollte man besser auf professionelle 3D-Programme wie Maya oder kostenlose wie Blender zurückgreifen.

Wir wählen hier einen einfacheren Weg, indem wir eine Figur zum Gegner des Players machen, die Unreal in seinen Contents anbietet. Wir animieren sie und versetzen sie in die Lage, den Player zu verfolgen.

In diesem Kapitel lernst du

- wie man ein CHARACTER-Objekt importiert
- mehr über Animationen
- was State Machines und State-Knoten sind
- wie man ein Animation Blueprint erstellt

Ein Mannequin muss her

Zuerst brauchen wir jetzt wieder ein neues Projekt, das heißt, kein ganz neues, denn den Player hätten wir auch hier gern mit im Spiel.

- Klone also ein Projekt wie zum Beispiel WALKER1 oder eines deiner letzten Projekte, die du erstellt hast. Öffne es und entferne dort alle Elemente, die neu hinzugekommen sind, sodass am Schluss nur noch der blanke Boden und vielleicht noch eine umgebende Mauer übrig bleiben.

Nun kümmern wir uns um einen (neuen) Gegner für den Player, und zwar einen, der ihm ebenbürtig ist (oder gar überlegen?). Wie du (aus Kapitel 4) weißt, lässt sich eine passende Figur direkt aus dem CONTENT BROWSER heraus importieren.

- Klicke also dort auf ADD NEW (oder mit der rechten Maustaste in einen freien Bereich des Browsers). Im Menü klickst du dann auf den Eintrag ganz oben: ADD FEATURE OR CONTENT PACK.

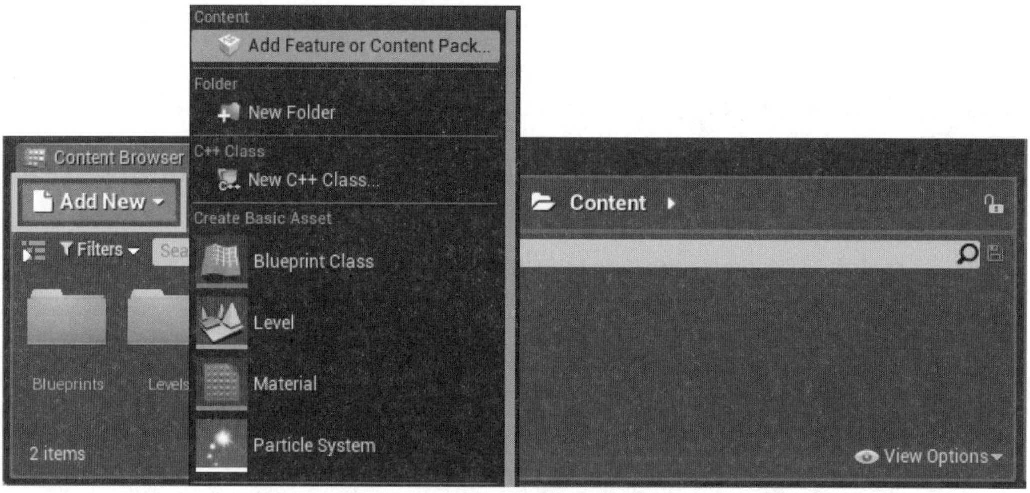

- Sorge dafür, dass die Seite BLUEPRINT FEATURE angezeigt wird. Suche dort das Symbol für THIRD PERSON und klicke darauf. Dann bestätige das Ganze mit Klick auf ADD TO PROJECT.

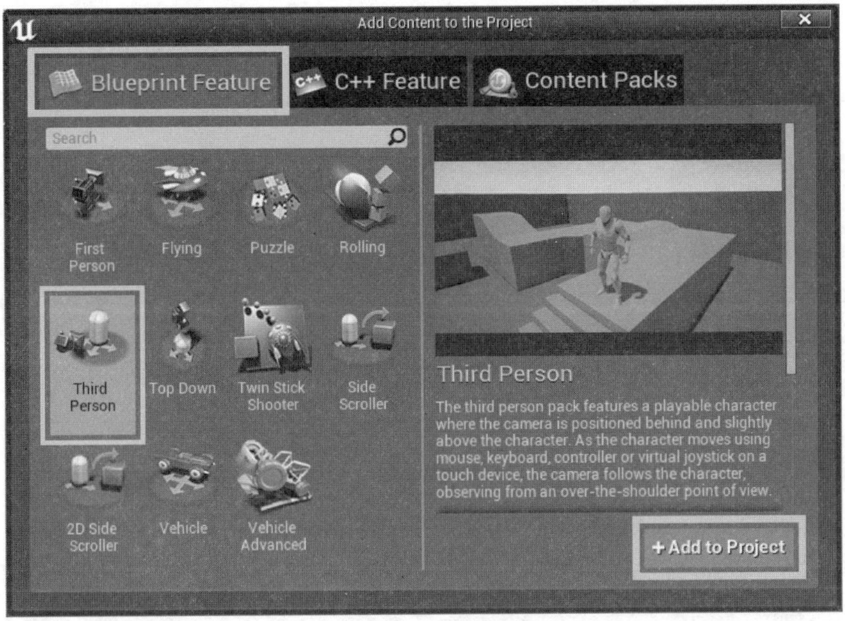

Nachdem du das Fenster wieder geschlossen hast, findest du mehrere neue Ordner im CONTENT BROWSER.

Wie schon im 4. Kapitel benötigen wir vieles davon nicht. Um eine Bereinigung solltest du dich aber erst zum Schluss kümmern, wenn du genau weißt, was du nicht mehr gebrauchen kannst.

> Es gibt auch ein kostenloses Paket mit dem Namen ANIMATION STARTER PACK im Unreal-Marketplace. Das enthält über 60 Animationen und kann mit der soeben geladenen Figur benutzt werden. Außerdem lassen sich viele Animationen später auch für eigene Figuren einsetzen.

Beginnen wir jetzt damit, unsere Feindfigur aufzubauen.

» Suche im MODES-Fenster im Bereich BASIC den Objekttyp EMPTY CHARACTER, klicke darauf und ziehe ihn ins Editor-Fenster.

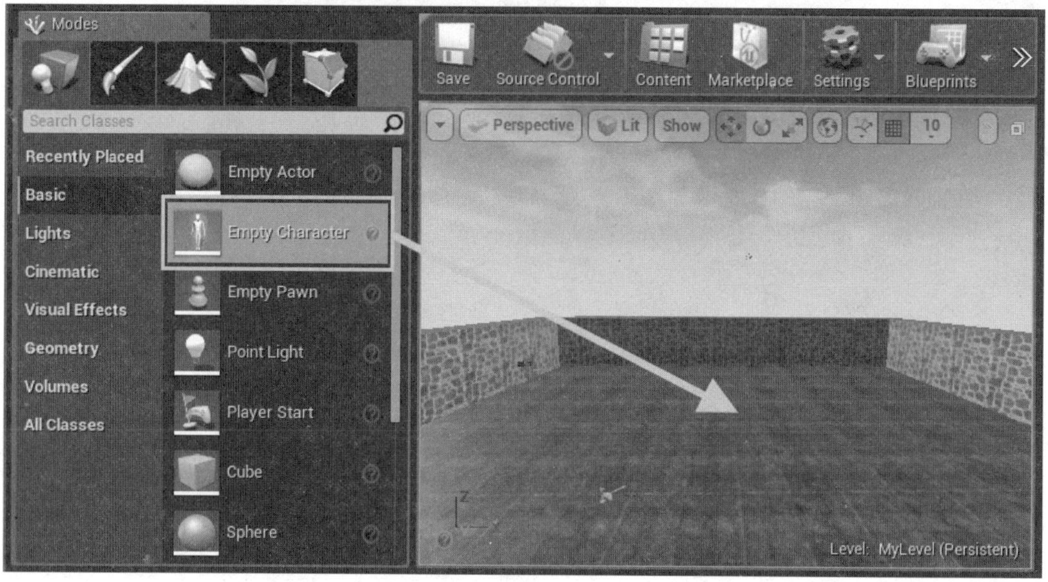

» Benenne im OUTLINER-Fenster den Eintrag CHARACTER in Enemy um. Und positioniere das »Gebilde« irgendwo gegenüber dem Player-Start.

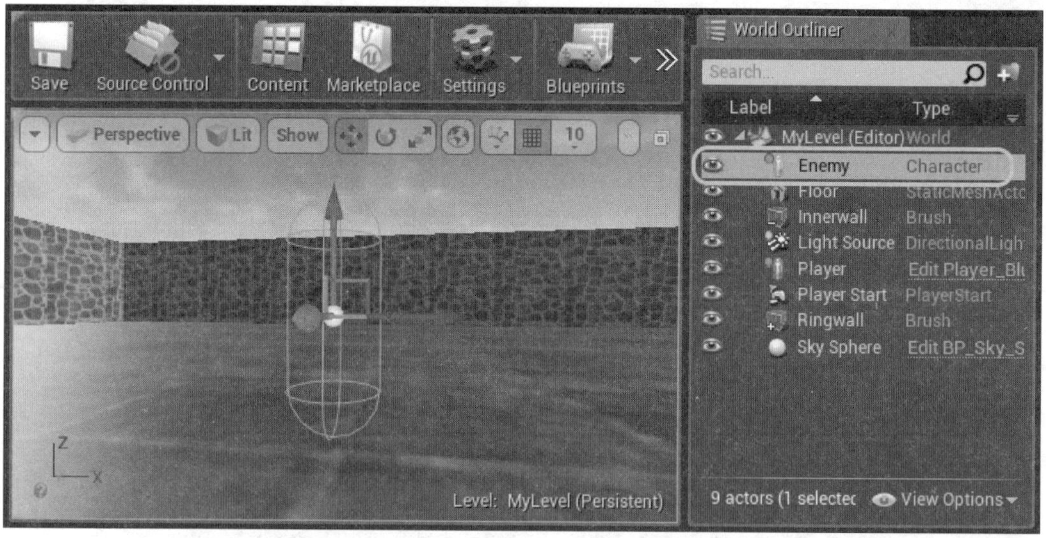

Nun brauchen wir ein »Kleid« für die feindliche Figur, und die finden wir in einem der neuen Unterordner.

≫ Klicke dich im CONTENT BROWSER über die Ordner MANNEQUIN und CHARACTER zum Unterordner MESH.

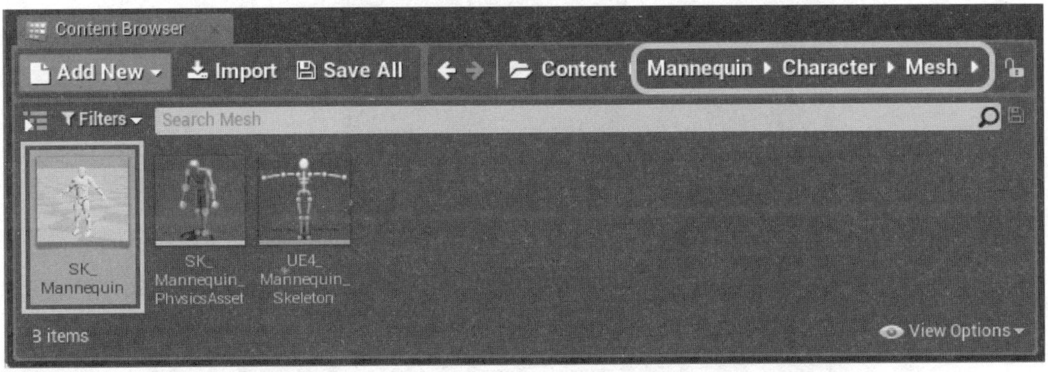

Dort findest du das Symbol für SK_MANNEQUIN. Das ist die Haut, die unserer neuen Figur ein passendes Aussehen gibt.

≫ Sorge dafür, dass das ENEMY-Objekt markiert ist, dann suche im DETAILS-Fenster den Bereich MESH. Ziehe das Symbol für SK_MANNEQUIN in das freie Feld (mit NONE) neben dem Eintrag SKELETAL MESH.

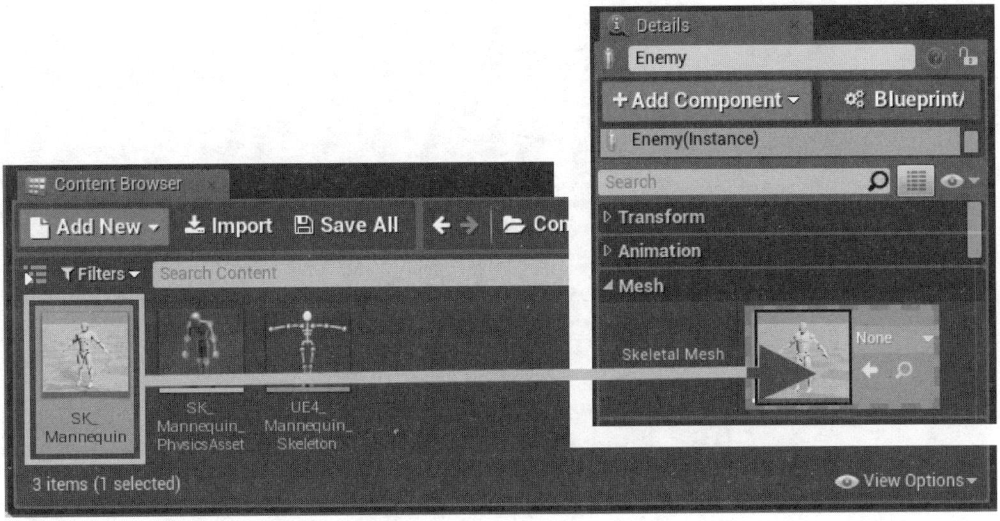

Und im Editor-Fenster erscheint eine Figur (die dir von Kapitel 4 her bekannt sein dürfte).

≫ Verschiebe sie so, dass sie genau im »Kapselkäfig« steht. Dazu musst du vorher im DETAILS-Fenster (ganz oben) den Eintrag MESH (INHERITED) markieren.

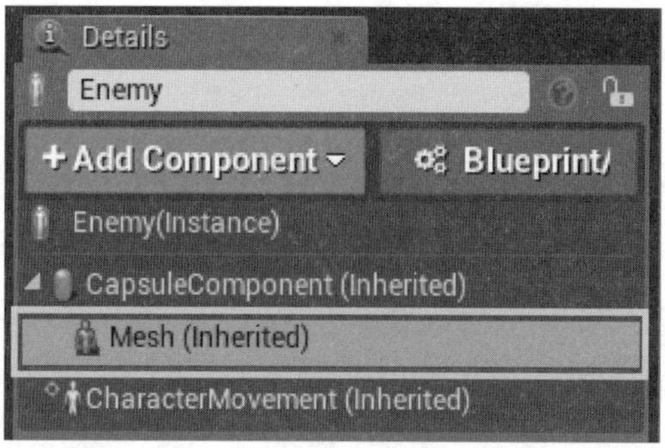

Nun steht dir dein künftiger Feind gegenüber. Wenn du willst, kannst du das Spiel starten und ihn schon mal aus der Nähe begutachten.

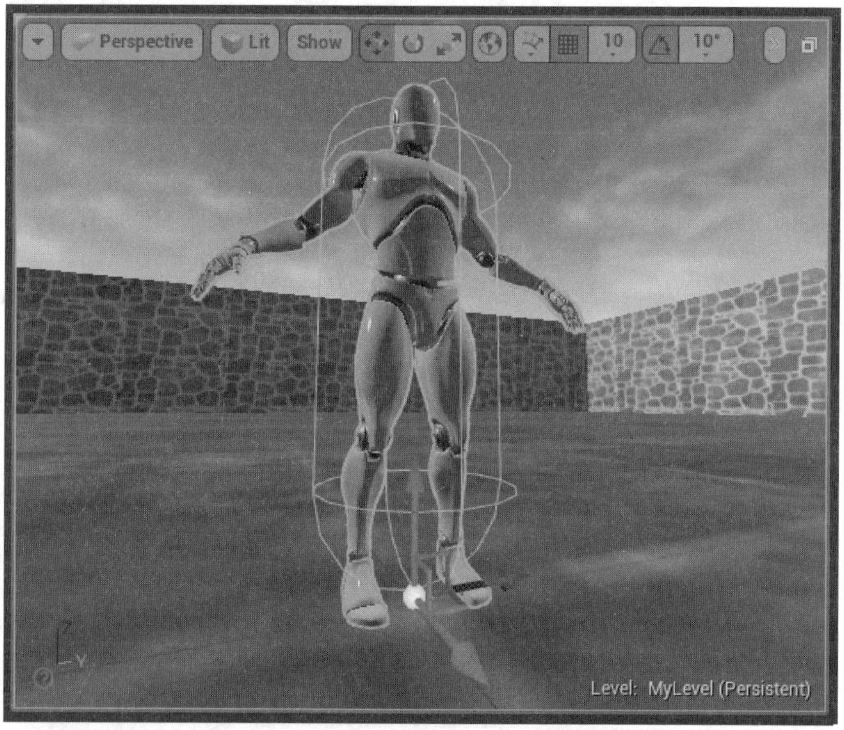

Möglicherweise kommt die Figur dir etwas zu groß vor (jedenfalls war das bei mir der Fall). Das lässt sich leicht über die SCALE-Werte im DETAILS-Fenster korrigieren – wenn du das überhaupt willst. Vielleicht soll ja für dich die feindliche Figur auf jeden Fall deutlich größer sein. Dann lass sie so, wie sie ist.

Wenn du eine gekaufte oder selbst hergestellte Figur oder Kreatur hast, dann kannst du sie so in den CONTENT BROWSER importieren:

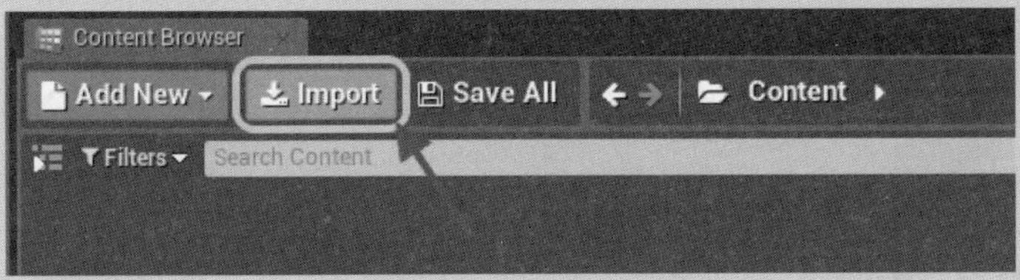

Klicke dort auf IMPORT und wähle dann im Dialogfeld eine passende Datei aus, zum Beispiel vom Typ FBX. Klicke auf ÖFFNEN und die Datei oder das Paket wird in den CONTENT BROWSER geladen und steht dann für dein Spiel zur Verfügung.

Hautwechsel

Was mir an unserem neuen Freund (und Bald-Feind) noch nicht gefällt, ist die äußere Erscheinung beziehungsweise die Außenhaut. Man kann das so lassen, ich aber möchte diesem Wesen doch eine aggressivere Textur geben. Du kannst dir aber eine eigene ganz andere Textur besorgen und damit ein Material erstellen.

≫ Doppelklicke im DETAILS-Fenster auf das Bild hinter SKELETAL MESH.

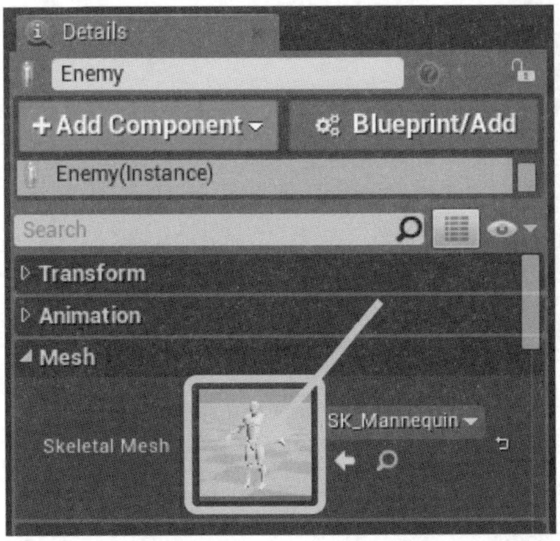

Damit öffnest du ein Fenster mit dem Titel MANNEQUIN_SKELETON. Auf der linken Seite siehst du das eingesetzte Material. Uns interessiert ELEMENT 0.

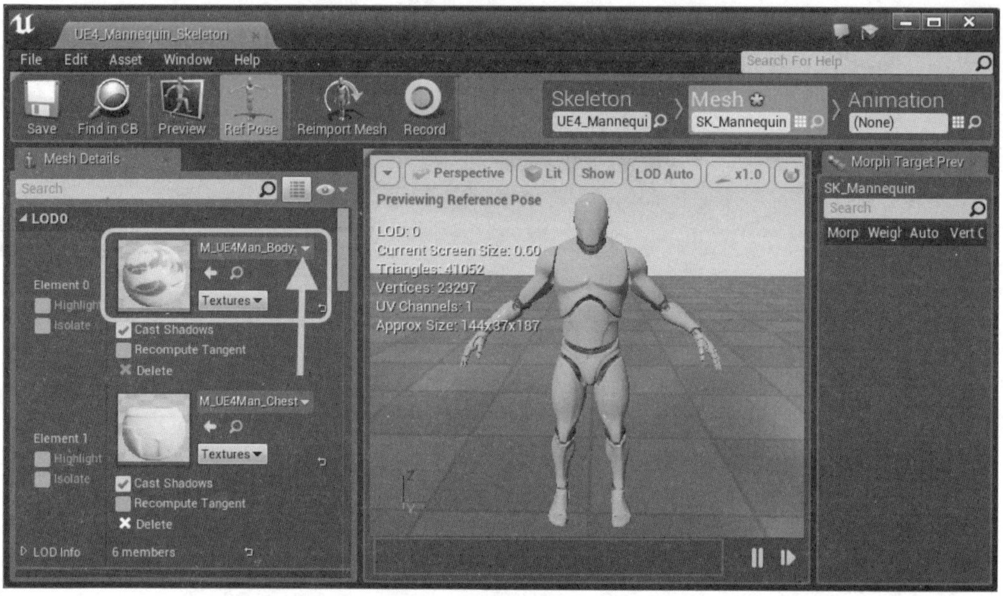

≫ Klicke hinter dem Bild auf den Material-Namen (MAN_BODY) und öffne damit ein Menü. Wähle dort ein Material aus (in meinem Fall ist das SKIN_MAT).

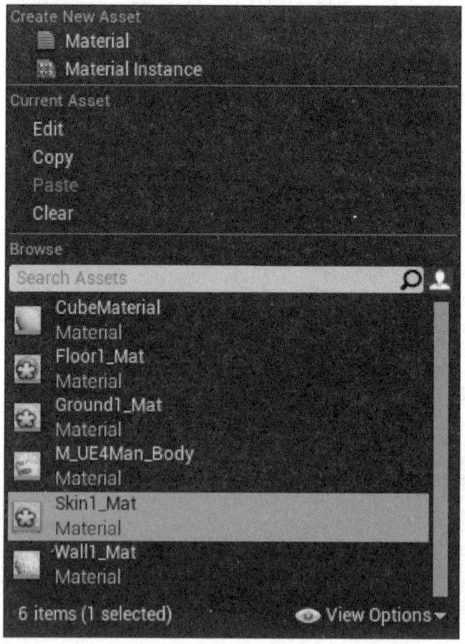

Und kurz darauf sieht die Figur schon etwas anders aus. (Möglicherweise musst du beim Material noch etwas nachbessern, zum Beispiel beim Tiling der Textur – wie das geht, steht in Kapitel 4.)

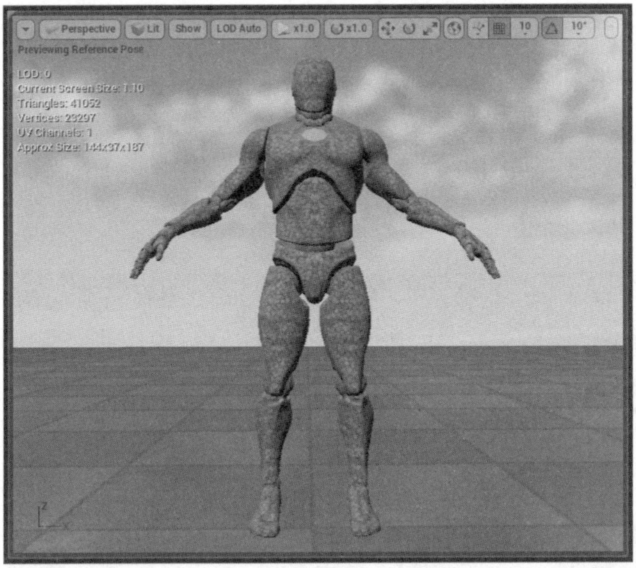

Ein Gesicht hat sie noch nicht, das zu erstellen wäre hier auch zu kompliziert, dazu muss man den Kopf quasi vom übrigen Körper trennen, um ihm ein eigenes Material zuweisen zu können. Aber eigentlich sieht die Figur schon jetzt nicht mehr wie ein Freund aus. Mehr wollen wir ja erst einmal nicht (→ MADMAN1).

Animationen

Nun steht die Figur reglos da, also sollten wir ihr etwas Leben einhauchen. Das Paket, das wir importiert haben, bietet eine ganze Reihe von Animationen. Die schauen wir uns gleich mal an.

≫ Blättere dich im CONTENT BROWSER durch den Ordner MANNEQUIN in ANIMATIONS.

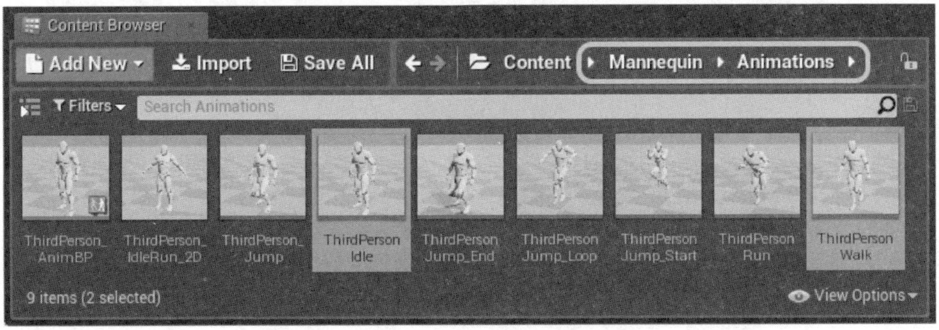

Da siehst du einiges im Angebot. Wir brauchen hier nur zwei Animationen: eine für das Gehen (WALK) und eine für das Stehen (IDLE). Ehe wir sie einsetzen, sollten wir mal (mindestens) eine davon unter die Lupe nehmen.

≫ Doppelklicke auf eines der Symbole (ich habe mich für das letzte THIRDPERSON WALK entschieden).

Ein Fenster öffnet sich.

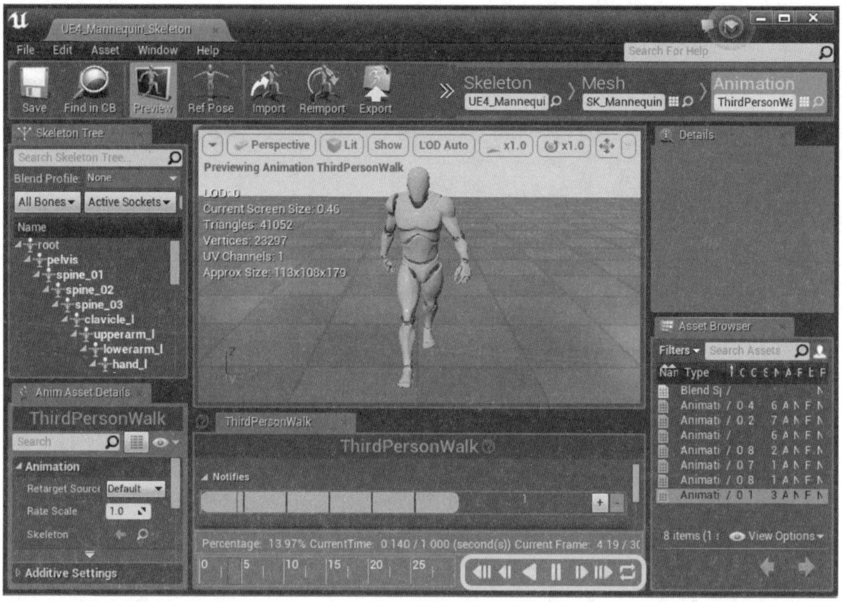

In der Mitte sieht man in meinem Fall eine Person laufen beziehungsweise schnell gehen. Ganz **unten** sind Regler, mit denen du die Animation auch anhalten und wieder starten kannst.

Du kennst dieses Fenster bereits, es gehört zu einem Editorsystem, das in Unreal **Persona** genannt wird. Hier siehst du nur eine andere Seite. Ganz oben hatten wir uns das MESH (= die Haut) angeschaut, hier ist es die ANIMATION-Seite.

> Du kannst mit Klick auf einer dieser Flächen beliebig umschalten und so Skelett, Außenhaut und Animationen einer Spielfigur bearbeiten.

Schauen wir jetzt noch einmal nach links oben in den SKELETON TREE. Die ganze Person oder Kreatur ist aus Einzelteilen zusammengesetzt.

Und da gibt es zwei Teile: das **Mesh** als Außenhaut, das der Figur ihr Aussehen gibt, und das **Skelett**, das aus lauter Knochen besteht, die sich in Position und Rotation verändern lassen und die Grundlage für eine Animation bilden. Das Besondere dabei ist: Die einzelnen Knochen sind so mit dem jeweiligen Mesh verbunden, dass sie bei Bewegungen dafür sorgen, dass sich das Mesh (also die Außenhaut) passend mitbewegt und sogar dehnt oder zusammenzieht. Wie bei einem richtigen Lebewesen.

So eine Figur hätten wir selber machen können, der Zugriff auf das von Unreal zur Verfügung gestellte fertige Paket erschien mir hier aber sinnvoller. Zumal du ja später, wenn du entsprechende Übung hast, immer noch deine eigenen Monster und Fabelwesen erschaffen kannst, um diese Figur hier zu ersetzen.

Wenn du im SKELETON TREE mal einen der Einträge anklickst, kannst du im mittleren Fensterbereich diesen Teil verschieben oder drehen (oder auch in seiner Größe ändern). Das geht mit allen Körperteilen einzeln. Hier lassen sich aber nur Objekte bearbeiten, die ein eigenes Skelett haben.

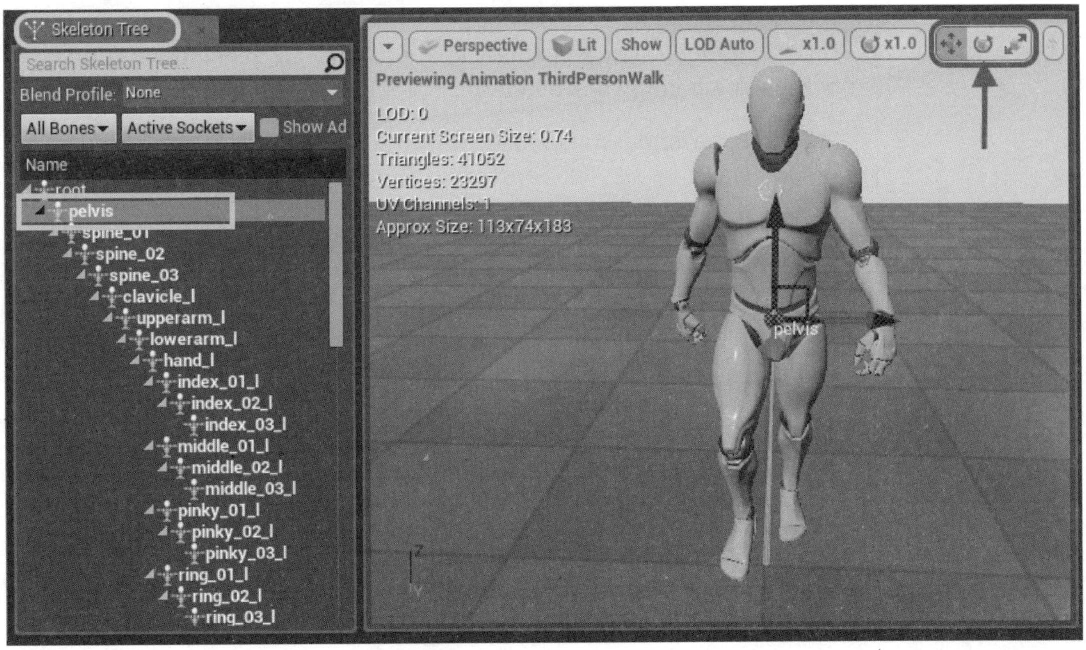

Die ganze Arbeit bis zu einer fertigen Animation ist natürlich ebenfalls mühsam, wenn man es möglichst perfekt machen will. Wie gut, dass wir hier bereits einige Animationen zur Verfügung haben.

Über den ASSET BROWSER (rechts unten) kannst du übrigens von einer auf eine andere Animation umschalten – einfach mit Doppelklick auf einen der Einträge.

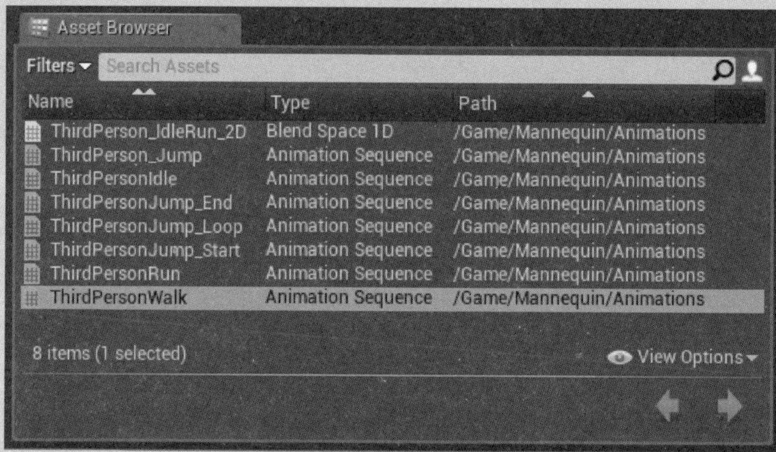

» Schließe das ganze Fenster erst einmal wieder.

Wie du gesehen hast, ist alles da, was wir zum Animieren unserer Feindfigur benötigen. Wir kümmern uns jetzt um die Einbindung, und dazu brauchen wir ein neues Blueprint.

» Sorge dafür, dass im WORLD OUTLINER der Eintrag ENEMY markiert ist, und klicke im DETAILS-Fenster auf BLUEPRINT.

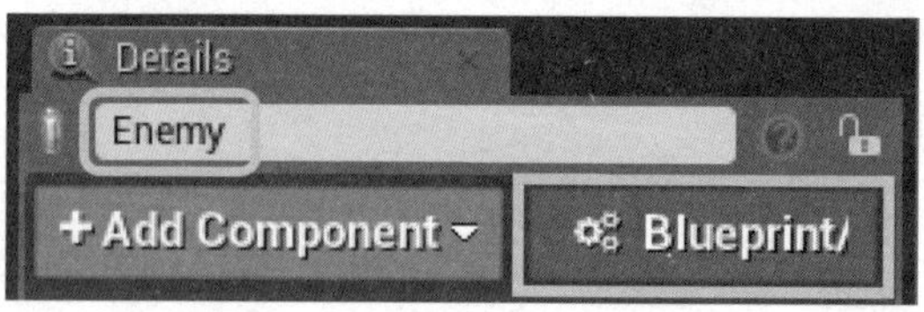

» Der Name im nächsten Fenster passt mit ENEMY_BLUEPRINT, lasse ihn also stehen. Wähle den Ordner BLUEPRINTS und klicke dann auf CREATE BLUEPRINT.

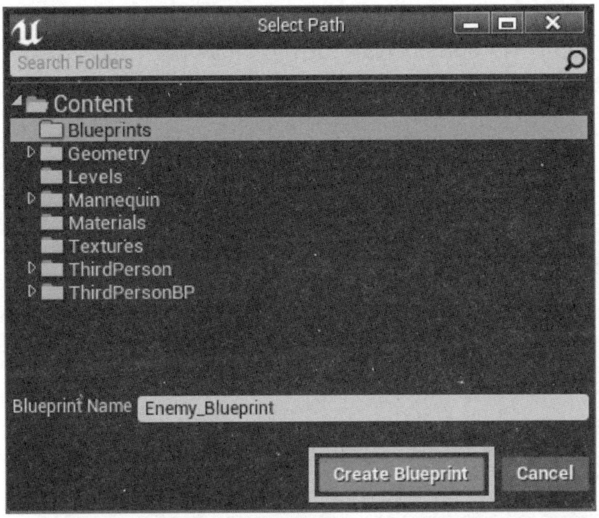

Und gleich landest du wieder in einem Blueprint-Fenster, in dessen Mitte der künftige Feind des Players zu sehen ist.

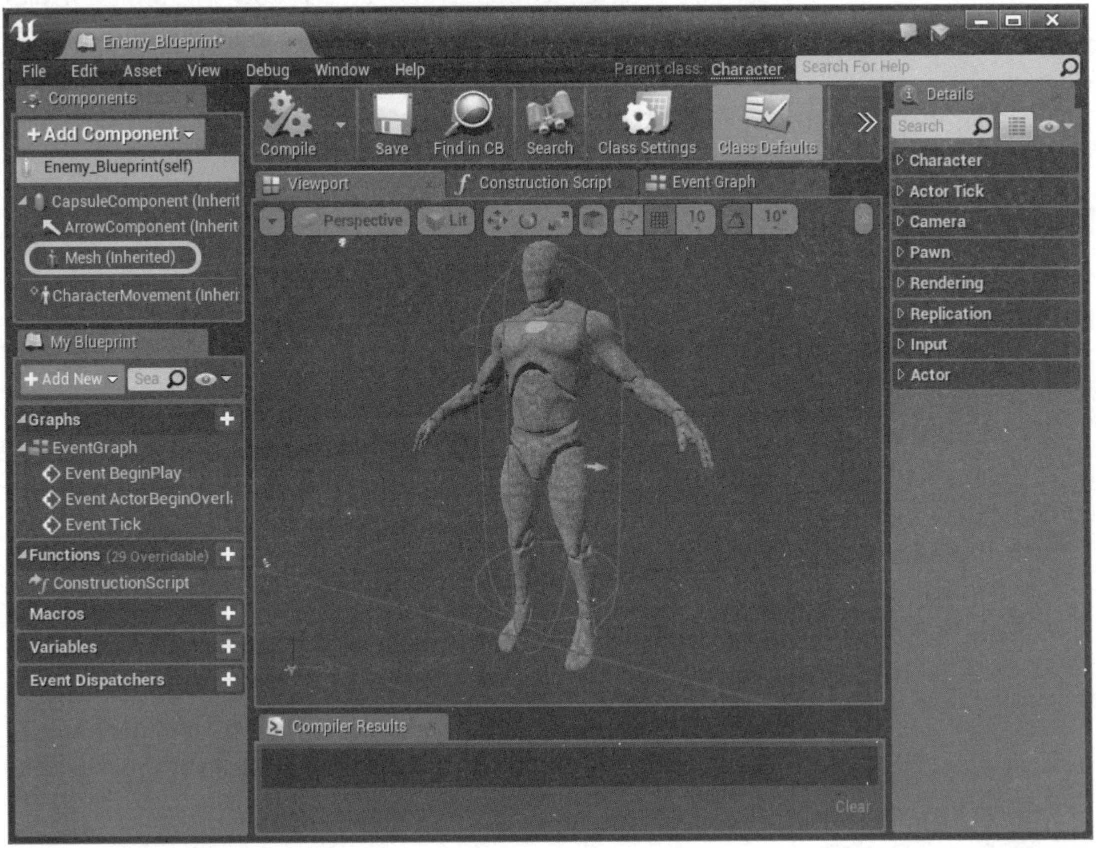

Da stellen wir jetzt gleich unsere erste Animation ein, die man auch als Basis-Animation bezeichnen könnte: Was tut die Figur, wenn sie nichts tut, also steht? Sie atmet wenigstens, und dass man das sieht, dafür sorgt die IDLE-Animation.

≫ Klicke links im COMPONENTS-Bereich auf MESH (INHERITED). Dann wechsle nach rechts zum DETAILS-Fenster.

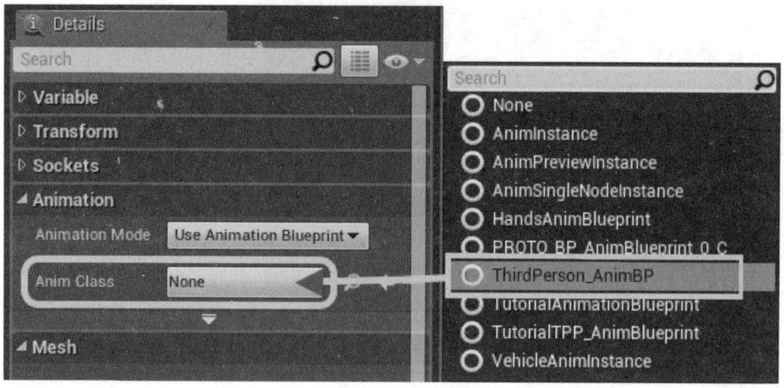

≫ Finde dort unter ANIMATION den Eintrag ANIM CLASS und öffne mit Klick auf das dahinter stehende NONE ein Menü. Dort wähle THIRDPERSON_ANIMBP aus.

Und wenn du nun genau hinschaust, dann siehst du, dass der Feind lebendig ist. Solltest du das Spiel jetzt starten und dich dem Wesen nähern, dann könnte man die Animation auch als »Anfauchen« interpretieren.

State Machines

Die neue Komponente, die wir hinzugefügt haben, sollten wir uns jetzt einmal genauer anschauen. »AnimBP« heißt ausführlich: »Animation Blueprint«. Unser Enemy-Blueprint ist also mit einem anderen Blueprint verknüpft.

Müssten wir unsere Animationen komplett neu erstellen, bräuchten wir genau so ein Blueprint, damit die Figur für jede Bewegung auch eine passende Animation hat. Aber wir haben ja mit THIRDPERSON_ANIMBP bereits etwas im Angebot. Warum also sollten wir das hier nicht nutzen?

≫ Klicke dich jetzt durch über MANNEQUIN bis zum Unterordner ANIMATIONS. Doppelklicke dort gleich auf das erste Symbol namens THIRDPERSON_ANIMBP.

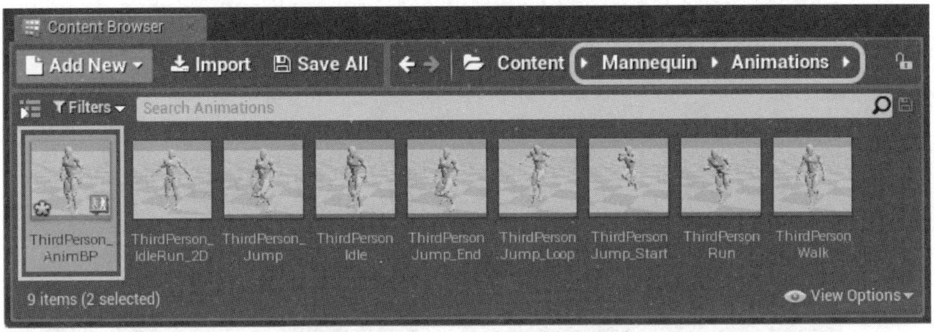

Ein Blueprint-Fenster öffnet sich, sieht aber nicht genauso aus wie die Fenster von Blueprints, die du bisher kennengelernt hast. Etwas fehlt und etwas anderes ist neu.

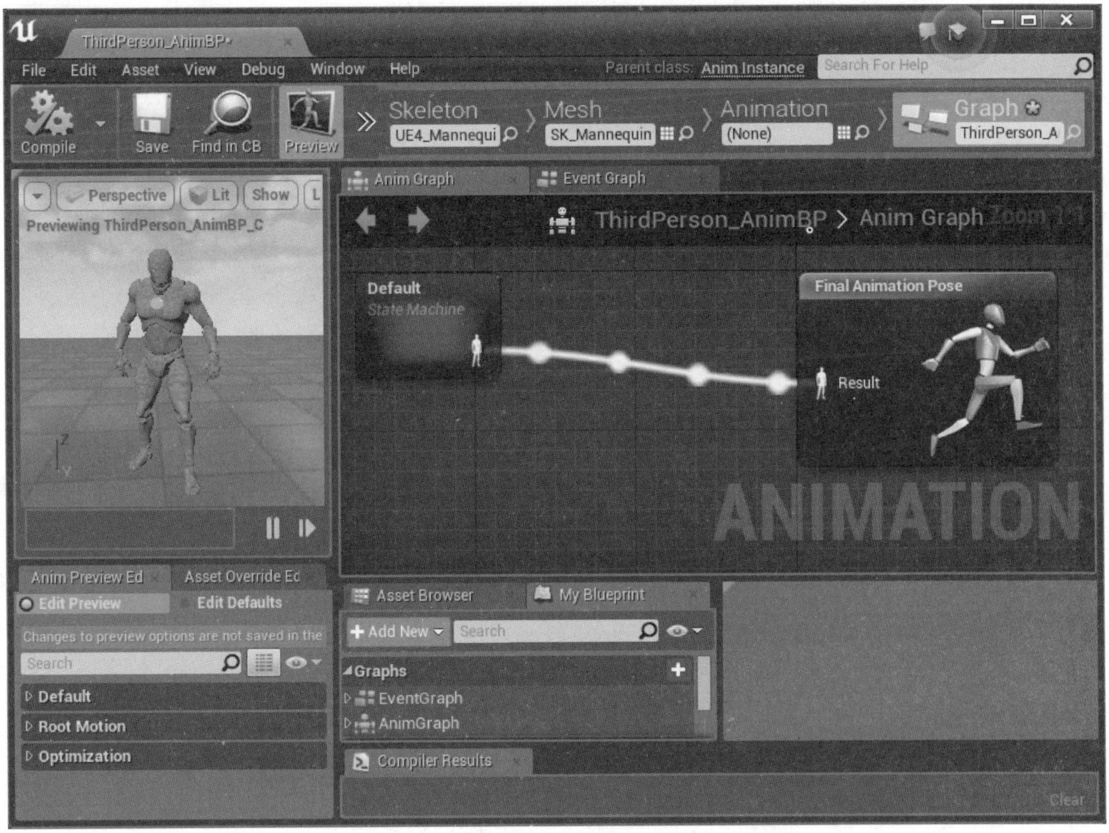

Es gibt hier im Hauptbereich zwei Seiten: ANIM GRAPH ist neu, EVENT GRAPH ist ja bereits bekannt. Das Letztere ist für die Steuerung der Animationen je nach jeweiliger Spielsituation zuständig, ein ANIM GRAPH dient der Darstellung sogenannter **State Machines**.

Hat das was mit Maschinen zu tun? Mal sehen: Wenn du genauer in den ANIM GRAPH-Bereich schaust, dann findest du dort etwas, das ein Knoten sein könnte. Darauf steht DEFAULT und direkt darunter STATE MACHINE.

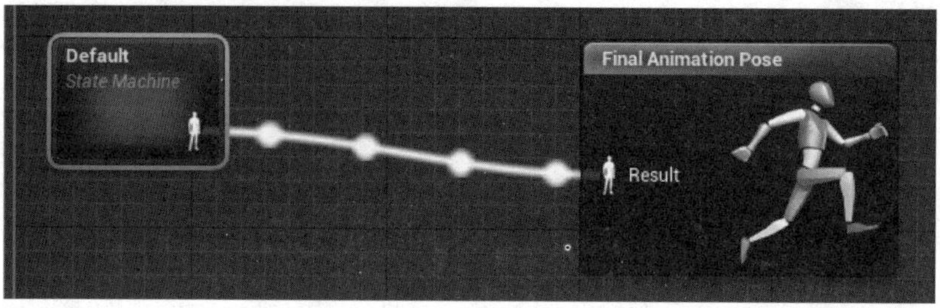

Das »Ding« daneben ist tatsächlich ein Knoten, der für die Endposition einer Animation steht. Interessant ist, dass die Verbindung kein einfacher Faden ist, sondern eine Art pulsierende Leitung.

- Doppelklicke jetzt mal auf das Symbol für die State Machine mit dem Namen DEFAULT. Und du erhältst ein Gebilde aus sogenannten State-Knoten.

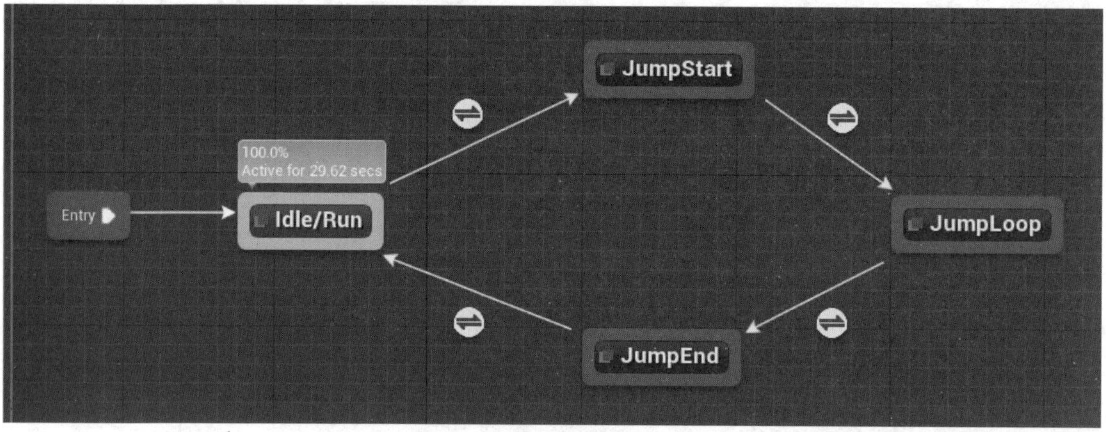

Und so sieht das Ganze dann aus: Sobald die »Maschine« startet (Entry), geht es in den Standard-Modus, der entweder aus dem Stehen oder Gehen besteht (auch wenn das hier »Run« heißt). Oder es wird gesprungen, eine Bewegung, von der es irgendwann wieder zurück zum Standardmodus geht. Die Verlaufsrichtung wird durch Pfeile angezeigt.

Für **State Machine** könnte man auf Deutsch auch »Zustands-Maschine« oder »Zustands-Automat« sagen. Jede Animation wird als Zustand (State) angesehen, und mithilfe von verschiedenen Parametern lässt sich über den ANIM GRAPH zwischen einzelnen States wechseln.

➢ Dir genügt das nicht? Dann doppelklicke auf den State-Knoten IDLE/RUN.

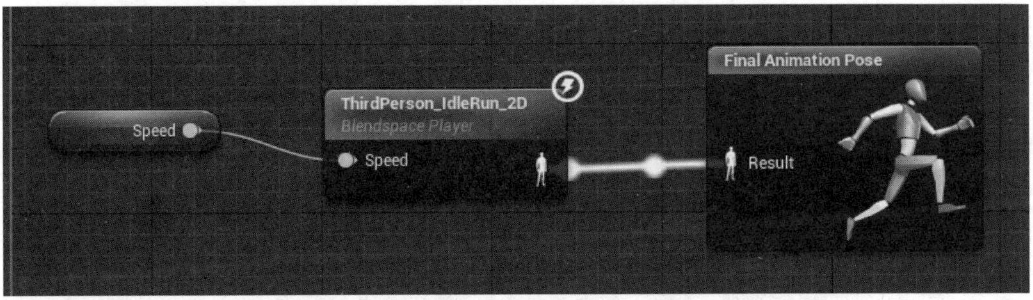

Nun erscheint ein ähnliches Knotensystem, wie du es von anderen Blueprints her kennst – bis auf den letzten Knoten, der wieder statt über einen Faden über eine dickere (pulsierende) Leitung verbunden ist. Viel können wir mit dieser Information aktuell aber nicht anfangen. Was uns auch nicht stören muss, wenn es für uns funktioniert.

Du willst es aber genauer wissen? Der mittlere Knoten ist ein sogenannter **Blendspace**-Knoten, er beinhaltet zwei Animationen, die er ineinander überblenden kann, hier von IDLE zu RUN und umgekehrt. Das wird über die Geschwindigkeit (SPEED) geregelt. Dazwischen liegt übrigens auch die WALK-Animation. So kann die Bewegung von Stehen über Gehen bis Laufen quasi stufenlos geregelt werden.

➢ Klicke nun oben in der Pfadleiste auf ANIM GRAPH, um dorthin zurückzukehren.

➢ Dann kannst du das Blueprint-Fenster wieder schließen.

Ein eigenes Animation-Blueprint

Wir könnten das uns zur Verfügung stehende Blueprint THIRDPERSON_ANIMBP für unsere Feindfigur einsetzen – oder wir erstellen ein eigenes. Auf jeden Fall solltest du wissen, wie das geht.

> Öffne im CONTENT BROWSER über ADD NEW das Asset-Menü und wähle weiter unten ANIMATION aus. Im Zusatzmenü klickst du auf ANIMATION BLUEPRINT.

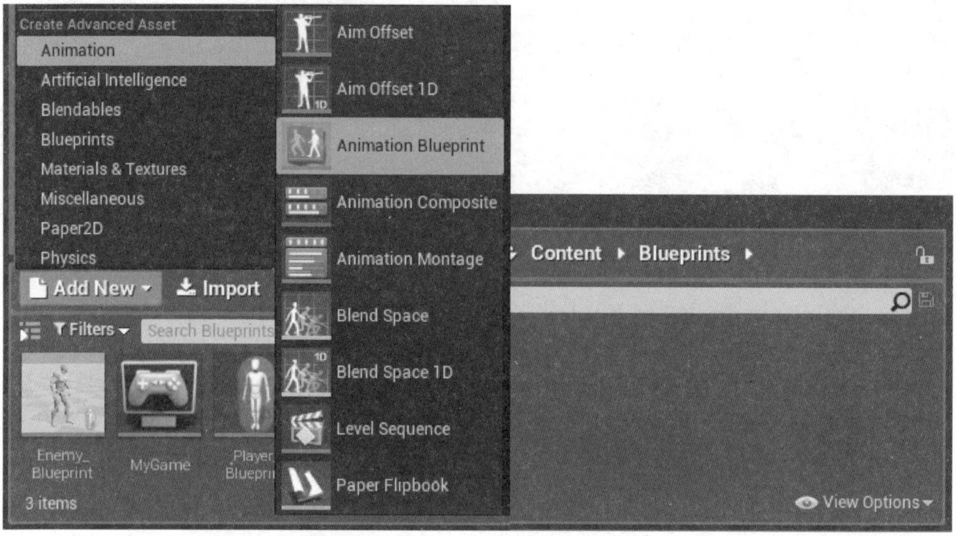

> Wähle im Dialogfeld oben ANIM INSTANCE und unten markierst du den einzigen aufgeführten SKELETON-Eintrag. Dann klicke auf OK.

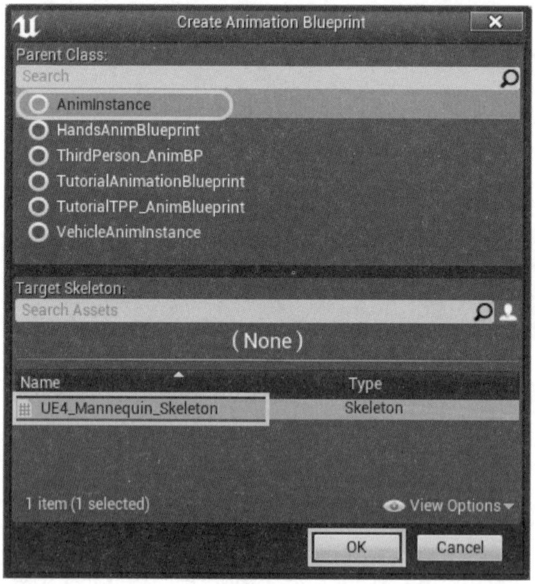

> Benenne das neue Element in `Anim_Blueprint` um. Dann doppelklicke auf das Symbol, um das zugehörige Fenster zu öffnen.

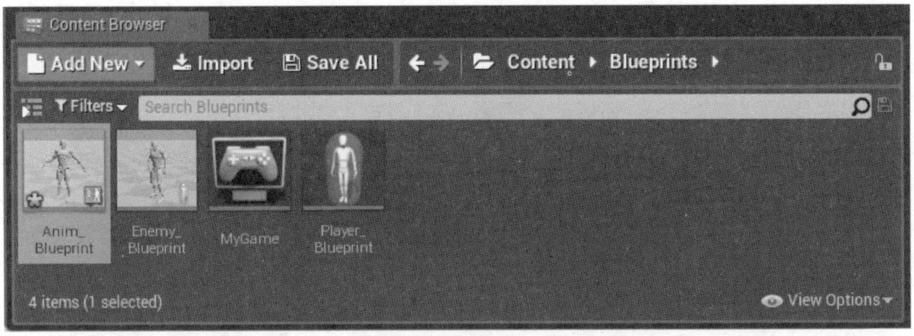

➢ Sorge dafür, dass die ANIM GRAPH-Seite angezeigt wird.

Weil dieses Blueprint neu ist, gibt es derzeit nur einen Knoten namens FINAL ANIMATION POSE.

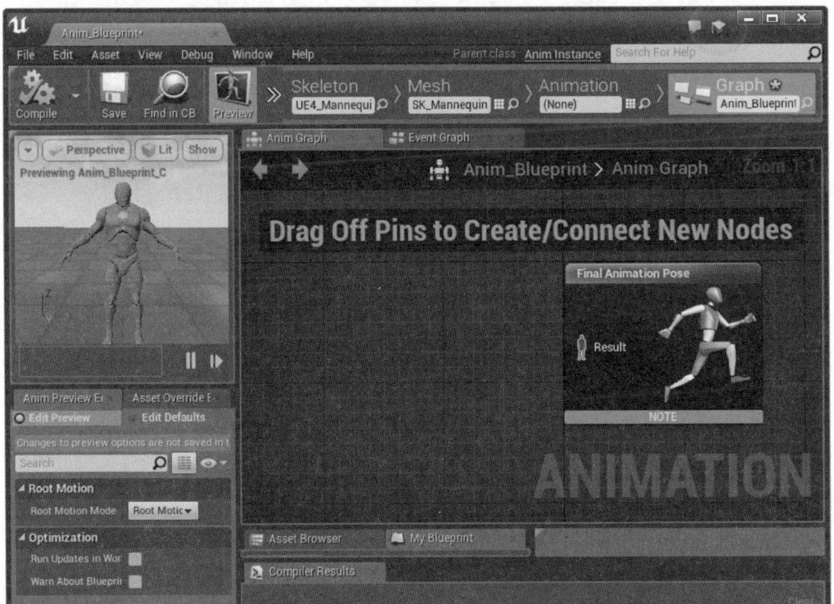

Eine State Machine müssen wir jetzt selbst erstellen.

➢ Klicke mit der rechten Maustaste auf das karierte Feld und gib im Suchfeld des Kontextmenüs `state machine` ein. Dann wähle den Eintrag ADD NEW STATE MACHINE.

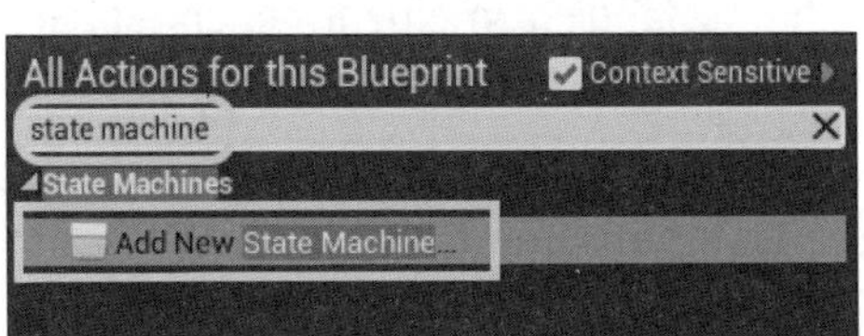

- Wenn du willst, kannst du beide Knoten schon über die kleinen Figur-Symbole miteinander verbinden. (Klicke aber nicht oben auf COMPILE!)

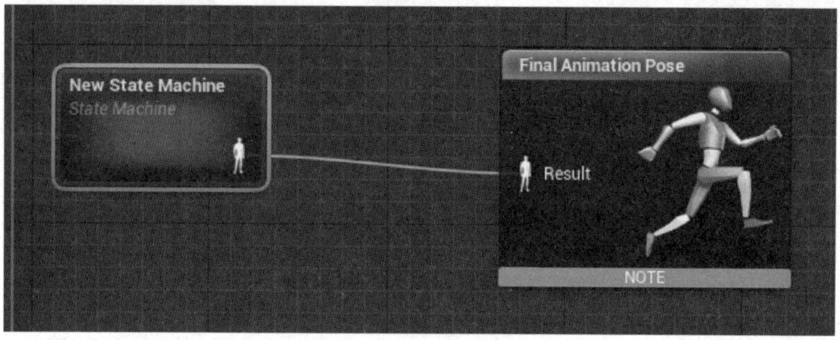

Den Namen der State Machine kannst du ändern, indem du den Knoten markierst und [F2] drückst. Dann kannst du zum Beispiel `Locomotion` eingeben (denn es geht ja um die Fortbewegung).

- Doppelklicke nun auf den State-Machine-Knoten und wechsle damit in einen Bereich, in dem es bereits einen ENTRY-Knoten gibt.

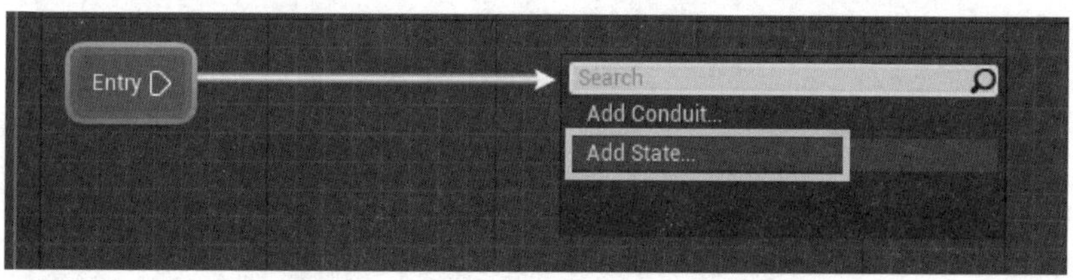

- Ziehe von Entry aus einen Pfeil ins karierte Feld und wähle im Kontextmenü den Eintrag ADD STATE.

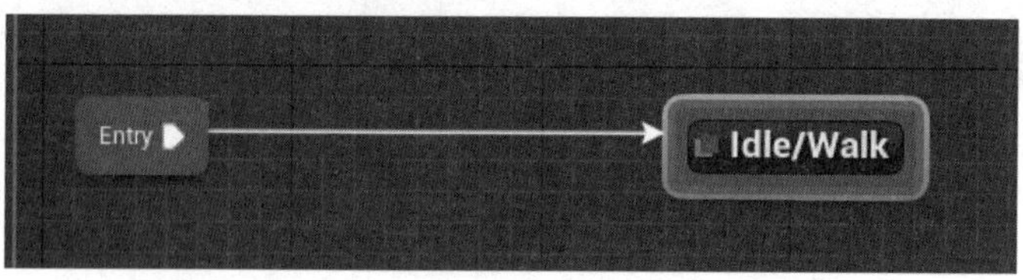

- Gib dem neuen Knoten den Namen `Idle/Walk`.
- Doppelklicke auf den Knoten und du landest in einem neuen (karierten) Bereich, in dem auch schon ein FINAL ANIMATION POSE-Knoten vorhanden ist.
- Ziehe vom RESULT-Eingang eine Leitung in die freie Fläche. Öffne im Menü die Liste für ANIMATION und suche dir einen Eintrag aus, zum Beispiel die Animation mit IDLE.

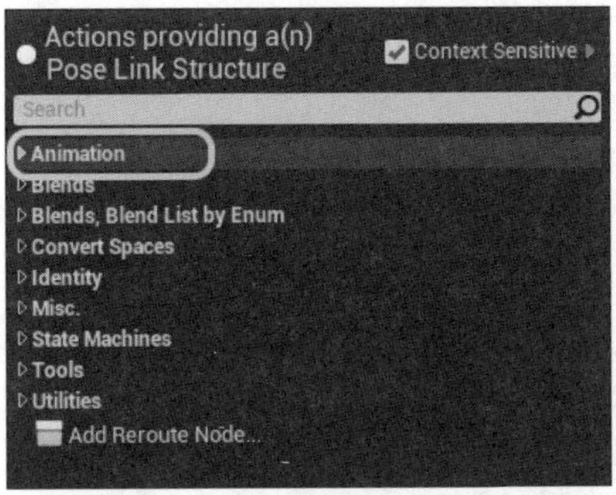

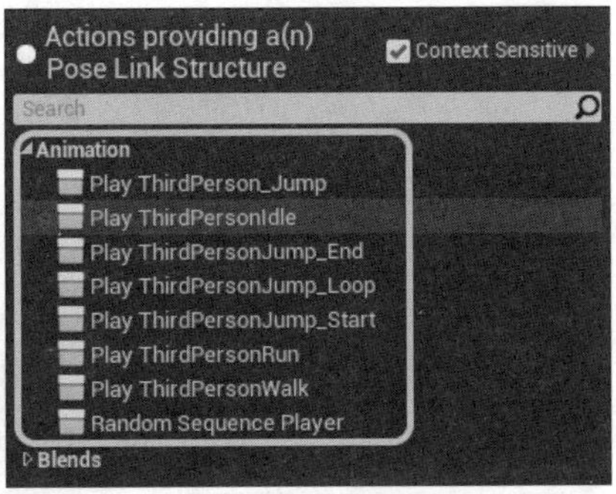

Danach sieht der Graph bei mir so aus:

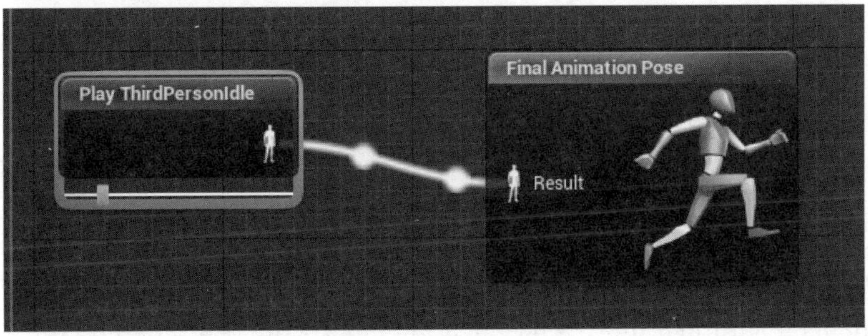

Dabei sollten wir es für jetzt belassen.

≫ Kompiliere, speichere das Blueprint und schließe dann das ganze Fenster.

Nun hast du dir die Mühe gemacht, ein eigenes Blueprint für die Animation zu erstellen, dann sollte das auch gleich im Enemy-Blueprint eingebunden werden.

≫ Öffne das zugehörige Fenster durch Doppelklick auf das Symbol. Dort klicke links im COMPONENTS-Bereich auf MESH (INHERITED).

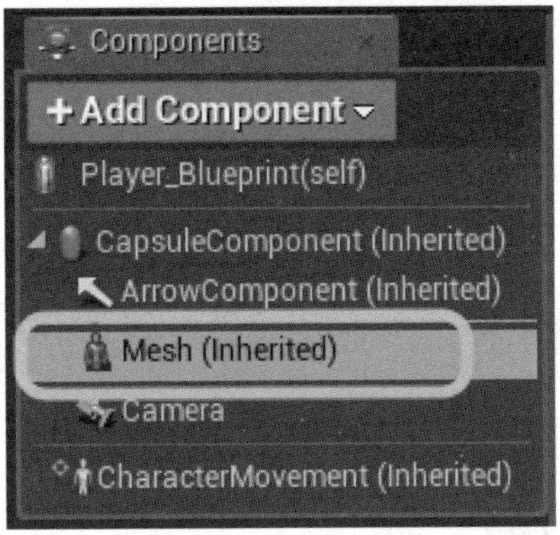

≫ Dann wechsle nach rechts zum DETAILS-Fenster.

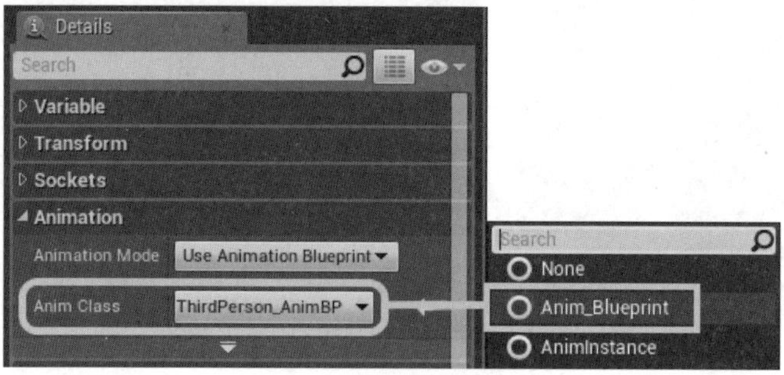

≫ Suche dort unter ANIMATION den Eintrag ANIM CLASS und öffne wieder das zugehörige Menü. Dort findest du den Namen deines neuen Animation-Blueprints. Bei mir heißt es ANIM_BLUEPRINT. Klicke darauf.

≫ Kompiliere und speichere auch das Enemy-Blueprint, dann schließe das Fenster.

Anschließend hat sich nichts Erkennbares geändert. Die Figur beziehungsweise Kreatur befindet sich weiter in Wartestellung. Aber wir benötigen dazu nicht mehr das alte Blueprint, weil wir jetzt unser eigenes haben. Natürlich gibt es da noch einiges zu tun. Aber darum kümmern wir uns erst im nächsten Kapitel.

Zusammenfassung

Nun hast du dein Feindbild, auch wenn es kein selbst erschaffenes ist.

Du hast hier erfahren, wie man externe Figuren importiert und in ein Spiel einfügt. Außerdem weißt du einiges über Animation-Blueprints und kennst eine neue Art, Figuren mit Skelett zu animieren. Dabei hast du den Umgang mit State Machines und State-Knoten kennengelernt.

Ein paar Fragen …

1. Was ist eine Idle-Animation?
2. Wozu ist das Skelett einer Figur gut?
3. Was ist eine State Machine?

… aber keine Aufgabe

10

Künstliche Intelligenz

Der Feind ist nah, aber er ist noch immer völlig harmlos. Hier kümmern wir uns darum, dass er die Verfolgung des Players aufnimmt. Damit wird er erst mal nicht gefährlicher, aber zumindest lästig. Außerdem sorgen wir dafür, dass die Enemy-Figur passend animiert wird.

In diesem Kapitel lernst du

- wie man ein Navigationsfeld erstellt
- wie eine Figur zum Verfolger wird
- wie man den Feind auch auf Abstand halten kann
- wie man auf die passende Animation umschaltet

Intelligenz-Kontrolle

Als Erstes werden wir jetzt das »Jagdrevier« des Enemys abstecken, also einen Bereich, in dem diese Figur sich bewegen darf. Das muss nicht das gesamte Spielfeld sein, denn der Player sollte auch einige Bereiche haben, die ihm als Zuflucht dienen können.

> Wechsle im MODES-Fenster zur Liste der VOLUMES. Klicke dort auf NAV MESH BOUNDS VOLUME.

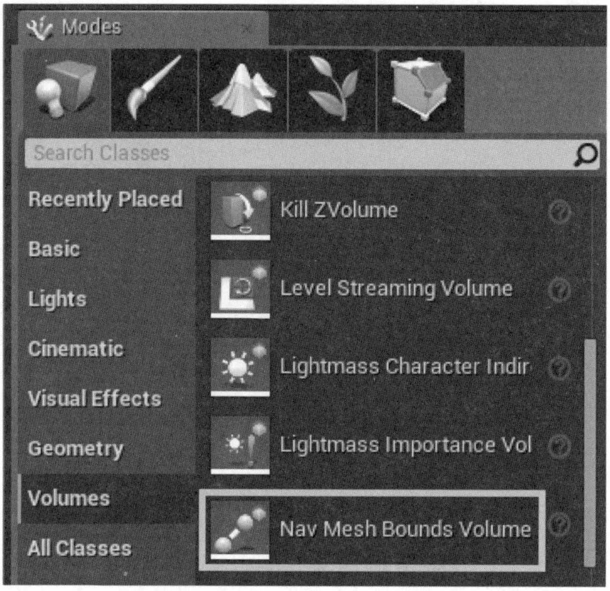

≫ Ziehe das Objekt ins Editor-Fenster. Dann passe es in Lage und Größe so an, dass es den Boden fast komplett bedeckt. An den Rändern solltest du etwas Platz lassen.

Nun ist der Bereich festgelegt, in dem sich die gegnerische Figur bewegen kann – sozusagen ihre »Wanderkarte«. Wenn du dieses Volume kleiner gemacht hast als den eigentlichen Boden, kann die Figur die Grenzmauern nicht erreichen.

≫ Um das **Navigations-Mesh** zu erkennen, klickst du links oben im Editor-Fenster auf SHOW und im Menü auf den Eintrag NAVIGATION. Kürzer geht es auch mit der Taste [P].

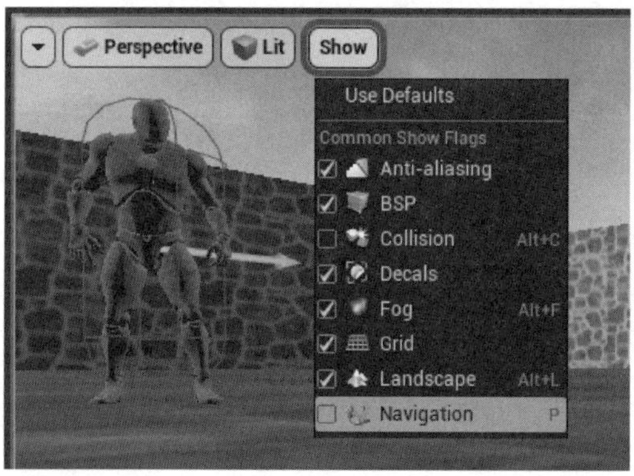

Wenn alles in Ordnung ist, erscheint der Navigationsbereich für den Enemy in einem kräftigen Grün.

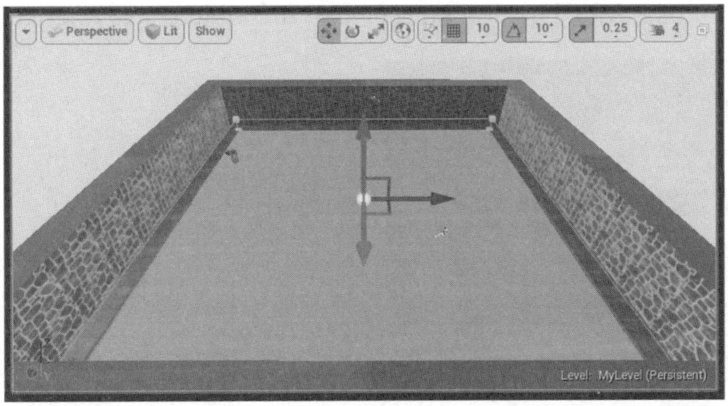

Die Figur kann damit nur etwas anfangen, wenn sie die nötige Intelligenz dafür hat. Dazu muss der Enemy mit einem sogenannten **AI-Controller** verbunden sein.

AI ist die Abkürzung für »Artificial Intelligence«, zu Deutsch: »Künstliche Intelligenz«. Damit ausgestattet, verfügt eine Figur über Möglichkeiten, die sie (ziemlich) intelligent erscheinen lassen.

Es gibt einen Standard-Controller, der einem Objekt vom Typ PAWN oder CHARACTER eine gewisse Basis-Intelligenz verleiht. Normalerweise ist das voreingestellt, wenn eine Figur erzeugt wird.

≫ Kontrolliere nach, ob deine Figur einen solchen Controller hat: Doppelklicke dazu auf das Enemy-Blueprint und schau im Blueprint-Fenster unter DETAILS nach.

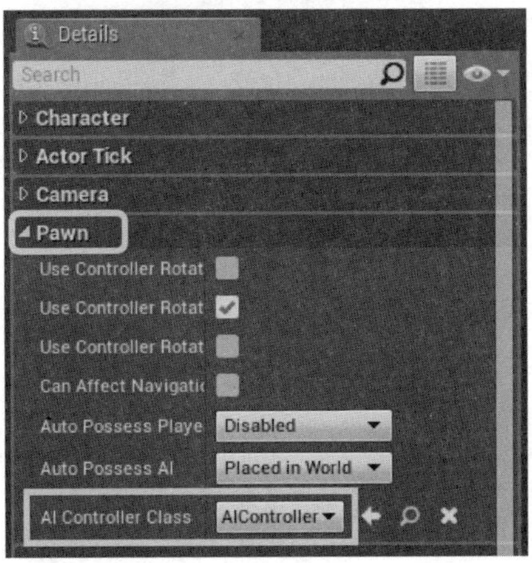

Würde hinter AI CONTROLLER CLASS der Eintrag NONE stehen, bliebe der Enemy dumm.

≫ Dann musst du das Menü dahinter öffnen und AICONTROLLER auswählen.

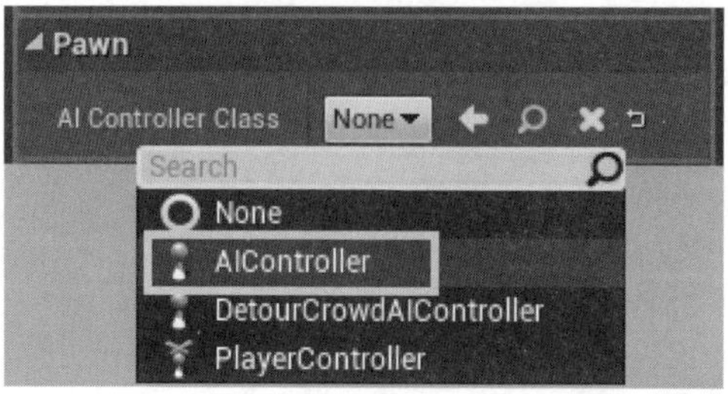

Den Feind sensibilisieren

Um nun die Intelligenz des Enemys etwas zu erweitern, brauchen wir eine neue Komponente.

≫ Sorge im Blueprint-Fenster dafür, dass du auf der VIEWPORT-Seite bist. Dann klicke rechts oben im COMPONENT-Fenster auf +ADD COMPONENT.

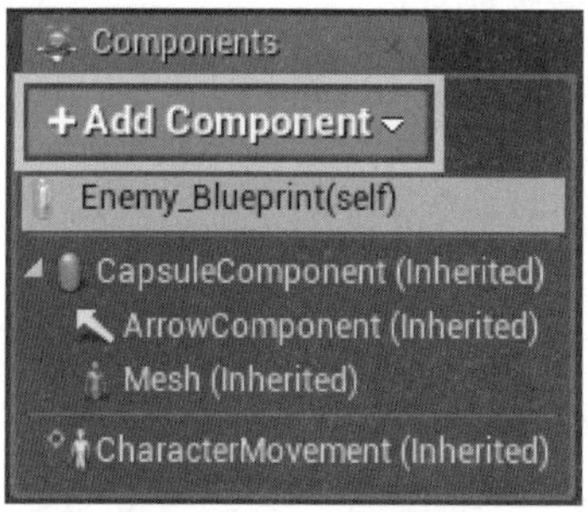

≫ Suche im Menü (unter AI) den Eintrag PAWN SENSING und klicke darauf.

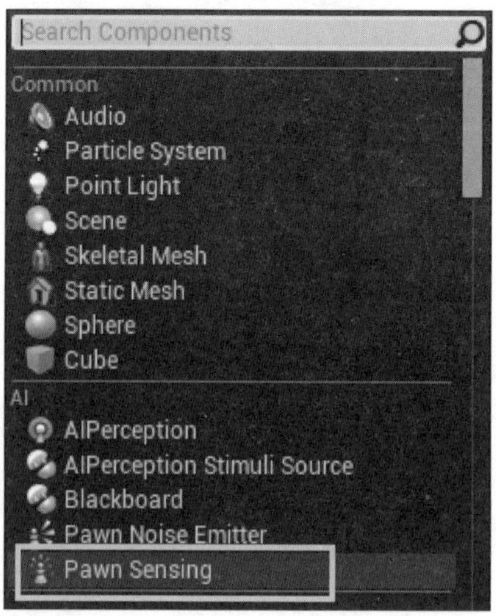

≫ Markiere im COMPONENT-Fenster die neue Komponente und schaue nebenan, was sie bewirkt.

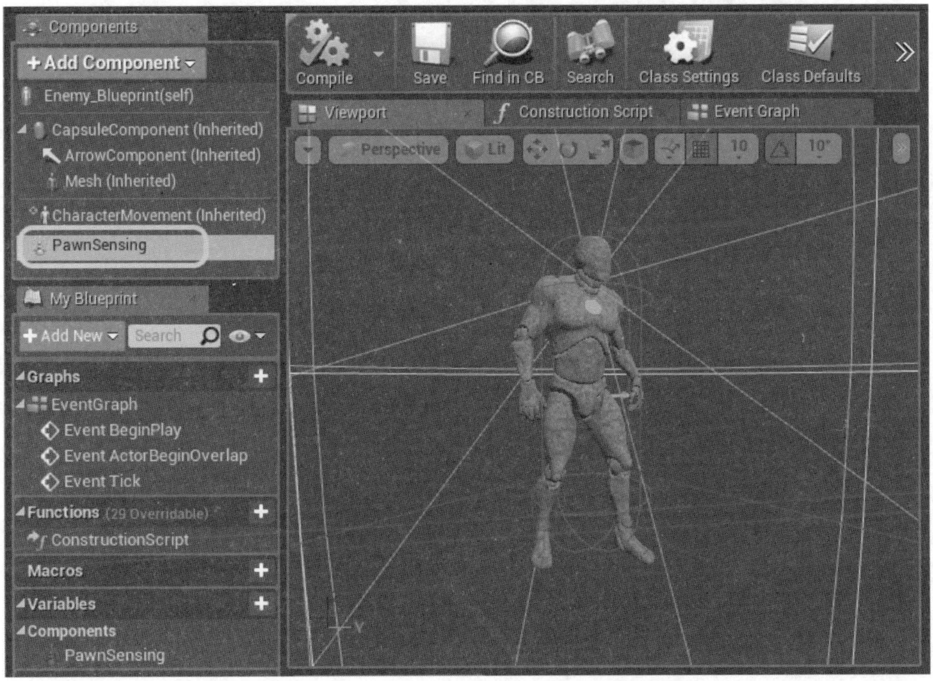

Die Strahlen, die nun die Feindfigur umgeben, bezeichnen das Sensorenfeld. In diesem Bereich kann der Enemy den Player erkennen. Das Ganze muss vielleicht später noch etwas präziser eingestellt werden, denn der Bereich, in dem der Enemy den Player entdeckt, soll ja nicht zu groß, aber auch nicht zu klein sein.

≫ Wechsle nun auf die EVENTGRAPH-Seite.

Dort beginnen wir mit einem Knoten, der auf das Pawn Sensing reagiert. Allerdings finden wir den nicht, indem wir einfach ein Menü öffnen und dort nach ihm suchen.

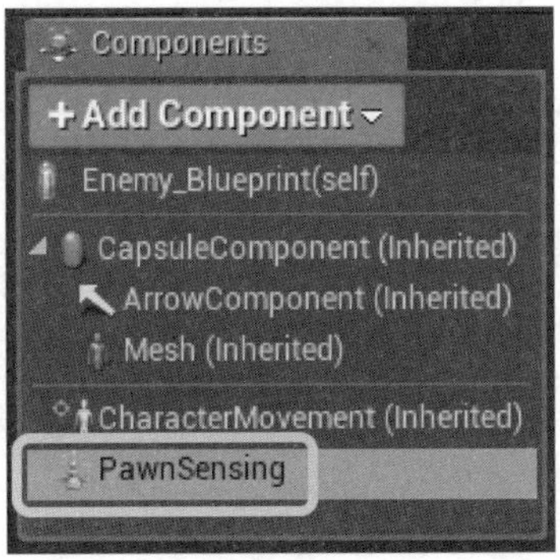

- Markiere deshalb rechts im COMPONENT-Fenster den Eintrag PAWNSENSING, dann gib im Suchfeld `onSeePawn` ein.

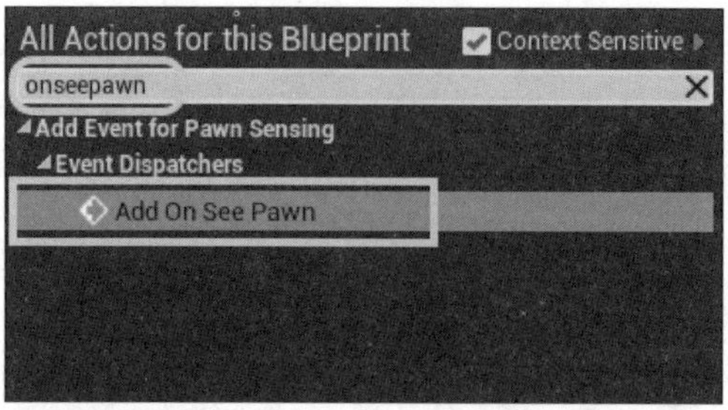

- Wähle den Eintrag ADD ON SEE PAWN.

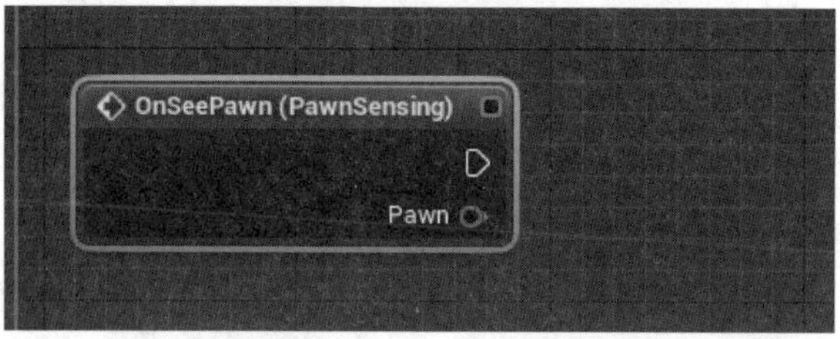

- Ziehe von dem neuen Knoten einen Faden und suche nach `cast to player`.

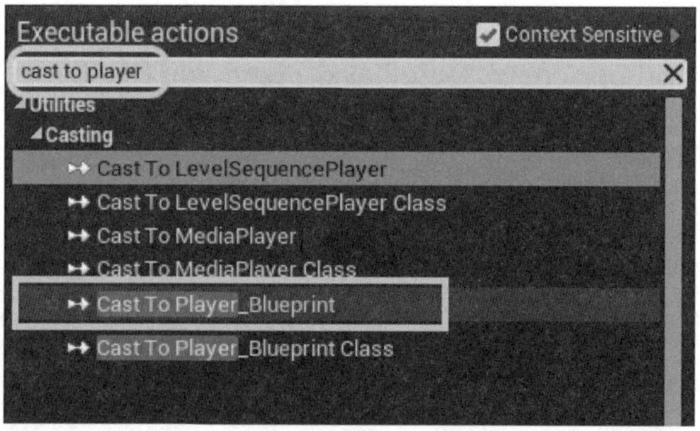

- Wähle den Eintrag CAST TO PLAYER_BLUEPRINT.

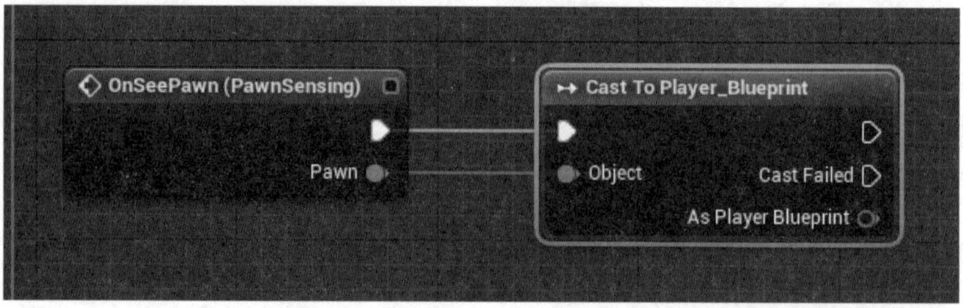

≫ Verbinde auch den Ausgang PAWN (links) mit dem Eingang OBJECT (rechts).

Womit es eine Zugriffsmöglichkeit vom Enemy auf den Player gibt.

> Du erinnerst dich? Mit einem CAST-Knoten lassen sich Verbindungen zwischen Blueprints herstellen. Das ist hier nötig, weil der Enemy die Position des Players braucht.

Nun brauchen wir einen Knoten, der dafür sorgt, dass der Enemy sich (intelligent) zu einer bestimmten Position bewegt.

≫ Ziehe einen Faden vom CAST-Knoten und suche im Menü nach `moveto`. Wähle dann den Eintrag AI MOVETO.

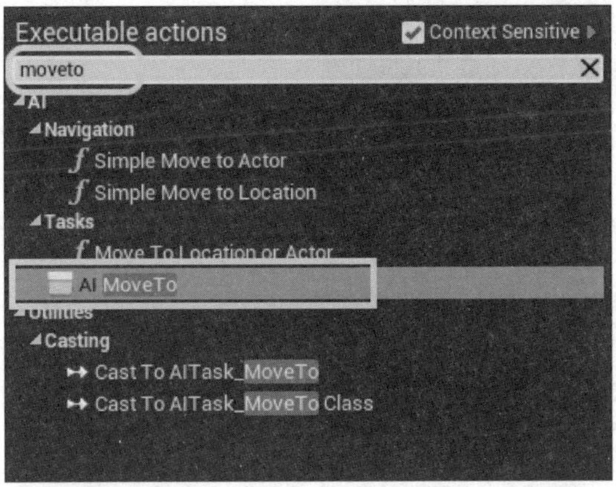

Diese Option funktioniert nur mit Objekten, die einen AI-Controller haben.

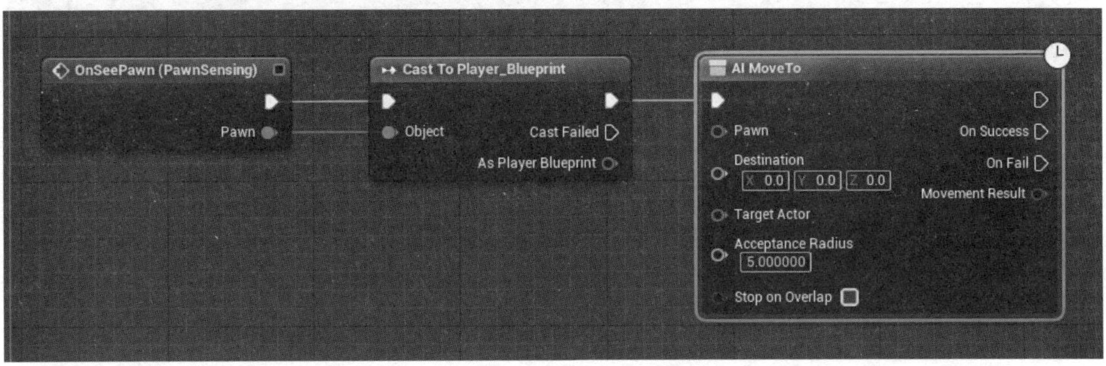

Nun müssen noch die »Verschiebungs-Verhältnisse« geklärt werden:

PAWN	die zu bewegende Figur, also der Enemy selbst
TARGET ACTOR	die Zielfigur, also der Player
DESTINATION	Ziel-Position (hier Position des Players)

≫ Ziehe vom PAWN-Eingang des MOVE-Knotens einen Faden und gib `self` ein. Wähle GET A REFERENCE TO SELF.

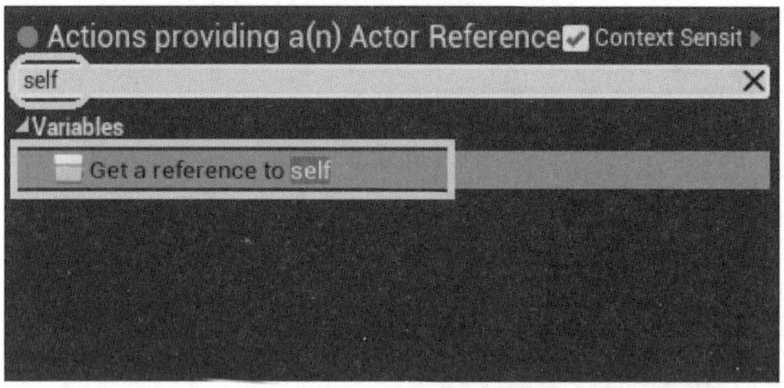

≫ Als Nächstes verbinde AS PLAYER BLUEPRINT (links) mit TARGET ACTOR (rechts), damit ist auch die Zielposition geklärt, für DESTINATION sind also keine zusätzlichen Angaben nötig.

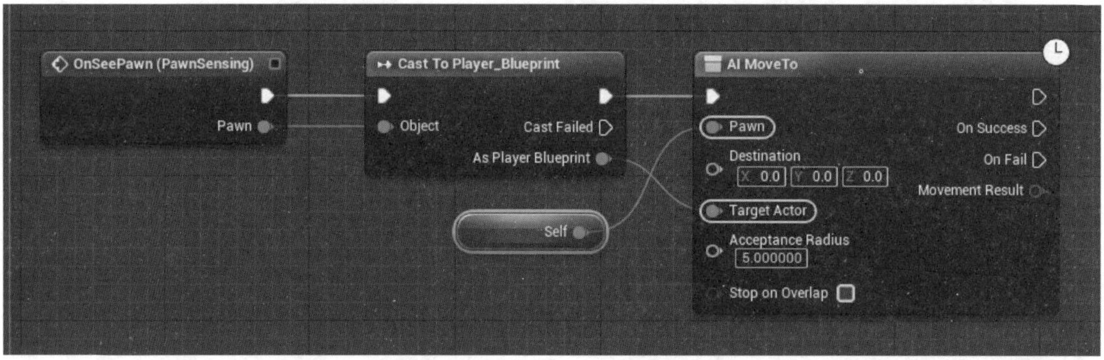

≫ Nun kannst du das Enemy-Blueprint erst mal kompilieren und speichern. Und dann starte das Spiel und probiere, ob sich bei der Feindfigur etwas tut.

Bei mir tut sich zuerst nichts, aber wenn ich um die andere Figur herumgehe, bewegt sie sich auf mich zu und bleibt mir dann auf den Fersen. Natürlich noch ohne Walk-Animation. Aber eine Verfolgung findet bereits statt. Laufe ich dicht an der Figur vorbei, sodass ich hinter ihrem Rücken lande, dann bleibt sie stehen: Sie hat mich aus den Augen verloren (→ MADMAN2).

Bei dir bewegt sich der Enemy seitwärts? Dann muss das Skeletal Mesh anders ausgerichtet werden:

Dazu markierst du im DETAILS-Fenster den Eintrag MESH (INHERITED).

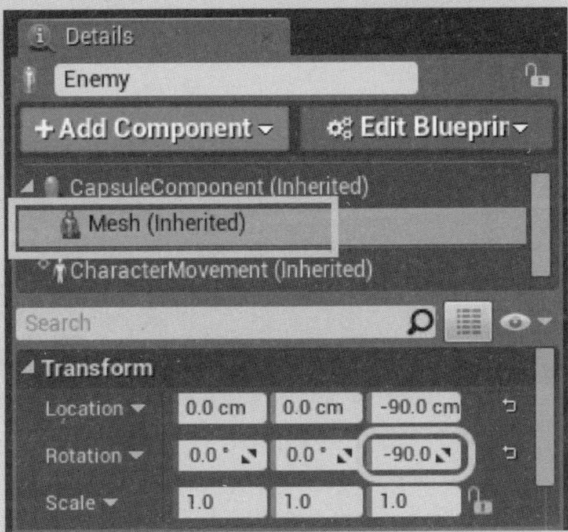

Anschließend stellst du hinter ROTATION für Z einen anderen Winkel ein, entweder 90 oder -90.

Mich stört, dass die gegnerische Figur meinem Player so richtig auf die Pelle rückt. Und auch so schnell. Daran müssen wir jetzt noch arbeiten. Die Zieldistanz lässt sich direkt im letzten Knoten ändern:

- Klicke auf das Feld hinter ACCEPTANCE RADIUS und gib dort eine neue Zahl ein (Angabe in Zentimetern).

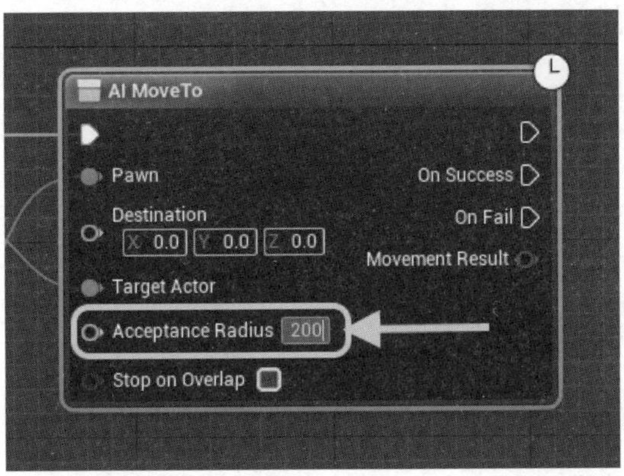

Nach dem Kompilieren dürfte der Enemy in einem gebührenden Abstand anhalten. Wenn dir das immer noch zu nah ist, weißt du ja, wie du die Distanz noch mehr vergrößerst.

Ist dir der Enemy zu schnell, so kannst du einfach seine Geschwindigkeit herabsetzen:

» Suche dazu im DETAILS-Fenster den Bereich CHARACTER MOVEMENT WALKING und stelle dort MAX WALK SPEED auf einen (deutlich) niedrigeren Wert ein.

Nun kann es etwas dauern, bis der Enemy den Player erreicht. Und weil er nicht mehr an ihm »kleben bleibt«, wirkt er auch nicht so bedrohlich – noch nicht (→ MADMAN2).

Wenn du den Bereich vergrößern oder verkleinern willst, in dem der Enemy den Player erkennt, dann gibt es im DETAILS-Fenster für PAWNSENSING einige Einstellungen.

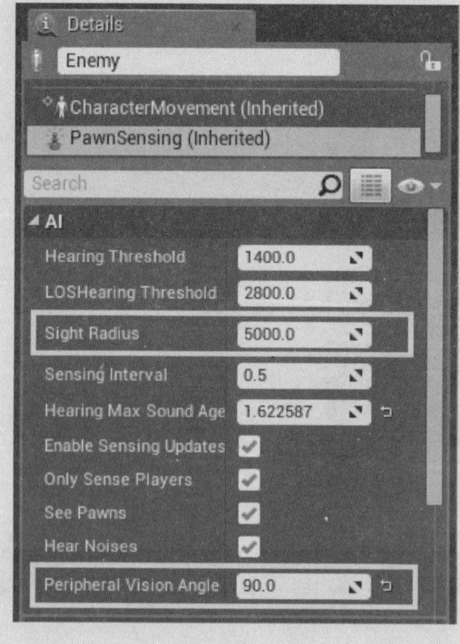

Zwei davon sind besonders interessant: Mit SIGHT RADIUS bestimmst du die Sichtweite, und mit PERIPHERAL VISION ANGLE den Sichtwinkel. Stellst du die Sichtweite sehr niedrig ein, dann erkennt dich der Enemy erst, wenn der Player ihm nahe kommt, machst du den Sichtwinkel sehr groß, dann kann er dich auch entdecken, wenn du hinter ihm stehst.

Die passende Animation

Nun wird es aber erst einmal Zeit, dem Enemy auch beizubringen, wann er welche Animation abzuspielen hat. Wir könnten es uns ganz einfach machen: Wenn du das schon vorhandene Blueprint THIRDPERSON_ANIMBP eingebunden hast, dann funktioniert das Ganze bereits.

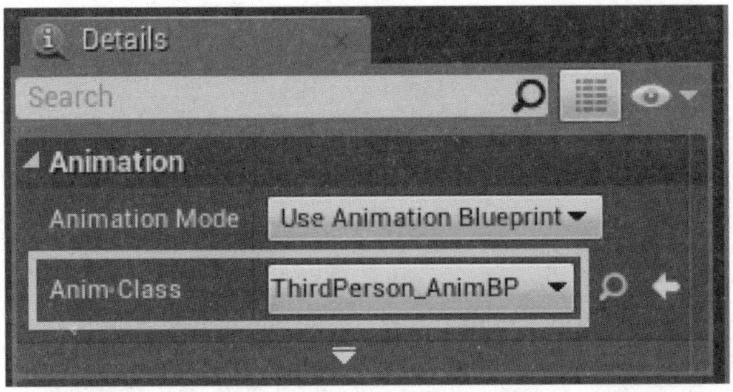

Solange der Enemy steht, wird die IDLE-Animation abgespielt; sobald er den Player erspäht hat und das Gehen beziehungsweise Laufen anfängt, läuft die RUN-Animation ab.

Aber vielleicht willst du wissen, wie man so was selber macht? Immerhin haben wir im letzten Kapitel ein eigenes Animation-Blueprint erstellt. Warum sollten wir das nicht so »aufpeppen«, dass sich die Animationen unserer Feindfigur damit steuern lassen? Probieren wir's.

≫ Öffne das Animation-Blueprint mit Klick auf das ANIM_BLUEPRINT-Symbol im ANIMATIONS-Ordner.

Beginnen wir mit der ANIMGRAPH-Seite. Dort hatten wir ja im letzten Kapitel bereits eine State Machine erstellt.

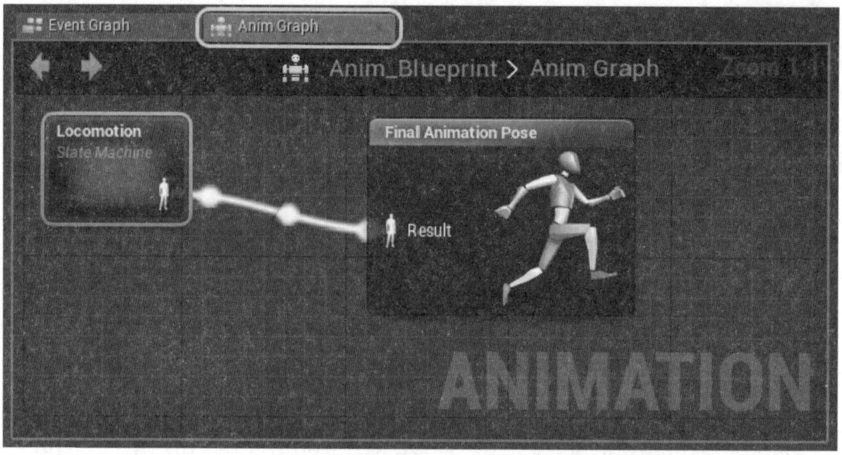

- Doppelklicke jetzt auf den LOCOMOTION-Knoten und wechsle damit in einen Unterbereich des Animations-Graphen.

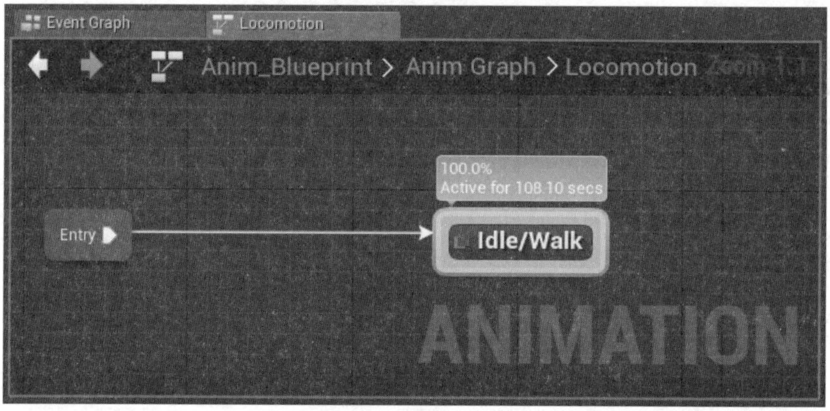

- Auch das hatten wir bereits im letzten Kapitel erstellt. Nun ist ein weiterer Doppelklick auf IDLE/WALK nötig, um endlich an die Stelle zu gelangen, an der wir die eigentliche Steuerung unserer Animation bearbeiten können.

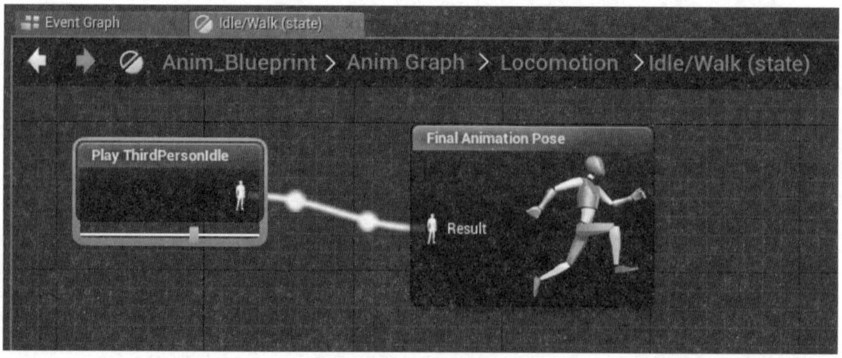

Hier hatten wir den Knoten für die Idle-Animation eingesetzt, den können wir aber nicht mehr gebrauchen, denn wir benötigen einen Knoten für den Übergang von Idle zu Walk und umgekehrt, bei Unreal **Blendspace** genannt.

Ein solcher Knoten beinhaltet nicht nur eine Animation, sondern zwei davon. Auch hier finden wir etwas Fertiges in dem Ordner, in dem auch alle Animations-Dateien für unsere Unreal-Leihgabe liegen: in Mannequin → Animation und sie heißt ThirdPerson_IdleRun_2D.

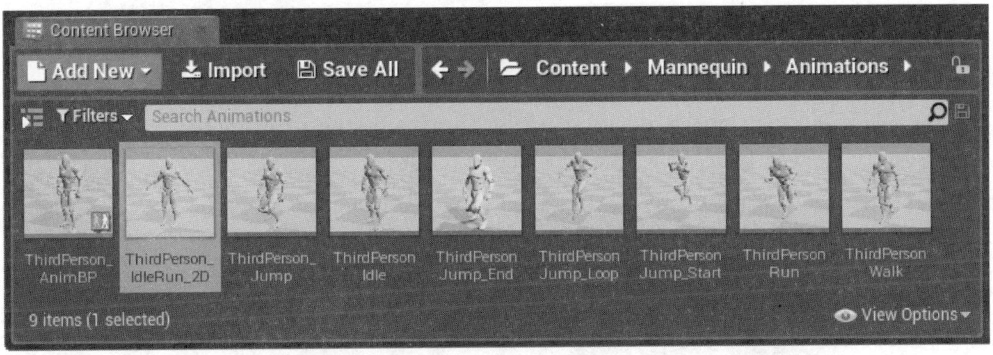

≫ Lösche nun den vorhandenen Idle-Knoten im karierten Graph-Bereich und ziehe dann vom Result-Eingang des einzigen verbliebenen Knotens einen Faden, suche im Menü nach `Third Person`.

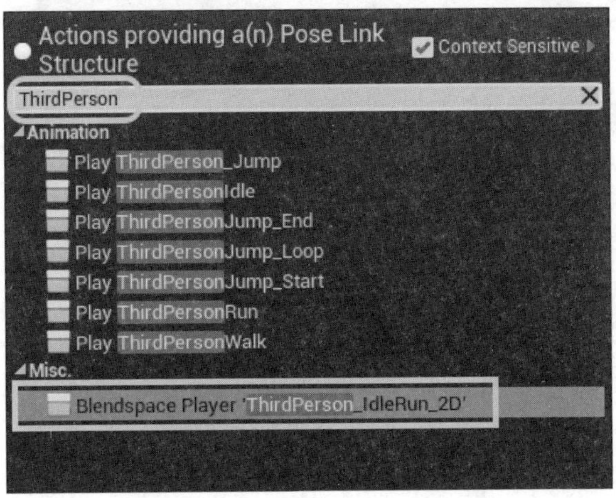

≫ Wähle den (langen) Eintrag Blendspace Player 'ThirdPerson_IdleRun_"D'.

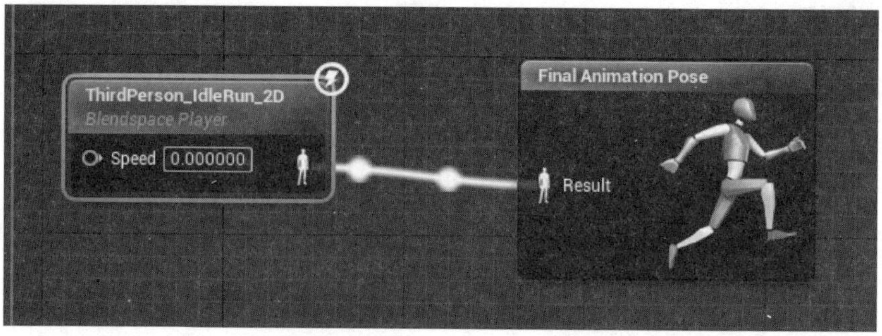

Das genügt noch nicht, solange SPEED den Wert 0 hat. Die Geschwindigkeit soll ja veränderbar sein, also brauchen wir eine **Variable**.

≫ Dazu musst du jetzt **unter** dem karierten Feld nach der Schaltfläche MY BLUEPRINT schauen. Klicke darauf.

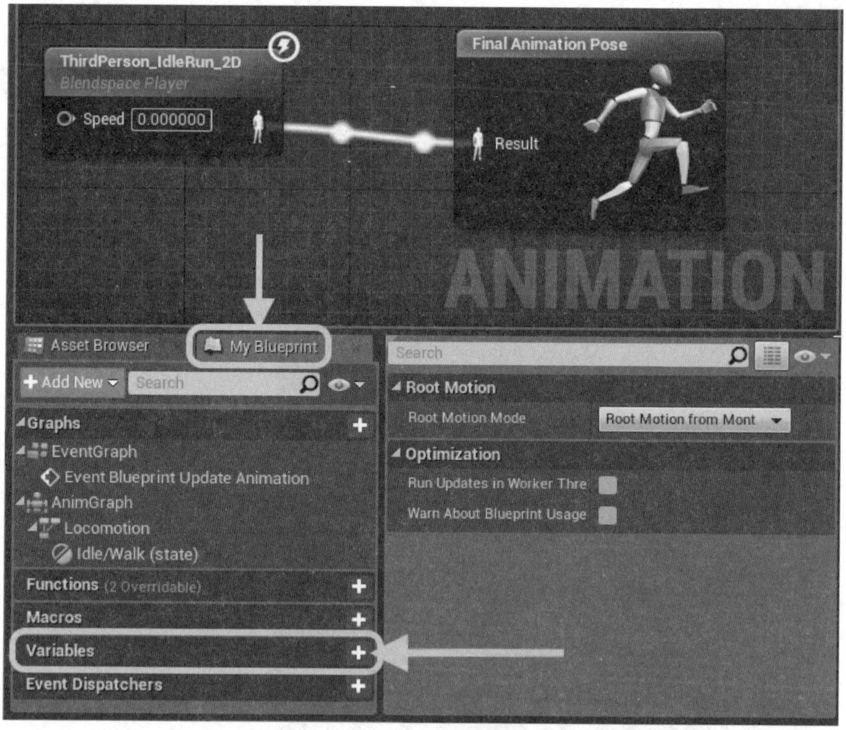

≫ Klicke dann auf das Plus hinter VARIABLES. Nenne die neue Variable Speed.

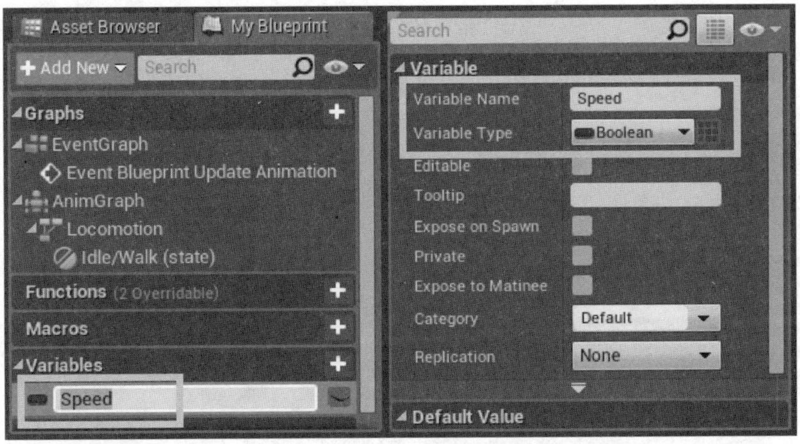

Nun brauchen wir noch den richtigen Typ. SPEED ist natürlich eine Zahl, also brauchen wir hier den Typ FLOAT (was für »Dezimalzahl« steht).

≫ Klicke auf das Feld hinter VARIABLE TYPE und wähle im Menü den Eintrag FLOAT.

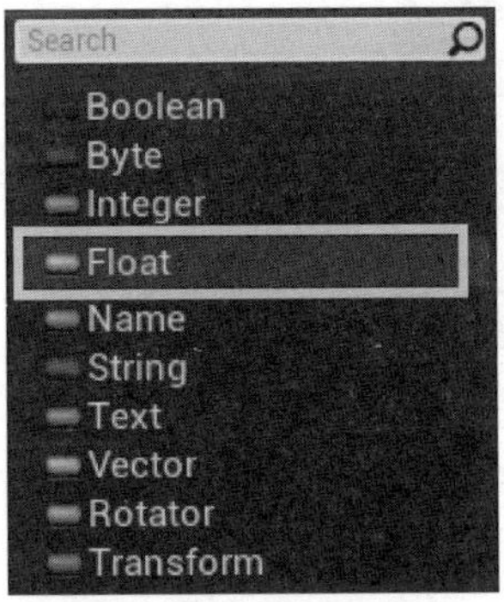

Nun können wir diese Variable im Graphen einsetzen. Wie der Name Variable sagt, ist ihr Wert variabel, also veränderlich. Was hier auch wichtig ist, denn wir brauchen ja (mindestens) zwei verschiedene Geschwindigkeiten, wenn die Figur mal steht und mal geht.

≫ Ziehe vom Blendspace-Knoten einen Faden und gib `Speed` als Suche ein.

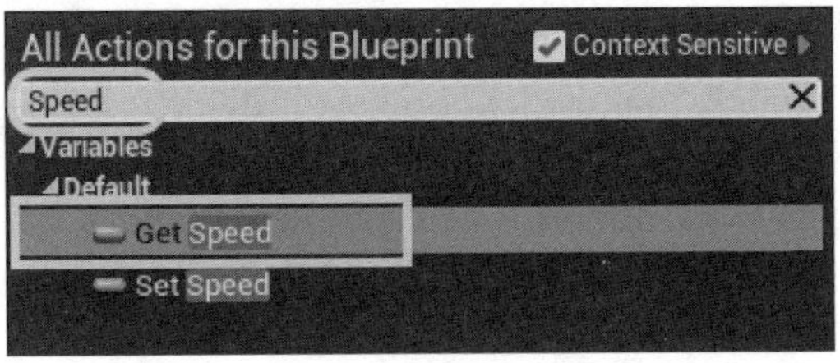

≫ Klicke dann auf GET SPEED und du erhältst einen weiteren (kleinen) Knoten.

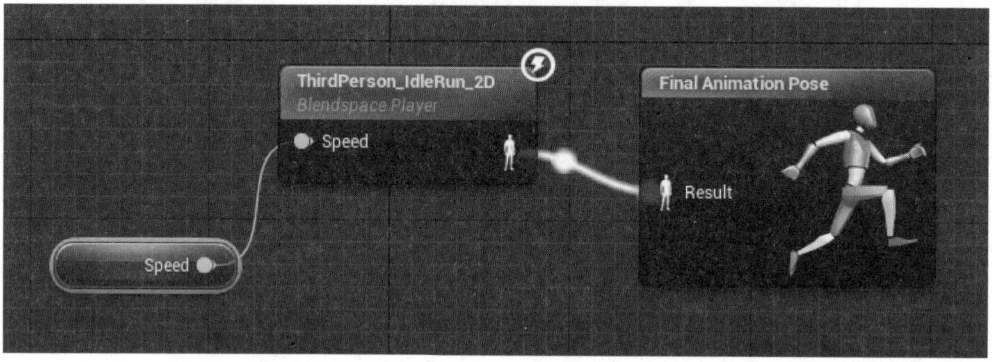

Eine andere Möglichkeit, um zu einem Variablen-Knoten zu kommen, siehst du hier:

Ziehe einfach den SPEED-Eintrag nach rechts ins karierte Feld, dann wähle GET oder SET – je nachdem, was du brauchst.

≫ Damit ist unser Graph fertig und du kannst alles erst mal kompilieren und speichern.

Geschwindigkeitsregelung

Mit dem Animation-Blueprint sind wir aber noch nicht durch: Denn jetzt kommt die Arbeit auf der EVENTGRAPH-Seite. Und da gibt es noch einiges zu tun.

≫ Wechsle also von ANIMGRAPH zu EVENTGRAPH.

Dort findest du bereits zwei (noch inaktive) Knoten vor, die wir beide benutzen werden. Der erste ist ein Event-Knoten und sorgt dafür, dass die Animation regelmäßig aktualisiert wird. Auf den zweiten komme ich noch zurück.

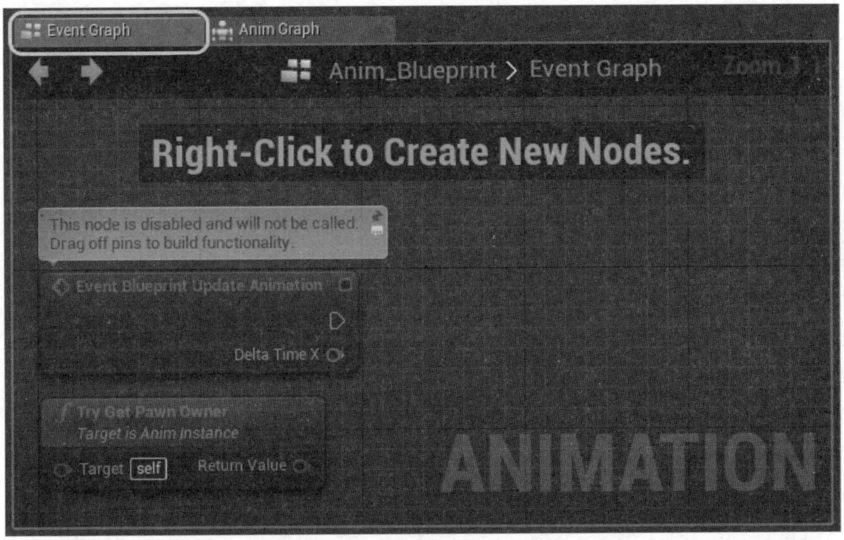

≫ Ziehe jetzt vom EVENT-Knoten einen Faden und suche im Menü nach speed. Wähle den Eintrag SET SPEED.

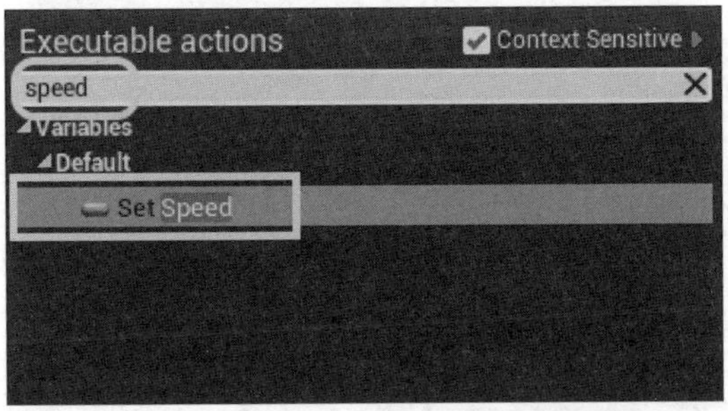

Es geht darum, über die Geschwindigkeit des Enemys seine Bewegung zu kontrollieren, damit die passende Animation geliefert wird.

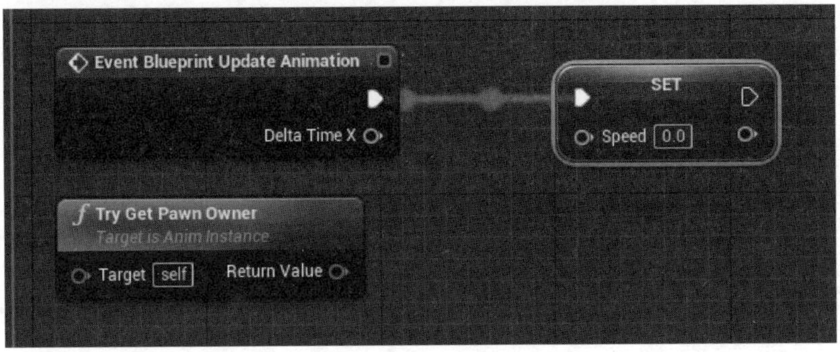

Und nun kommt der zweite Knoten ins Spiel, der bereits vorhanden war. Mit TRY TO GET PAWN OWNER soll versucht werden, den Besitzer (Owner) des Animation-Blueprints, also den Enemy, zu ermitteln.

- Ziehe von da aus (RETURN VALUE) einen Faden, gib im Suchfeld `velocity` ein. Wähle dann GET VELOCITY.

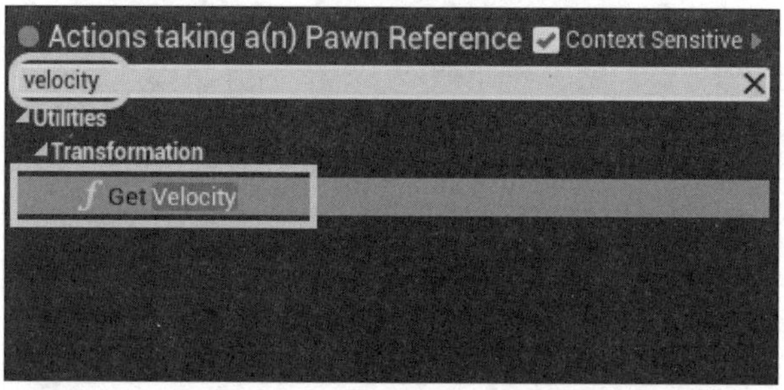

Auch VELOCITY heißt Geschwindigkeit, doch während SPEED eine einfache Zahl-Variable ist, handelt es sich bei VELOCITY um einen Vektor.

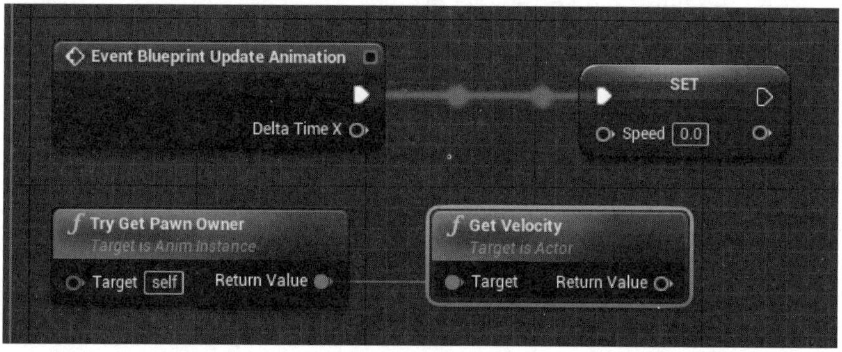

Es gibt also drei Werte, je einen für X, Y und Z. Womit sowohl die Geschwindigkeit als auch die Laufrichtung bestimmbar sind. Wir brauchen hier nur die Geschwindigkeit, und zwar als einfache Zahl. Deshalb müssen wir den VELOCITY-Wert umwandeln.

Velocity gibt in drei Werten an, wie schnell sich ein Objekt entlang der Achsen X, Y und Z bewegt. Ein Pluswert bedeutet vorwärts, nach rechts, nach oben, ein Minuswert heißt rückwärts, nach links, nach unten. Aus allem zusammen lassen sich eine Gesamtgeschwindigkeit und die Hauptrichtung der Bewegung berechnen.

- Ziehe vom VELOCITY-Knoten einen Faden, suche nach `vectorlength` und wähle den gleichnamigen Eintrag.

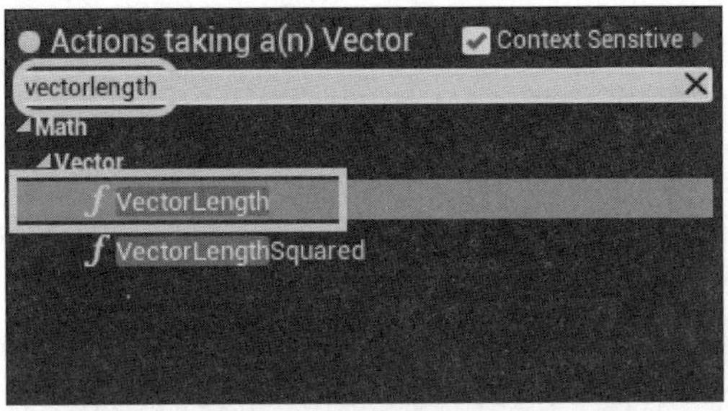

⋙ Verbinde den Ausgang dieses Knotens (RETURN VALUE) mit dem Eingang von SET SPEED.

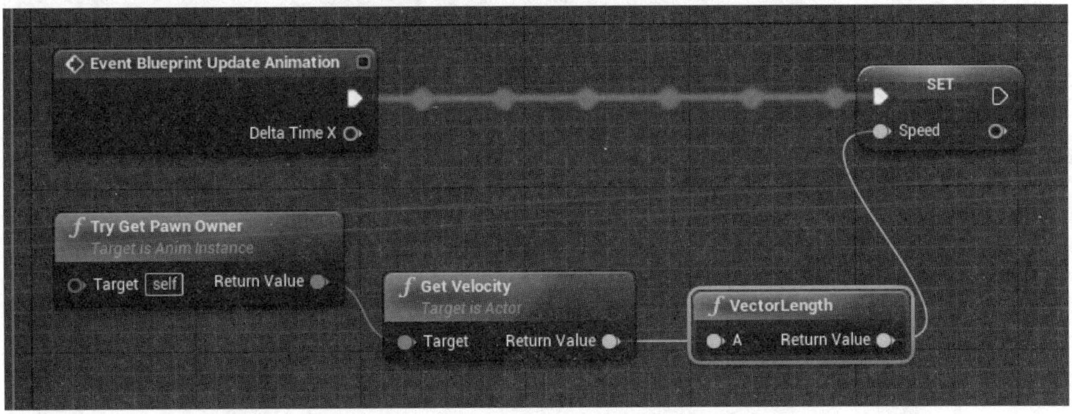

Nun müsste es eigentlich klappen.

⋙ Kompiliere und speichere das Blueprint. Dann kannst du das Fenster schließen.

⋙ Starte nun das Spiel und lasse dich ein bisschen verfolgen. Laufe auch mal rückwärts, um den Enemy zu beobachten, ob die Animation passt.

Ein eigenes Blendspace-Element

Nun haben wir uns ja einiges aus dem Unreal-Angebot ausgeliehen. Doch irgendwann wirst du deine eigene Figur samt Skelett und Animationen mit einem externen Programm (wie zum Beispiel Blender) selber machen wollen. Dann wirst du auch ein eigenes Blendspace brauchen. Es kann also nicht schaden, zu wissen, wie man das erstellt.

⋙ Klicke im CONTENT BROWSER auf ADD NEW, wähle im Menü den Eintrag ANIMATION und klicke dann im Zusatzmenü auf BLEND SPACE.

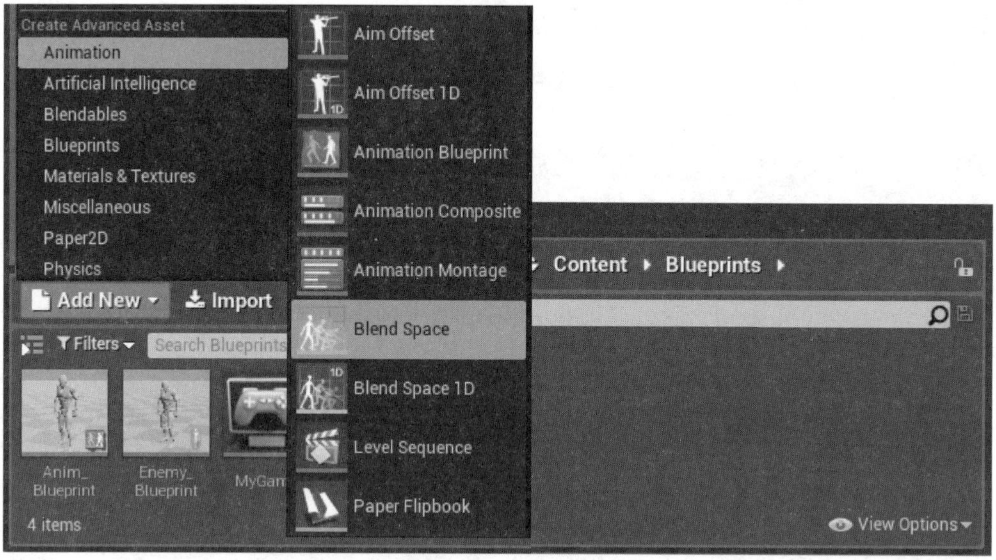

Es gibt zweimal den Eintrag BLENDSPACE. Was ist der Unterschied? Das, was nur BLENDSPACE heißt, ist eigentlich 2D. Das heißt, dass man für die Überblendung der Animationen zwei Parameter benutzen kann, zum Beispiel Geschwindigkeit und Richtung. Beim 1D-Blendspace ist nur ein Parameter möglich.

- Klicke im Dialogfeld auf den SKELETON-Eintrag (= das Skelett deines Enemys).

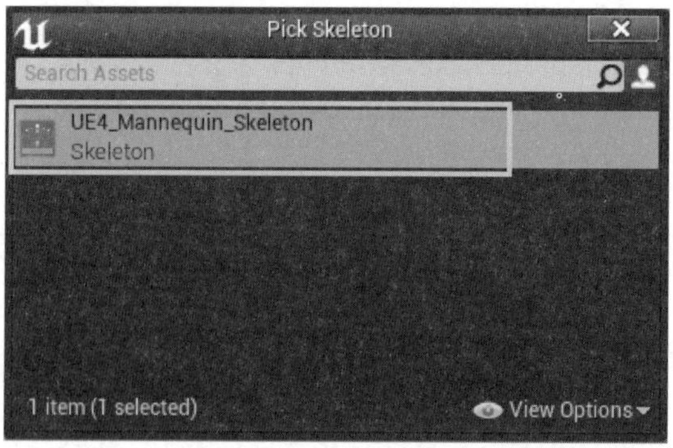

- Benenne das neue Element in `IdleWalk_Blendspace` um.

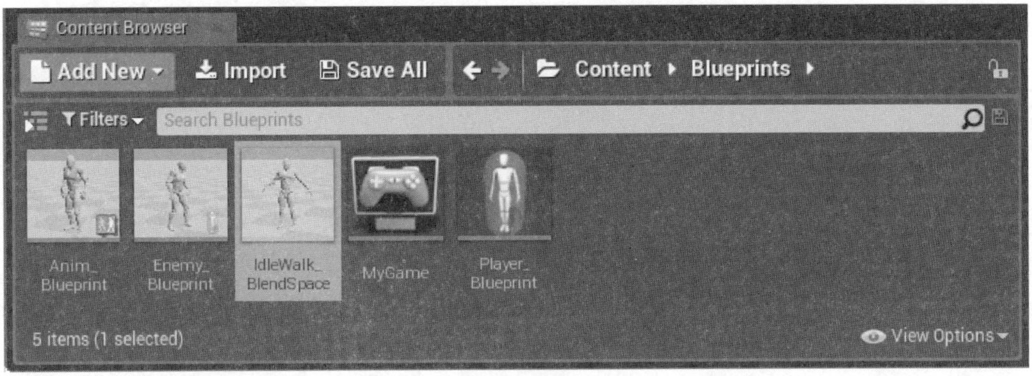

Du kannst dieses Element im BLUEPRINTS-Ordner lassen oder dafür einen eigenen ANIMATIONS-Ordner aufmachen. Letzteres empfiehlt sich, wenn du sowieso mehrere eigene Animationen erstellt hast.

- Öffne nun mit Doppelklick auf das BLENDSPACE-Symbol das zugehörige Fenster.

Wir wenden uns gleich dem unteren Mittelbereich zu, der mit dem Namen des Blendspace betitelt ist:

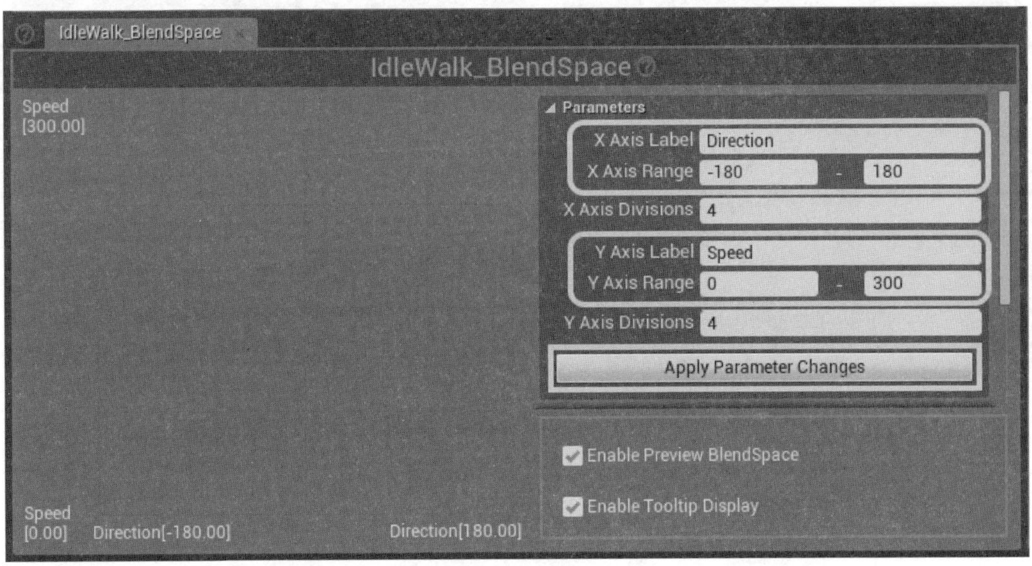

- Trage dort auf der rechten Seite diese Daten ein beziehungsweise passe sie an:

X AXIS LABEL	Direction		Richtung (Winkel)
X AXIS RANGE	-180	+180	
Y AXIS LABEL	Speed		Geschwindigkeit
Y AXIS RANGE	0	300	

Wobei du natürlich statt 300 auch einen anderen maximalen SPEED-Wert einsetzen kannst.

- Wenn du alles eingestellt hast, klicke darunter auf APPLY PARAMETER CHANGES.

Damit wird das freie Feld links von diesen Einstellungen entsprechend aufgeteilt. Dort positionieren wir jetzt die Animationen, die zum Einsatz kommen sollen.

- Wechsle jetzt nach rechts zum ASSET BROWSER. Wahrscheinlich musst du die Namensspalte etwas verbreitern, damit du alle Animationen erkennen kannst, die dort aufgeführt sind.

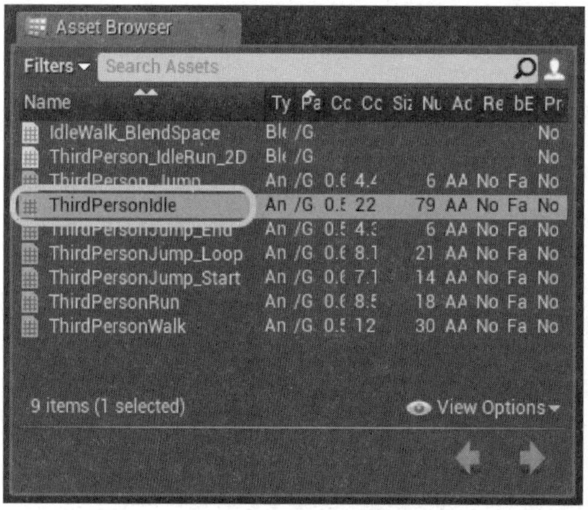

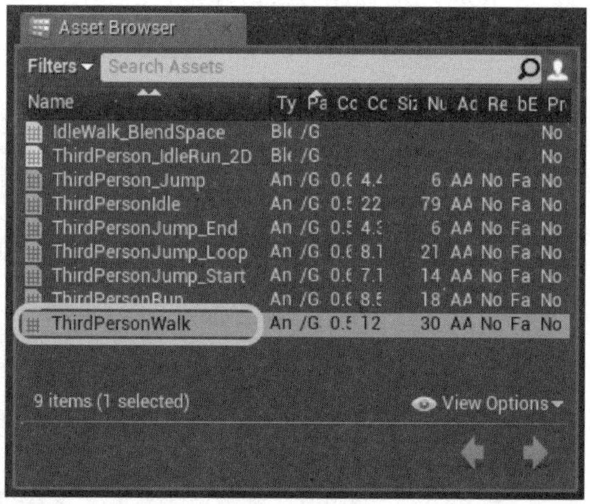

- Als Erstes klickst du auf THIRDPERSONIDLE (beziehungsweise die Animation, die du für den Idle-Modus einsetzen willst) und ziehst sie in das Feld links neben dem PARAMETERS-Bereich.
- Anschließend wiederholst du das Gleiche mit THIRDPERSONWALK (beziehungsweise der Animation, die du für den Walk-Modus einsetzen willst).

Die IDLE-Animation kommt ganz unten in die Mitte (Direction = 0; Speed = 0), die WALK-Animation in die oberste Mitte (Direction = 0; Maximal-Speed).

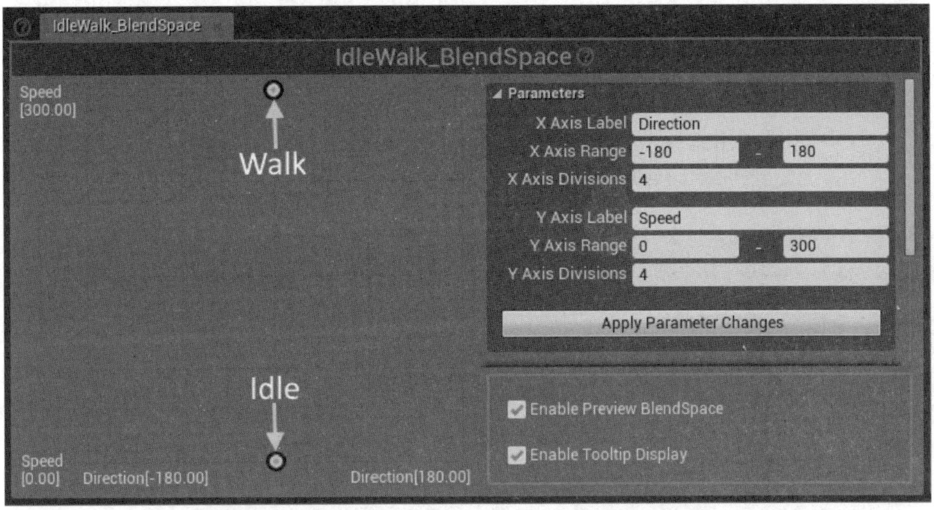

➢ Das ist noch nicht alles, du musst jetzt das Ganze noch einige Male wiederholen: Am Ende müssen oben drei runde Markierungen für die WALK-Animation und unten drei für die IDLE-Animation sein.

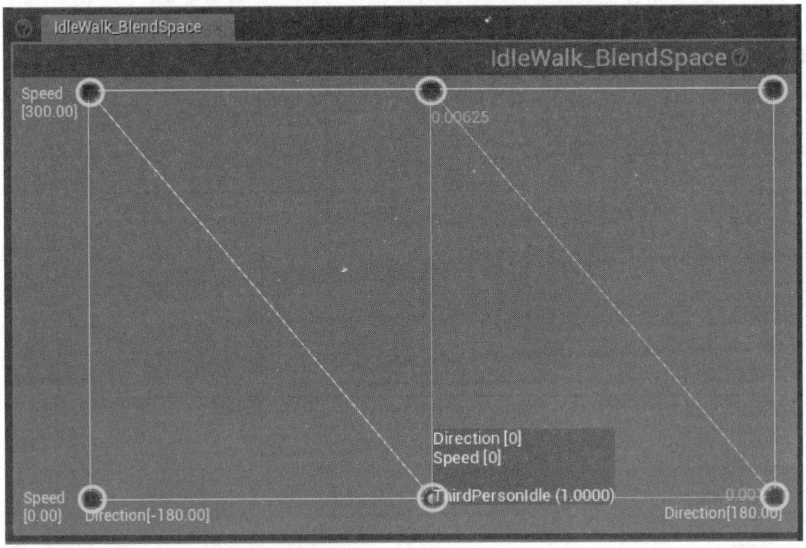

Das entspricht dann diesen Positionen:

IDLE	Direction = -180; Speed = 0	Direction = 0; Speed = 0	Direction = +180; Speed = 0
WALK	Direction = -180; Speed = 300	Direction = 0; Speed = 300	Direction = +180; Speed = 300

- Wenn du fertig bist, speichere alles und schließe das Blendspace-Fenster.

Nun müssen wir noch einen Knoten im Animation-Blueprint ersetzen.

- Öffne das entsprechende Fenster und wechsle dort auf der ANIM-GRAPH-Seite zum IDLE/WALK-Graphen.

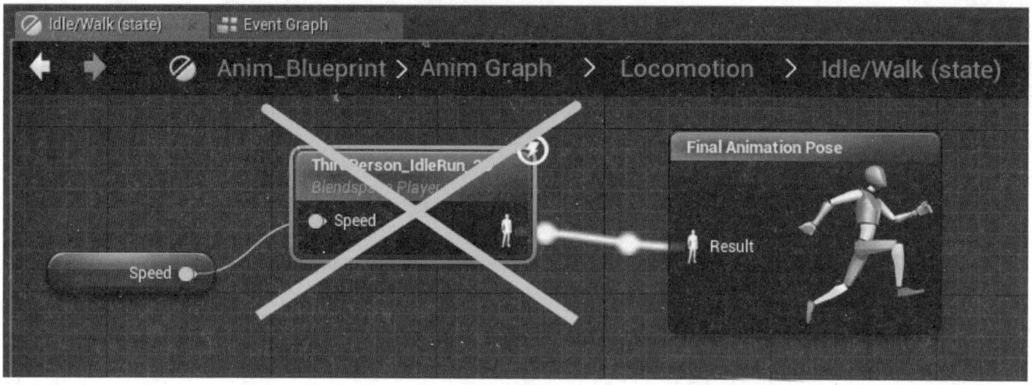

- Lösche den alten Blendspace-Knoten und setze den neuen ein: Suche im Menü nach `idlewalk` und wähle dann den (langen) Namen.

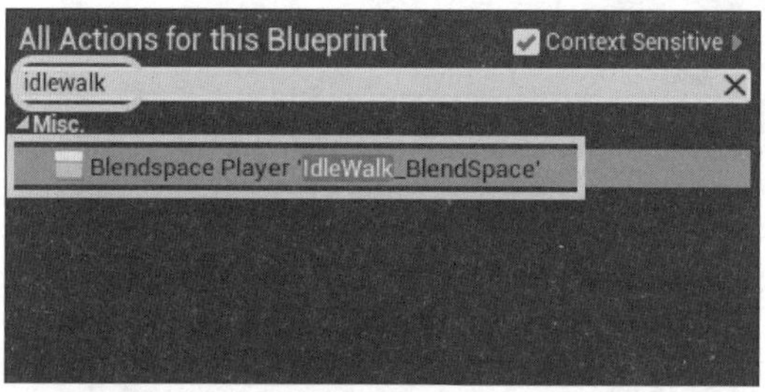

- Verbinde den neuen mit den anderen Knoten. (DIRECTION kann hier frei bleiben, denn aktuell spielt die Richtung keine Rolle.)

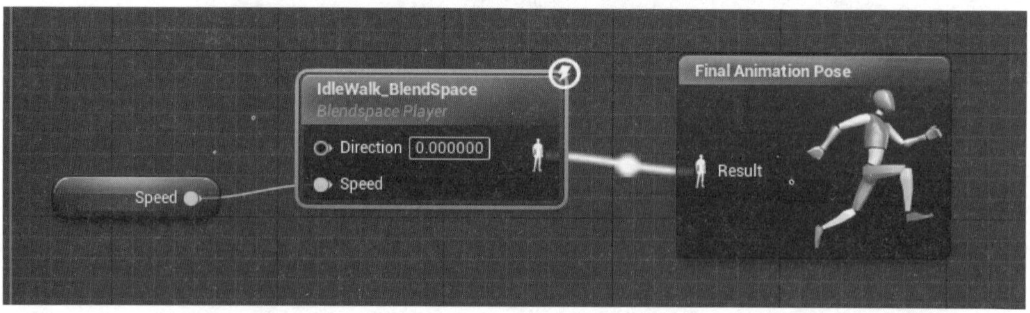

≫ Kompilierte und speichere das Blueprint, dann schließe das Fenster.

Und nun bewegt sich deine Enemy-Figur mit vielen eigenen Elementen – lediglich die Figur und Animationen selbst sind noch aus »Fremdherstellung« (→ MadMan3). Aber das kann sich ja bald ändern, wenn du willst.

Wir hätten uns das Ganze hier etwas einfacher machen können, wenn wir den Typ Blendspace 1D eingesetzt hätten: Dann gibt es mit Speed nur einen Parameter. (Im Projekt MadMan3 gibt es auch eine einfache Version als Alternative.)

Es ist durchaus möglich, dass du bei späteren Animationen sowohl Geschwindigkeit als auch Bewegungsrichtung brauchst – was ja beides im Velocity-Vektor steckt. Also kann es nicht schaden, gleich das etwas kompliziertere Blendspace einzusetzen.

In einem 2D-Blendspace lassen sich auch weitere Animationen etwa für Drehungen nach rechts oder links einbauen, wie es zum Beispiel nötig sein kann, wenn die Figur einen Gegenstand (wie zum Beispiel eine Waffe) in den Händen trägt.

Zusammenfassung

Nun gibt es also eine Feindfigur, die sogar über eine gewisse Intelligenz verfügt. Denn immerhin kann sie den Player wahrnehmen und ihn verfolgen. Dazu hast du dem Enemy ein Navigationsfeld und Sensibilität für andere (= Pawn Sensing) gegeben. Und du weißt, wie man ein Animation-Blueprint und ein Blendspace erstellt.

Ein paar Fragen …

1. Was ist Pawn Sensing?
2. Wozu ist das Navigations-Mesh gut?
3. Was ist der Unterschied zwischen einer Animation und einem Blendspace?

... und eine Aufgabe

1. Ändere das letzte Projekt vom 1st-Person- in ein 3rd-Person-Game um. Benutze für den Player ebenfalls die Elemente, die Unreal als »ThirdPerson« beziehungsweise »Mannequin« zur Verfügung stellt. (Dabei musst du nur auf bereits Vorhandenes zurückgreifen.)

11

Spiel mir das Lied vom Tod

In den letzten zwei Kapiteln haben wir einen Gegner aufgebaut, doch der erwies sich bis jetzt als völlig ungefährlich. Es wird also Zeit, schärfere Töne anzuschlagen. Willst du wissen, wie der Enemy zu einer tödlichen Gefahr wird und wie der Player ihm dennoch seinerseits den Garaus machen kann? Dann bist du hier richtig. Dabei geht es auch um das Sterben des Players.

In diesem Kapitel lernst du

- dass eine Kollision auch tödlich sein kann
- wie man Verzögerungen einbaut
- neue Events kennen
- etwas über den Typ Boolean
- wie man Werte vergleichen kann
- mehr über Casting

Der Enemy wird gefährlich

Eine Möglichkeit, die Feindfigur gefährlicher zu machen, ist diese: Man lässt den Verfolger so dicht heran, dass es zu einer Berührung kommt. Und die wäre dann für den Player tödlich. Oder würde ihn in abgeschwächter Form verletzen. Probieren wir die Kollisions-Variante einmal aus.

Du erinnerst dich an die OVERLAP-Knoten, die wie bereits mehrere Male benutzt haben. Die können wir hier nicht gebrauchen, sondern weil es ums Berühren (und nicht ums »Überlappen«) geht, benötigen wir jetzt ein passendes Ereignis, **Hit-Event** genannt.

Die Feindfigur ist der Auslöser, der Player der Betroffene.

≫ Öffne also mit Doppelklick auf das entsprechende Symbol das Enemy-Blueprint. Sorge dafür, dass du auf der EVENTGRAPH-Seite bist.

Zuerst musst du nun die erlaubte Distanz zwischen Enemy und Player verringern.

≫ Gib also im MOVETO-Knoten hinter ACCEPTANCE RADIUS eine 0 (oder eine kleine Zahl) ein.

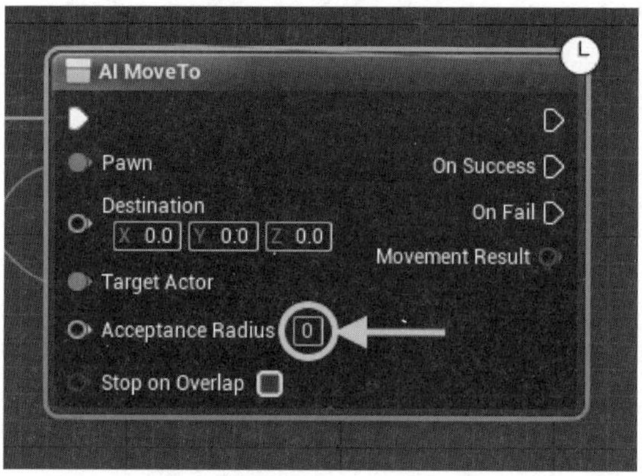

Nun geht es weiter mit dem neuen Graphen – am besten in einem Bereich darunter.

≫ Klicke mit der rechten Maustaste ins karierte Feld und suche nach `event hit` und wähle den gleichnamigen Eintrag.

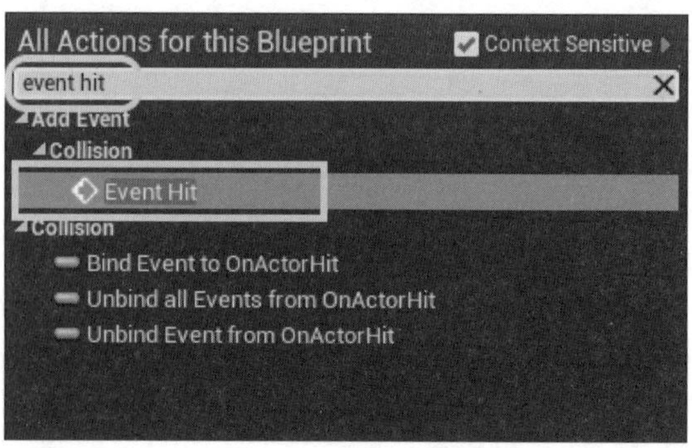

Da gibt es nun gleich eine ganze Menge Anschlüsse, von denen wir hier nur zwei brauchen. Als Erstes stellen wir nun gleich eine Cast-Verbindung zum feindlichen Objekt her (der Player ist ja der Feind des Enemys).

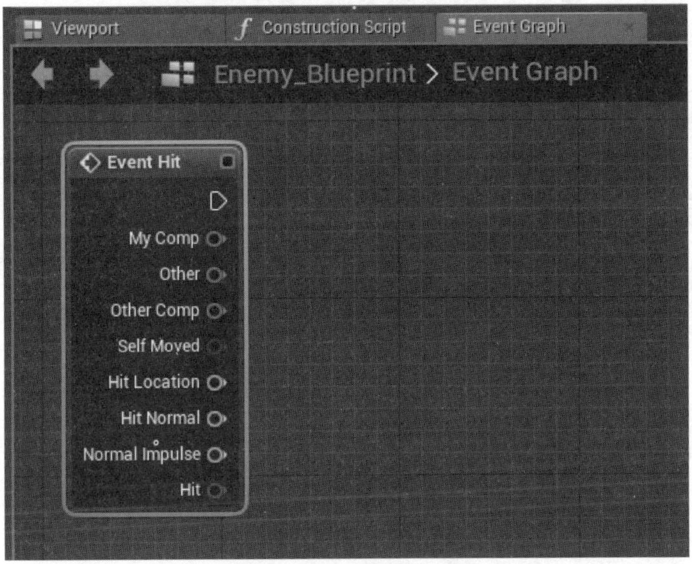

≫ Ziehe oben vom (weißen) Hauptausgang einen Faden, suche nach `cast to player` und wähle CAST TO PLAYER_BLUEPRINT.

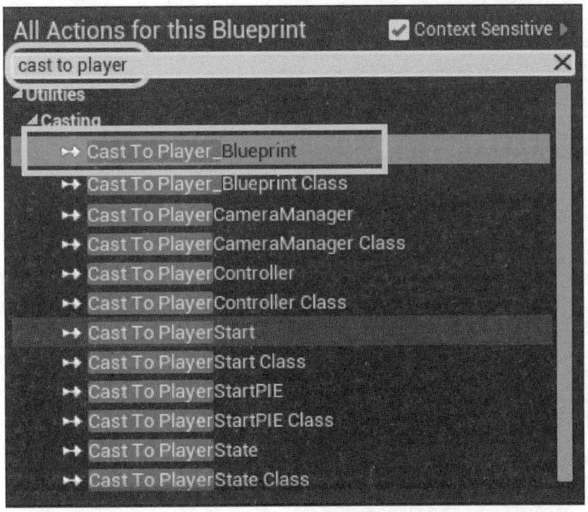

≫ Verbinde auch die Kontakte OTHER (links) und OBJECT (rechts).

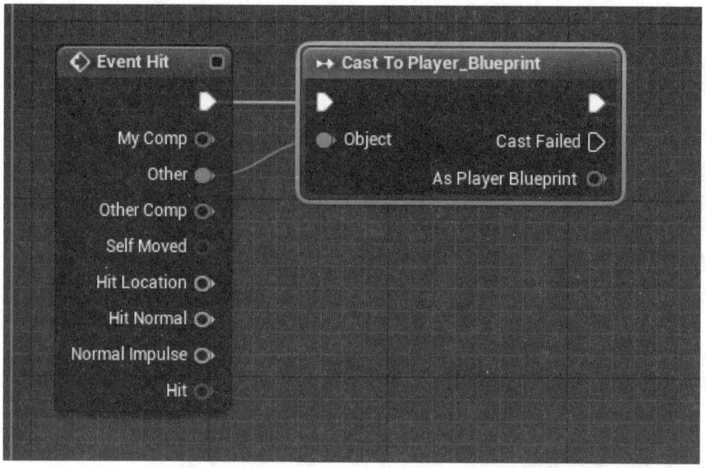

Nun können wir auf den Player zugreifen. Was soll mit ihm passieren? Er soll sterben. Aber wie soll das aussehen? Zuerst müssen die Eingabemöglichkeiten gekappt werden, das Spiel ist ja für den Player zu Ende.

≫ Ziehe dazu einen Faden vom CAST-Knoten, suche im Menü nach `disable input` und wähle den gleichnamigen Eintrag.

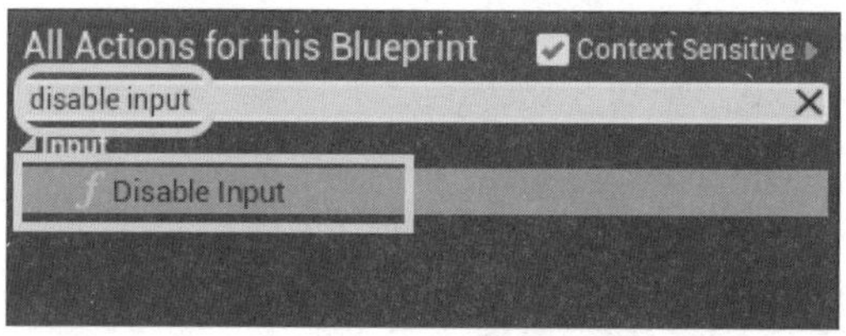

≫ Verbinde auch AS PLAYER BLUEPRINT (links) mit TARGET (rechts).

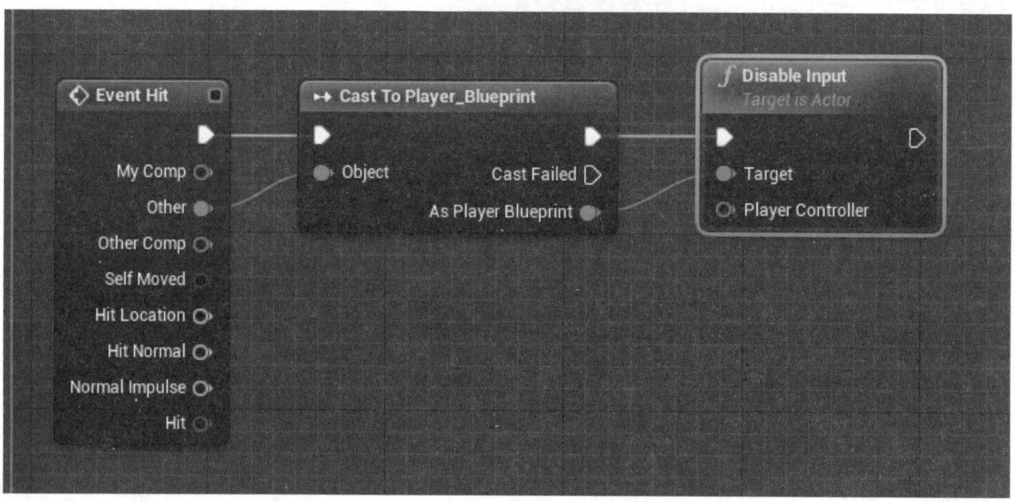

Wenn wir jetzt das Spiel starten würden, könnte die feindliche Figur die Spielsteuerung außer Kraft setzen, wenn sie den Player berührt. Mehr passiert aber nicht, der Player kann nur seinen Blickwinkel nicht mehr ändern und steht regungslos dicht vor dem atmenden Enemy. Wenn man wirklich stirbt, liegt man aber irgendwann. Und dies sollten wir hier auch bewirken. Es ist nicht viel, man muss nur den Player einmal um die X-Achse drehen, und zwar um 90 Grad.

Ganz so einfach ist das aber doch nicht. Meine anfänglichen Versuche mit einem Knoten namens SET ACTOR ROTATION brachten gar nichts. Das hängt damit zusammen, dass der Player-Controller bestimmt, wie sich der Player bewegt, also das »Gerät«, an dem auch die ganzen Eingaben über Tastatur und Maus hängen. Also müssen wir darüber die 90-Grad-Drehung bewirken.

≫ Klicke mit der rechten Maustaste ins karierte Feld, suche nach `get controller` und wähle dann den gleichnamigen Eintrag.

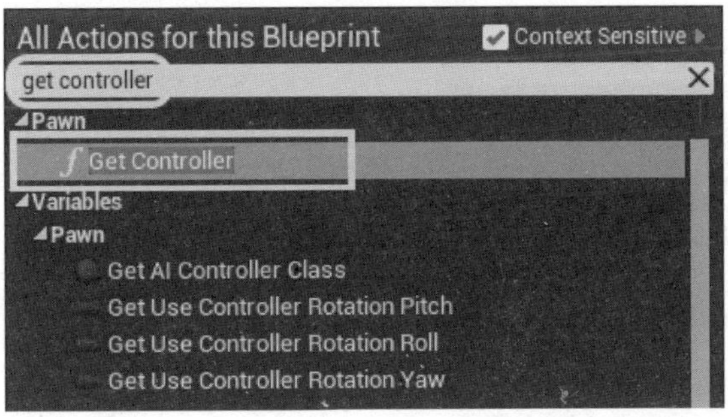

≫ Geändert werden soll ja die Rotation, deshalb ziehe einen Faden vom neuen CONTROLLER-Knoten und gib im Suchfeld `control rotation` ein. Wähle den Eintrag SET CONTROL ROTATION.

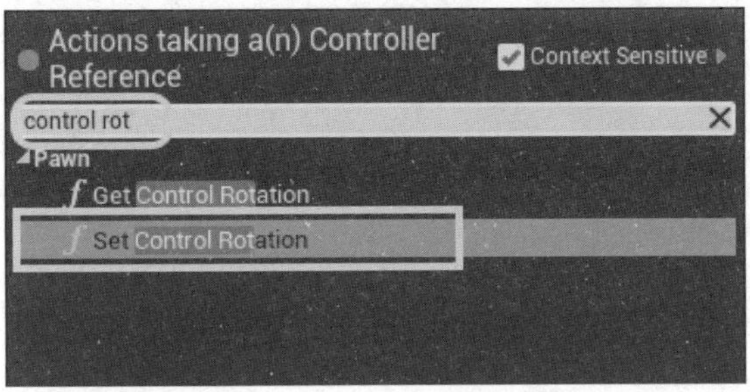

≫ Verbinde zusätzlich den GET CONTROLLER-Knoten mit AS PLAYER BLUEPRINT.

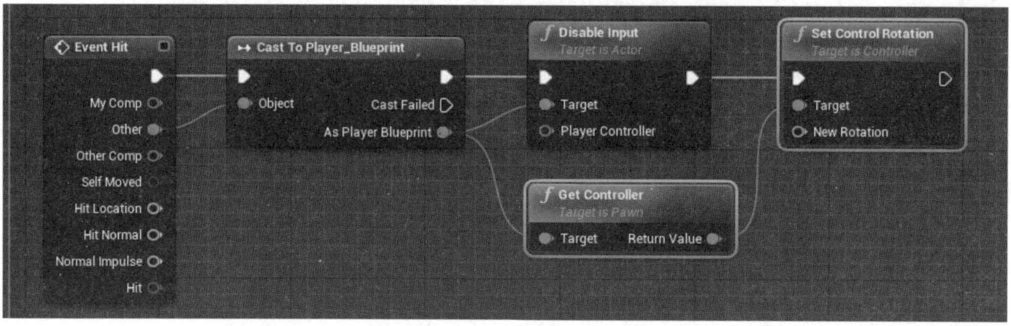

- Und vergiss nicht die Verbindung zwischen den Knoten DISABLE INPUT und SET CONTROLLER ROTATION, denn das Hit-Ereignis soll ja weitergereicht werden.

Jetzt fehlt nur noch die Angabe, um wie viel Grad gedreht werden soll.

- Ziehe vom Eingang NEW ROTATION des letzten Knotens einen Faden, suche nach `combine` und wähle COMBINE ROTATORS.

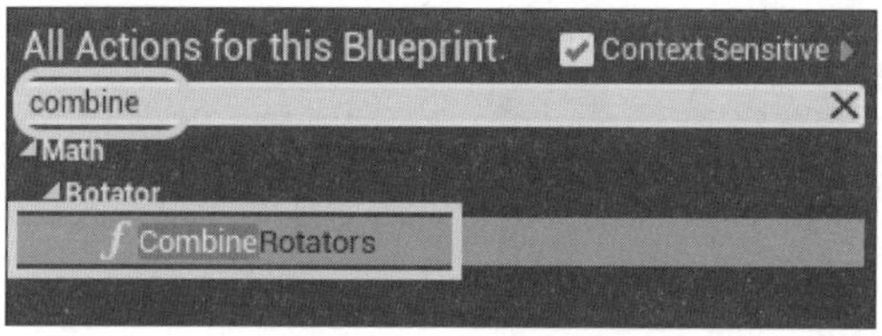

Im neuen Knoten lassen sich zwei Rotationen kombinieren. Für uns geht es eigentlich nur darum, dass der Player um die X-Achse gedreht wird. Aber als Nebeneffekt lassen sich die anderen Achsen auch gleich auf 0 (zurück-)setzen.

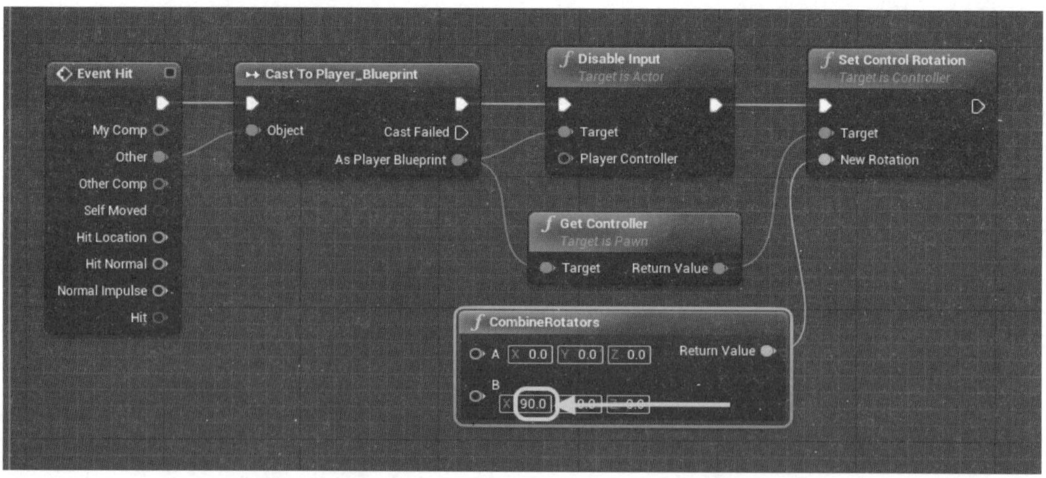

≫ Trage im X-Feld des unteren Vektorbereichs 90 ein (es kann auch -90 sein).

≫ Kompiliere und speichere das Blueprint. Dann starte das Spiel und nimm Kontakt zum Feind auf (→ MADMAN5).

Bei mir war es so, dass im COMBINE ROTATORS-Knoten eine zusätzliche Änderung von Y = 90 dazu führte, dass der Player nach der Berührung durch den Enemy auf dem Rücken lag und nur noch den Himmel sah.

Vielleicht bist du der Meinung, dass der Tod des Players ein bisschen zu plötzlich kommt? Dann lasse ihm doch einfach etwas Zeit zum Sterben, indem du noch einen DELAY-Knoten einfügst:

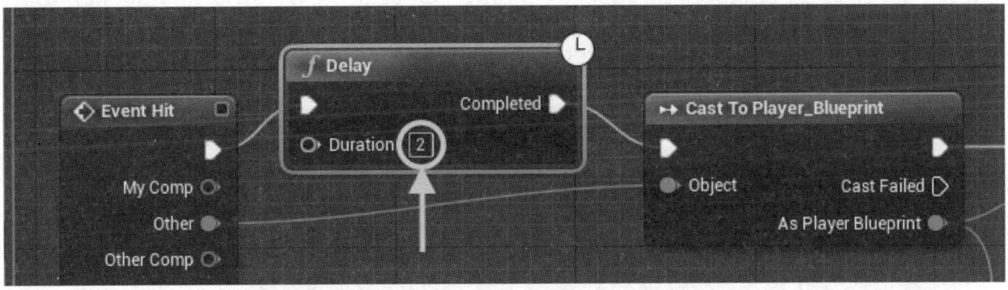

Die Zahl hinter DURATION ist die Zeit in Sekunden, die dem Player noch zum Leben bleibt.

Attacke

Das Ganze ist nun sehr einseitig, denn der Player hat weder einen richtigen Zufluchtsort (außer den Rändern, wenn es dort kein Navigations-Mesh gibt) noch kann er sich verteidigen.

Auch habe ich es eigentlich lieber, wenn die beiden auf Distanz bleiben und sich so bekämpfen.

≫ Stelle als Erstes im MOVETO-Knoten für den ACCEPTANCE RADIUS wieder eine neue Distanz wie zum Beispiel 200 ein.

Nun kann der Player nur sterben, wenn er sich dem Enemy bewusst so stark nähert, dass beide sich berühren. Ansonsten müssen beide nun Möglichkeiten erhalten, in irgendeiner Form »gewalttätig« werden zu können.

Dabei möchte ich hier jetzt keine Schusswaffen einsetzen, sondern beiden eine besondere Fähigkeit geben: Der Enemy kann einen verletzenden oder gar tödlichen Strahl aussenden, für den Player überlegen wir uns später, wie er den Enemy verwunden oder ihm den Garaus machen kann. Dabei lernst du einige neue Bereiche der Unreal Engine kennen.

Statten wir zuerst den Enemy aus. Der soll, wenn er vor dem Player stehen geblieben ist, erst einmal in den Angriffsmodus umschalten. Und damit man das sehen kann, brauchen wir eine passende Animation. Die kann man selbst erstellen, doch wir machen es uns bequem und »klauen« uns eine aus dem Mannequin-Vorrat. (Oder, wenn du willst, kannst du auch das kostenlose ANIMATION STARTER PACK aus dem Marketplace herunterladen und dir dort etwas aussuchen.)

Ich habe mich für die Datei THIRDPERSONJUMP_LOOP entschieden. Diese Datei möchte ich duplizieren und dann für meine Zwecke umbenennen.

- Wenn du mir folgen willst, dann wechsle im CONTENT BROWSER in den Ordner MANNEQUIN → ANIMATIONS. Klicke dort mit der rechten Maustaste auf das Symbol für JUMP_LOOP und wähle DUPLICATE.

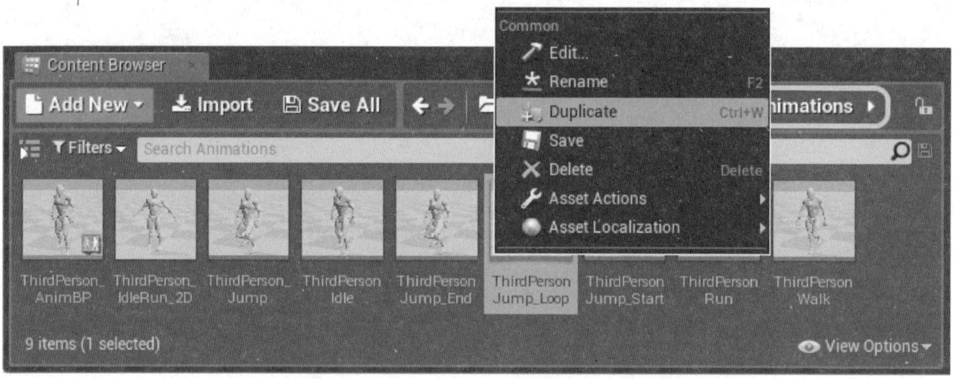

- Nun gibt es eine Datei mehr, benenne die gleich um in `ThirdPerson-Attack`.

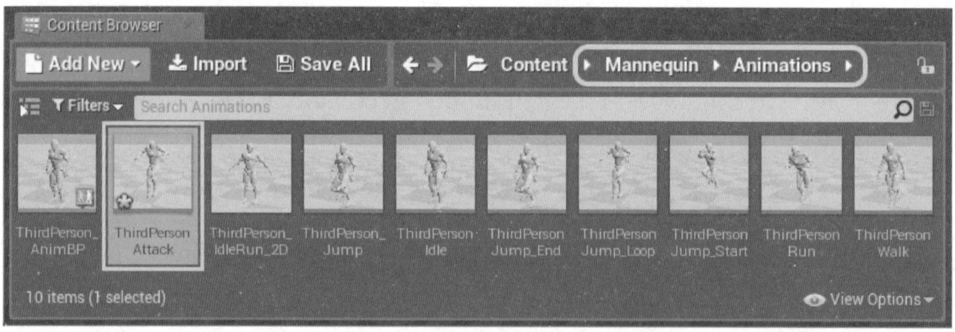

Natürlich steht es dir frei, diese Animation so zu überarbeiten, dass sie für dich eher einer Angriffsposition ähnelt oder gleicht. Oder du erschaffst gleich eine völlig eigene Animation und gibst ihr den Namen `Attack`.

Wenden wir uns nun dem Animation-Blueprint zu.

- Wechsle dazu in den Ordner, in dem das Blueprint liegt (also BLUEPRINTS oder ANIMATIONS). Öffne durch Doppelklick auf das Symbol für ANIM_BLUEPRINT das entsprechende Fenster.

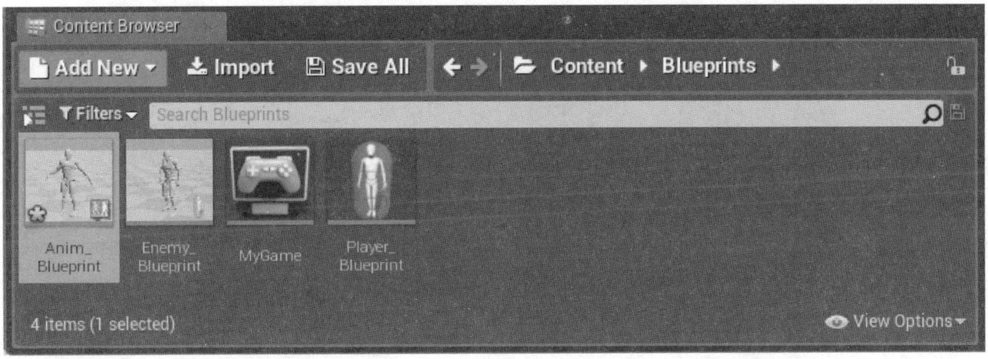

- Schalte dort auf ANIMGRAPH um und klicke dich bis zur LOCOMOTION-Seite durch.

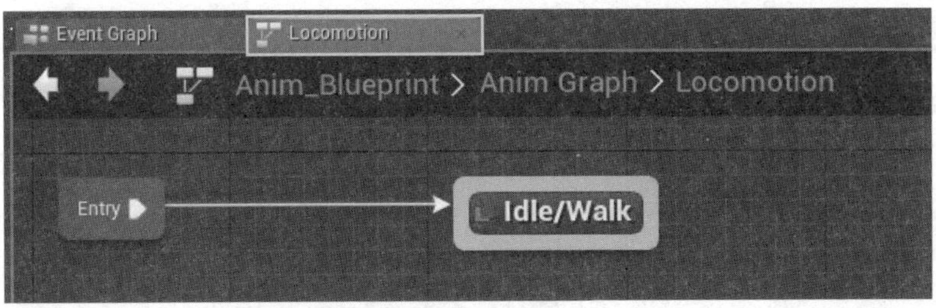

- Ziehe nun von IDLE/WALK aus einen Pfeil nach rechts und wähle im Menü den Eintrag ADD STATE.

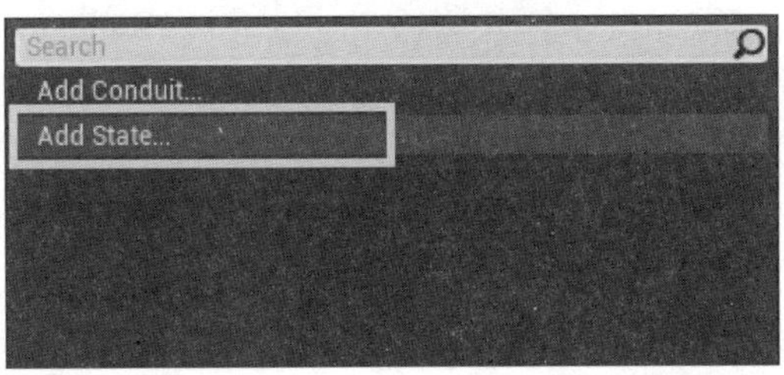

≫ Nenne den neuen State-Knoten `Attack`.

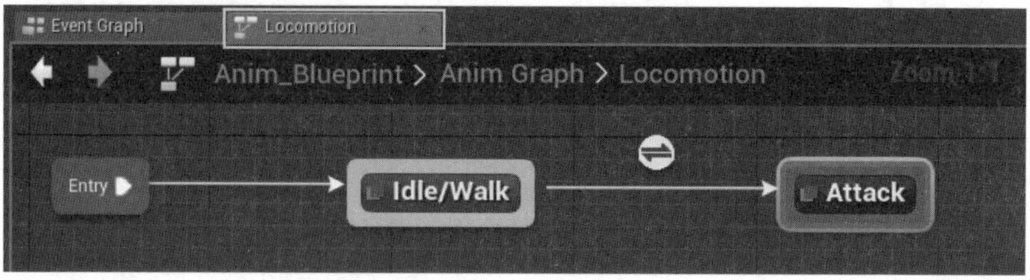

≫ Doppelklicke auf den neuen State-Knoten. Im neuen Bereich fügst du den Knoten für die neue ATTACK-Animation hinzu und verbindest ihn mit dem vorhandenen FINAL-POSE-Knoten.

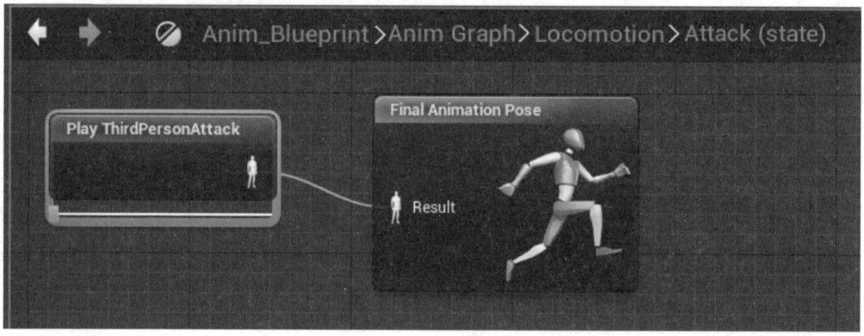

Das kann natürlich nicht so bleiben, wir brauchen jetzt noch eine Bedingung, unter der diese Animation ausgeführt wird.

Dass da noch was fehlt, erkennst du auch an einem **Ausrufezeichen** (!), wenn du das Ganze schon mal kompilierst.

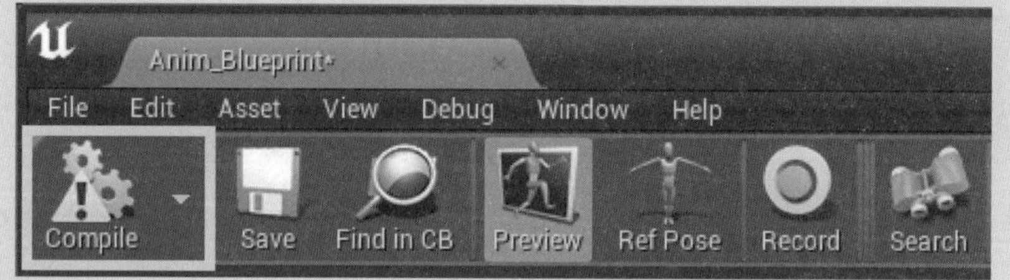

Und ganz unten in einem Fenster mit dem Titel COMPILER RESULTS steht eine Warnung, die darauf hinweist, dass ein Übergang von IDLE/WALK zu ATTACK derzeit (noch) nicht stattfinden kann.

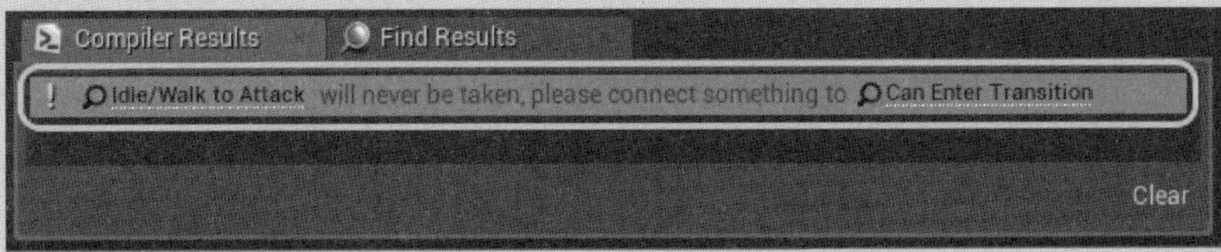

Ohne eine »Eintrittskarte« geht es also nicht.

Zuerst benötigen wir eine Variable, die ich ISATTACKING nennen möchte. Sie soll als Schalter dienen: Bei »On« darf der Enemy attackieren, bei »Off« nicht.

Du erinnerst dich, dass wir schon einmal eine Variable vereinbart haben: SPEED für die Laufgeschwindigkeit. Bei SPEED = 0 steht der Enemy (Idle), bei SPEED > 0 geht er (Walk).

≫ Suche unter dem karierten Feld nach der Schaltfläche MY BLUEPRINT und klicke darauf.

≫ Klicke auf das Plus hinter VARIABLES. Nenne die neue Variable `isAttacking`.

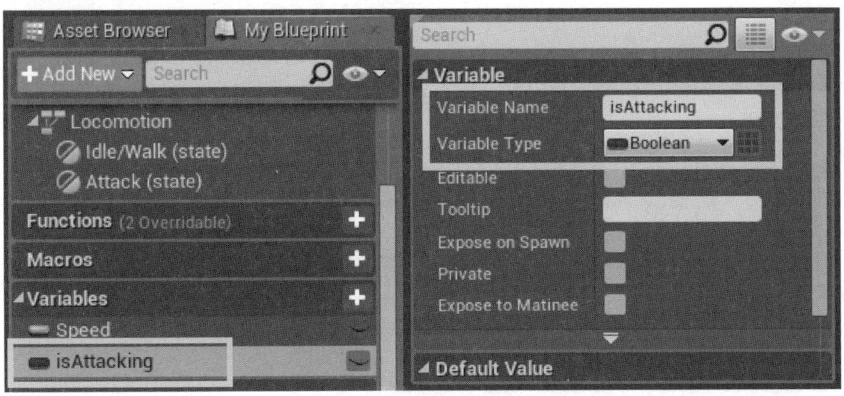

Auch hier brauchen wir den richtigen Typ. Als Schaltvariable soll ISATTACKING nur zwei Werte annehmen (können). Deshalb ist der voreingestellte Typ BOOLEAN genau richtig: Er kann nur die Werte TRUE und FALSE annehmen (was man auch Ein-Aus beziehungsweise auf Englisch On-Off nennen könnte).

Kommen wir jetzt zum Einsatz dieser Variablen.

» Wechsle zum vorigen LOCOMOTION-Bereich. Doppelklicke dort auf das runde Symbol über dem Pfeil, der von IDLE/WALK nach ATTACK zeigt.

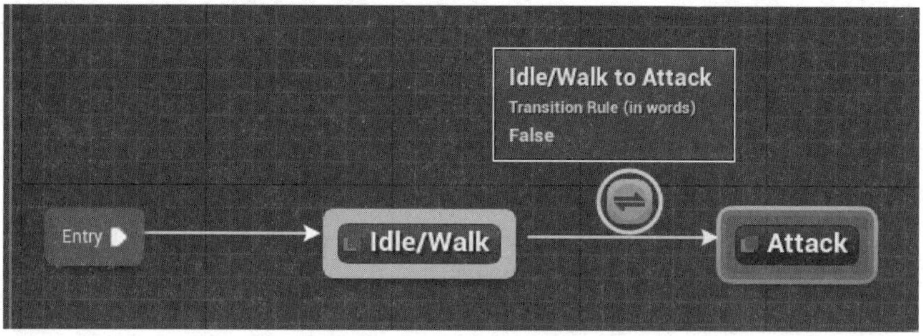

Und du landest in einem neuen Bereich. Es handelt sich hier darum, ein sogenanntes **Transition Rule** aufzustellen, eine Regel, nach der der Übergang (Transition) von IDLE/WALK zu ATTACK stattfinden kann.

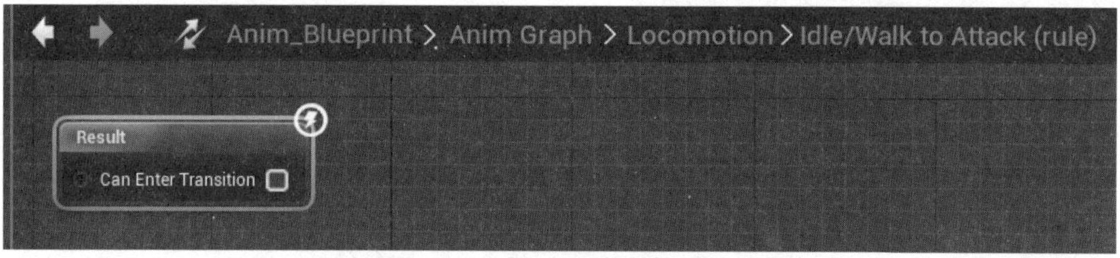

Die Variable ISATTACKING bestimmt, ob die Bedingung CAN ENTER TRANSITION erfüllt ist.

» Schiebe den RESULT-Knoten etwas nach rechts, um links Platz zu haben. Ziehe einen Faden von CAN ENTER TRANSITION und suche nach `isattack`.

- Wähle dann GET IS ATTACKING.

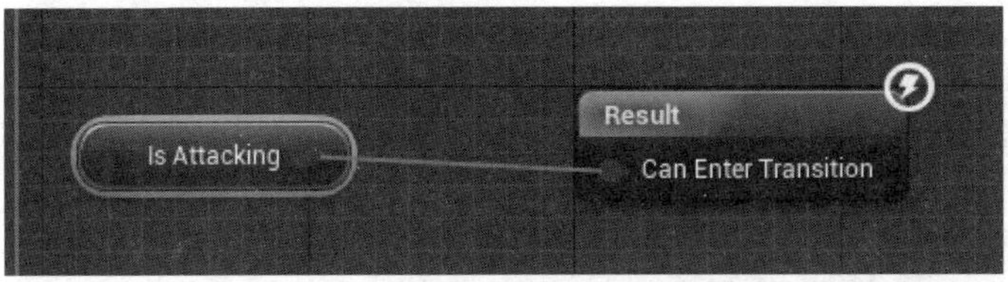

- Kompiliere und speichere das Blueprint, dann schließe das Fenster. Wir kommen später wieder.

Distanzmessung

Damit attackiert werden kann (und die entsprechende Animation abläuft), muss ISATTACKING auf TRUE stehen. Aktuell ist sein Ausgangswert FALSE. Attackieren können soll der Enemy nur, wenn er nah genug am Player ist. Auch dafür brauchen wir eine Variable, die ich DISTANCE nenne.

In diesem Fall ist das Enemy-Blueprint der richtige Platz, um laufend die Distanz zwischen den beiden Kontrahenten zu ermitteln. (Es ginge auch vom Player-Blueprint aus, weil das Animation-Blueprint aber mit dem Enemy verknüpft ist, liegt es näher, sich dort um die Distanz zu kümmern.)

- Öffne das Fenster für das Enemy-Blueprint und suche den bereits vorhandenen EVENT TICK-Knoten im EVENTGRAPH-Feld.

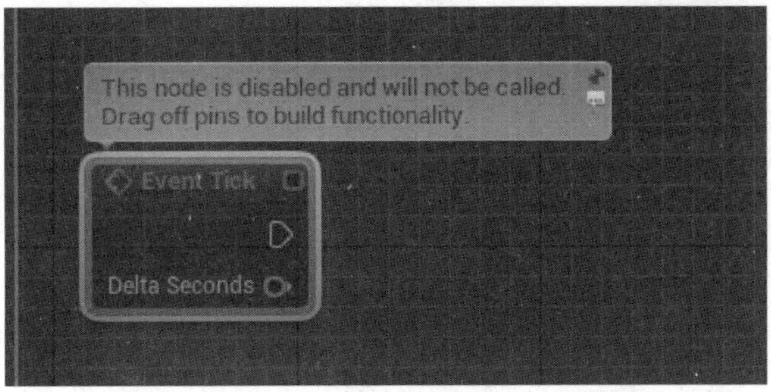

Um die Entfernung zwischen den beiden Figuren ständig kontrollieren zu können, brauchen wir ein Ereignis, das immer wiederkehrt. Und genau das ist das Tick-Ereignis, das viele Male pro Sekunde abgefragt wird. Da hängen wir uns dran.

- Ziehe zuerst einen Faden von diesem Knoten und suche im Menü nach `cast to player`, dann wähle CAST TO PLAYER_BLUEPRINT.

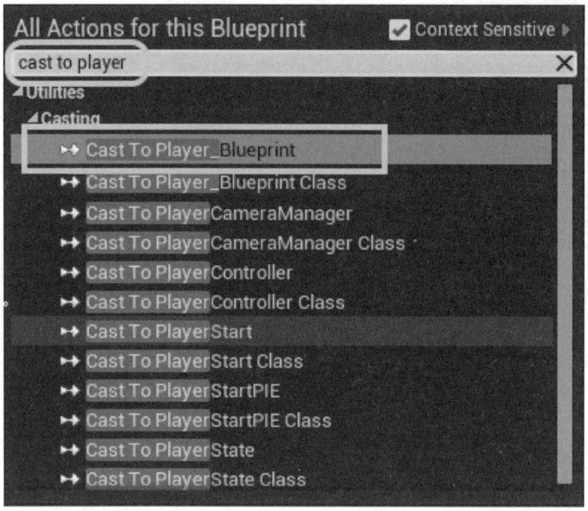

Nun braucht dieser neue Knoten (den du ja schon öfter benutzt hast) eine OBJECT-Verbindung. Und das ist wiederum der Player.

Bei den meisten EVENT-Knoten, die du bisher kennengelernt hast, gab es einen Ausgang, an den sich der OBJECT-Eingang einklinken ließ. Bei EVENT TICK gibt es so etwas nicht. Also brauchen wir einen Extra-Knoten, der eine passende Verbindung herstellt.

- Ziehe also einen Faden vom OBJECT-Eingang und suche nach `player`. Wähle GET PLAYER PAWN (oder GET PLAYER CHARACTER).

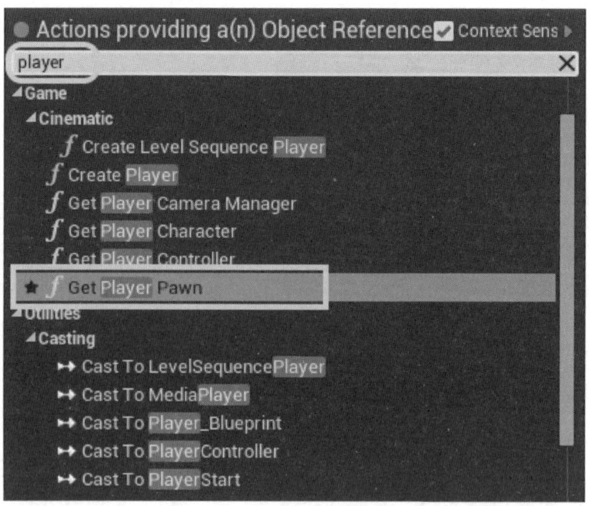

Nun haben wir eine Verbindung, aus der wir die Position des Players ermitteln könnten.

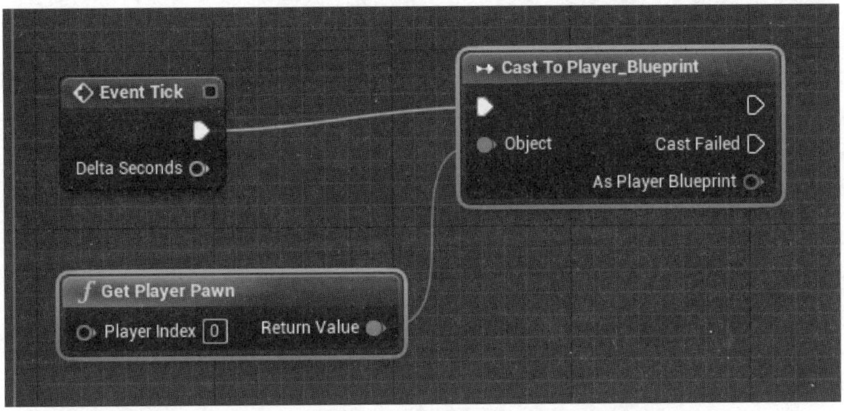

Müssen wir aber gar nicht, denn es gibt einen Knoten, der für uns die Entfernung direkt berechnet. Zuerst aber vereinbaren wir eine neue Variable.

≫ Klicke dazu links unten auf das **Plus** hinter VARIABLES. Dann gib als neuen Namen `Distance` ein.

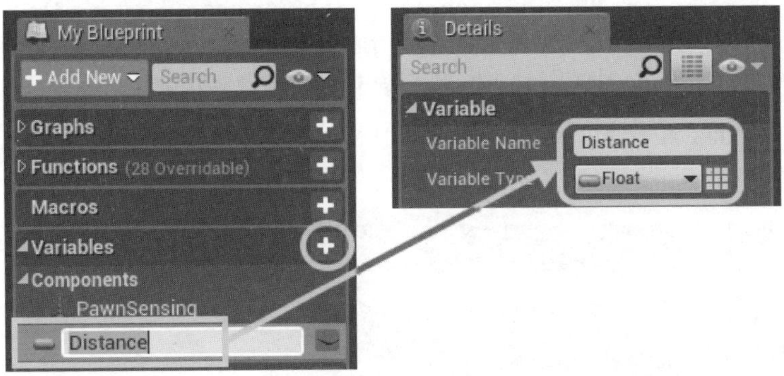

≫ Wechsle nach rechts zum DETAILS-Bereich, sorge dafür, dass hinter VARIABLE TYPE der Typ FLOAT eingestellt ist.

Jetzt erst können wir den GET DISTANCE-Knoten sinnvoll einsetzen.

≫ Klicke mit der rechten Maustaste ins karierte Feld und suche nach `distance to`. Wähle den Eintrag GET DISTANCE TO.

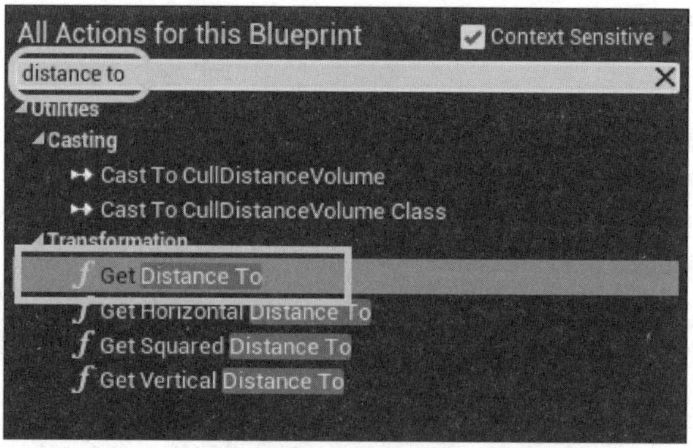

Damit bekommst du den Knoten, der die Entfernung zwischen zwei Objekten misst.

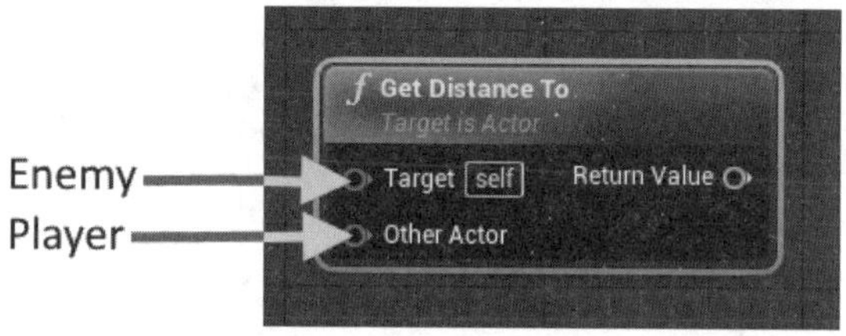

Da wir uns im Enemy-Blueprint befinden, kann der obere Eingang (TARGET) so bleiben, da er bereits mit SELF auf den Enemy eingestellt ist. Aber mit OTHER ACTOR muss der CAST-Knoten für den Player verbunden werden.

- Erledige das zuerst. Dann ziehe von RETURN VALUE einen Faden und suche nach `distance`. Wähle SET DISTANCE.

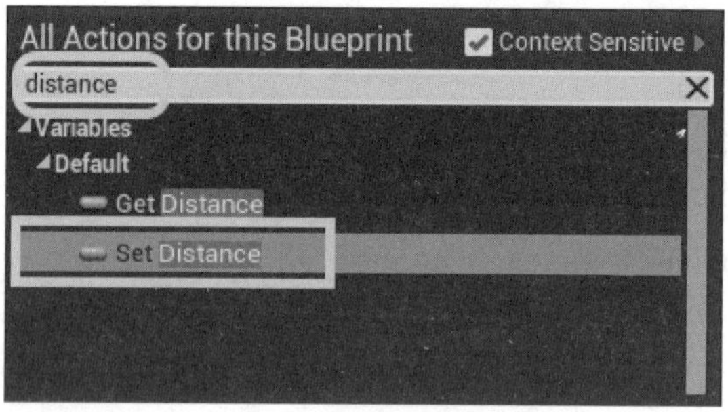

- Verbinde den Hauptausgang (weiß) des CAST-Knotens mit dem Haupteingang des SET-Knotens.

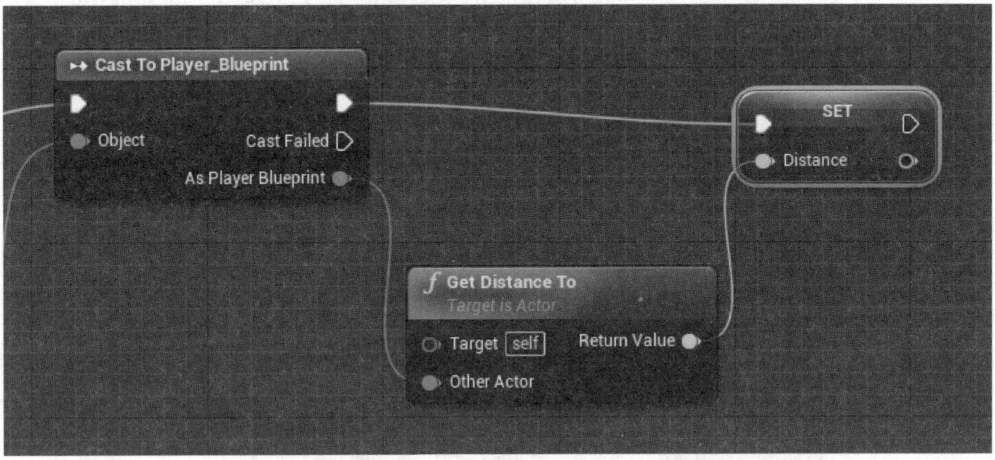

≫ Kompiliere und speichere das Enemy-Blueprint. Dann kannst du das Fenster wieder schließen.

On-Off

Nun muss die Variable DISTANCE für die Animation ausgewertet werden, damit sich ISATTACKING ein- oder ausschalten lässt.

≫ Öffne dazu das Fenster für das Animation-Blueprint. Wechsle zum EVENTGRAPH-Bereich, in dem sich ja schon die »Knoten-Sammlung« für das UPDATE ANIMATION-Ereignis befindet.

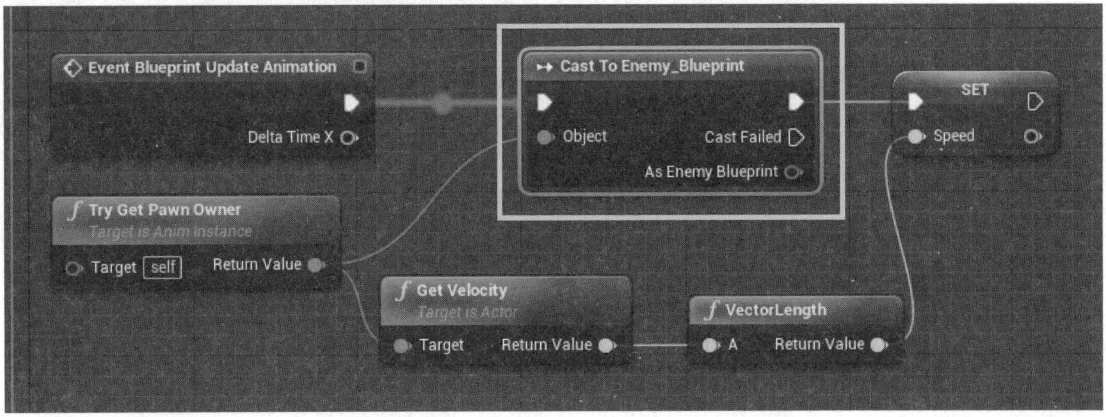

≫ Füge dort nun einen weiteren CAST-Knoten ein, diesmal für das Enemy-Blueprint. Setze die Verbindungen so, dass der neue Knoten zwischen dem EVENT-Knoten und dem SET-Knoten eingeklinkt ist. Verbinde außerdem den RETURN VALUE-AUSGANG des PAWN OWNER-Knotens auch mit dem OBJECT-Eingang des CAST-Knotens.

Damit ist gewährleistet, dass der Datenfluss nicht unterbrochen wird. Nun wollen wir ja auf die DISTANCE-Variable des Enemy-Blueprints zugreifen.

- Ziehe daher einen Faden von AS ENEMY BLUEPRINT und suche im Menü nach `distance`.

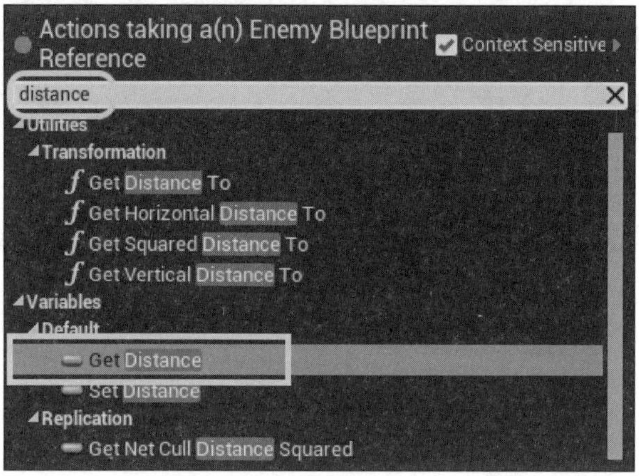

- Wähle dann den Eintrag GET DISTANCE, und du erhältst einen kleinen Variablen-Knoten.

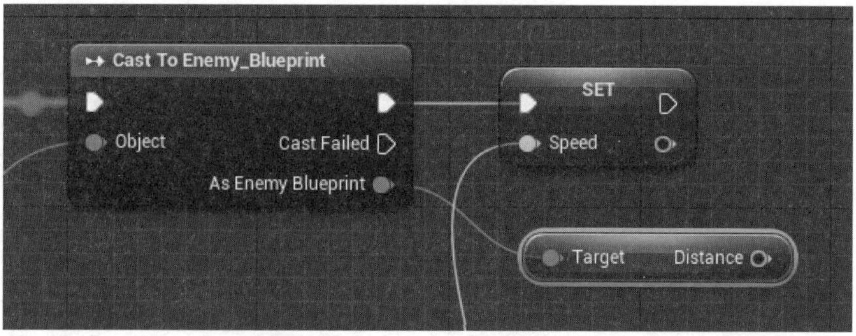

Wie geht es weiter? Der Enemy soll in den Angriffsmodus gehen, wenn er nah genug am Player ist. Also müssen wir vergleichen, es gilt die Bedingung DISTANCE < 200 (wobei ich den Wert übernehme, den ich als Stopp-Distanz für den Enemy festgelegt hatte).

- Ziehe einen Faden vom DISTANCE-Knoten und suche im Menü nach `less` (= kleiner).

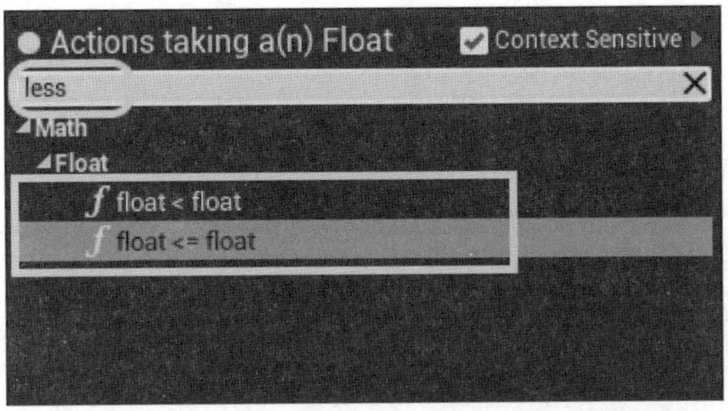

Bei beiden Einträgen werden zwei Dezimalzahlen verglichen, einmal muss die erste Zahl kleiner als die zweite sein, damit eine Bedingung erfüllt ist. Oder die erste Zahl ist kleiner oder gleich.

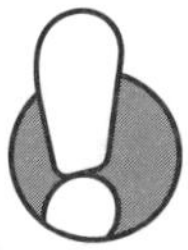

Natürlich gibt es auch einen Vergleichs-Knoten für GREATER (>, >=) oder für EQUAL beziehungsweise NOT EQUAL (==, !=). Solche Knoten lassen sich nur für Zahlen einsetzen. Das Ergebnis eines Vergleichs aber ist immer vom Typ BOOLEAN, also TRUE oder FALSE.

≫ Wähle einen der beiden Kleiner-Einträge.

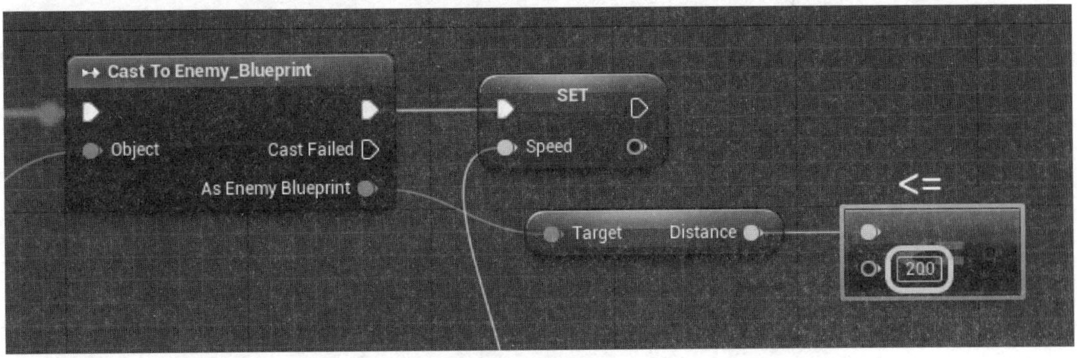

≫ Der erste Vergleichswert im Knoten ist also die Distanz. Gib als zweiten den Wert ein, den du als **Grenzwert** haben möchtest.

Es könnten auch statt wie bei mir 200 zum Beispiel 300 oder mehr cm sein. (Dann würde der Enemy schon im Laufen seinen Angriff beginnen.)

Das Ein- und Ausschalten von ISATTACKING läuft nun so ab:

DISTANCE <= 200	ISATTACKING == TRUE (also »On/Ein«)
DISTANCE > 200	ISATTACKING == FALSE (also »Off/Aus«)

Mit einem letzten Knoten müssen wir also den Wert von ISATTACKING setzen.

» Ziehe vom Vergleichs-Knoten einen Faden, suche im Menü nach `attack` und wähle SET ISATTACKING.

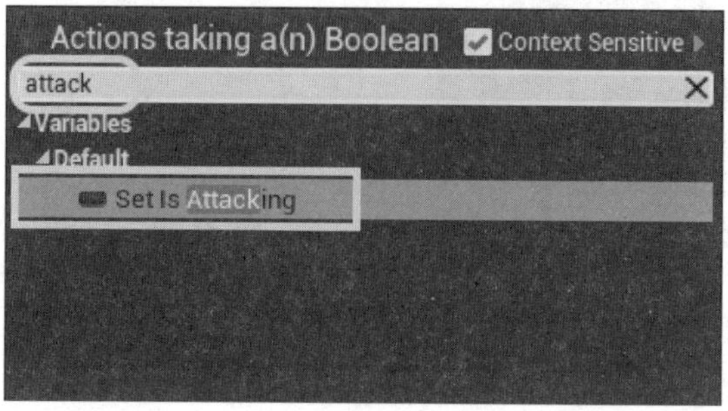

» Verbinde den neuen SET-Knoten unbedingt auch mit dem SET-Knoten für SPEED.

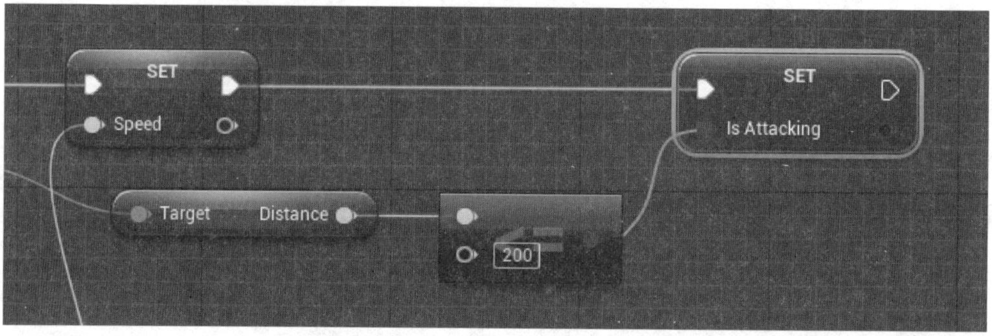

» Und nun solltest du alles kompilieren und speichern. Dann kannst du ausprobieren, was der Enemy wann macht. Wird er aggressiv, wenn er dir nahe genug kommt?

Wobei man in meinem Falle sagen muss: Die ehemalige Jump-Animation wirkt zwar bedrohlich, aber der Enemy erscheint eher wie ein Irrer als wie ein Angreifer. Aber auch Irre können gefährlich sein. Und außerdem lässt sich die Animation ja bearbeiten.

Nun sind wir noch nicht fertig, denn der Enemy bleibt in seiner »irren« Animation hängen. Das liegt daran, dass wir bis jetzt nur einen Weg von IDLE/WALK zu ATTACK gesetzt haben, aber keinen zurück.

» Deshalb wechsle auf die ANIMGRAPH-Seite und klicke dich dort zum LOCOMOTION-Bereich durch.

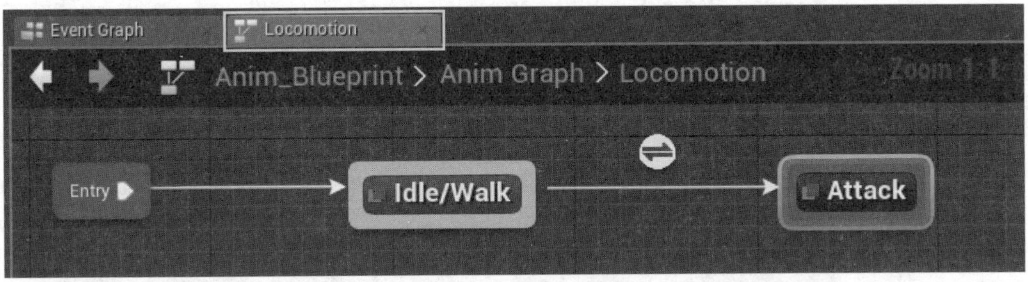

➢ Ziehe nun einen Pfeil von ATTACK zum vorigen Knoten IDLE/WALK. (Das mag nicht ganz einfach sein, eventuell musst du erst eine Richtung nach unten wählen und den Pfeil dann direkt in IDLE/WALK ziehen.)

➢ Doppelklicke jetzt auf das untere Symbol und wechsle damit in den **Transition-Rule**-Bereich.

➢ Ziehe dort einen Faden vom RESULT-Knoten nach links, suche nach `isattack` und wähle GET IS ATTACKING.

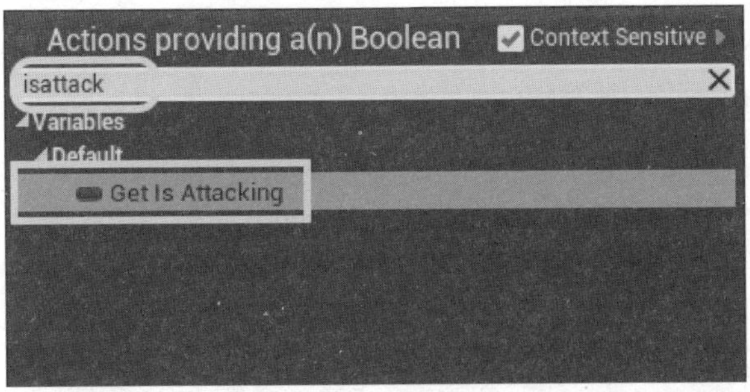

So bleiben kann das nicht, denn um die Angriffs-Animation (wieder) zu verlassen, muss ja ISATTACKING ausgeschaltet sein.

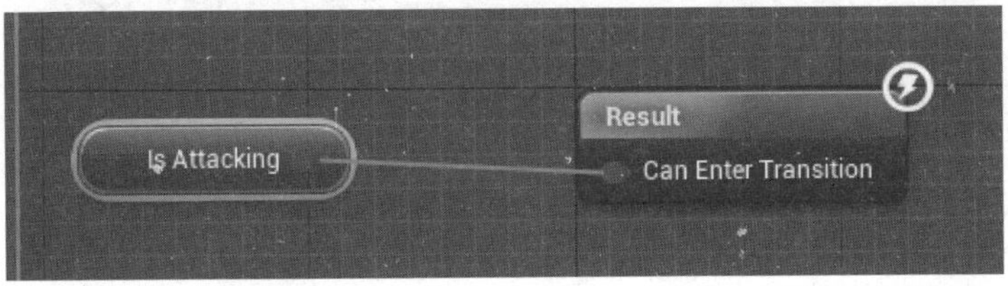

≫ Ziehe also einen weiteren Faden von ISATTACKING und gib als Suchwort `not` ein.

Damit erzeugst du einen Nicht-Knoten, der den Wert einer Boolean-Variablen umkehrt.

≫ Sobald du den NOT-Knoten mit dem RESULT-Knoten verbindest, verschwindet der alte Faden mit der Direktverbindung.

Auch den NOT-Knoten könnte man zur Gruppe der Vergleichs-Knoten zählen, er lässt sich allerdings nur auf einen Wert anwenden, sein Ergebnis ist natürlich auch BOOLEAN. Der NOT-Knoten macht TRUE zu FALSE und umgekehrt.

Nun sind wir fertig, der Enemy kann sich zwischen den verschiedenen Animationszuständen sozusagen frei bewegen (→ MADMAN6).

≫ Kompiliere und speichere das Blueprint, dann schließe das Fenster.

≫ Starte das Spiel und teste, ob alles klappt.

Auch hier kann es angebracht sein, dass der Enemy erst einmal kurz warten und Luft holen sollte, ehe er mit seiner Attacke beginnt. Das lässt sich wieder mit einem DELAY-Knoten regeln:

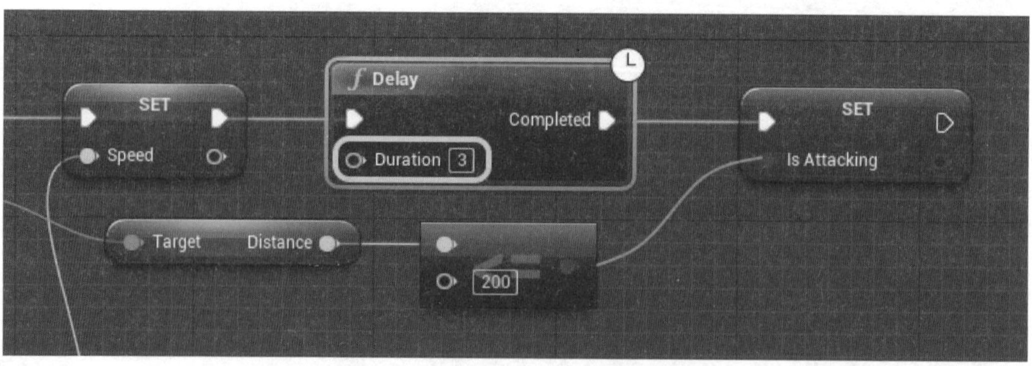

»Fremder« Exkurs

Bleiben wir noch beim Casting. Wir haben vom Enemy-Blueprint auf den Player zugegriffen, und vom Animation-Blueprint aus auf den Enemy. Was ist, wenn wir auch im Player-Blueprint einen Cast zum Enemy herstellen wollen? Zuerst sähe das dann doch so aus – ebenfalls am Beispiel von EVENT TICK:

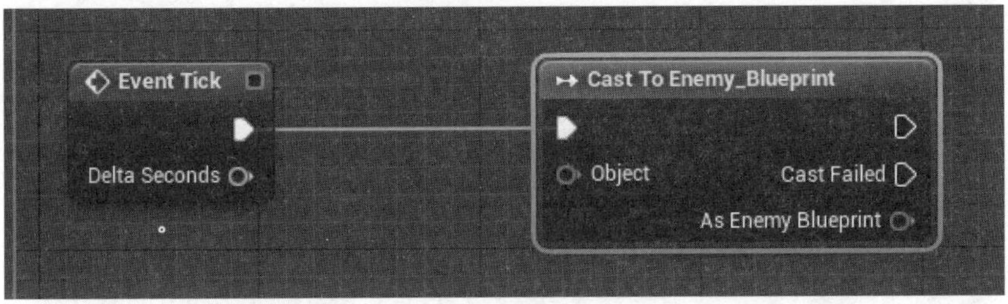

Auch hier brauchen wir eine OBJECT-Verbindung. Leider geht das nicht so einfach wie beim Player:

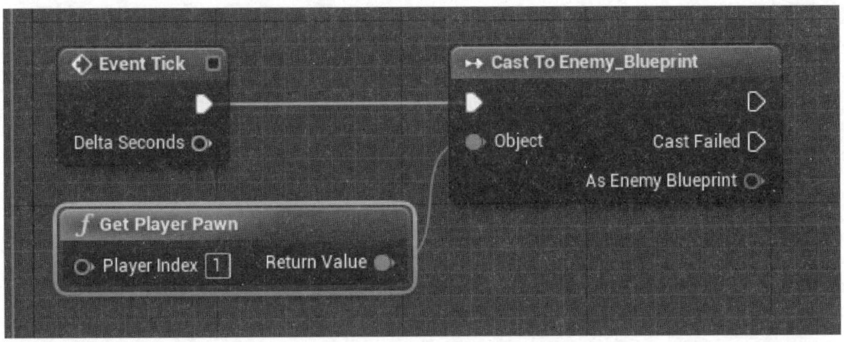

Der Versuch, auch hier einen PLAYER PAWN-Knoten einzusetzen, brachte bei mir zwar keine Fehlermeldung, aber ich bekam keinen Zugriff auf die Variablen des Enemy-Blueprints (auch nicht mit einem anderen PLAYER INDEX: Der Player hatte 0, ich habe es mit 1 versucht).

Erst ein kleiner Umweg bringt uns zum Ziel: Über den Knoten GET ALL ACTORS OF CLASS bekommt man Zugriff auf alle Akteure einer bestimmten Klasse, zum Beispiel CHARACTER (der Klasse, der Player und Enemy angehören). Vielleicht finden wir so unsere OBJECT-Verbindung?

» Klicke mit der rechten Maustaste ins karierte Feld und suche nach `all actors`. Wähle GET ALL ACTORS OF CLASS.

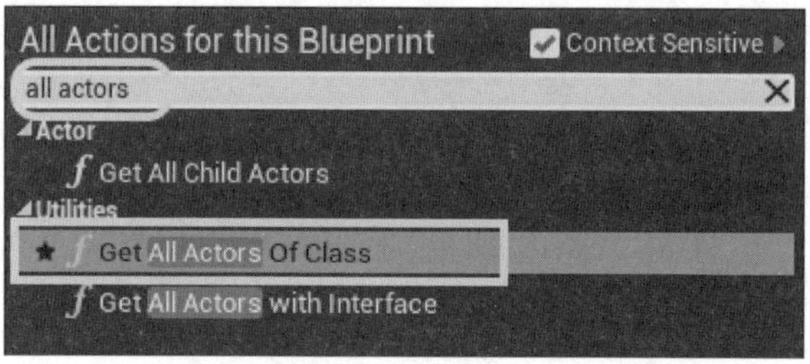

- Löse die Verbindung zwischen dem EVENT- und dem CAST-Knoten und verbinde EVENT TICK mit dem neuen Knoten.

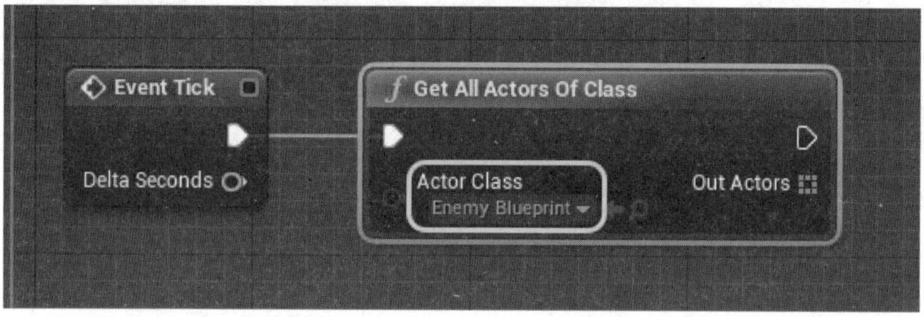

- Nun kannst du für ACTOR CLASS den Typ CHARACTER einstellen. Aber ENEMY_BLUEPRINT geht hier auch.

Damit werden alle Figuren erfasst, die vom Enemy-Typ sind, in unserem Fall ist das nur eine. Wie kriegen wir darauf jetzt Zugriff? Was beim Ausgang OUT ACTORS herauskommt, ist ein sogenanntes Array, also eine Ansammlung aller feindlichen Akteure. Das könnte in einem Spiel ja auch weit mehr als eine Figur sein.

Ein solches Variablenfeldlässt sich nun nicht einfach an den OBJECT-Eingang des CAST-Knotens anbinden. Um aus dem Array ein einzelnes Element herauszugreifen, brauchen wir einen Hilfs-Knoten:

- Ziehe vom oberen Ausgang (weiß) ALL-ACTORS-Knoten einen Faden und suche nach `loop`.

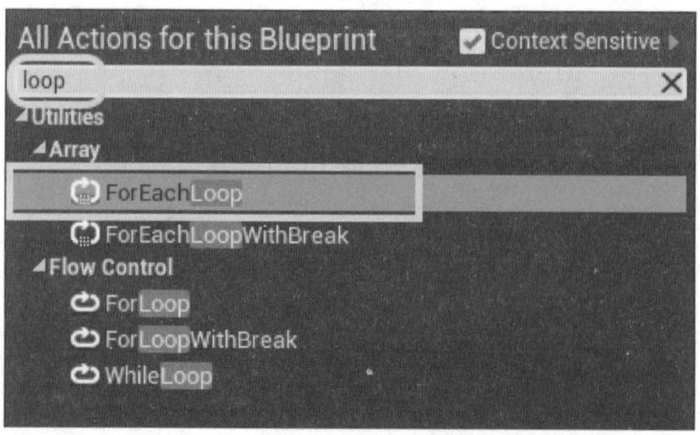

≫ Wähle ForEachLoop und verbinde auch Out Actors (links) mit Array (rechts).

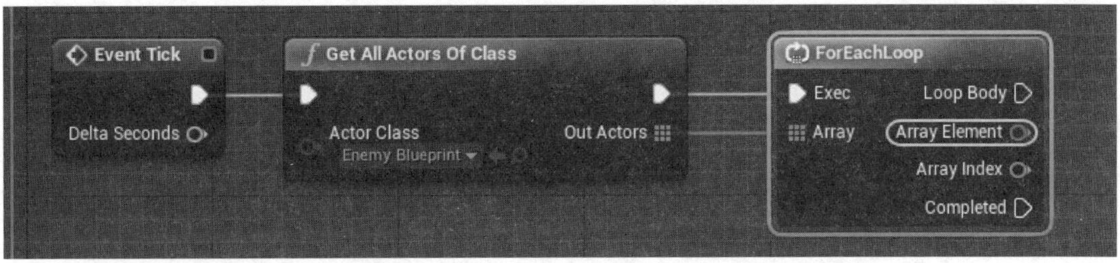

Der Loop-Knoten durchläuft das komplette Array mit allen Akteuren (das hier nur aus einem Enemy besteht) und am Ausgang Array Element lässt sich das abgreifen, was wir für den Object-Eingang des Cast-Knotens brauchen.

≫ Verbinde den Loop-Knoten mit dem Cast-Knoten (weißer Ein-/Ausgang).

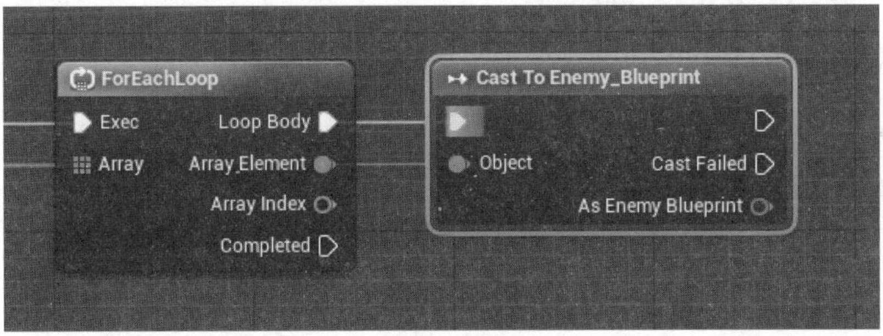

Nun hat man Zugriff auf die Variablen des Enemy-Blueprints. Zum Beispiel, wenn man vom Player aus auf die Verfassung des Enemys Einfluss nehmen will.

Zusammenfassung

Mittlerweile kann sich der Enemy durchaus feindlich verhalten: Bei Berührung wird der Player außer Gefecht gesetzt und eine (mehr oder weniger) passende Animation zeigt, dass der Enemy unfriedlich ist.

Du kennst zwei neue Event-Knoten:

Hit	Ereignis, wenn zwei Objekte sich berühren/treffen
Tick	Ereignis, das viele Male pro Sekunde regelmäßig auftritt

Und du weißt, wie man Aktionen mit einem DELAY-Knoten verzögern kann.

Außer dem Typ FLOAT für Dezimalzahlen kennst du den Typ BOOLEAN, der für Schalt-Variablen geeignet ist. Dazu weißt du, wie man Zahl-Variablen vergleichen und Boolean-Werte umkehren kann:

kleiner (gleich)	gleich | ungleich	größer (gleich)	Umkehrung
less	equal	greater	not
< , <=	==, !=	>, >=	NOT

(In Unreal gilt das doppelte Gleichheitszeichen für »gleich« und die Kombination aus Ausrufezeichen-Gleichheitszeichen als »ungleich«.)

Ein paar Fragen ...

1. Was ist ein Transition Rule?
2. Wie kann man Pausen in Prozesse einbauen?
3. Wie ermittelt man den Abstand zwischen zwei Objekten?
4. Wozu sind Vergleiche gut?

... und eine Aufgabe

1. Ergänze das Spielfeld um einige Objekte, die du verteilst. Mache mindestens eines so flach, dass der Player es erreichen beziehungsweise darauf springen kann (LOCATION-Z sollte größer als 30 sein). Baue das Spiel zuerst mit BUILD, ehe du es startest. Beachte, was passiert, wenn du auf ein solches Objekt ausweichst.

12

Partikelsysteme

Hier geht es weiter mit unserem Gegnerpaar. Der Player ist bis jetzt immer noch wehrlos, aber der Enemy nur bei Direktkontakt wirklich gefährlich. Das Letzte ändert sich hier: Der Enemy bekommt ein sichtbares System, mit dem er den Player so verletzen kann, dass dessen Gesundheit nach und nach schwindet.

In diesem Kapitel lernst du

- wie man Partikelsysteme einsetzt
- etwas über Emitter
- wie man Zahlenvergleiche auswertet
- etwas über Verzweigungen
- den Print-Knoten kennen
- wie sich die Player-Energie verändern lässt

Brenzliges Material

Damit der Feind wirklich gefährlich wird, bekommt er jetzt noch die Fähigkeit, etwas auszusenden, das irgendwie gefährlich ist und aussieht. Das können Strahlen oder Wolken sein, die giftig oder brennend sind, auf jeden Fall sollen sie den, den sie treffen, verletzen (oder töten) können.

Da kommt uns das sogenannte **Partikelsystem** von Unreal gerade recht: Zahlreiche (also auch Abertausende) kleine Teilchen werden erzeugt, um damit Feuer, Explosionen, Wolken, Wassertropfen und viele andere Effekte zu simulieren. Und mit solch einem (selbst gemachten) Partikelsystem werden wir jetzt den Enemy ausstatten.

Man kann es ohne Extra-Material erstellen, wenn man die Standard-Vorgabe benutzt; wünscht man aber mehr Gestaltungsmöglichkeiten, sollte man eigenes Material einsetzen.

≫ Besorge dir also zuerst eine Textur, die ein Feuer oder eine Explosion oder etwas Ähnliches darstellt. Achte darauf, dass der Hintergrund als **transparent** gespeichert wird (am besten im PNG-Format).

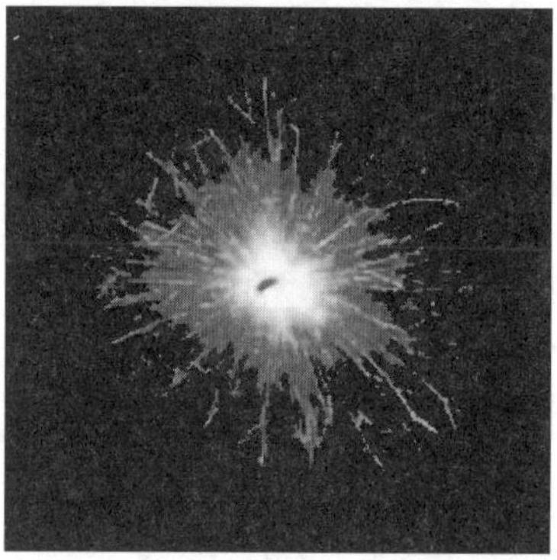

≫ Erzeuge mit dieser Textur ein Material.

Im Material-Fenster gibt es dann noch einiges einzustellen. Beginnen wir mit dem DETAILS-Bereich.

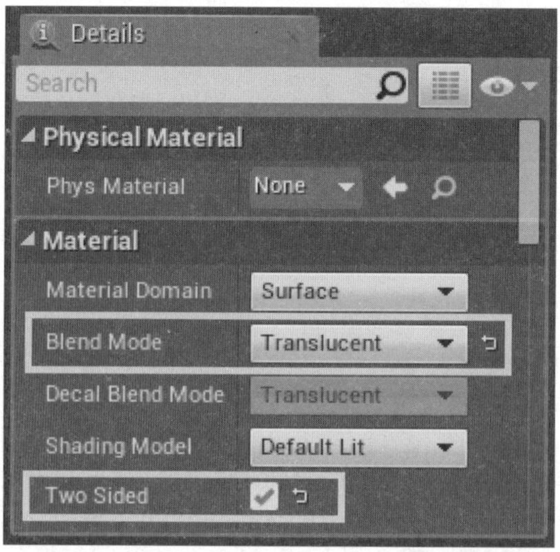

≫ Sorge dort dafür, dass BLEND MODE auf TRANSLUCENT (= durchsichtig) eingestellt ist und dass hinter TWO SIDED ein Häkchen steht.

≫ Wechsle dann zum Graphen-Bereich und verbinde dort den unteren Ausgang des Textur-Knotens (links) mit dem OPACITY-Eingang des Material-Knotens (rechts).

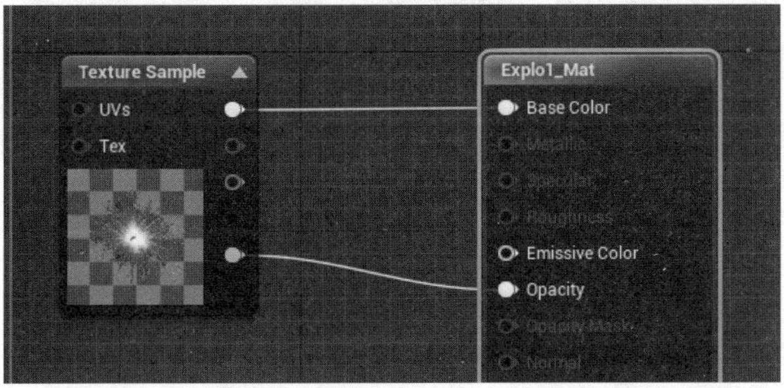

Vielleicht erinnerst du dich: Der untere Ausgang ist zuständig für den Alpha-Wert, der die **Transparenz** bestimmt, die drei (farbigen) Ausgänge darüber für die Grundfarben Rot, Grün und Blau.

Mit OPACITY ist übrigens die Undurchsichtigkeit oder Deckkraft von Farben gemeint.

≫ Speichere das Material-Blueprint und schließe dann das Fenster.

Nun haben wir ein Material, das wir dem Enemy quasi als Waffe zur Verfügung stellen, damit er den Player damit »bombardieren« kann.

≫ Als Nächstes klickst du im CONTENT BROWSER auf ADD NEW und wählst im Menü den Eintrag PARTICLE SYSTEM.

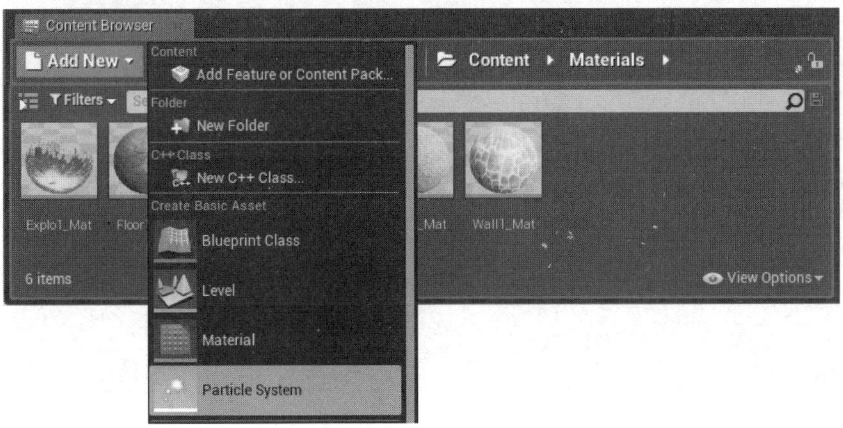

≫ Benenne es gleich um zum Beispiel in DeathRay.

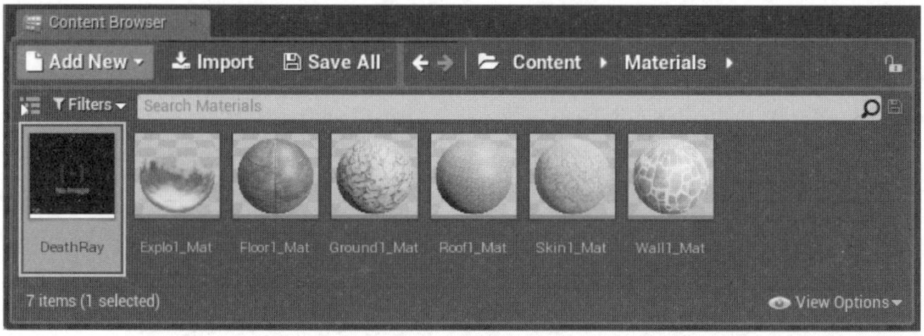

≫ Doppelklicke auf das Symbol, um das zugehörige Editor-Fenster zu öffnen.

Dort kannst du links im VIEWPORT-Bereich schon etwas vom Partikelsystem sehen, das Ganze ist aber noch sehr mickrig.

Emitter

Um daran etwas zu ändern, kümmern wir uns jetzt um das, was unter EMITTERS steht.

Emitter sorgen für die Effekte eines Partikelsystems. So lässt sich zum Beispiel unter REQUIRED das eingesetzte Material festlegen sowie wichtige Basis-Einstellungen vornehmen, in anderen Effekt-Modulen kann man Menge, Größe, Richtung und Geschwindigkeit der Partikel einstellen. Klickst du mit der rechten Maustaste in den EMITTERS-Bereich, kannst du über ein Menü zahlreiche weitere Emitter hinzufügen und so das Partikelsystem fast beliebig erweitern.

- Klicke als Erstes auf REQUIRED (gelb). Sorge dafür, dass im DETAILS-Fenster unter EMITTER der MATERIAL-Bereich zu sehen ist.

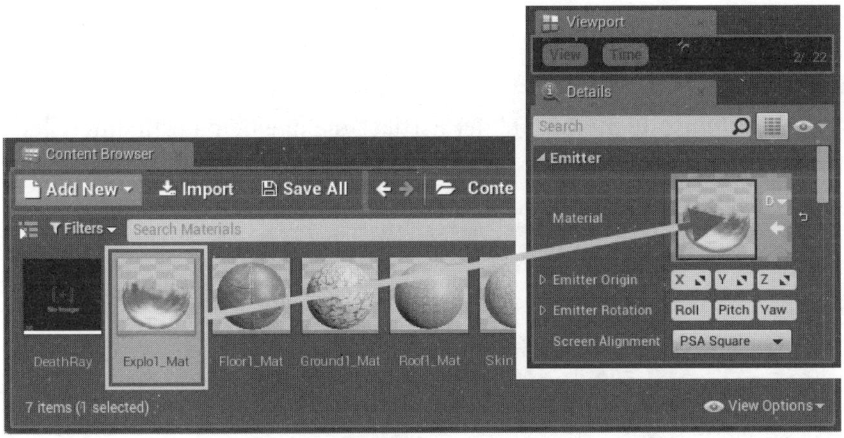

- Dann ziehe aus dem CONTENT BROWSER das Symbol für dein neues Material (Explosion/Feuer) in das Feld dahinter.

Du bemerkst im VIEWPORT-Fenster eine Änderung, aber es ist und bleibt mickrig, was da zu sehen ist.

- Klicke jetzt unter EMITTERS auf SPAWN.

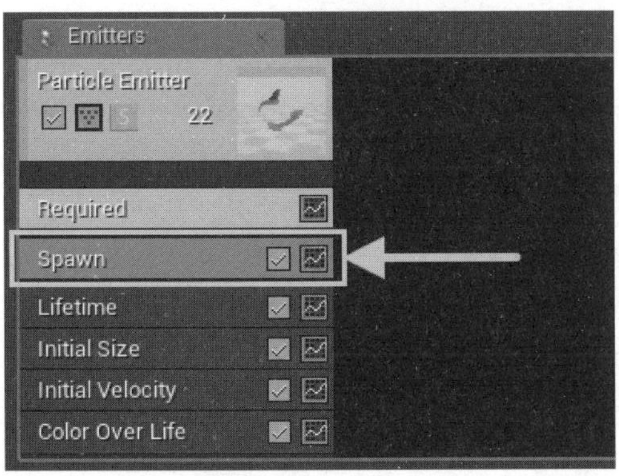

Im DETAILS-Fenster interessiert uns jetzt nur der Bereich SPAWN. Damit lässt sich das Erzeugen der Partikelmenge beeinflussen.

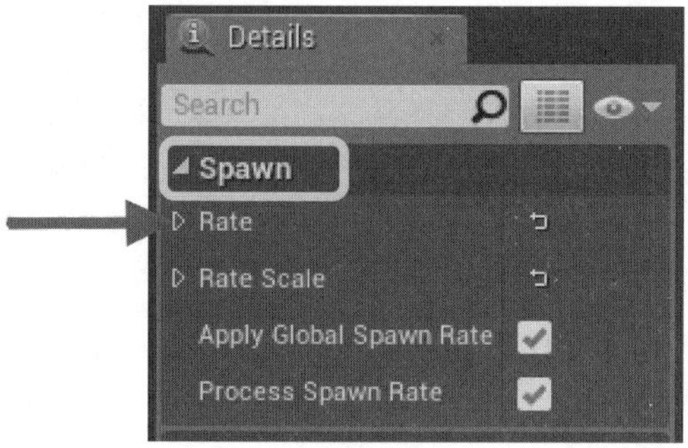

- Klicke auf das kleine Dreieck vor RATE und darunter auf das Dreieck vor DISTRIBUTION.

Hier bestimmst du die Anzahl der Partikel, die in einem bestimmten Zeitraum erzeugt werden.

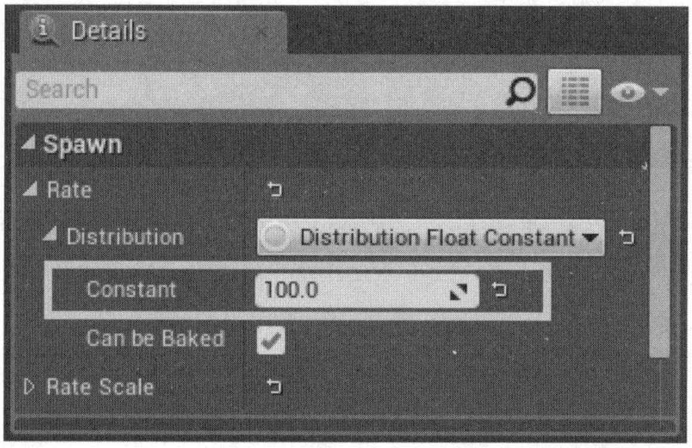

- Stelle unter CONSTANT einen Wert deutlich größer als 30 oder 50 ein (zum Beispiel 100). Kontrolliere im Fenster darüber, wie dein Partikelsystem aussieht.

Das wäre erst mal eine Minimaleinstellung. Aber es gibt ja noch mehr Emitter, mit denen du experimentieren kannst und solltest:

LIFETIME	Lebenszeit der Partikel in Sekunden, Auftauchen und Verschwinden
INITIAL SIZE	Startgröße der Partikel (fest oder zufällig in einem bestimmten Min-Max-Bereich)
INITIAL VELOCITY	Startgeschwindigkeit (fest oder zufällig in einem bestimmten Min-Max-Bereich)
COLOR OVER LIFE	Farbeinstellungen für die Partikel pro Lebenszeit

Ich habe bei meinem Partikelsystem nur Veränderungen bei LIFETIME und INITIAL SIZE (Lebenszeit und Größe) vorgenommen:

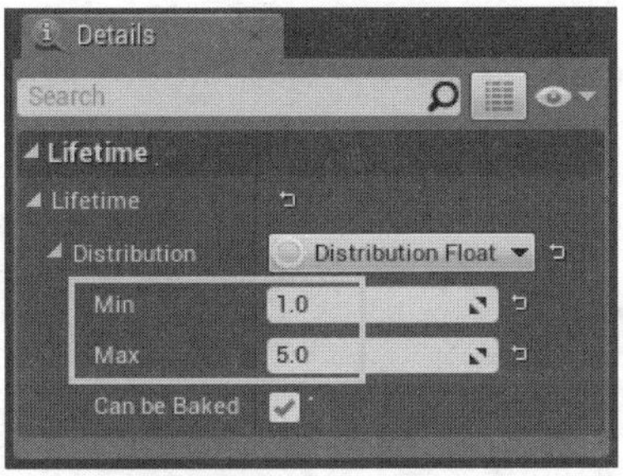

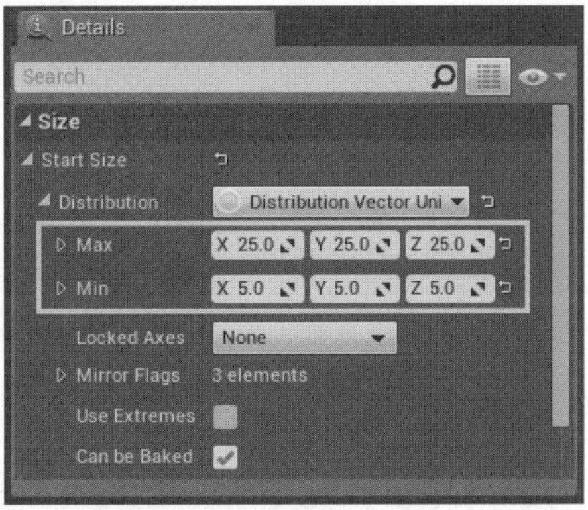

≫ Probiere meine Einstellungen aus, passe sie an deine Bedürfnisse an. Wenn dein Partikelsystem dir (ganz gut) gefällt, dann speichere erst einmal alles. Und schließe das Partikel-Fenster. Später lässt sich ja alles noch beliebig ändern.

Einsatz des Todesstrahls

Kommen wir zum Einsatz des »DeathRay«-Systems.

≫ Öffne das Enemy-Blueprint und klicke links oben im COMPONENTS-Fenster auf +ADD COMPONENT. Wähle im Menü deinen Eintrag PARTICLE SYSTEM aus.

≫ Achte darauf, dass die neue Komponente markiert ist. Wenn du willst, kannst du das Partikelsystem in `DeathRay` umbenennen. Wechsle nun nach rechts ins DETAILS-Fenster und suche dort den Bereich PARTICLES.

≫ Dann ziehe das Partikelsystem aus dem CONTENT BROWSER in das Feld hinter TEMPLATE.

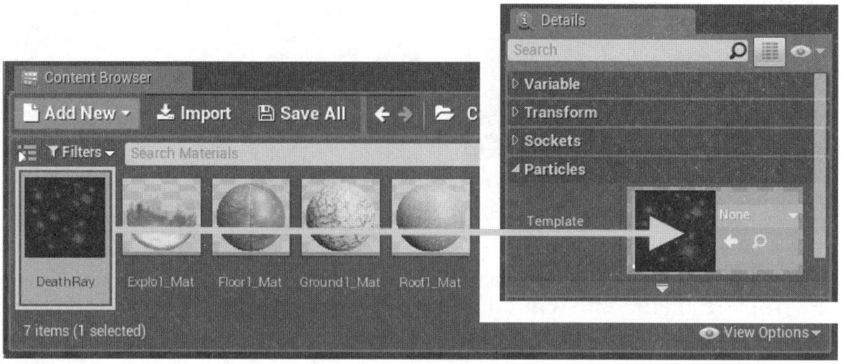

Du kannst ja spaßeshalber mal das Spiel starten. Dann wirst du sehen, dass die Feindfigur im Moment nur »feurig dampft«, und das ständig. Wir wollen aber, dass das Partikelsystem nicht von unten nach oben verläuft, sondern vom Enemy zu einem möglichen Ziel. Und das nicht die ganze Zeit.

≫ Also justiere die DEATHRAY-Komponente im TRANSFORM-Bereich so, dass sie in Kopfhöhe beginnt und erst mal horizontal verläuft.

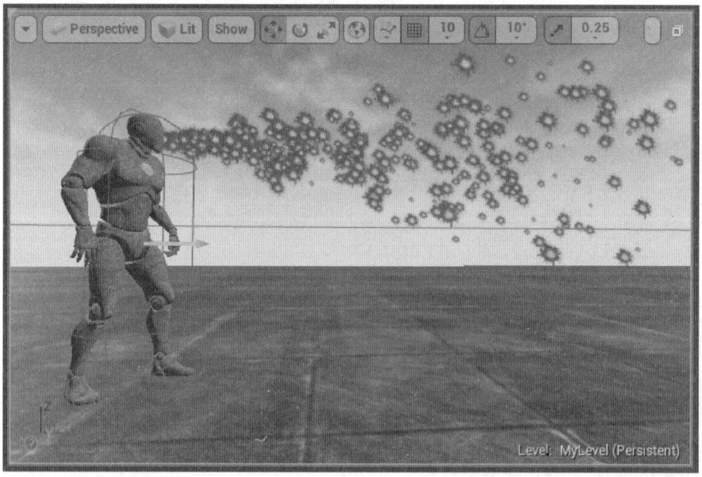

≫ Dann kompiliere das Enemy-Blueprint und speichere es.

Vielleicht sieht es gefährlich aus, aber für den Player ist das Partikelsystem immer noch völlig harmlos. Zuerst jedoch sollten wir uns darum kümmern, dass das System nicht die ganze Zeit »brennt«, sondern sich je nach Lage ein- und ausschalten lässt.

Deshalb muss dafür gesorgt sein, dass das Partikelsystem nicht beim Spielstart automatisch aktiviert wird.

≫ Suche also im DETAILS-Fenster (ganz weit unten) bei ACTIVATION nach dem Eintrag AUTO ACTIVATE und entferne das Häkchen dahinter. (Die Komponente DEATHRAY muss markiert sein!)

Und nun erweitern wir das Blueprint im EVENTGRAPH-Teil um ein paar Knoten: und zwar in dem Bereich, der mit dem ONSEEPAWN-Ereignis startet.

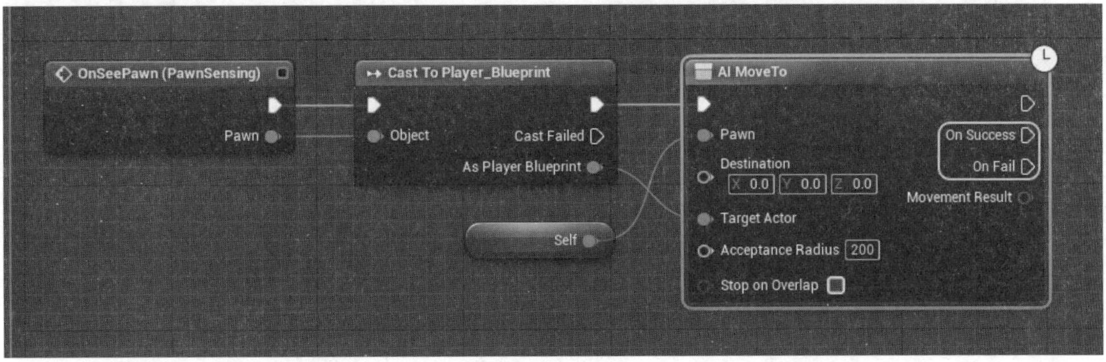

Da geht es ja darum, dass sich der Enemy dem Player nähert (in meinem Fall bis auf zwei Meter). Gelingt ihm das, tritt der Fall ON SUCCESS ein, andernfalls ON FAIL (= Misserfolg). Im ersten Fall soll das Partikelsystem aktiviert werden, im zweiten Fall deaktiviert.

- Ziehe vom Ausgang ON SUCCESS einen Faden und suche nach `activate`. Wähle den Eintrag ACTIVATE (DEATHRAY) – wenn bei dir das Partikelsystem so heißt.

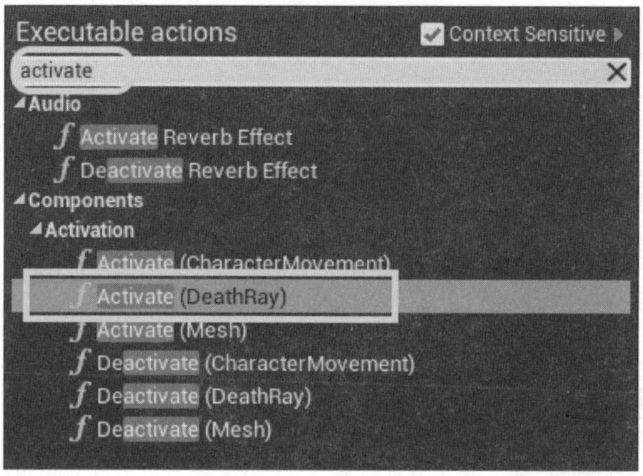

Gleich zwei Knoten werden erzeugt, außer dem Aktivierungs-Knoten noch einer für die Partikel-Komponente.

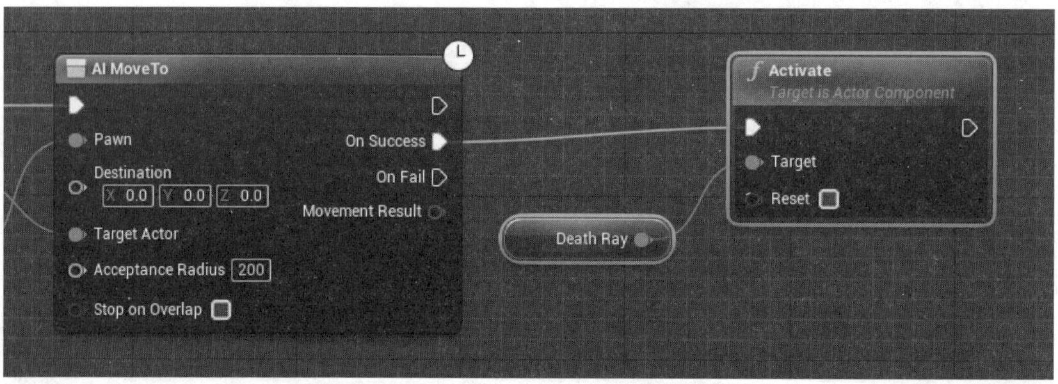

- Wiederhole das Ganze jetzt für ON FAIL und suche diesmal nach `deactivate`, dann bekommst du den Eintrag DEACTIVATE (DEATHRAY) angeboten.

Nun wird allerdings ein zweites Mal ein Komponenten-Knoten erzeugt.

- Den kannst du löschen (musst es aber nicht). Wenn du ihn löschst, verbinde den TARGET-Eingang des DEACTIVATE-Knotens mit dem schon vorhandenen DEATH RAY.

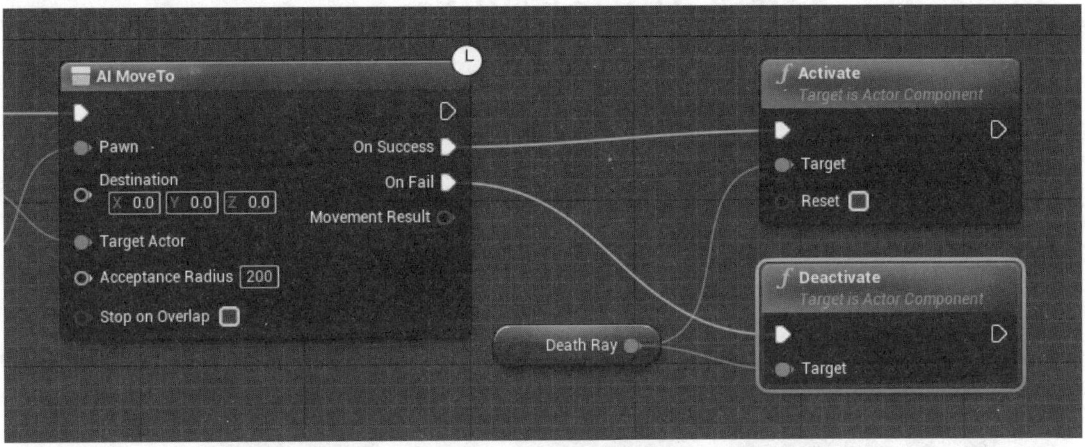

≫ Kompiliere und speichere das Ganze. Dann kannst du das Enemy-Fenster erst mal wieder schließen.

Und nun heißt es ausprobieren, was passiert.

≫ Starte also das Spiel und laufe dem Enemy in den Sichtbereich, lasse dich verfolgen und warte dann, was passiert, wenn der Kerl sich vor dir aufplustert (→ MADMAN8).

Normalerweise pumpt der Enemy sofort seine giftigen Partikel in die Luft. Man kann diesen Ausstoß aber hinauszögern, indem man einen DELAY-Knoten dazwischenschaltet:

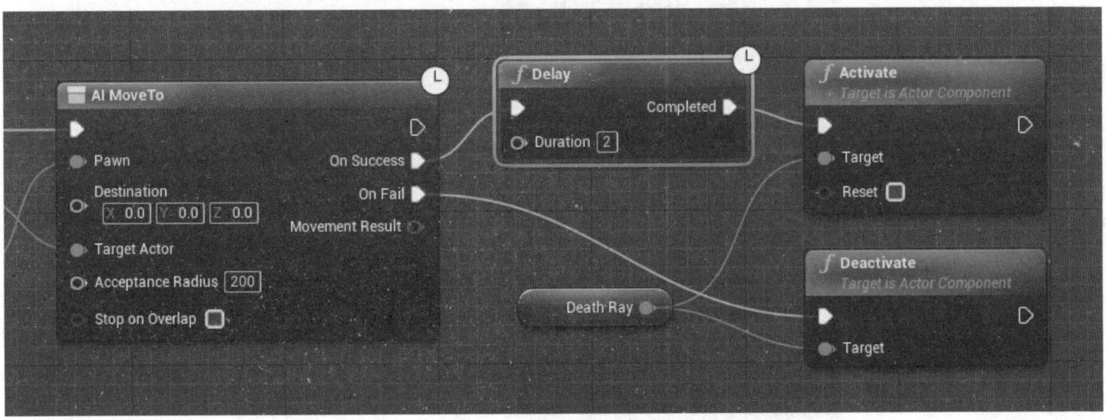

Auf Kollisionskurs

Nachdem sich das Partikelsystem je nach Lage der Dinge ein- und ausschaltet, soll es auch Auswirkungen haben, wenn es mit dem Player in Berührung kommt. Dazu müssen wir es um zwei Emitter erweitern:

- Öffne das Partikelsystem-Fenster und klicke dort mit der rechten Maustaste in den Bereich unter der EMITTERS-Liste.

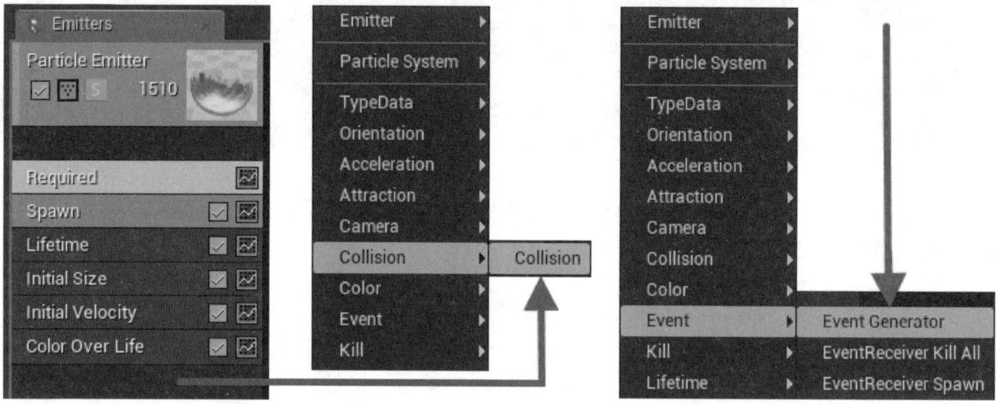

- Wähle im Menü den Eintrag COLLISION und direkt dahinter noch mal COLLISION. Anschließend wähle im selben Menü EVENT und EVENT GENERATOR.

Nun müssen wir in den neuen Emittern noch ein paar Einstellungen vornehmen.

≫ Markiere zuerst das Element COLLISION, dann suche links im DETAILS-Fenster den Bereich COLLISION TYPES und stelle dort PAWN ein. Damit wird die Kollision auf eine Spielfigur eingestellt.

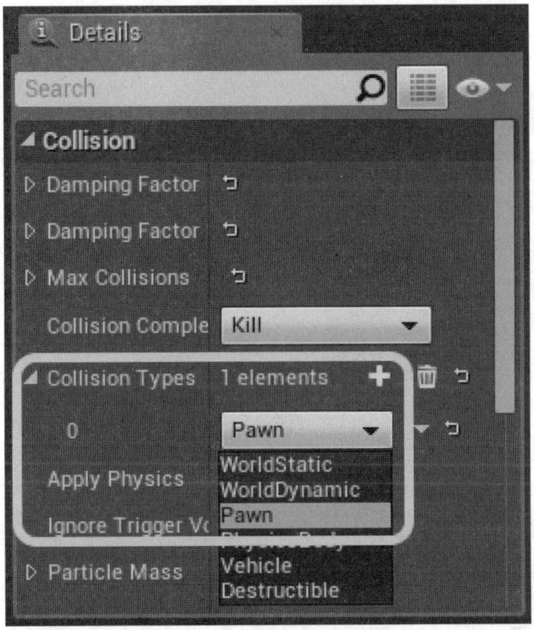

≫ Als Nächstes markierst du den EVENT GENERATOR. Klicke im DETAILS-Fenster auf das kleine **Plus** hinter EVENTS.

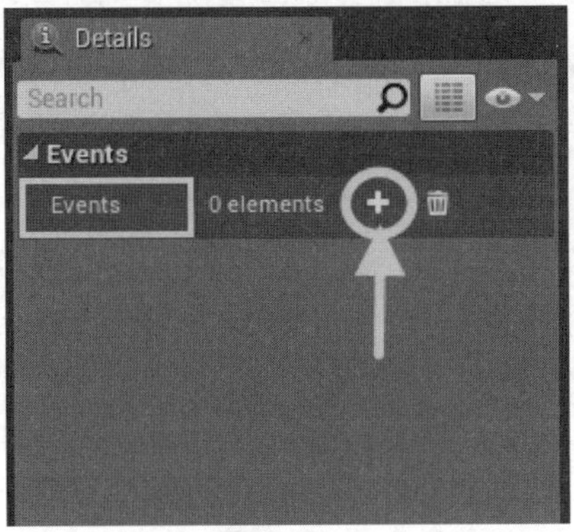

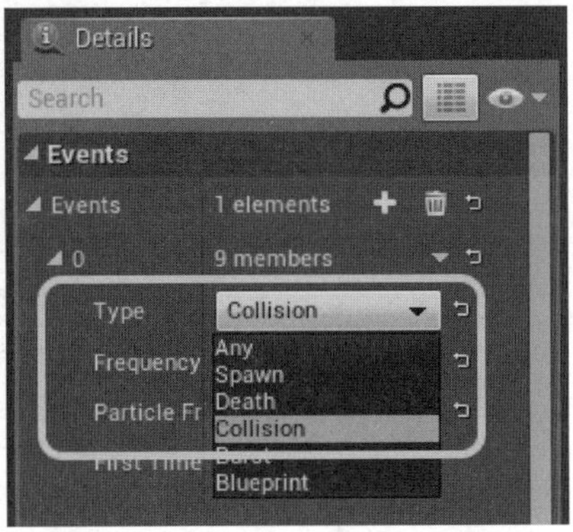

≫ Dann wähle für TYPE den Typ COLLISION.

≫ Vergiss nicht, das Ganze zu speichern. Dann kannst du das DEATHRAY-Fenster schließen.

Passieren kann erst etwas, wenn wir das im Enemy-Blueprint entsprechend programmiert haben.

≫ Dort suchst du dir einen freien Platz im karierten Feld. Es geht wieder um ein neues Ereignis. Markiere rechts im COMPONENTS-Bereich den Eintrag DEATHRAY.

≫ Klicke dann mit der rechten Maustaste ins karierte Feld und suche nach `collide`.

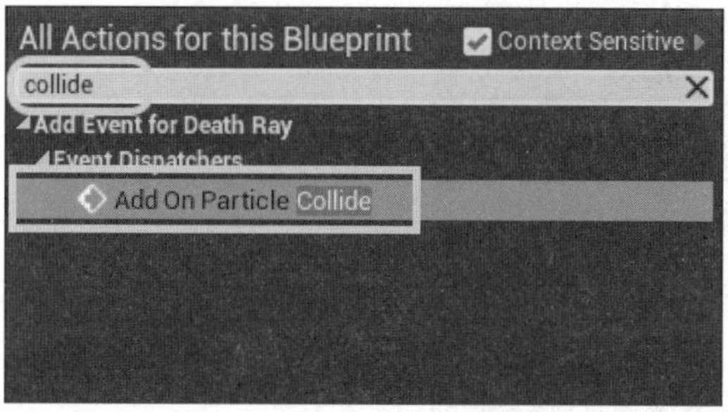

≫ Wähle den Eintrag ADD ON PARTICLE COLLIDE. (Ein Event, auch wenn das Wort nicht im Namen vorkommt.)

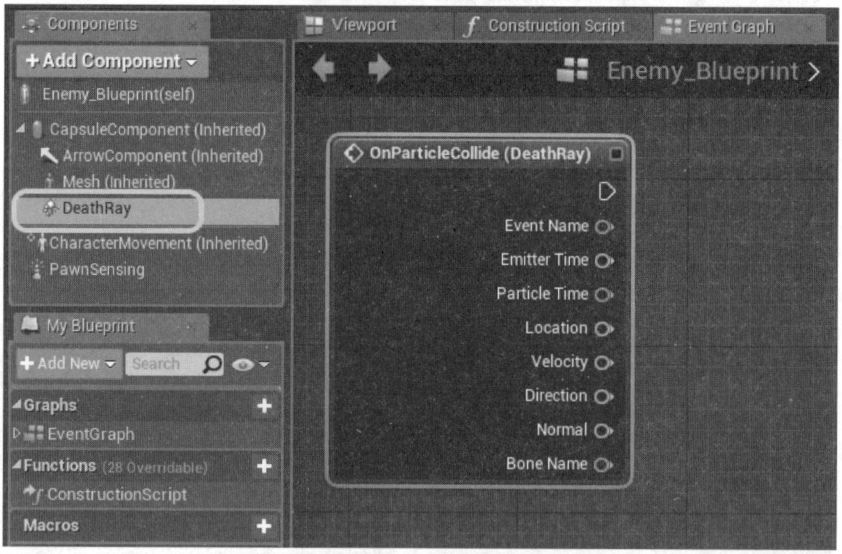

Das neue Ereignis reagiert nun, wenn das Partikelsystem mit einer Spielfigur kollidiert. Natürlich nur mit einer, deren Komponente es nicht ist. Hier geht es um den Player.

≫ Ziehe also oben vom (weißen) Hauptausgang einen Faden, suche nach `cast to player` und wähle CAST TO PLAYER_BLUEPRINT.

≫ Ergänze das Ganze durch einen weiteren Knoten namens GET PLAYER PAWN oder GET PLAYER CHARACTER. Verbinde den (RETURN VALUE) dann mit dem OBJECT-Eingang des CAST-Knotens zu einer dir schon bekannten Konstellation.

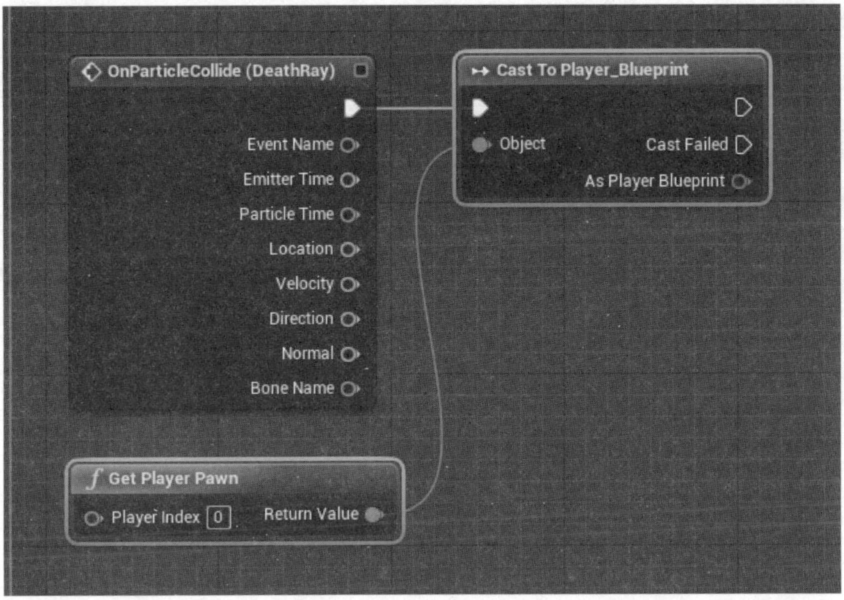

Es geht jetzt darum, zu ermitteln, ob der Player der von der Kollision Betroffene ist. Dazu benötigen wir dessen Position.

≫ Klicke mit der rechten Maustaste ins karierte Feld, suche nach `get location` und wähle GETACTORLOCATION.

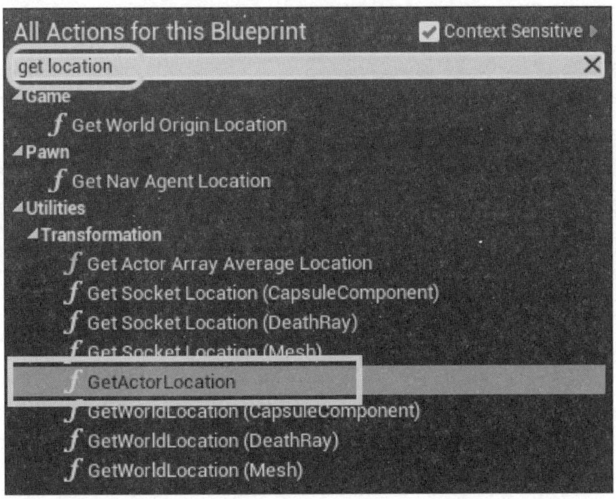

≫ Verbinde AS PLAYER BLUEPRINT (links) mit TARGET (rechts).

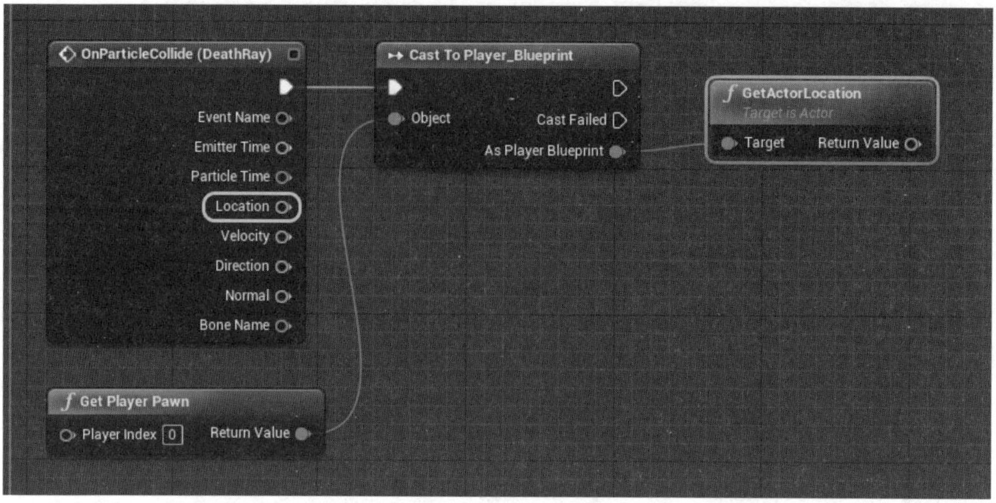

Die Position der kollidierenden Partikel finden wir am LOCATION-Ausgang des Event-Knotens.

True oder False

Nun müssen wir beide Positionen vergleichen, um festzustellen, ob die Partikel den Player treffen.

≫ Ziehe von RETURN VALUE des Knotens für die Player-Position (ACTOR-LOCATION) einen Faden und suche nach `equal`.

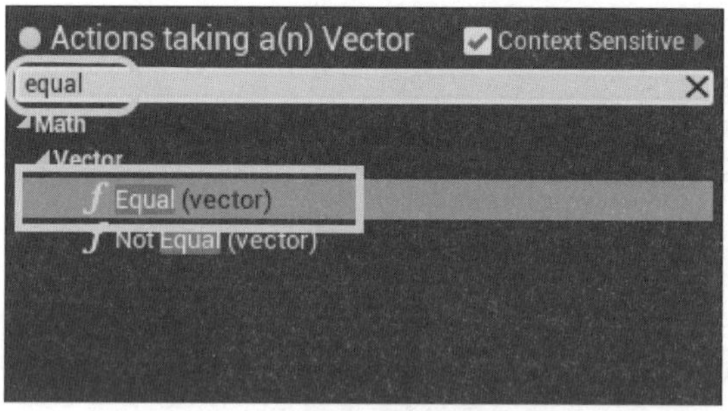

≫ Der Vergleichs-Knoten EQUAL (VECTOR) ist genau richtig, denn die beiden Positionen sind ja Vektoren. Verbinde den neuen Knoten auch mit dem LOCATION-Ausgang des ONPARTICLECOLLIDE-Knotens.

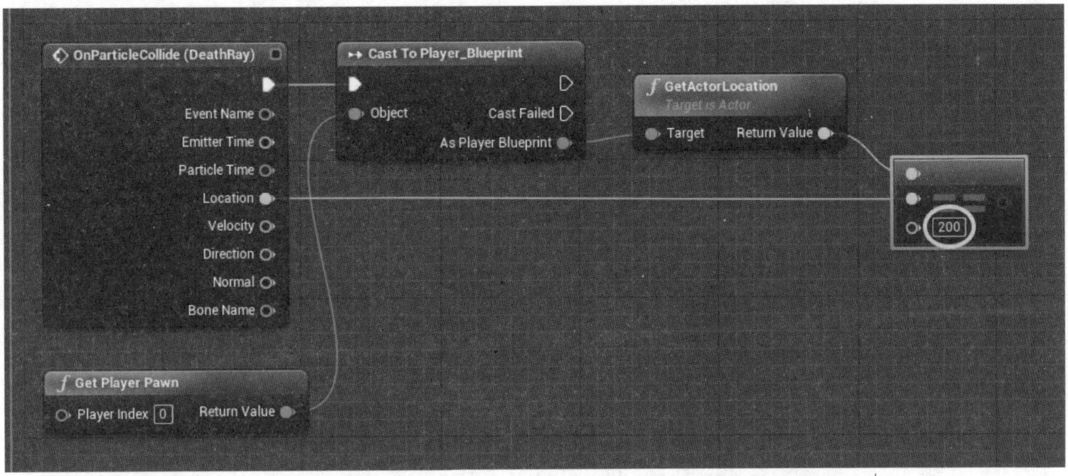

In dem neuen Vergleichs-Knoten gibt es eine Möglichkeit, die **Fehlertoleranz** einzustellen. Weil die beiden Positionen wahrscheinlich niemals genau gleich sein werden, gibt es einen Umkreis von zum Beispiel zwei Metern, in dem die Gleichheit (EQUAL) gültig ist. (Ich habe einfach mal den Abstand vom Player genommen, den der Enemy bei mir minimal haben darf.) Für die Auswertung der Bedingung brauchen wir einen BRANCH-Knoten, man kann auch sagen: eine **Verzweigung**.

≫ Ziehe also einen Faden vom Ausgang des Vergleichs-Knotens und suche nach `branch`. Wähle den gleichnamigen Eintrag.

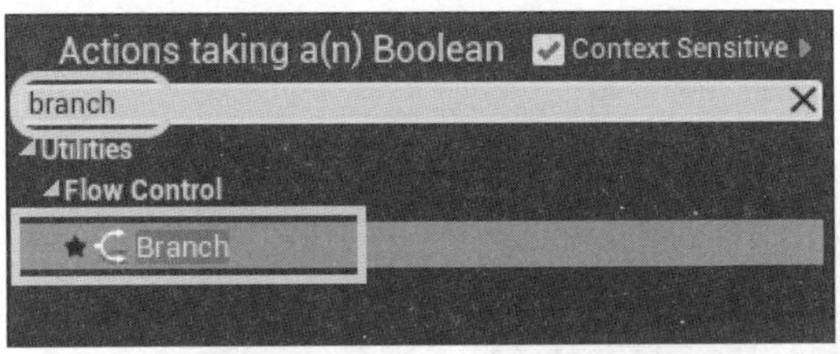

≫ Verbinde den neuen Knoten mit dem CAST-Knoten. (Die Verbindung verläuft dann hinter dem Knoten für GETACTORLOCATION vorbei.)

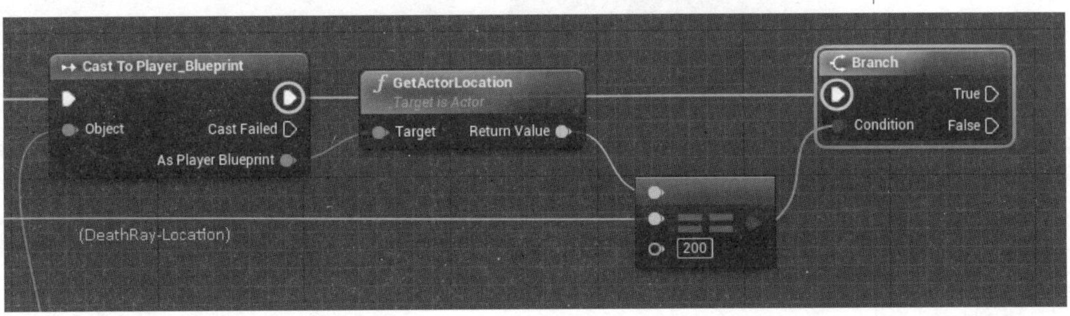

Der BRANCH-Knoten hat nun die Ausgänge TRUE und FALSE. Letzterer ist für uns unwichtig, denn nur wenn die Bedingung erfüllt ist, dass die Partikel den Player berühren, dann soll etwas passieren, sonst nichts.

Auch hier ist der Typ, der für die Abfrage einer Bedingung (CONDITION) benutzt wird, BOOLEAN. Ist eine Bedingung erfüllt, ergibt sich der Wert TRUE, ist sie nicht erfüllt, kommt FALSE heraus.

Verzweigung oder Zweig (BRANCH) wird das Ganze deshalb genannt, weil es wie eine Abzweigung am Ende eine Straße ist: Je nach Lage fahre ich links oder rechts weiter.

Nun muss geklärt werden, was genau passieren soll, wenn die DEATHRAY-Wolken den Player berühren. Man könnte einfach den gleichen »Todesfall« eintreten lassen wie schon bei der direkten Berührung mit dem Player. Aber wäre es hier nicht besser, wenn der Player erst mal nur verletzt werden kann und nicht gleich stirbt?

Dazu bräuchten wir eine Variable, die den Gesundheitszustand des Players speichert. Bei einem Kontakt mit den Strahlen des Enemys wird dieser um einen bestimmten Wert heruntergezählt. Ist er 0, dann stirbt der Player.

Es wird also Zeit, sich wieder mal das Player-Blueprint vorzunehmen.

- Öffne das zugehörige Fenster. Suche links unten den Eintrag VARIABLES und klicke auf das **Plus** dahinter. Dann gibt als neuen Namen `Health` ein.

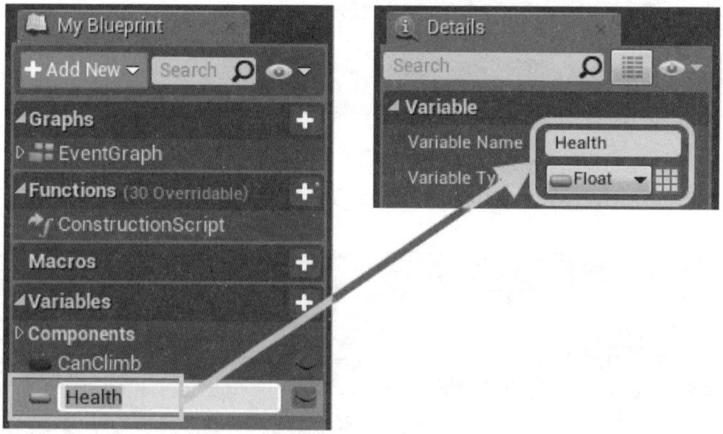

- Wechsle nach rechts zum DETAILS-Bereich, sorge dafür, dass hinter VARIABLE TYPE der Typ FLOAT eingestellt ist.

Diese Variable beginnt beim Spielstart mit dem Wert 0, was aber in unserem Fall heißt: Der Player ist bereits tot. Daher müssen wir der Variablen HEALTH einen passenderen Startwert geben. Ich schlage 100 vor (= 100 % Gesundheit).

Das geht zum einen im DETAILS-Fenster (ganz unten). Dort kannst du bei DEFAULT VALUE einen Wert eingeben.

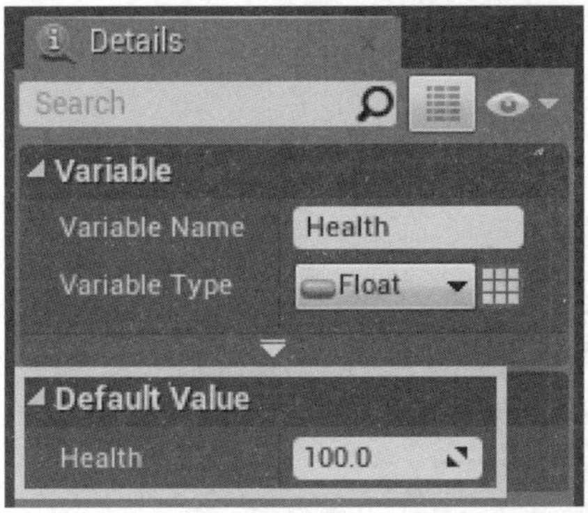

Ich möchte dir aber noch eine andere Möglichkeit zeigen, wie man beim Spielstart über einen Event-Knoten zum Beispiel Variablen-Werte setzen kann:

- Suche im EVENTGRAPH-Bereich den von Anfang an vorhandenen Knoten EVENT BEGINPLAY. Ist er nicht (mehr) da, musst du ihn neu erzeugen.

- Ziehe von diesem Knoten einen Faden und suche im Menü nach `health`, dann wähle SET HEALTH.

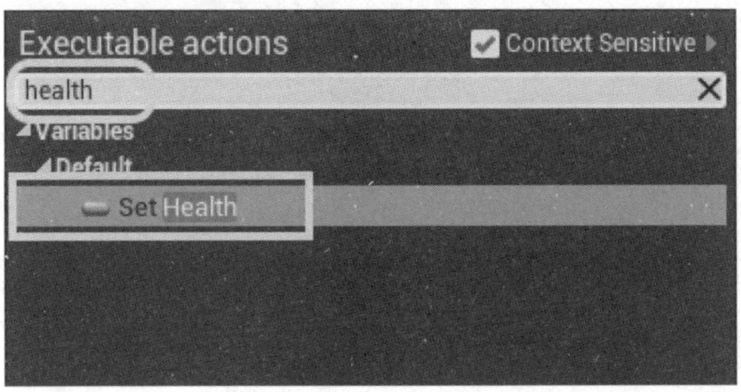

Alternativ dazu kannst du auch den Eintrag HEALTH unter VARIABLES ins karierte Feld ziehen. Dann klickst du im Mini-Menü auf SET.

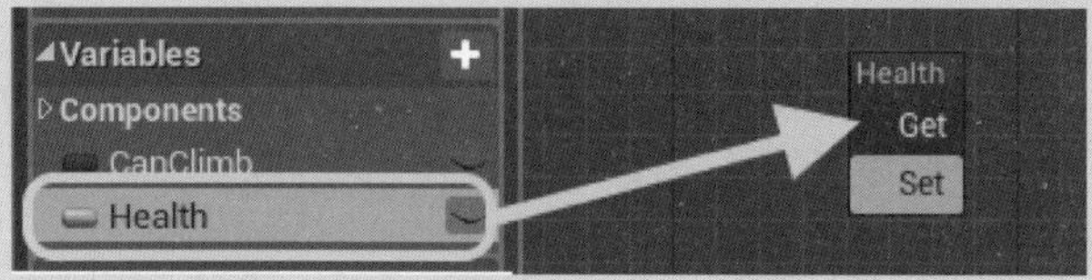

≫ Gib im Set-Knoten hinter HEALTH `100` ein.

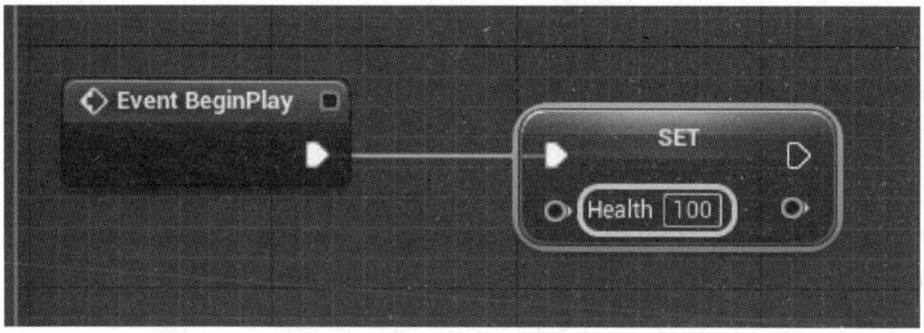

Nun wird bei jedem Spielstart die Gesundheit des Players auf »voll« gesetzt.

Wenn du den Wert einer Variablen wie zum Beispiel HEALTH während des Spiels überprüfen willst, gibt es ein interessantes Hilfsmittel: den PRINT-Knoten. Der lässt sich in einen beliebigen Event-Graphen »einklinken« und zeigt dann auf dem Bildschirm und/oder in einem Extra-Fenster etwas an.

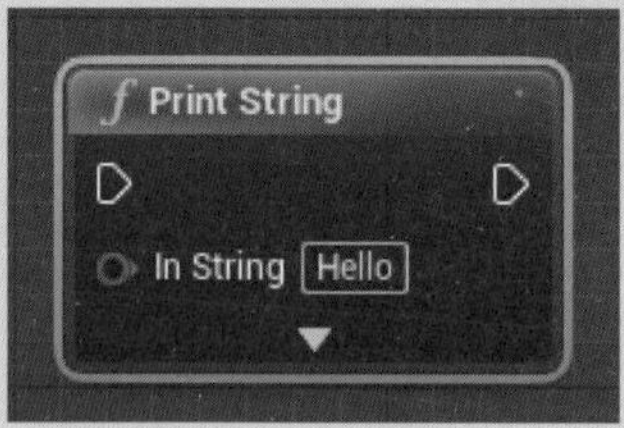

Du bekommst diesen Knoten, wenn du im Blueprint-Menü nach `print string` suchst.

Benutzt du den Knoten einfach so, dann zeigt er den Gruß »Hello« an. Aber wenn man den Eingang IN STRING mit dem Ausgang eines Variablen-Knotens verbindet, bekommt man deren Wert angezeigt.

Ich habe das TICK-Ereignis (das war gerade frei) benutzt, um damit regelmäßig den HEALTH-Wert des Players anzuzeigen.

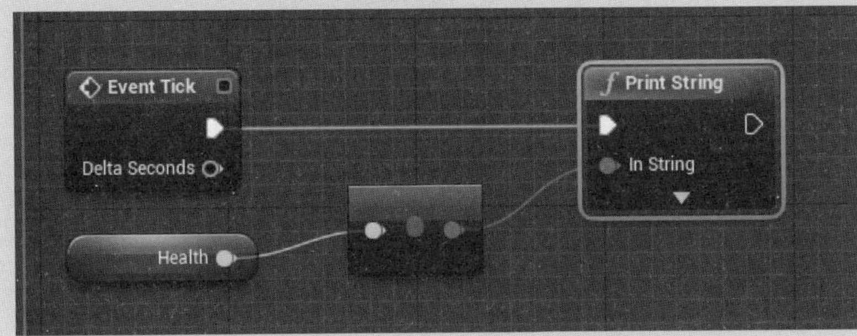

Der (automatisch) dazwischengeschaltete Knoten wandelt eine Zahl (FLOAT) in einen String um. Ein STRING ist eine Zeichenkette, besteht also eigentlich vor allem aus Buchstaben und Ziffern. Damit kennst du nun neben BOOLEAN und FLOAT einen weiteren Variablentyp.

Das zusätzliche Fenster heißt OUTPUT LOG und lässt sich über WINDOW → DEVELOPER TOOLS → OUTPUT LOG dazuschalten.

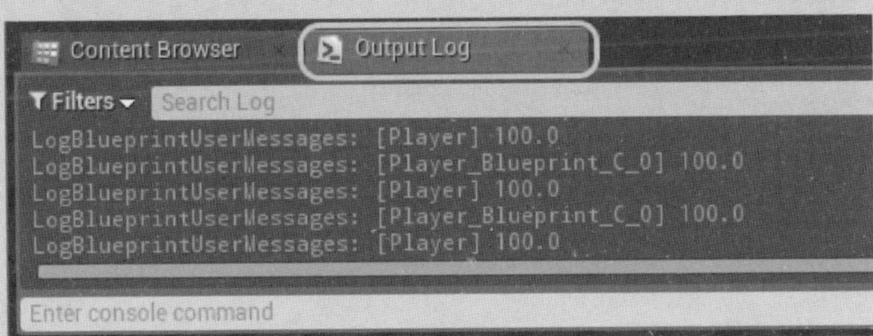

Zusätzlich lässt sich auch im Spiel selbst der PRINT STRING-Wert anzeigen.

Gesundheitszustand

Setzen wir jetzt die neue Variable gleich ein. Dazu verlassen wir den Player erst einmal und wechseln zum Enemy.

≫ Vergiss nicht, das Player-Blueprint zu kompilieren und zu speichern, bevor du es schließt. Dann öffne das Enemy-Blueprint.

Dort kehren wir jetzt zu der Baustelle zurück, an der wir zuletzt gearbeitet haben. Zugriff auf die neue Player-Variable bekommen wir über den Cast-Knoten.

≫ Ziehe von AS PLAYER BLUEPRINT einen Faden und suche im Menü nach `health`.

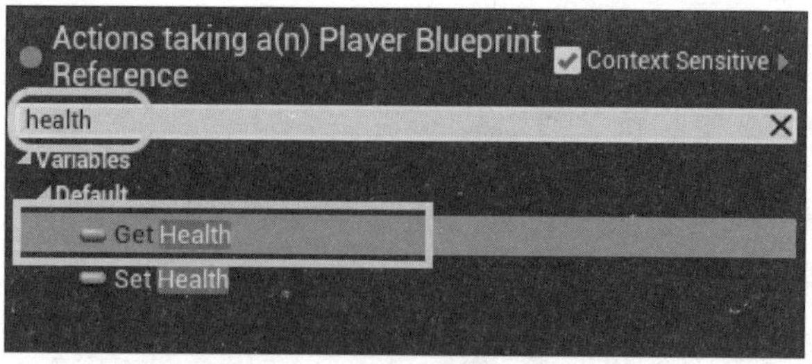

≫ Wähle GET HEALTH und du bekommst den gewünschten Variablen-Knoten.

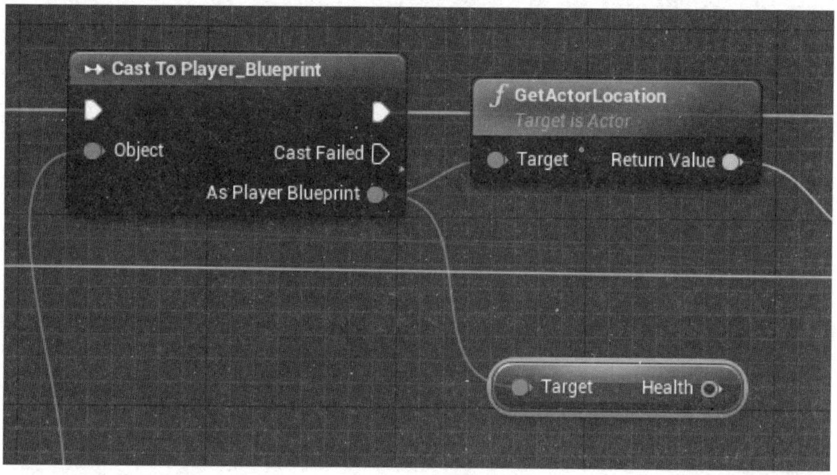

Der Wert der Player-Variablen HEALTH soll nun bei einer Kollision mit dem Partikelsystem des Enemys heruntergezählt werden. Dazu gibt es einen passenden Knoten.

Das Herauf- und Herunterzählen eines Wertes nennt man **Inkrementieren** und **Dekrementieren**. Dabei verändert sich die Variable immer um den Wert 1.

≫ Ziehe vom Variablen-Knoten einen Faden und suche nach `decrement`. Wähle DECREMENT FLOAT.

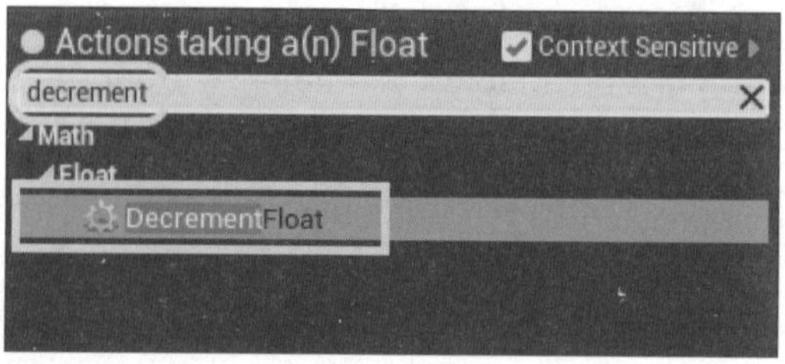

- Dann verbinde den neuen Knoten mit dem TRUE-Ausgang des BRANCH-Knotens.

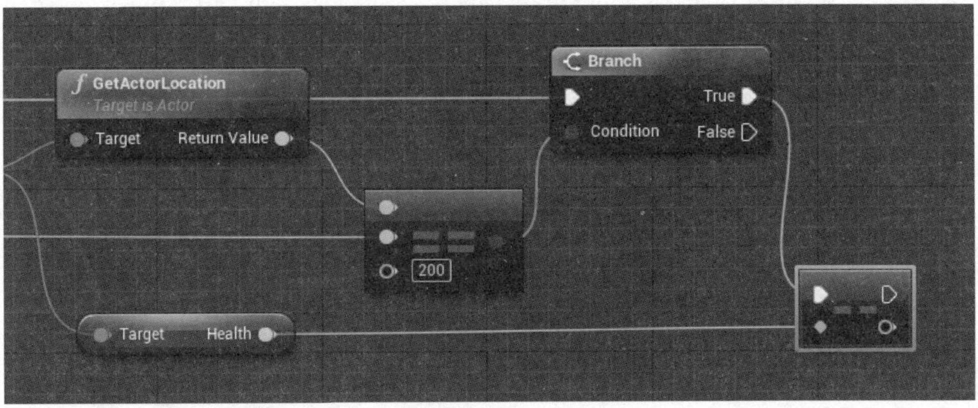

- Kompiliere und speichere das Blueprint.

Nur wenn du zusätzlich einen PRINT-Knoten eingebaut hast (was du auch direkt hier tun kannst), bekommst du etwas von der schwindenden Gesundheit des Players zu sehen.

In meinem Fall fand ich es sinnvoll, das ziemlich flotte Herunterzählen des HEALTH-Wertes ein bisschen abzubremsen, deshalb der zusätzliche DELAY-Knoten. (Der Zeitwert für DURATION sollte hier aber deutlich unter einer Sekunde liegen.)

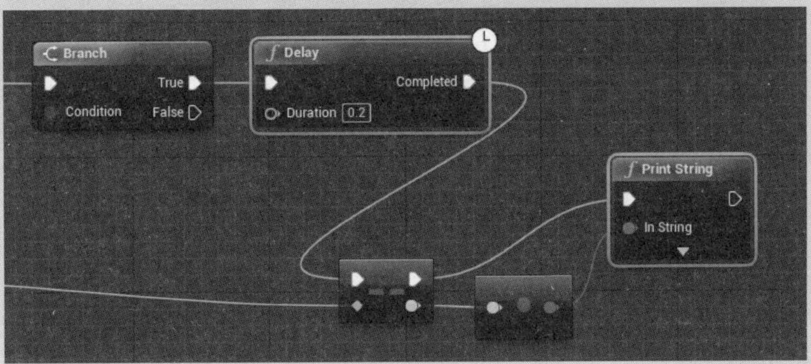

Was ist, wenn HEALTH den Wert 0 erreicht hat? Dann muss der Player sterben und das Spiel sollte zu Ende sein.

Das regeln wir am besten im Player-Blueprint. Und zwar soll dort der schon bekannte TICK-Event zum Einsatz kommen. Dieses Ereignis kennst du bereits aus dem Enemy-Blueprint, wo wir es benutzt haben, um ständig den Abstand zum Player zu kontrollieren. Nun wollen wir damit ständig den Gesundheitszustand des Players überprüfen.

≫ Öffne also das zugehörige Fenster zum Player-Blueprint und suche den Knoten für EVENT TICK. Klicke mit der rechten Maustaste daneben ins Feld und suche nach `health`.

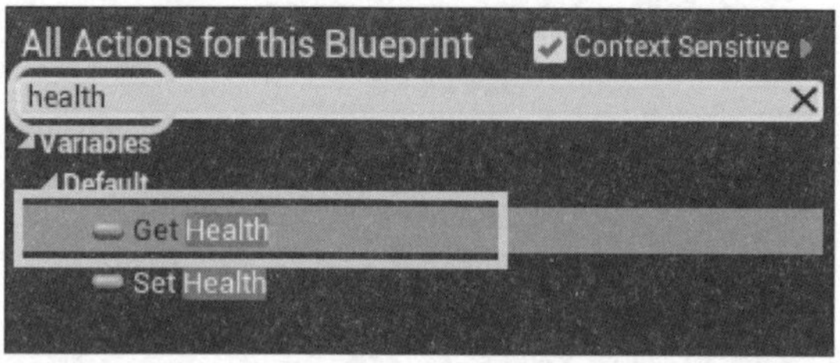

≫ Wähle GET HEALTH und erzeuge damit einen Variablen-Knoten.

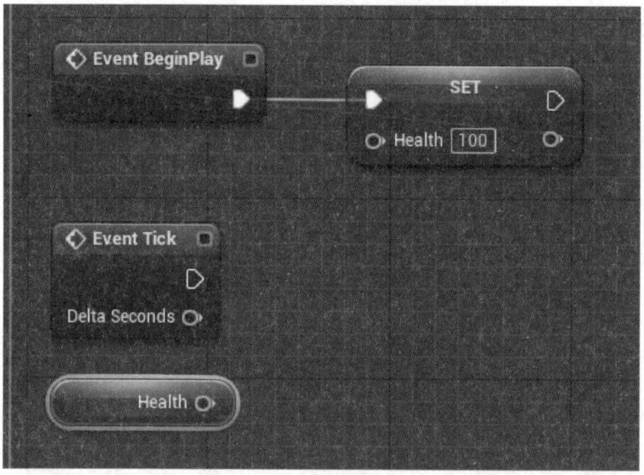

Auch hier lässt sich alternativ der Eintrag HEALTH unter VARIABLES ins karierte Feld ziehen. Diesmal klickst du im Mini-Menü auf GET.

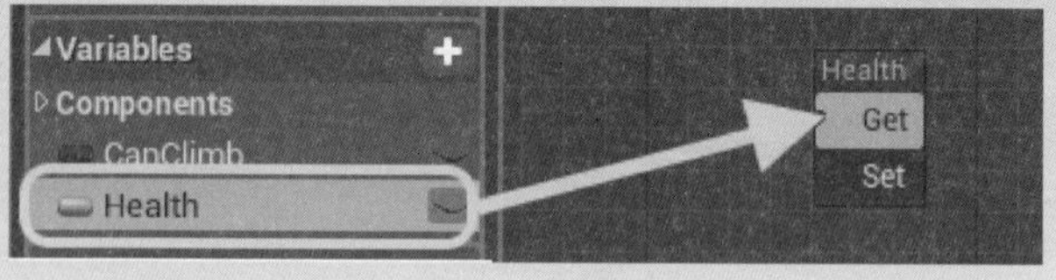

Bei mir liegt direkt über dem Variablen-Knoten noch das Start-Ereignis, das den Wert der HEALTH-Variablen auf 100 setzt.

Um zu kontrollieren, ob und wann die Variable HEALTH bei 0 angelangt ist, brauchen wir wieder einen Vergleichs-Knoten.

≫ Ziehe von HEALTH aus einen Faden, gib als Suche less ein und wähle eine der beiden Einstellungen.

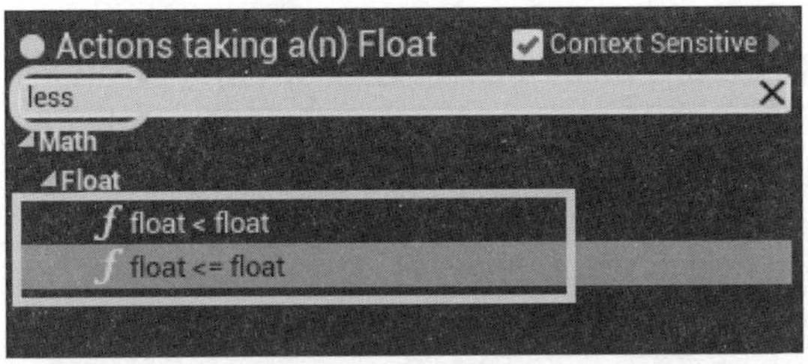

Die 0 als Vergleichswert können wir so stehen lassen.

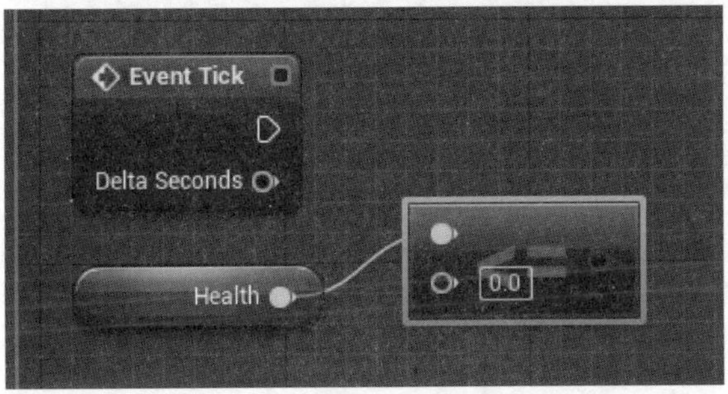

Jetzt fehlt für die Auswertung noch ein BRANCH-Knoten.

≫ Ziehe einen Faden vom Ausgang des Vergleichs-Knotens und suche nach branch. Wähle den gleichnamigen Eintrag.

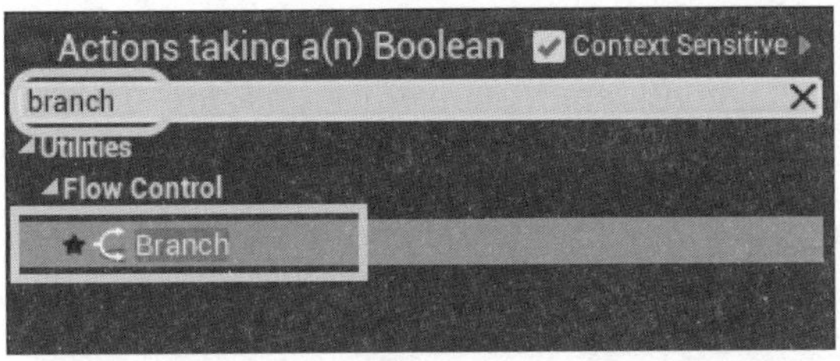

≫ Verbinde den neuen Knoten mit dem EVENT-Knoten.

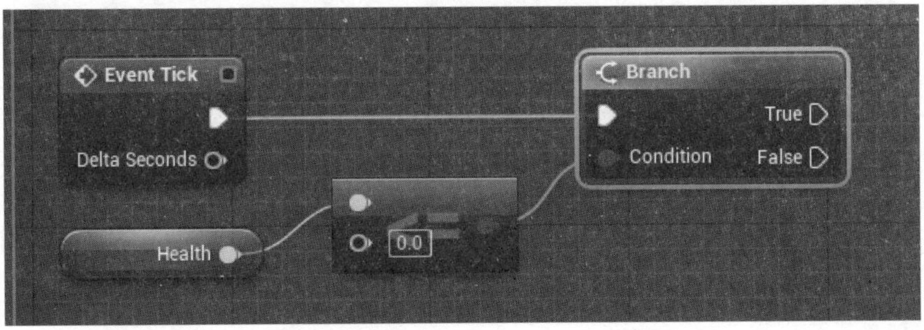

Und nun kommt eigentlich das, was du auch schon aus dem Enemy-Blueprint kennst. Ich erkläre daher nicht noch einmal die Einzelschritte, sondern fasse kurz zusammen:

» Du hängst die Knoten für DISABLE INPUT und SET CONTROLROTATION an den BRANCH-Knoten (TRUE) dran und ergänzt das um die anderen beiden Knoten für GET CONTROLLER und COMBINEROTATORS.

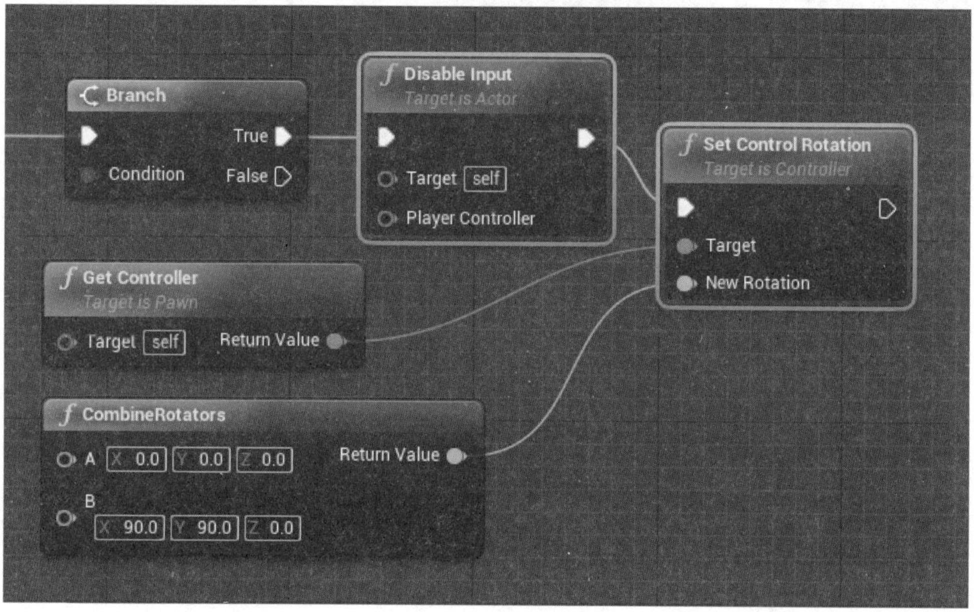

(Ich habe einfach diese vier Knoten im Enemy-Blueprint markiert und kopiert und sie dann in das Player-Blueprint eingefügt und dort verbunden.)

» Kompiliere und speichere das Blueprint, schließe das Fenster. Dann kannst du das Spiel starten (→ MADMAN9).

Und wenn du den Player lange genug vom Enemy »bestrahlen« lässt, wird er irgendwann das Zeitliche segnen.

Eigentlich sollte alles klappen, aber ich bekomme Probleme, sobald ich die Qualität der Darstellung stärker erhöhe: Da funktioniert die Kollisionskontrolle des Partikelsystems auf einmal nicht mehr.

Du kannst dir ja mal diese Einstellungen anschauen, falls auch du ähnliche Probleme hast. Dazu suchst du oben in der Symbolleiste über dem Editor-Fenster die Schaltfläche mit der Aufschrift SETTINGS und klickst darauf.

Im Menü wählst du die Option ENGINE SCALABILITY SETTINGS.

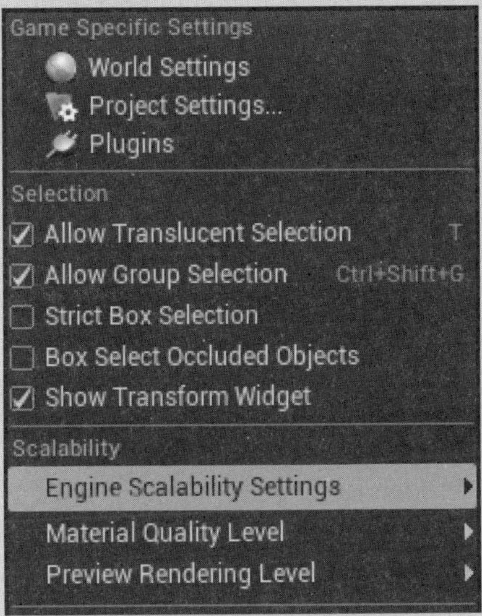

Und du erhältst ein Dialogfeld, in dem du über die oberen Buttons die Qualität der Darstellung für die Unreal Engine als Ganzes einstellst oder einzelne Optionen änderst.

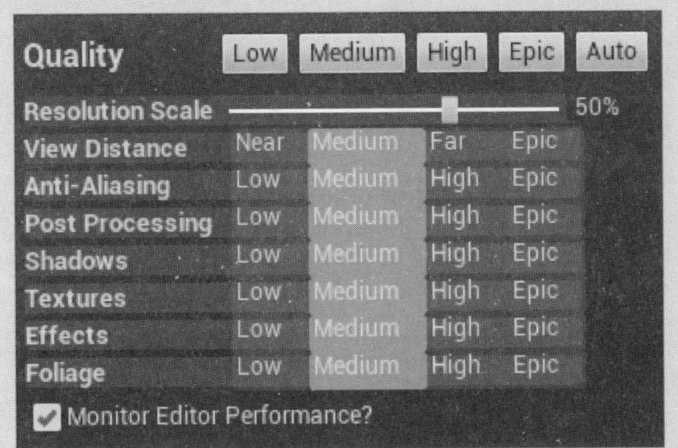

Natürlich ist die Einstellung EPIC die beste (100%), aber das überfordert eben manchen Computer. Doch bei zu hohen QUALITY-Werten kann es passieren, dass die Kollisionskontrolle für die Partikel nicht mehr »anschlägt«, so jedenfalls war es bei mir. Dann hilft es, einzelne Optionen wieder herunterzusetzen, notfalls bis auf LOW.

Zusammenfassung

Nun gibt es nicht nur ein Feindbild, sondern die betreffende Figur trachtet dir als Player nach dem Leben, das dann zwar nicht sofort, aber schon bald zu Ende sein kann. Dem hat der Player nichts entgegenzusetzen, ihm bleibt nur die Möglichkeit zur Flucht. Im nächsten Kapitel schauen wir mal, wie wir die Lage des Players verbessern können.

Hier hast du wieder ein paar Neuigkeiten wie zum Beispiel das Partikelsystem kennengelernt. Aber nur ein bisschen, denn dieses System bietet schier unendliche Möglichkeiten der Gestaltung, die sich einem nur erschließen, wenn man viel damit experimentiert.

Du kennst außerdem drei wichtige Knoten (einen davon schon seit dem letzten Kapitel):

Vergleichs-Knoten	Vergleicht zwei Zahlen auf Unterschiede oder Gleichheit
Branch-Knoten	Verzweigt je nach Bedingung
Print-Knoten	Zeigt Werte von Variablen im Spiel-Fenster und/oder einem Extra-Ausgabefenster an

Und du weißt, wie man den Wert von Zahl-Variablen schrittweise verändern kann (Inkrementieren/Dekrementieren).

Ein paar Fragen …

1. Was sind Emitter?
2. Wie lässt sich der Wert einer Variablen von 0 bis 100 heraufzählen?
3. Welche Emitter sind wichtig für die Kollisionskontrolle bei Partikelsystemen?

… und ein paar Aufgaben

1. Mache aus der letzten MADMAN-Version ein 3rd-Person-Spiel.
2. Erweitere die MADMAN-Version so, dass der Player vergleichbare Kampf-Eigenschaften hat (unter anderem ein eigenes Partikelsystem, das aber anders aussehen sollte).

13

Sound

In diesem Kapitel geht es jetzt erst mal nicht um das Verhältnis zwischen Enemy und Player. Hier sorgen wir dafür, dass man die Spielfiguren nicht nur sehen, sondern auch hören kann. So sollte jede Figur ihre eigenen Schrittgeräusche bekommen, und auch sonst lässt sich einiges hörbar machen – wenn man den richtigen Sound hat.

In diesem Kapitel lernst du

- etwas über das Audio-System von Unreal
- wie man die Lautstärke entfernungsabhängig macht
- etwas über Sound-Module
- Sequenz-Knoten kennen

Geräusche

Die ganze Zeit haben wir nun zugeschaut, wie unsere Spielfiguren stumm durch die Szene gelaufen sind. Aber du willst sicher nicht nur sehen, sondern auch hören können, was da so abgeht. Deshalb solltest du dir jetzt die Zeit nehmen und einige gute Geräusche zusammensuchen. Wir brauchen Schritte, Knall-Geräusche, »Monster-Schreie« und was dir noch so einfällt.

Wichtig ist: Die Geräuschdateien müssen im WAV-Format mit 16-Bit-Rate vorliegen. Ob mono oder stereo, ist egal.

Im Folgenden gehe ich wieder davon aus, dass du einen Windows-Ordner mit Audio-Dateien hast. Davon importieren wir jetzt einige in den CONTENT BROWSER.

- Erzeuge aber dort zuerst einen Ordner, den du `Sounds` nennst (oder `Audio`). Dann wechsle in diesen Ordner.

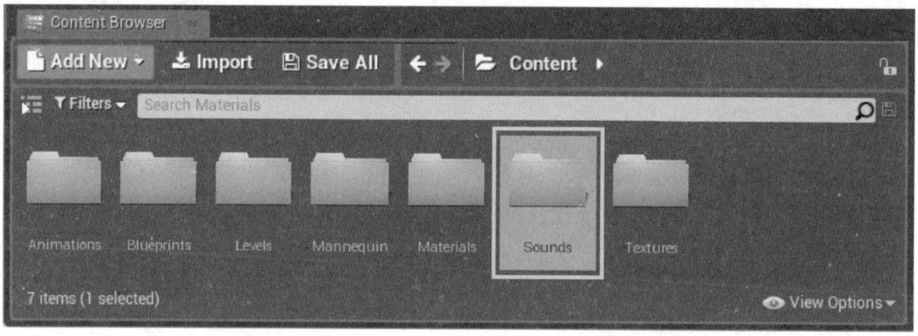

- Öffne den Windows-Ordner mit deinen Sound-Dateien. Klicke dort alle an, die du in dein Projekt importieren willst. Dann ziehe sie mit der Maus ins CONTENT-Fenster.

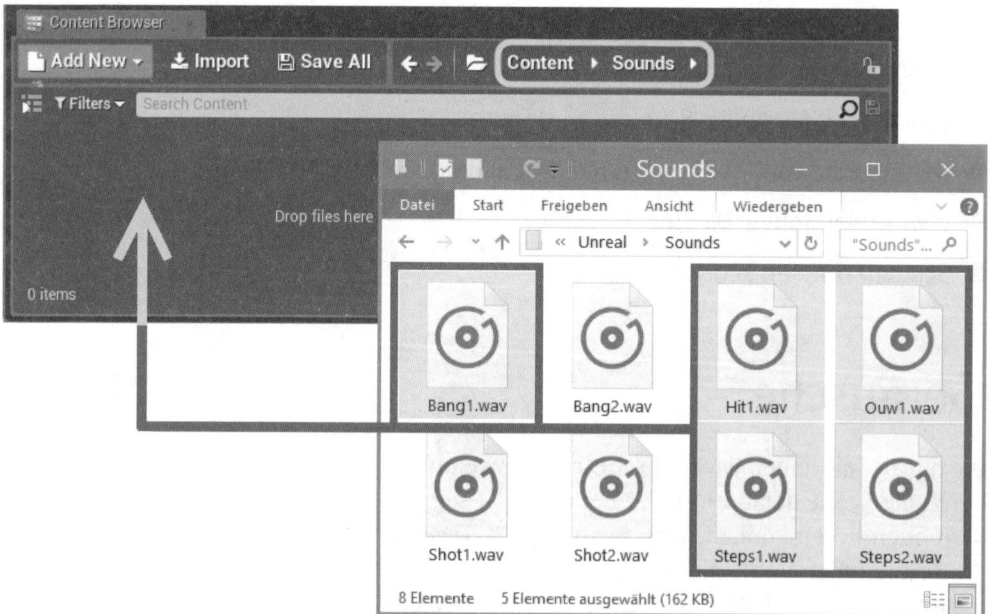

Ich erinnere auch noch mal an die Möglichkeit, die Sounds über die IMPORT-Schaltfläche zu laden. Im Dialogfenster, das dann erscheint, lassen sich die Dateien suchen, die importiert werden sollen.

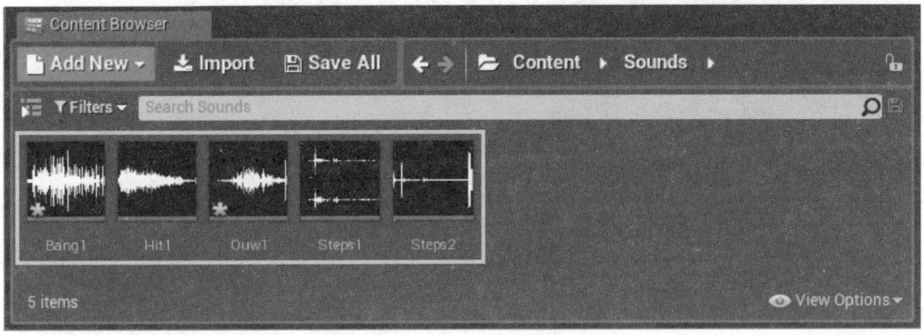

≫ Wenn du willst, kannst du alle Sounds testen, indem du mit der rechten Maustaste auf ein Symbol klickst und im Kontextmenü dann PLAY wählst.

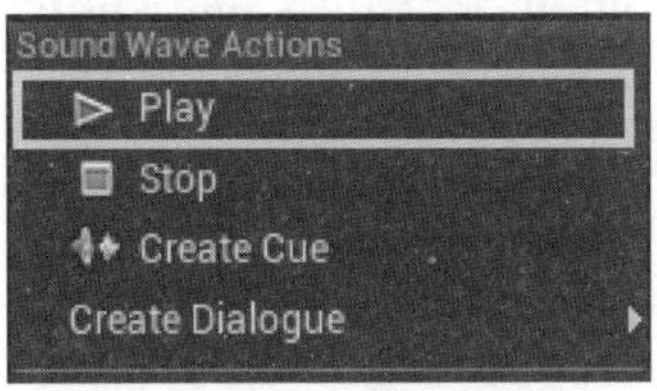

Ich habe zwei verschiedene Schrittgeräusche gewählt, um den Player und den Enemy auch akustisch zu unterscheiden.

Wie ordnen wir nun unseren Spielfiguren die Sounds zu? Beginnen wir mit dem Enemy.

Wann genau sollen die Schritte ertönen? Du wirst sagen: Wenn die Figur läuft; und das erkennt man an der **Geschwindigkeit**. Die ist ungleich 0, wenn eine Figur sich bewegt, und gleich 0, wenn sie steht oder stehen bleibt.

≫ Öffne das Enemy-Blueprint.

Zuerst benötigen wir eine Variable namens SPEED. (Gab es schon mal, aber im Animation-Blueprint. Ein Zugriff darauf wäre hier zu umständlich.)

≫ Schaue links unten nach dem Eintrag VARIABLES und klicke auf das **Plus** dahinter. Dann gibt als neuen Namen Speed ein.

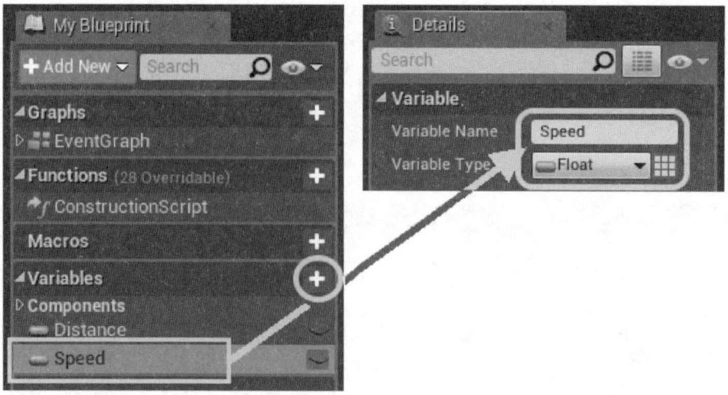

- Wechsle nach rechts zum DETAILS-Bereich und stelle hinter VARIABLE TYPE den Typ FLOAT ein.

Den Vorgabewert 0 müssen wir nicht ändern, also kümmern wir uns gleich darum, wie wir die Geschwindigkeit setzen und auswerten. Und das geht wieder über VELOCITY. Weil es sich dabei um einen Vektor handelt, liefert der die Geschwindigkeit in die drei Hauptrichtungen, also wie schnell sich ein Objekt jeweils nach vorn-hinten, rechts-links, rauf-runter bewegt.

- Sorge dafür, dass du auf der EVENTGRAPH-Seite bist, klicke dort mit der rechten Maustaste ins karierte Feld, suche im Menü nach `get velocity`. Wähle dann den gleichnamigen Eintrag.

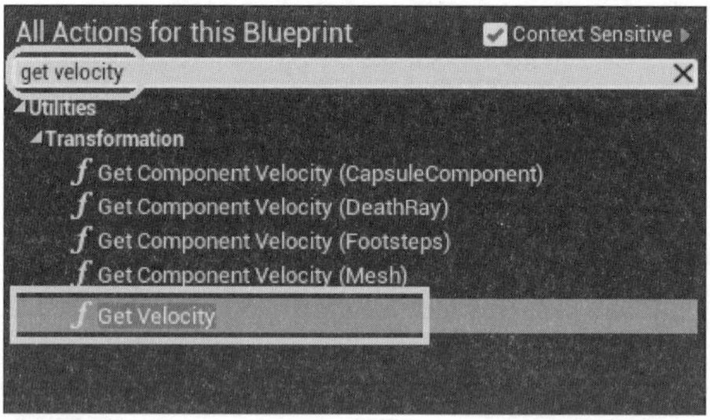

Ich habe den neuen Knoten in die Nähe des TICK-Events positioniert. Denn ebenso wie darüber regelmäßig der Abstand von Enemy und Player ermittelt wird, soll es dann auch bei der Geschwindigkeit sein.

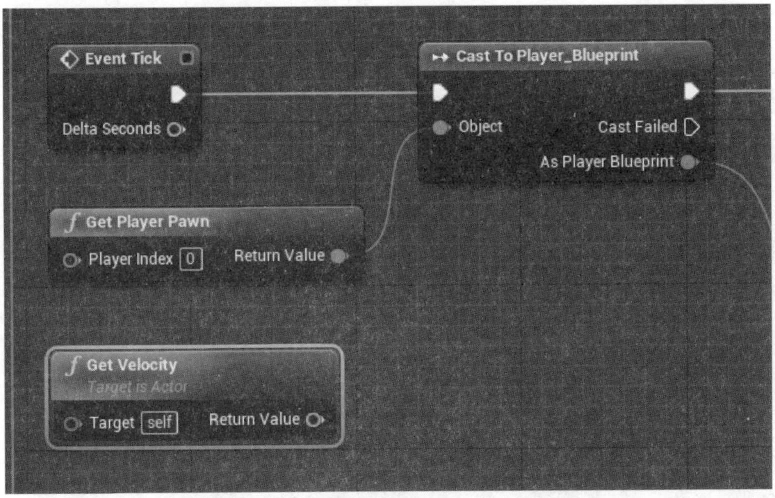

Nun müssen wir die drei Werte für X, Y und Z in einen umwandeln, der die Gesamt-Geschwindigkeit der Bewegung darstellt, die Laufrichtung ist hier ja unwichtig.

- Ziehe vom VELOCITY-Knoten einen Faden, suche nach `vectorlength` und wähle den gleichnamigen Eintrag.

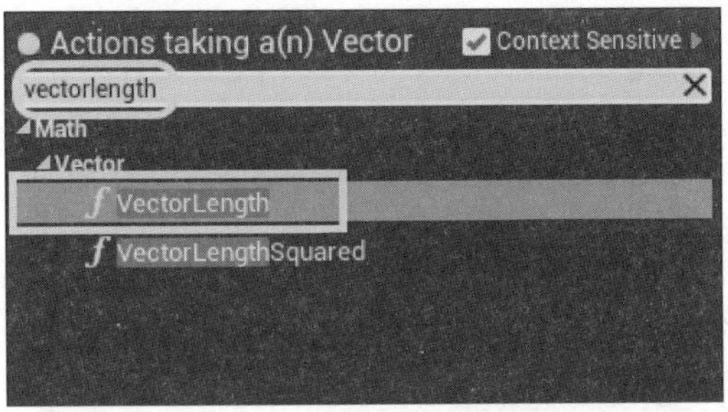

- Vom Ausgang des neuen Knotens ziehst du nun einen weiteren Faden, gibst `speed` ein und wählst SET SPEED.

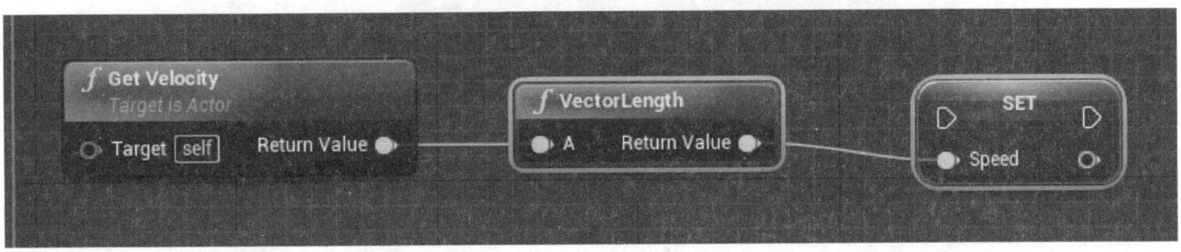

Nun muss das Ganze noch aktiviert werden. Die EVENT TICK-Kette endete mit dem Knoten SET DISTANCE.

- Verbinde also den Hauptausgang des einen mit dem Haupteingang des neuen SET-Knotens.

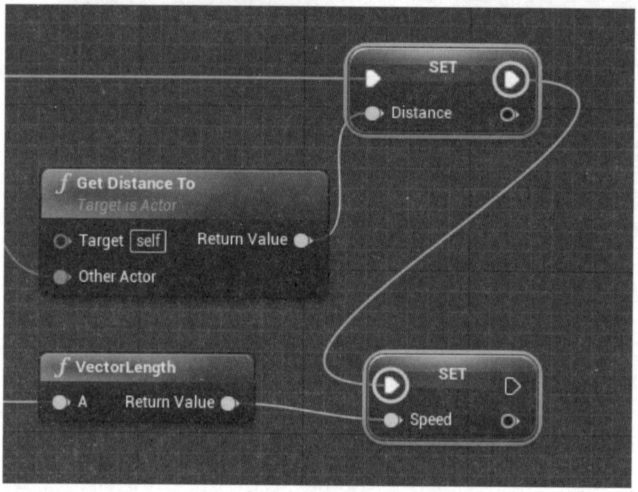

Nun sorgt das TICK-Ereignis dafür, dass viele Male pro Sekunde außer dem Wert für DISTANCE auch der von SPEED ermittelt wird.

Schritt für Schritt

Für die Schrittgeräusche müssen wir nun die Geschwindigkeit auswerten. Dazu brauchen wir wieder ein »Gespann« aus Vergleichs-Knoten und BRANCH-Knoten.

- Ziehe vom unteren Ausgang des SET-Knotens einen Faden, suche nach `equal` und wähle den Eintrag NOT EQUAL.

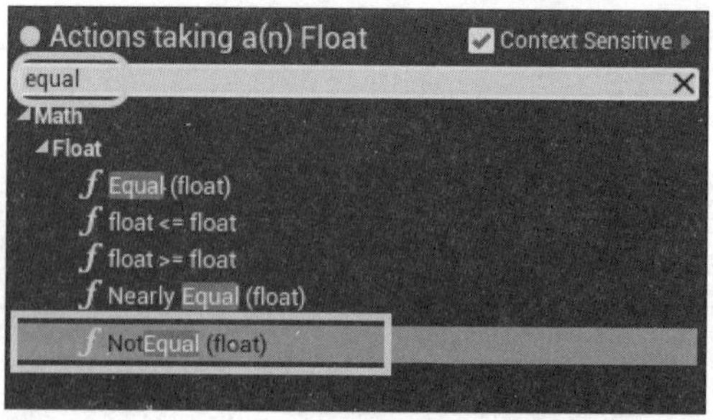

- Ziehe vom neuen Knoten einen Faden, suche nach `branch` und wähle BRANCH.

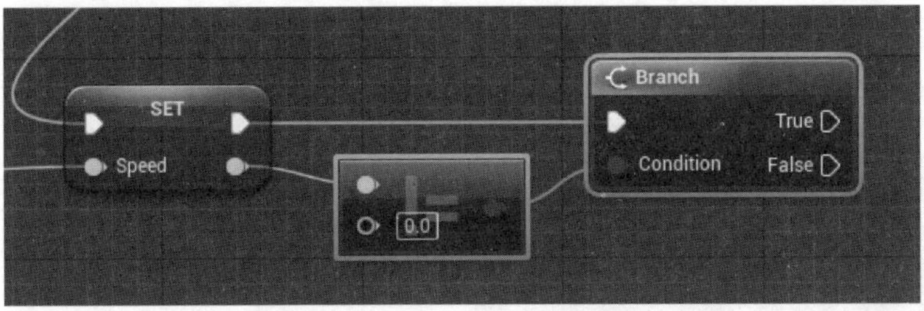

⋟ Verbinde außerdem den SET-Knoten direkt mit dem BRANCH-Knoten.

Die Bedingung heißt SPEED != 0 und ist erfüllt (= TRUE), wenn der Enemy sich bewegt.

> Natürlich könntest du auch den Knoten nehmen, den du bei der Suche nach `greater` findest. Dann hieße die Bedingung SPEED > 0. In meinem Fall wären auch Werte abgedeckt, die unter 0 liegen.

Nun fehlt noch ein Knoten zum Abspielen des Schrittgeräuschs.

⋟ Ziehe vom TRUE-Ausgang einen Faden und gib im Suchfeld ein: `play sound`.

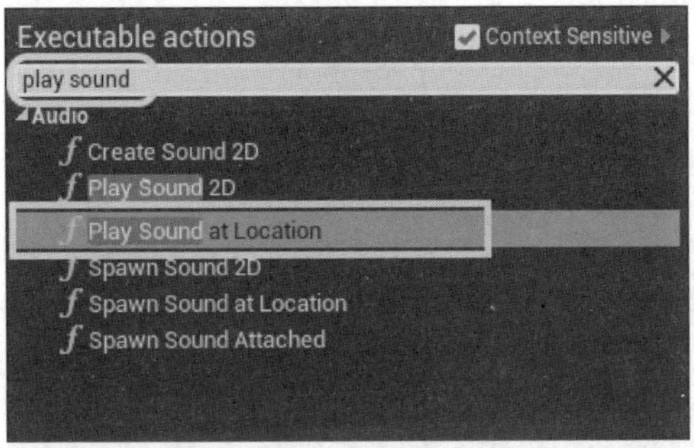

⋟ Wähle den Eintrag PLAY SOUND AT LOCATION.

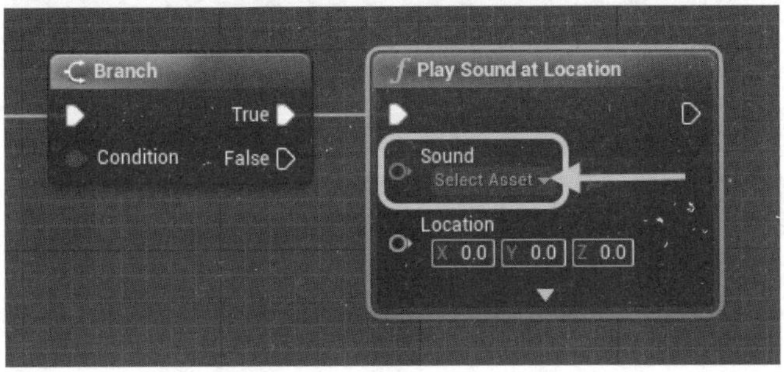

≫ Klicke auf das kleine Dreieck hinter SELECT ASSET, dann wähle im Menü den Sound aus, den du dem Enemy für seine Schritte geben willst.

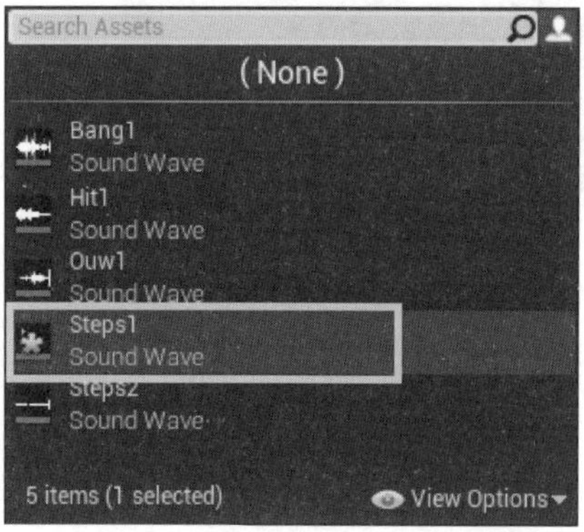

Wenn du das Ganze jetzt testest, wird dir eine Enttäuschung nicht erspart bleiben: Bei mir klingt es nicht wie Schritte, sondern irgendwie nach Dauerdonner. Das hängt damit zusammen, dass dank EVENT TICK versucht wird, den Sound mehrmals pro Sekunde zu wiederholen. Wir müssen also durch eine Bremse dafür sorgen, dass das Schrittgeräusch langsamer abgespielt wird, im Idealfall synchron mit den Animations-Schritten der Figur.

≫ Füge einen DELAY-Knoten ein und stelle für DURATION erst einmal 0.5 Sekunden ein. Später kannst du diesen Wert noch genauer anpassen.

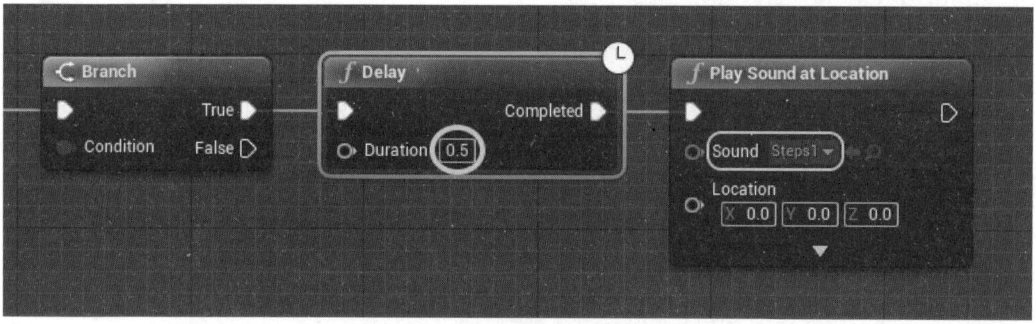

Wenn du willst, kannst du das Ganze schon mal testen, vielleicht passt die Verzögerung ja.

Mir reicht das noch nicht ganz. Denn der Knoten PLAY SOUND AT LOCATION ist deshalb interessant, weil er dafür sorgt, dass das betreffende Geräusch an einer bestimmten Stelle abgespielt wird. Wenn sich also das zugeordnete Objekt bewegt, bewegt sich auch die Soundquelle mit.

≫ Ziehe vom Eingang LOCATION des Sound-Knotens einen Faden und suche nach `get location`.

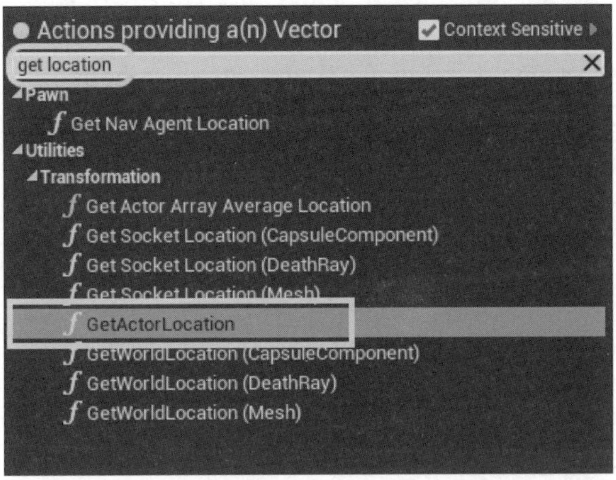

≫ Wähle den Eintrag GETACTORLOCATION.

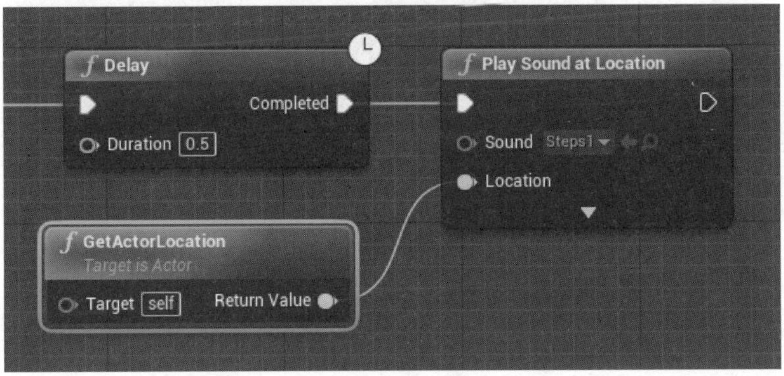

≫ Kompiliere und speichere das Blueprint, dann schließe das Fenster.

Nun begleiten die Schrittgeräusche den Enemy. Die hören sich aber gleich an, egal, wie weit der Enemy vom Player entfernt ist.

Vielleicht liegt es daran, dass unser aktuelles Testgelände nicht groß genug ist? Wenn du willst, kannst du den ganzen Bereich vergrößern, in dem die beiden Kontrahenten sich aufhalten. Doch du wirst feststellen: Auch da hört man die Schritte des weit entfernten Enemy ebenso laut wie des nahen.

Sound-Module

Man könnte jetzt versucht sein, direkt die Sound-Datei zu bearbeiten (was auch geht). Aber es ist besser, ein neues Sound-Modul zu erstellen, in das wir unser Schrittgeräusch einbinden und das Ganze dann bearbeiten.

≫ Klicke dazu in dem SOUNDS-Ordner des CONTENT BROWSERS auf ADD NEW und dann im Menü (ganz unten) auf SOUNDS.

≫ Wähle den Eintrag SOUND CUE. Nenne das neue Element `Footsteps`.

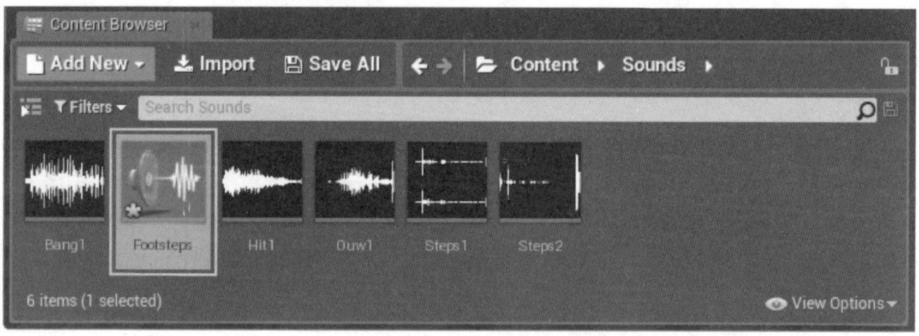

≫ Doppelklicke auf das FOOTSTEPS-Symbol, um ein neues Fenster zu öffnen.

Das »Ding« in der Mitte ist ein Knoten, er verkörpert das, was bei einem Sound hörbar herauskommt (OUTPUT). Mit diesem Knoten müssen wir jetzt zuerst unseren Sound verbinden.

- Schiebe den Knoten nach rechts, um links Platz zu haben, dann ziehe einen Faden vom Knoten-Eingang und suche im Menü nach `player`. (Dabei geht es nicht um unsere Player-Figur.)

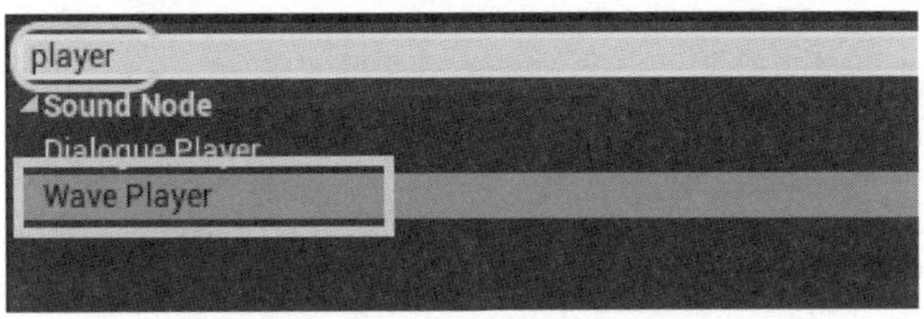

- Wähle den Eintrag WAVE PLAYER (bei unserem Geräusch handelt es sich um ein SOUNDWAVE-Element).

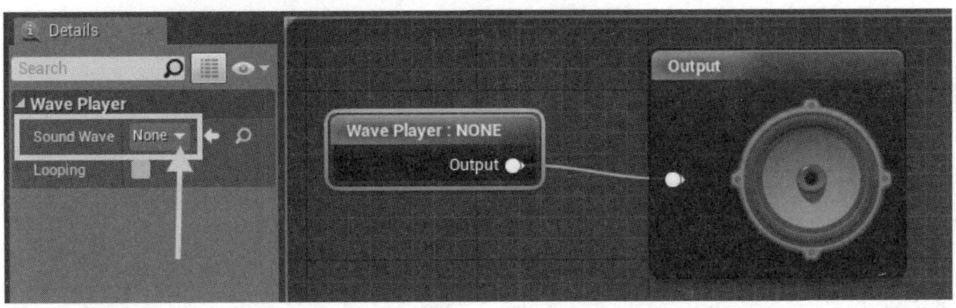

- Im DETAILS-Fenster klickst du hinter die Zeile SOUND WAVE NONE und wählst eine Sound-Datei aus.

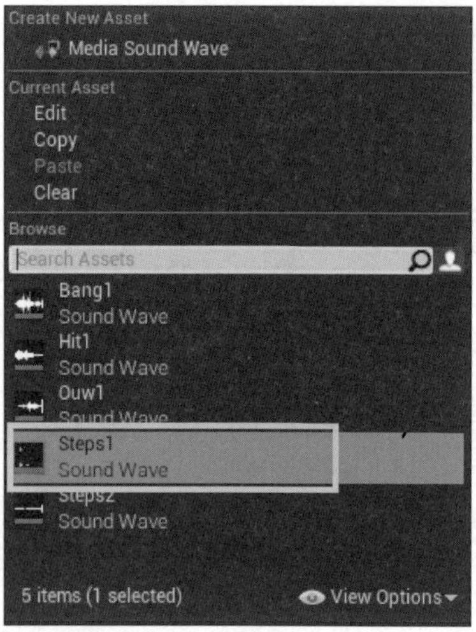

Damit hätten wir eigentlich schon ein funktionsfähiges Sound-Modul, das aber noch nichts anderes bietet als die reine Sound-Datei. Wie kriegen wir es jetzt hin, dass die Entfernung des Enemys bei der Lautstärke eine Rolle spielt? Etwa indem wir die Variable DISTANCE mit einbeziehen?

Das brauchen wir gar nicht, denn weil wir im Enemy-Blueprint den Knoten PLAY SOUND AT LOCATION verwenden, haben wir ständig die aktuelle Position des Enemys. Und warum lassen wir die Unreal Engine nicht dafür sorgen, dass der Sound immer zur Enemy-Position passt?

Gedämpfte Schritte

Dazu ist jetzt ein weiterer Knoten nötig, den wir zwischen WAVE PLAYER und OUTPUT schalten.

- Klicke rechts im Paletten-Fenster auf ATTENUATION und ziehe das Element in den karierten Bereich.

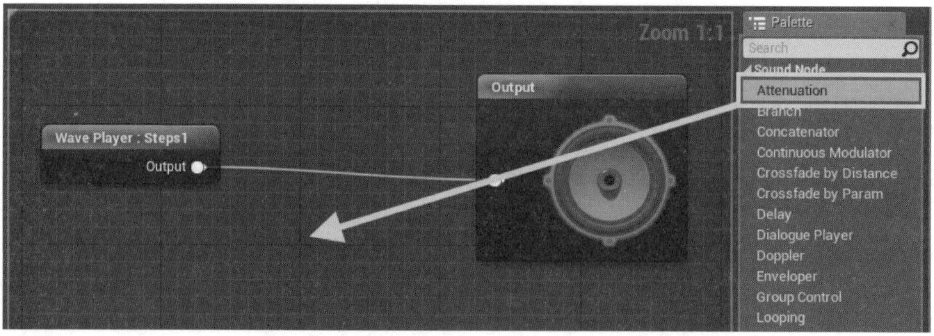

Attenuation heißt auf Deutsch so viel wie Dämpfung; gemeint ist damit, dass sich mit diesem Knoten die Lautstärke eines Sounds dämpfen lässt, allerdings nicht einfach so, dazu benötigen wir auch so etwas wie ein Regelsystem.

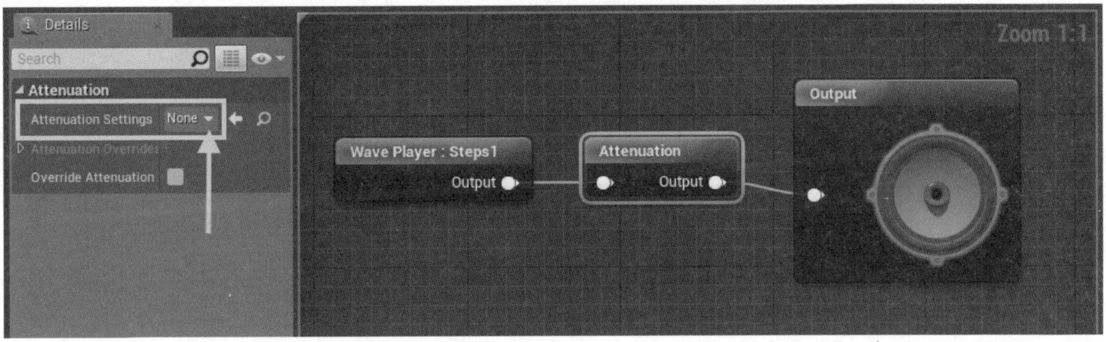

≫ Klicke im Details-Fenster hinter die Zeile ATTENUATION SETTINGS NONE und öffne damit das Auswahlmenü. Weil es nichts zur Auswahl gibt, klicke ganz oben unter CREATE NEW ASSET auf SOUND ATTENUATION.

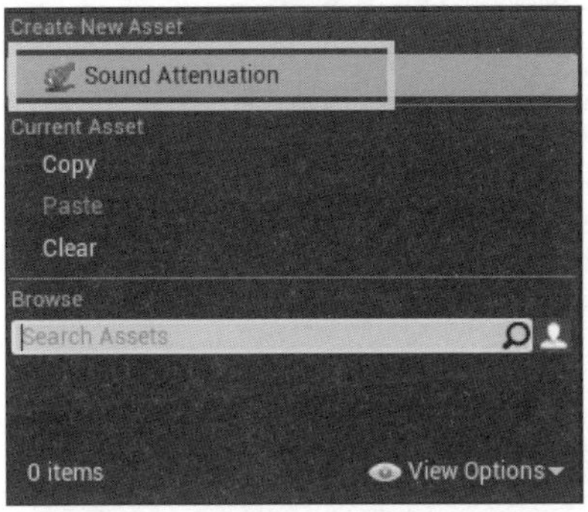

≫ Im Dialogfeld stellst du SOUNDS als Zielordner ein und gibst dem neuen Element den Namen `Steps_Attenuation`. Klicke dann auf SAVE.

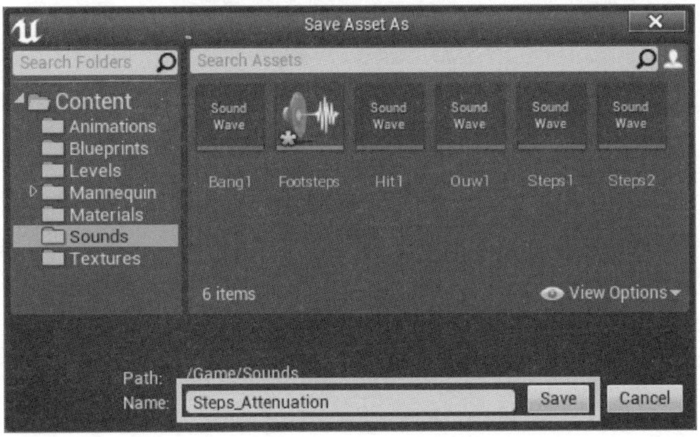

≫ Speichere anschließend das Sound-Modul (FOOTSTEPS) und schließe das Fenster.

Schauen wir uns die neue Datei jetzt einmal an.

≫ Doppelklicke auf das Symbol und öffne das zugehörige Fenster.

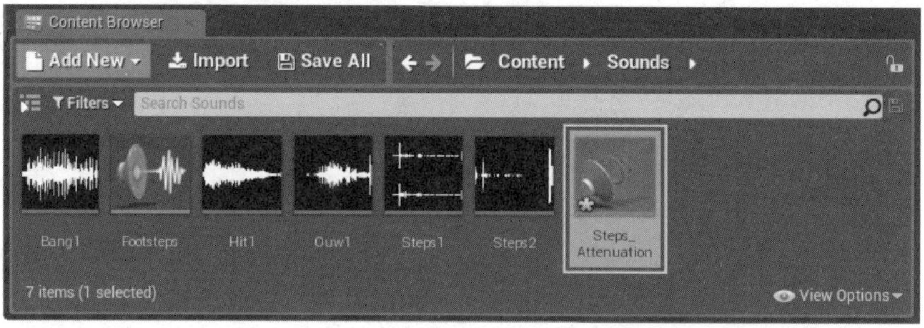

Dort gibt es zuerst fast gar nichts zu sehen, bis du unter SETTINGS den Bereich ATTENUATION aufklappst.

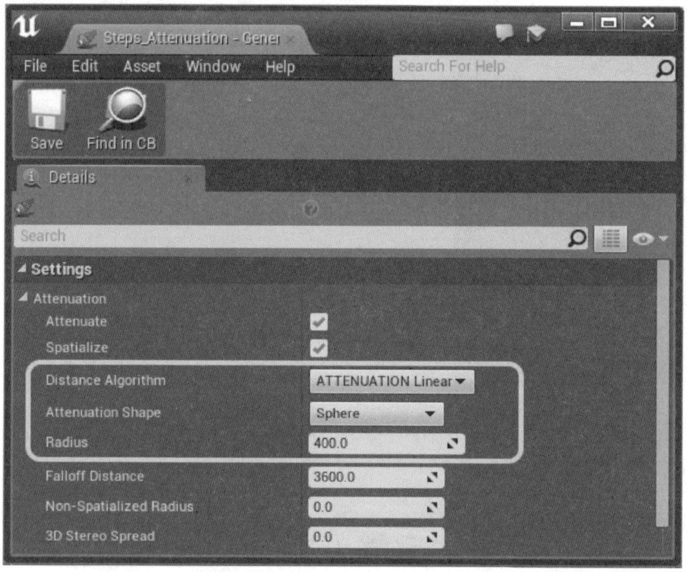

Nun ist da eine Menge, was man einstellen kann, hier das Wichtigste in einer Tabelle:

DISTANCE ALGORITHM	Die Methode, mit der die Dämpfung berechnet wird
ATTENUATION SHAPE	Der umgebende Raum, in dem der Sound abgespielt wird
RADIUS	Der Radius des »Sound-Raumes«
FALLOFF DISTANCE	Die Distanz, über die sich die Dämpfung erstreckt

Du kannst ja erst einmal ausprobieren, ob die vorgegebenen Einstellungen passen. Dazu muss allerdings das neue Sound-Modul im Enemy-Blueprint eingesetzt werden.

» Öffne also dieses Blueprint wieder und suche den Knoten PLAY SOUND AT LOCATION.

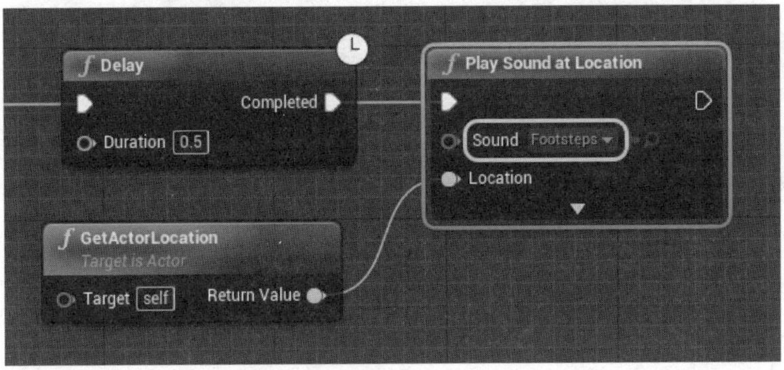

» Stelle dort für SOUND das neue Modul FOOTSTEPS ein, indem du es aus dem ASSET-Menü auswählst.

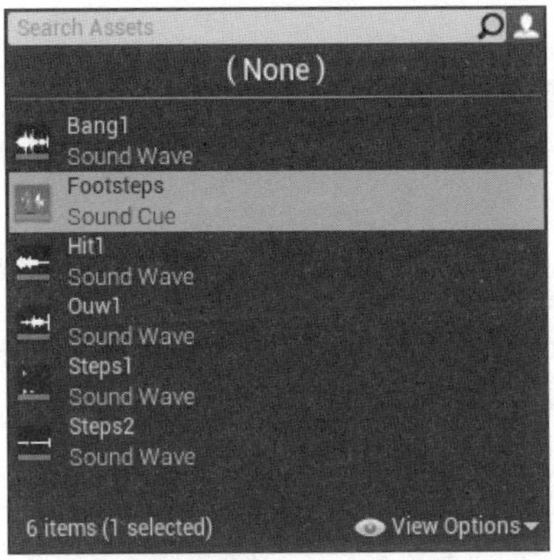

» Nachdem du das Blueprint kompiliert und gespeichert hast, kannst du dein Spiel starten und ausprobieren, wie es klingt, wenn der Enemy von Weitem näher kommt (→ MADMAN11). Und wenn es dir nicht passt, musst du eben nachbessern.

Ich möchte das Enemy-Blueprint nicht verlassen, ehe ich nicht auch einen Sound für die »Todesstrahlen« eingebaut habe, die der Enemy abgibt, wenn er sich vor dem Player positioniert hat. Dazu brauchen wir aber nicht etwa wieder eine neue Variable, sondern können den entsprechenden Knoten einfach an der richtigen Stelle anhängen:

» Suche die Stelle mit dem ACTIVATE-Knoten für die DEATHRAY-Komponente. Hänge dort einen neuen PLAYSOUND-Knoten an.

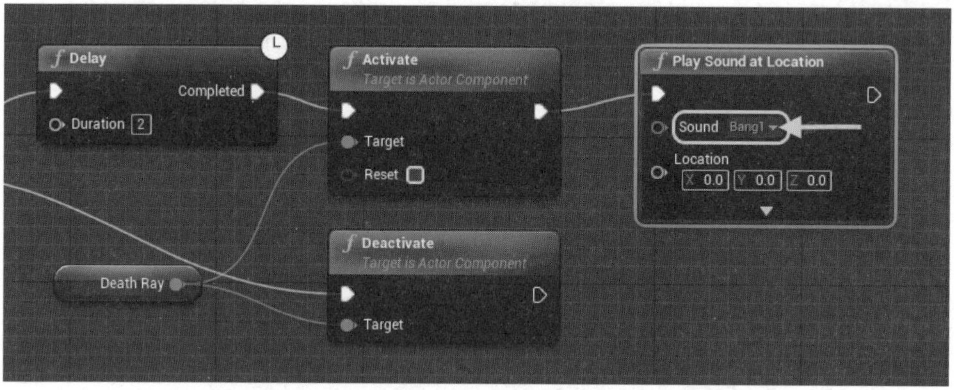

- Verbinde den Knoten am SOUND-Eingang mit dem für dich passenden Geräusch.

Und schon wird es entsprechend laut, wenn der Enemy seine todbringenden Wolken ausstößt.

- Kompiliere und speichere das Blueprint. Dann kannst du das Fenster schließen.

Sequenz-Knoten

Natürlich braucht auch der Player seine Schrittgeräusche, und die werden im entsprechenden Blueprint genauso implementiert wie beim Enemy. Allerdings brauchen wir hier kein Sound-Modul mit einem ATTENUATION-Teil, sondern hier kann eine Datei mit Schrittgeräusch einfach eingebunden werden, denn der Player hört sich ja immer gleich laut an.

Einen Haken aber, der beim Enemy-Blueprint nicht auftritt, gibt es dort dennoch: Eigentlich soll der Sound im Graphen für EVENT TICK aktiviert werden. Doch schauen wir mal genau hin, wie soll das gehen?

Der EVENT-Knoten ist mit einem BRANCH-Knoten verbunden. Das, was dahinter folgt, wird nur ausgeführt, wenn eine bestimmte **Bedingung** erfüllt ist, nämlich wenn die Gesundheit auf 0 gesunken ist. Dann aber ist es eigentlich für den Player Zeit zum Sterben.

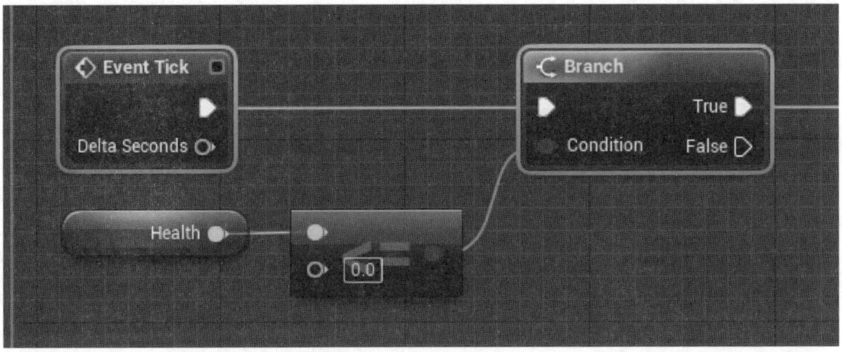

Würde man die neuen Knoten hinten dran hängen, würde nichts mehr passieren, denn SPEED kann ja seinen Wert nicht mehr über null ändern.

Grundsätzlich gilt also, dass unsere Sound-Kette **vor** dieser Verzweigung stehen muss. Aber das löst das Problem nicht, denn in der Sound-Kette gibt es ja ebenfalls einen BRANCH-Knoten, der dann verhindern kann, dass der nachfolgende Teil ausgeführt wird.

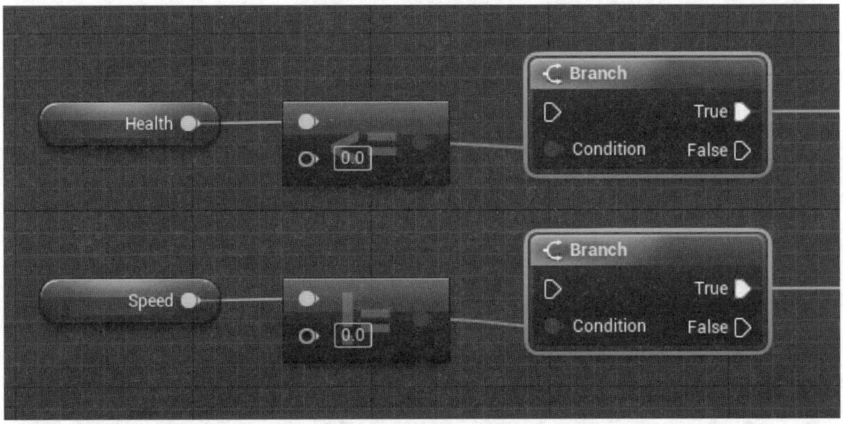

Der EVENT-Knoten müsste also gleichzeitig auf zwei Aktions-Ketten zugreifen. Und dazu gibt es tatsächlich einen passenden Verteiler-Knoten:

≫ Ziehe vom EVENT-Knoten einen Faden und gib im Suchfeld sequence ein. Wähle den gleichnamigen Eintrag.

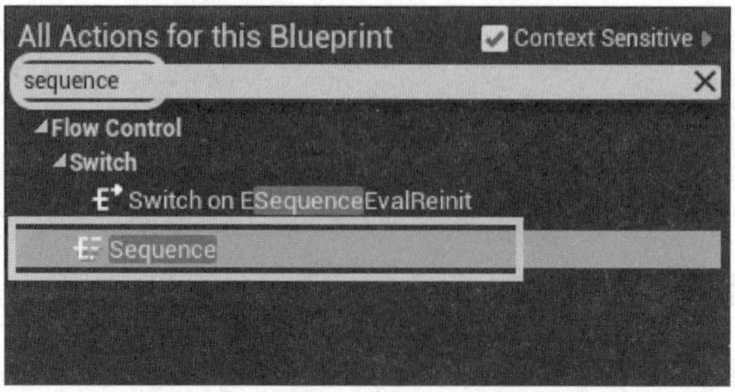

Dieser Knoten erlaubt es, ein Ereignis gleichzeitig auf **mehrere** Knoten zu verteilen.

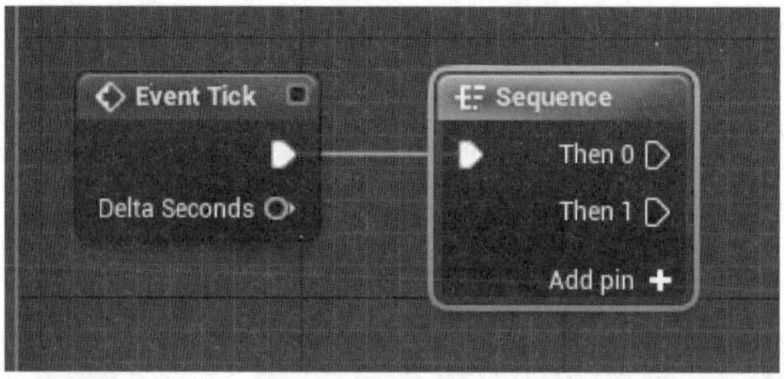

Nun können wir problemlos oben die Aktions-Kette für die Kontrolle der Variablen HEALTH und ihre Folgen in einen THEN-Ausgang einhängen. Und unten lässt sich dann die Kontrolle der Variablen SPEED anfügen, die zum Gehen des Players ein Schrittgeräusch erzeugt.

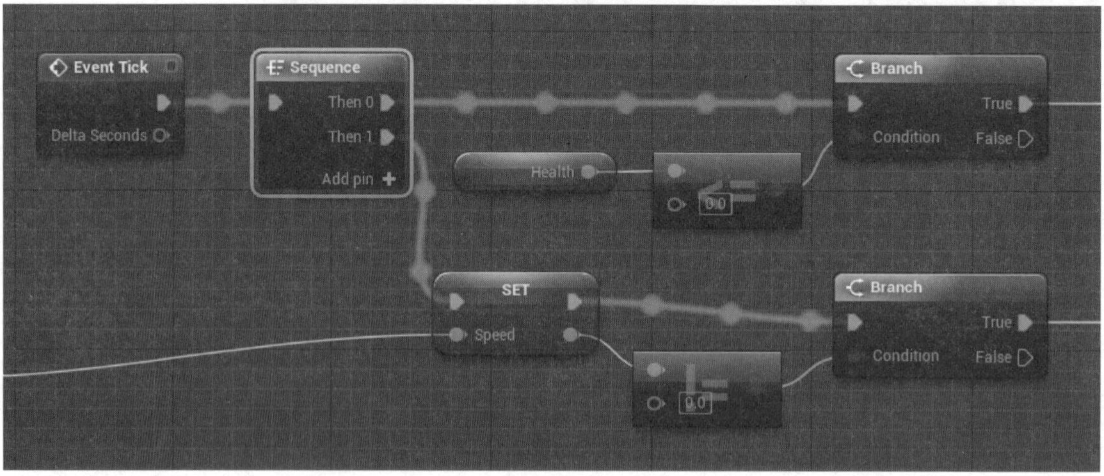

In der Abbildung sieht man den Verlauf während des Spiels. Der Ereignis-Fluss kommt bei beiden BRANCH-Knoten parallel an.

Wie der ganze Graph für die Schrittgeräusche des Players dann aussieht, das sparen wir uns für eine Aufgabe (am Ende des Kapitels) auf.

Es kommt durchaus häufiger vor, dass ein bestimmtes Ereignis gleichzeitig mehrere Aktionen auslösen soll. Dann bietet sich der SEQUENCE-Knoten an. Natürlich sind auch mehr als nur zwei Aktions-Abläufe möglich:

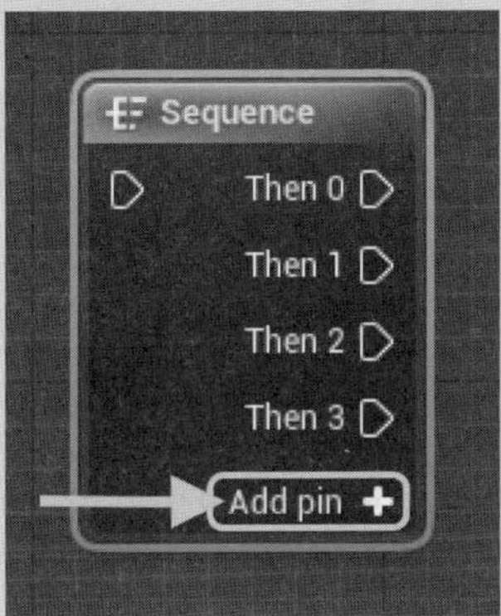

Wenn du unten auf ADD PIN + klickst, erhältst du weitere THEN-Zweige. In diesem Fall lassen sich also gleich vier (parallele) Prozesse an ein Ereignis knüpfen.

Umgebungsmusik

In nicht wenigen Spielen gibt es eine oder mehrere Melodien, die in bestimmten Szenen im Hintergrund abgespielt werden. In Unreal heißt das AMBIENT SOUND. Ehe wir ausprobieren, was es damit auf sich hat, musst du eine Musik-Datei besorgen. Leider akzeptiert Unreal diese aktuell nur als WAV-Datei. (Aber vielleicht ändert sich das in einer kommenden Version.)

Wenn du also eine schöne MP3-Musik hast, musst du die erst mit einem Tool wie zum Beispiel dem kostenlosen **Audacity** in eine WAV-Datei umwandeln.

≫ Um nun Musik in deine Spiel-Szene einzufügen, klickst du im MODES-Fenster des Hauptbereichs auf den Eintrag ALL CLASSES. Dann suchst du nach AMBIENT SOUND und ziehst diesen Eintrag ins Editor-Fenster.

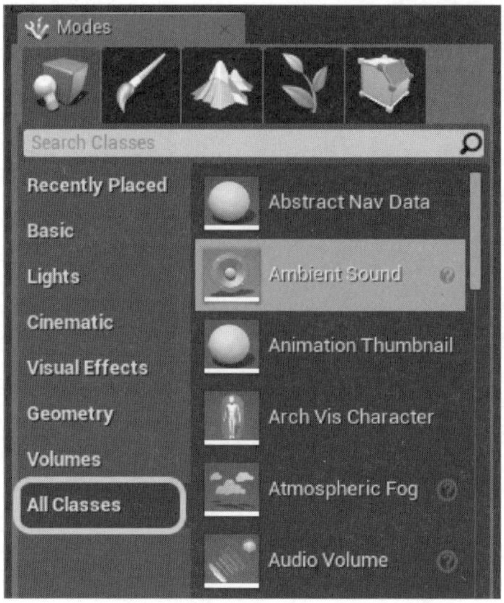

- Im DETAILS-Fenster zu diesem neuen (unsichtbaren) Objekt klickst du auf den NONE-Bereich hinter dem Eintrag SOUND.

- Suche dir im Menü die passende Musik-Datei aus (die hier auch vom Typ SOUNDWAVE ist).

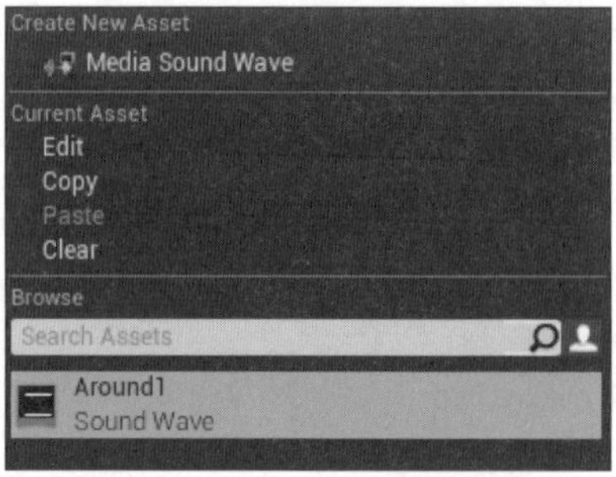

Und schon spielt die Musik, sobald du das Spiel startest. Sie sollte aber so leise sein, dass sie die sonstigen Szenen-Geräusche nicht übertönt.

⋟ Ist dir die Musik zu laut, kannst du den Wert hinter VOLUME MULTIPLIER heruntersetzen (Vorgabe ist 1.0).

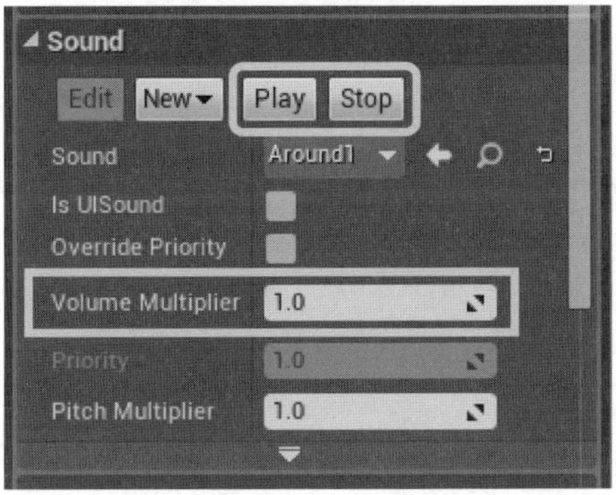

Über den PLAY-Button über dem Sound-Namen kannst du testen, ob die Musik passt.

In der Regel dauert eine Melodie nur einen (geringen) Teil der Zeit, die man sich als Spieler in einem Level aufhält. Daher kann es sinnvoll sein, dass sie immer wiederholt wird.

⋟ Doppelklicke im CONTENT BROWSER auf das Symbol für die Hintergrund-Musik und öffne damit das zugehörige Fenster (das dem für ein SOUND CUE sehr ähnlich sieht).

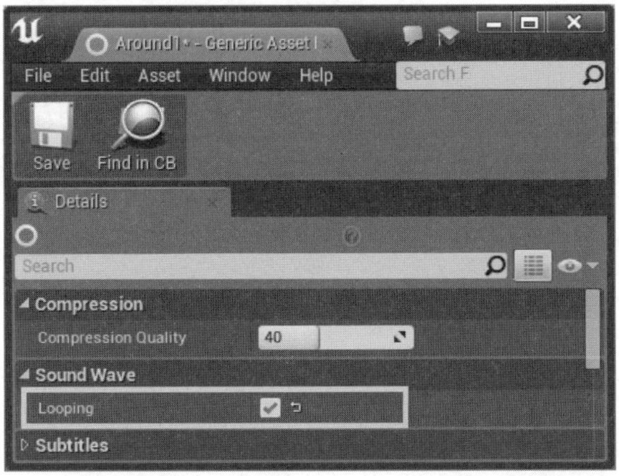

⋟ Setze hinter LOOPING ein Häkchen. Dann speichere die Datei und schließe das Fenster.

Nun hast du einiges an Hörbarem für deine Spielszene. Und sicher Lust, noch ein bisschen zu experimentieren.

Zusammenfassung

Damit beenden wir dieses Kapitel. Du weißt jetzt, wie man Aktionen mit Geräuschen untermalen kann, und auch, wie man eine Hintergrundmusik einsetzt. Du kennst die Möglichkeit, mit einem Sound-Modul Geräusche zu »gestalten«, zum Beispiel einen Sound zu dämpfen, wenn ein hörbares Objekt sich entfernt (und umgekehrt).

Außerdem weißt du, wie und wo man einen Sequenz-Knoten einsetzt, um ein Ereignis auf mehrere Aktionen zu verteilen.

Zwei Fragen …

1. Welche Elemente brauchst du, um für ein Objekt einen Sound zu erzeugen?
2. Wie funktioniert ein Sequenz-Knoten?

… und eine Aufgabe

1. Erweitere die letzte Version von MADMAN so, dass auch beim Player Schritte zu hören sind.

14

User Interface

Unser Player ist verwundbar, und auch in diesem Kapitel bleibt der Enemy unbesiegbar. Doch hier geben wir dem Player die Chance, wenigstens seinen aktuellen Gesundheitszustand zu kontrollieren. Außerdem sollte es eine Anzeige für das Spiel-Ende geben. Um das kümmern wir uns hier.

In diesem Kapitel lernst du

- was Widgets sind
- etwas über UI-Elemente
- wie man die Energie einer Spielfigur kontrolliert
- wie man das Spiel-Ende anzeigen kann

Gesundheits-Balken

Beginnen wir, uns einen Überblick über die Gesundheit beziehungsweise den Energiezustand des Players zu verschaffen. Der liegt ja zu Anfang bei 100 Prozent, bei jeder Verletzung sinkt er, bis er bei einem Stand von 0 schließlich zum Tode führt.

Für die Anzeige könnten wir so etwas wie einen Balken gebrauchen, der am Rand des Spiel-Fensters anzeigt, wie es gerade um die Gesundheit des Players bestellt ist.

Unreal bietet mit seinem UI-System eine Sammlung von Elementen an, mit deren Hilfe man Informationen und zusätzliche Steuerungsmöglichkeiten in ein Spiel einbringen kann – auch **Widgets** genannt. UI ist die Abkürzung für »User Interface«, dabei handelt es sich also um eine grafische Benutzerschnittstelle. So etwas kennst du ja auch von Windows oder Linux oder Android. Hier ein kleiner Überblick:

BORDER	Container-Element, das andere Elemente umgeben und umrahmen kann
BUTTON	Schaltfläche zum Anklicken mit der Maus
CHECKBOX	Box zum Aktivieren/Deaktivieren per Mausklick
PROGRESS BAR	Farbfeld für die grafische Anzeige von Zahlwerten
SLIDER	Schieberegler, mit der Maus zu bedienen
TEXT	Randloser Text
TEXT BOX	Textfeld, in das auch Text eingetippt werden kann

Wie du siehst, sind auch Elemente dabei, mit denen man zum Beispiel ein Spiel-Menü oder ein Dialogfeld für Spiel-Optionen erstellen kann.

Bei den UI-Elementen von Unreal handelt es sich um 2D-Objekte, die sich in einer Szene fast beliebig einsetzen lassen. Probieren wir das gleich aus.

≫ Klicke im CONTENT BROWSER auf ADD NEW und im Menü ganz unten auf USER INTERFACE. Im Zusatzmenü wählst du WIDGET BLUEPRINT aus.

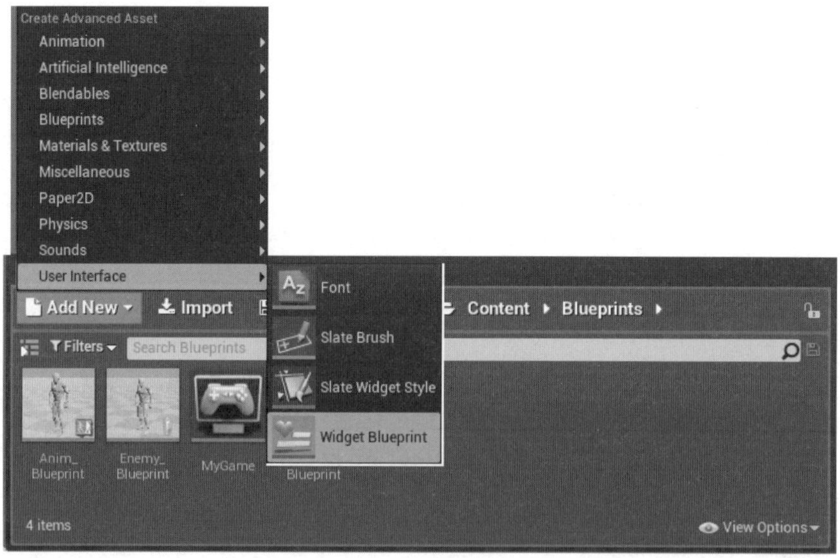

≫ Nenne das neue Element `Health_Blueprint`.

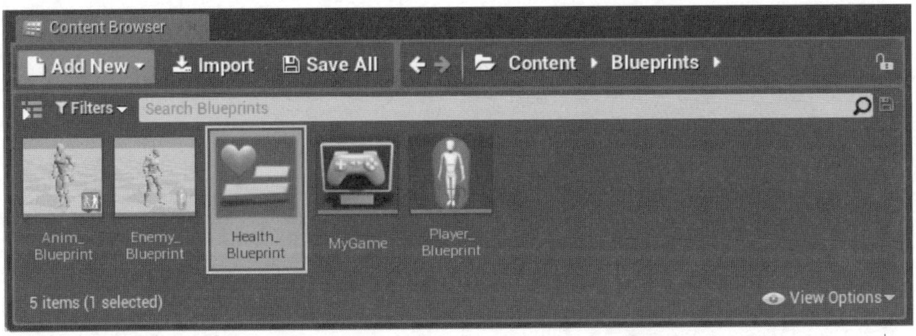

≫ Doppelklicke auf das neue Symbol und öffne damit das zugehörige Fenster.

Das gestrichelte Gebilde in der Mitte ist das CANVAS PANEL. **Canvas** heißt auf Deutsch Leinwand, man kann auch Zeichenfläche sagen. Das ist der Untergrund, auf dem alle UI-Elemente aufgebracht werden. Welche es gibt, siehst du links im PALETTE-Fenster.

Ganz unten steht die Bildschirmauflösung, die aktuell gestellt ist. Die kannst du oben rechts über SCREEN SIZE ändern.

Das CANVAS PANEL füllt das gesamte Spielfenster aus. Dort hinein setzen wir jetzt unseren Gesundheitsbalken. Ich schlage die linke obere Ecke vor.

- Klicke im linken PALETTE-Fenster auf TEXT BOX und ziehe den Eintrag ins karierte Feld.

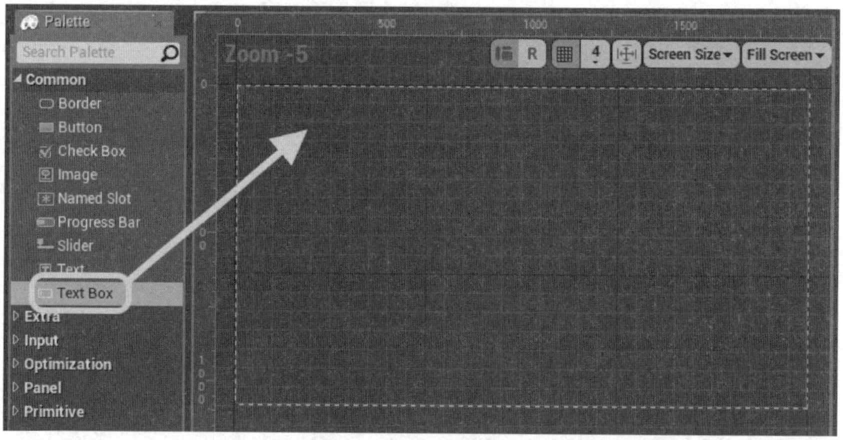

Das kleine Rechteck, das nun erscheint, lässt sich mit Text füllen.

- Positioniere es in der linken oberen Ecke, indem du darauf klickst und mit der Maus ein Stück ziehst.

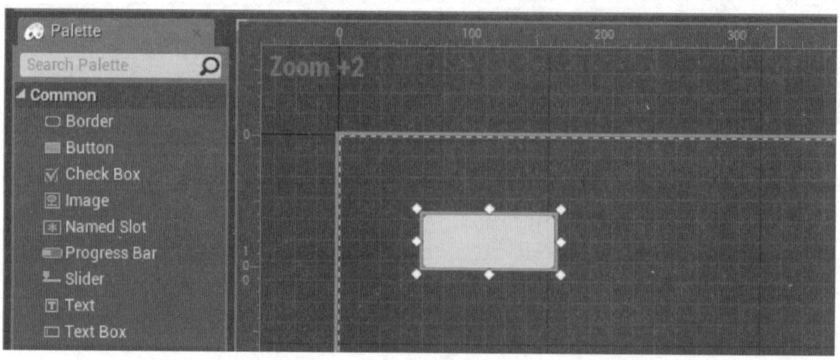

Durch Drehen des Maus-Rads kannst du die Ansicht zoomen, und durch Benutzen der rechten Maustaste kannst du die Ansicht verschieben (wie in Blueprint-Feldern üblich).

≫ Gib im DETAILS-Fenster unter CONTENT und hinter TEXT `Health` ein.

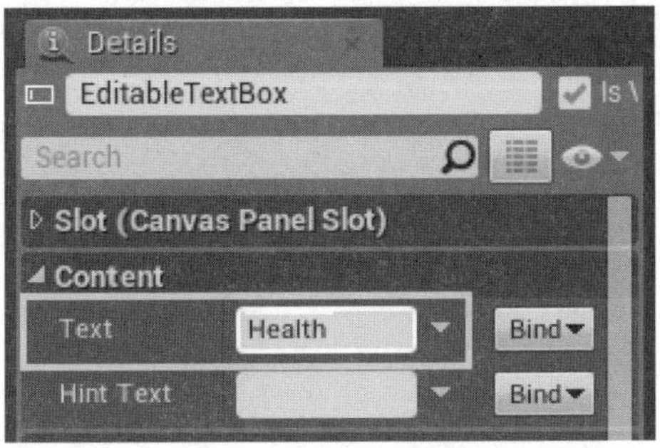

Da der Text wahrscheinlich in der Box zu klein erscheint, musst du noch nachbessern.

≫ Gib weiter unten im DETAILS-Fenster unter STYLE hinter FONT im letzten (kleinen) Feld eine größere Zahl ein (bei mir passte 20).

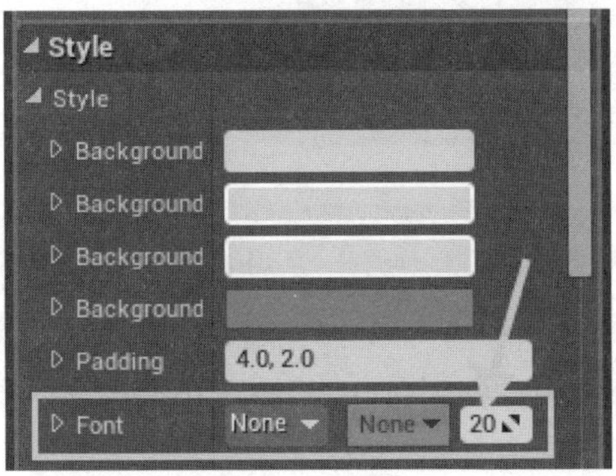

Dann müsste es auch bei dir so ähnlich aussehen:

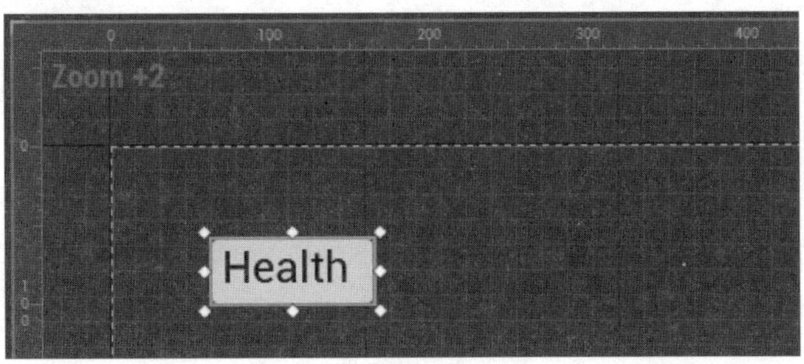

Nun brauchen wir ein weiteres Element, das den Gesundheitszustand anzeigt. Das könnte noch eine Text-Box sein, um das Ganze als Zahl darzustellen, mir gefällt es aber besser, wenn das ein Balken erledigt. Gut dazu geeignet ist die Progress Bar.

> Klicke also im PALETTE-Fenster auf PROGRESS BAR und ziehe den Eintrag ins karierte Feld.

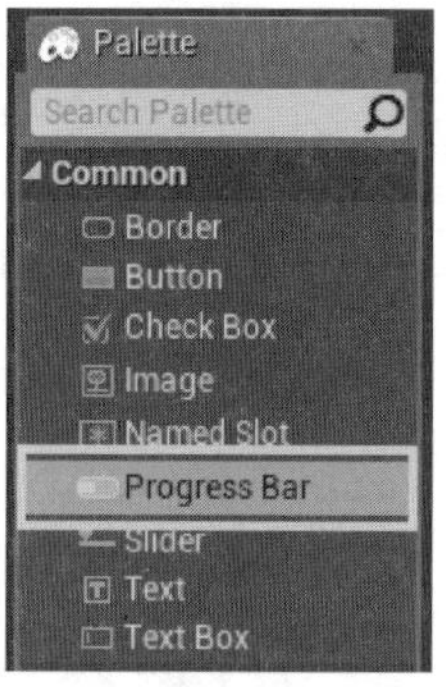

> Passe die Position an die Text-Box an und mache das neue Element um einiges länger. (Bei mir sind es 300 für SIZE X.)

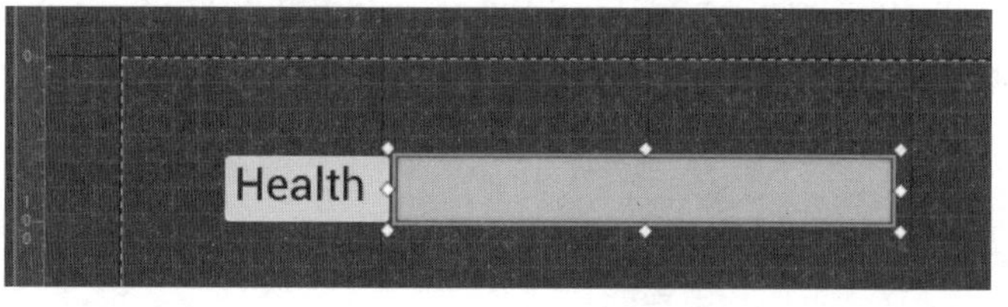

Die beiden Objekte, die wir gerade erzeugt haben, sind 2D-Elemente. Anders als zum Beispiel Enemy und Player oder eine einfache Kugel werden hier nur X- und Y-Werte benötigt. Was also bei 3D-Objekten unter TRANSFORM steht, ist hier mit POSITION X|Y und SIZE X|Y zusammengefasst.

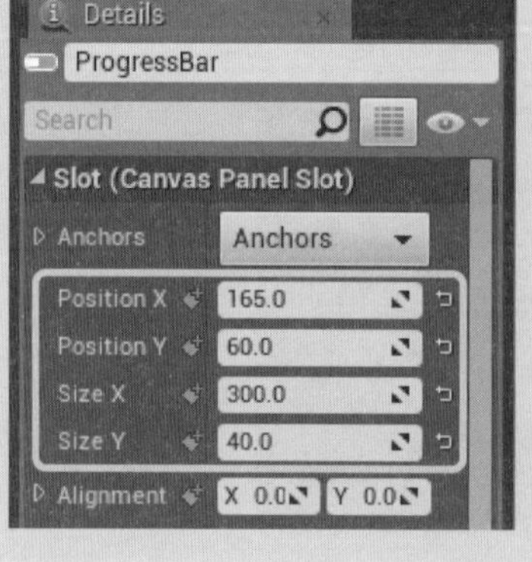

Dazu kommt unter ANCHORS noch die Möglichkeit, ein Element zum Beispiel in einer Ecke zu verankern. So kann es bei geänderter Fenstergröße nicht einfach verrutschen.

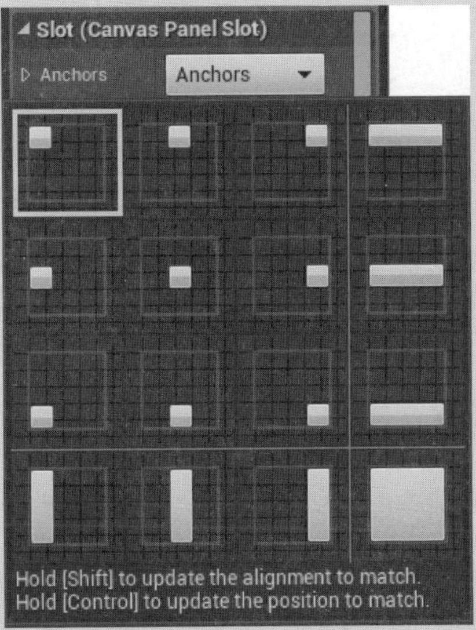

Die Verankerung erkennst du an einem Symbol, das nun zusätzlich auftaucht.

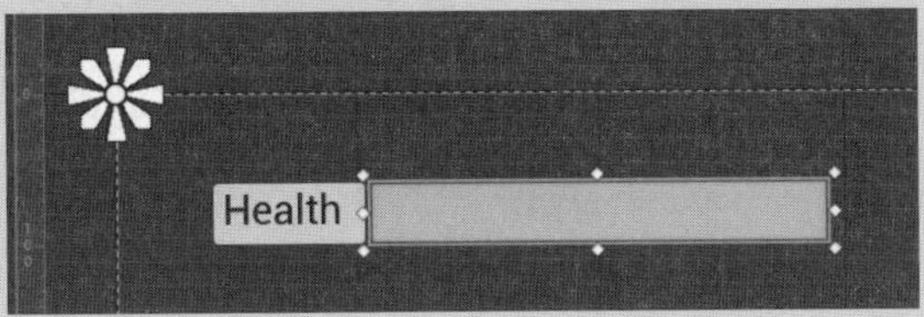

≫ Wenn du willst, kannst du noch im DETAILS-Fenster unter APPEARANCE die Farbe festlegen. Ich empfehle ein gesundes Grün.

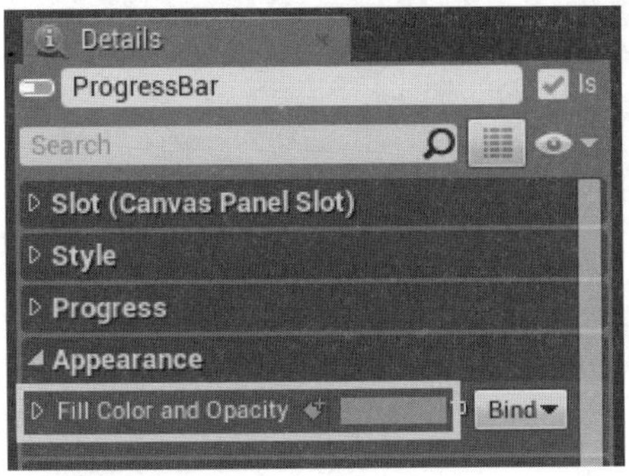

Energiekontrolle für den Player

Nun müssen wir unsere neue »Health-Bar« ins Spiel bringen. Dabei bleiben wir zuerst im aktuellen Widget-Blueprint.

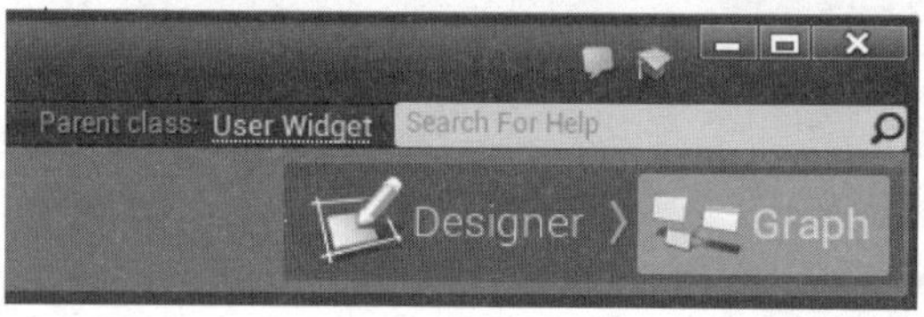

≫ Klicke rechts oben auf die Schaltfläche GRAPH.

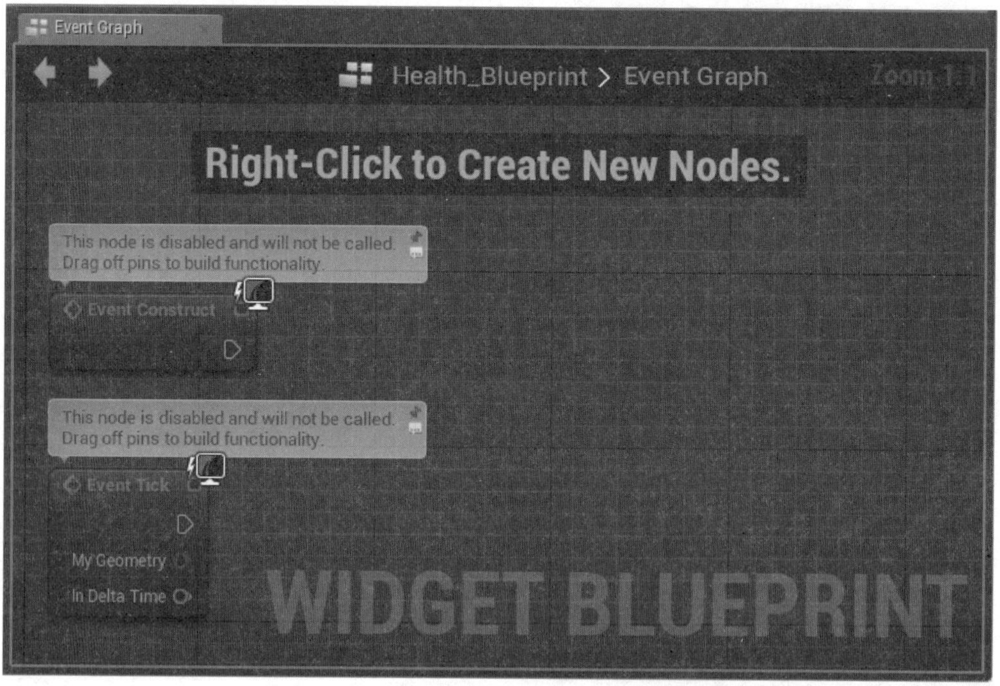

In diesem Bereich gibt es zwei (noch ungenutzte) Knoten, von denen du den unteren kennst. Gebrauchen werden wir hier nur den oberen.

» Klicke mit der rechten Maustaste in einen freien Bereich und suche nach `player`. Wähle GET PLAYER CHARACTER.

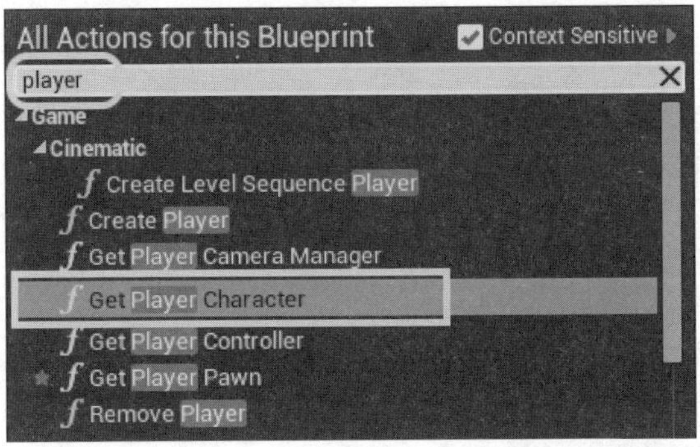

» Ziehe von RETURN VALUE einen Faden, suche nach `cast to player` und wähle CAST TO PLAYER_BLUEPRINT.

» Verbinde den Ausgang des Knotens EVENT CONSTRUCT (links) mit dem Eingang des CAST-Knotens (rechts).

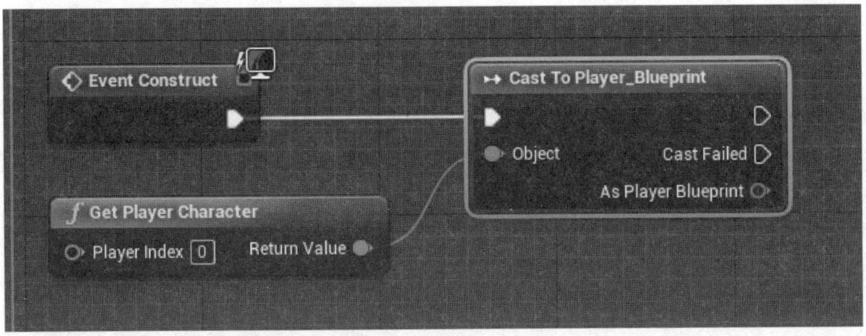

» Ziehe nun vom Ausgang AS PLAYER BLUEPRINT einen Faden, suche nach `promote` und wähle PROMOTE TO VARIABLE.

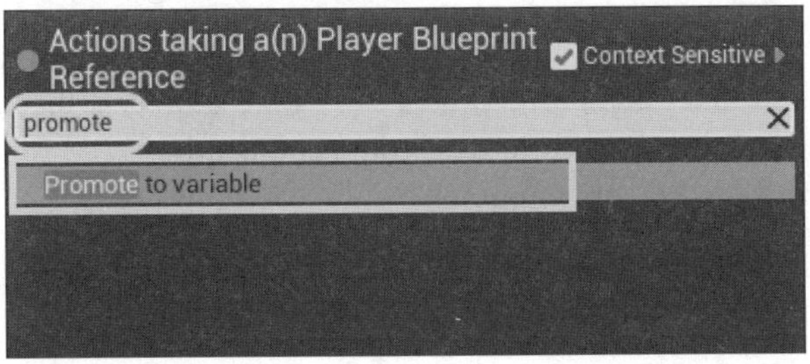

» Im linken Bereich des Blueprint-Fensters taucht unter VARIABLES eine neue Variable auf, nenne sie `MyPlayer`.

- Verbinde den CAST- mit dem neuen SET-Knoten, womit der ganze Graph nun so aussieht:

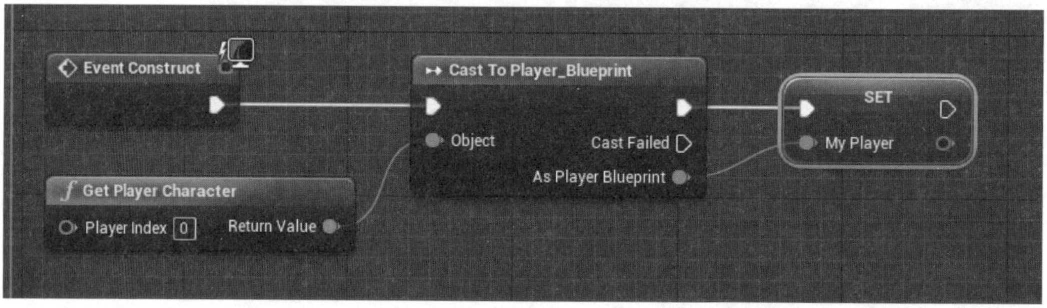

- Kompiliere und speichere das Ganze, dann wechsle wieder vom GRAPH- in den DESIGNER-Bereich.

Der Promote-Prozess über den SET-Knoten ermöglicht uns einen direkten Zugriff auf die Variablen des Player-Blueprints über eine eigene »Über-Variable«. Mal sehen, was uns das nun für die Progress Bar bringt. Die soll sich ja dem HEALTH-Wert des Players anpassen.

- Markiere die Progress Bar im karierten Feld. Im DETAILS-Fenster klickst du auf den BIND-Button hinter der PERCENT-Anzeige.

- Wähle im kleinen Menü den Eintrag CREATE BINDING. Damit öffnest du eine neue Graph-Seite.

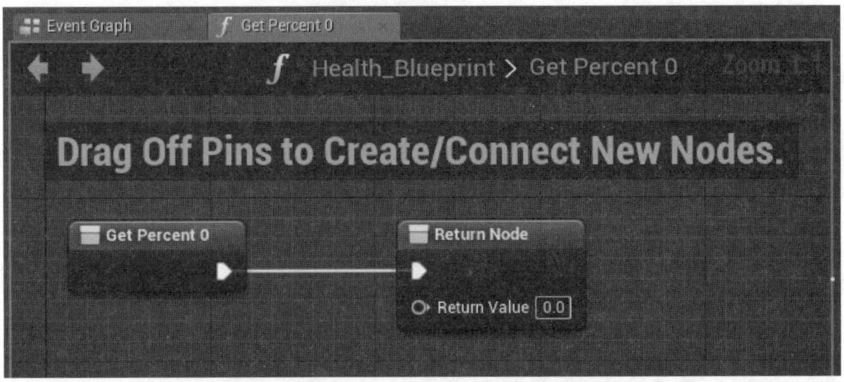

Dort gibt es zwei Knoten, der erste ruft eine Funktion namens GET PERCENT auf (die 0 ist eine Nummerierung, die nächste Funktion würde GET PERCENT 1 heißen). Der zweite Knoten gibt an die Progress Bar einen Wert zurück. Und das soll ja unsere HEALTH-Variable sein.

Da die Progress Bar aber nur Werte zwischen 0 (leer) und 1 (voll) anzeigt, müssen wir den HEALTH-Wert, der ja bei uns zwischen 0 und 100 liegt, erst noch durch 100 teilen, damit eine Dezimalzahl zwischen 0 und 1 herauskommt.

- Ziehe jetzt vom linken Variables-Bereich den Eintrag MYPLAYER ins karierte Feld. Wähle im Mini-Menü den Eintrag GET.

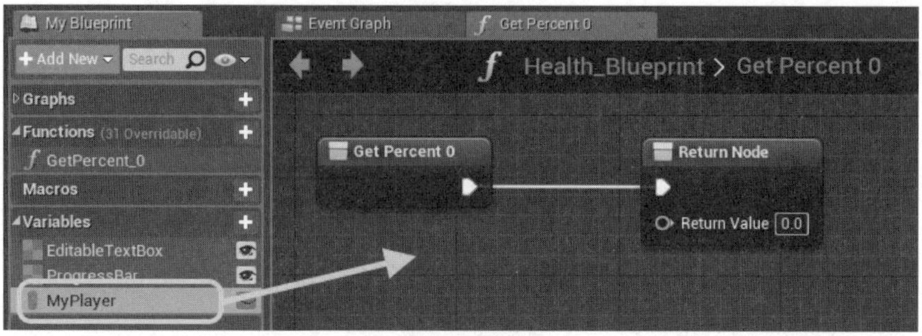

- Von da aus greifen wir jetzt auf die HEALTH-Variable zu. Deshalb ziehe vom neuen Variablen-Knoten einen Faden und suche nach `health`.

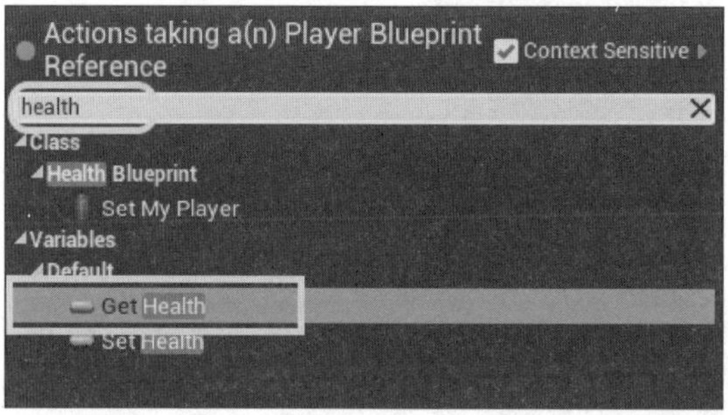

- Wähle GET HEALTH.

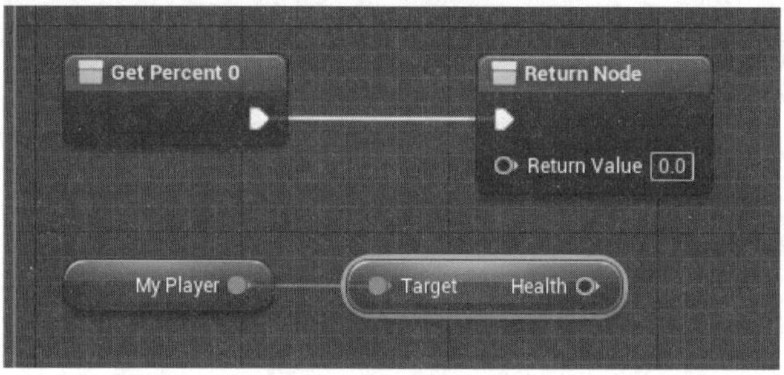

- Ziehe von diesem Knoten einen Faden und suche nach `divide`. Wähle FLOAT/FLOAT.

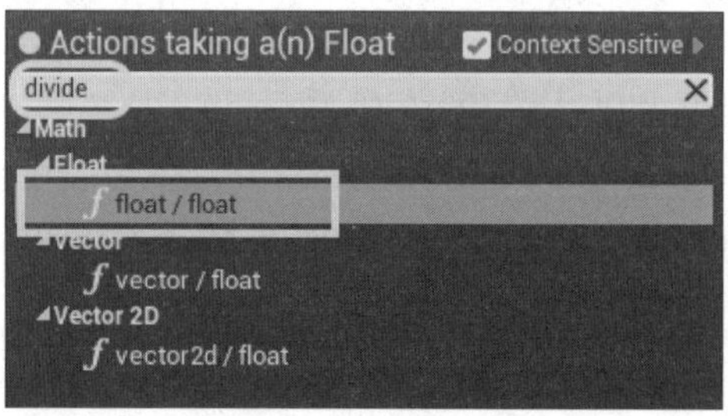

≫ Setze als Divisor den Wert 100 ein und verbinde den Ausgang des Knotens mit dem Eingang (RETURN VALUE) des RETURN-Knotens.

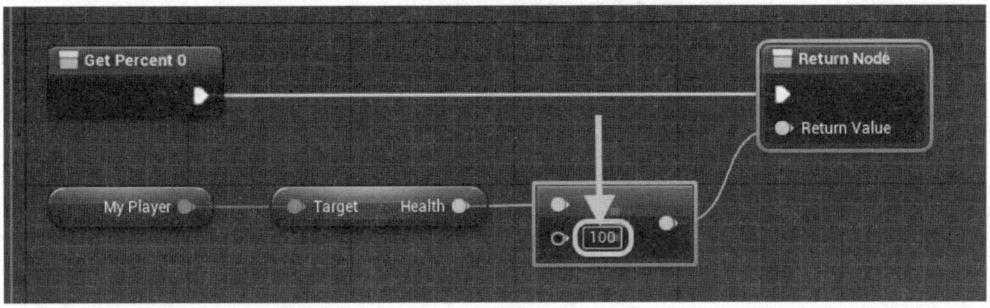

≫ Kompiliere und speichere das Blueprint.

Die Progress Bar ist nun mit der Funktion verbunden, die ihr die HEALTH-Werte liefert.

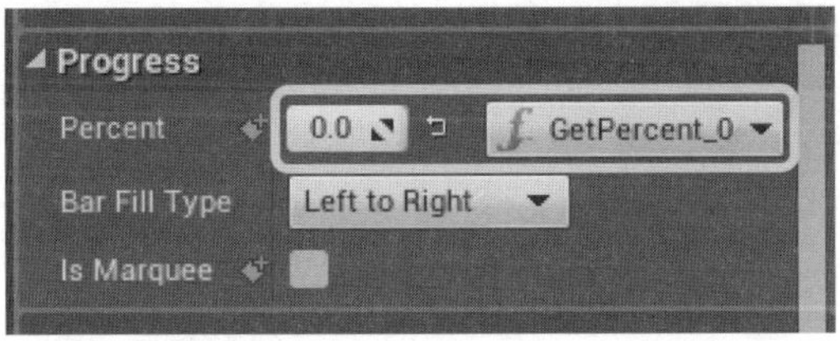

BAR FILL TYPE übrigens gibt an, wie die Progress Bar aufgefüllt wird. Wir bleiben bei »von links nach rechts«, was auch heißt: Wenn die Energie abnimmt, wird der Balken von rechts nach links kleiner.

Widgets sichtbar machen

Du kannst das Widget-Blueprint nun (erst einmal) schließen. Denn als Nächstes geht es beim Player weiter. Wenn du das Spiel startest, bekommst du von einem Gesundheitsbalken noch nichts zu sehen. Das regeln wir jetzt im Player-Blueprint.

≫ Öffne das Blueprint und suche dir eine freie Stelle in der Nähe des EVENT BEGINPLAY-Knotens.

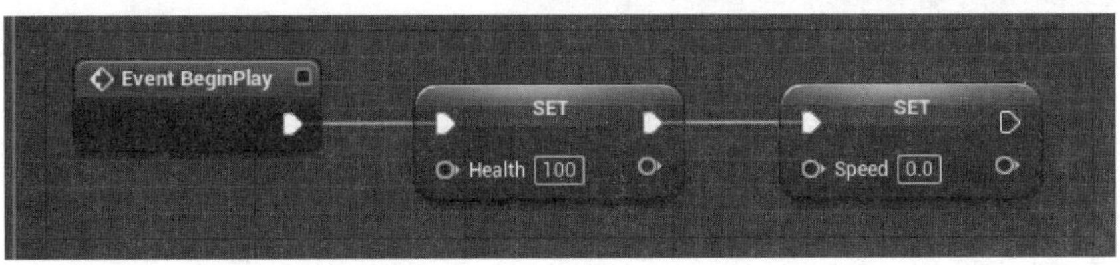

- Ziehe einen Faden vom letzten Knoten und suche nach `create widget`. Wähle den gleichnamigen Eintrag.

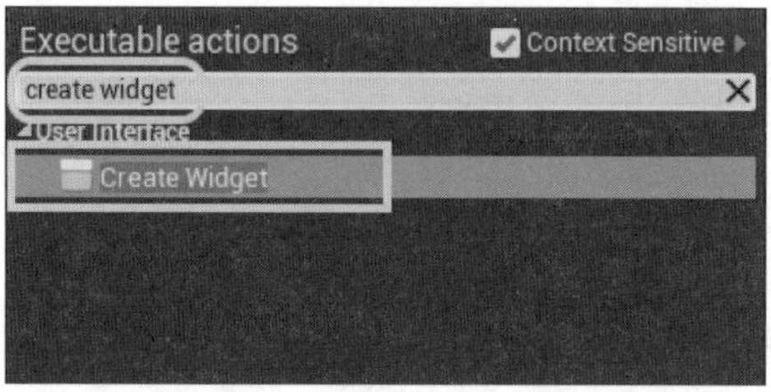

Das, was du da siehst, ist erst einmal ziemlich nichtssagend: CONSTRUCT NONE? Das wollen wir gleich klären.

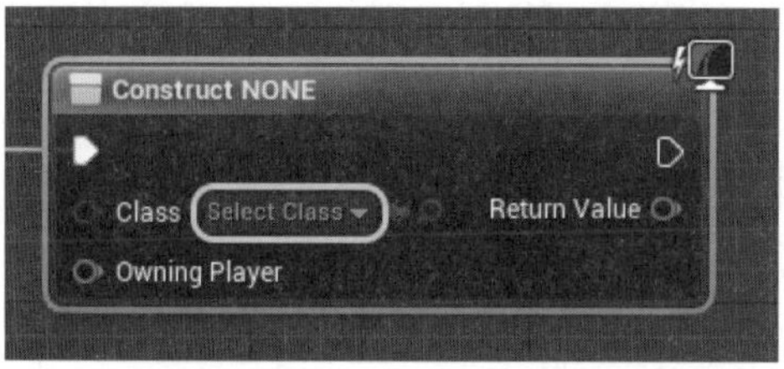

- Klicke auf das kleine Dreieck hinter SELECT CLASS und wähle im Menü HEALTH_BLUEPRINT aus.

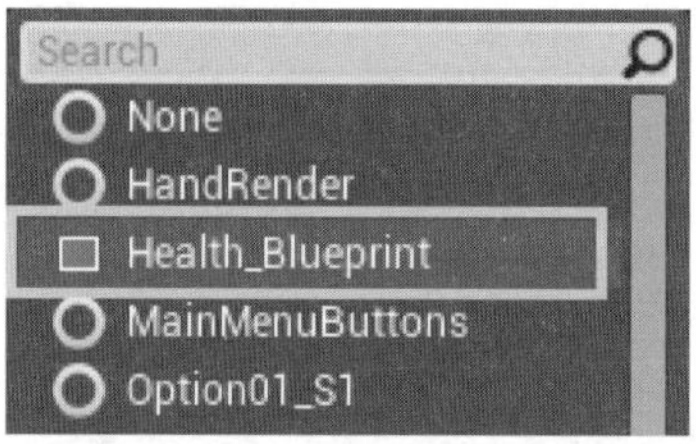

Und der Knoten ändert sein Aussehen.

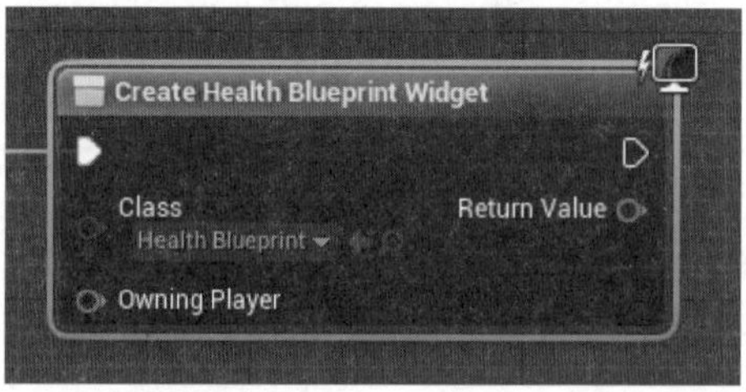

Jetzt fehlt noch ein letzter Knoten, um die Verbindung zur Anzeige herzustellen (dort erscheinen auch die Spielwelt und der Enemy).

- Ziehe einen Faden von RETURN VALUE und suche im Menü nach `viewport`.

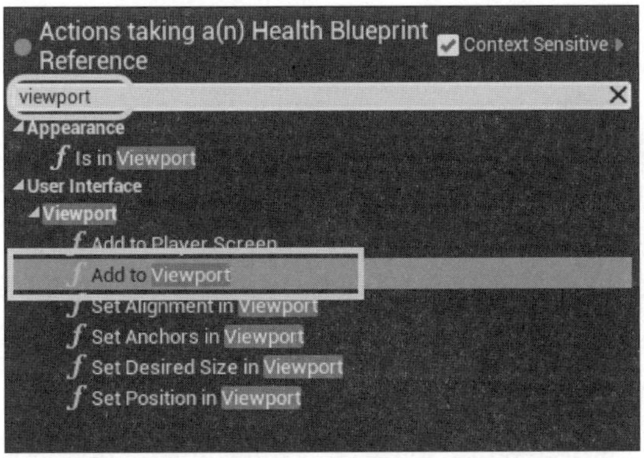

≫ Wähle den Eintrag ADD TO VIEWPORT. Kontrolliere, dass die Hauptverbindung zum vorigen Knoten gesetzt ist.

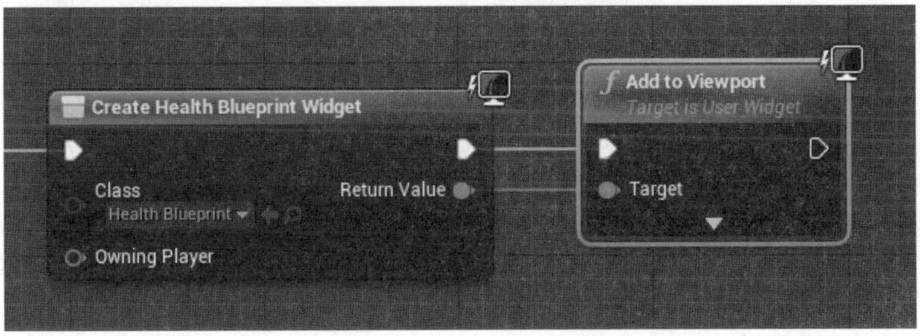

≫ Kompiliere und speichere das Player-Blueprint, starte das Spiel und begegne dem Enemy. Lass dich »besprühen« und beobachte dabei im Balken deinen Gesundheitszustand (→ MADMAN13).

Game Over

Nun kennen wir eine Möglichkeit, mitten in die Spielszene Anzeigen zu platzieren. Natürlich bietet Unreal da noch einiges mehr. Zum Beispiel Buttons, die sich auch mit der Maus anklicken lassen und Ereignisse auslösen, die dann per Blueprint nutzbar sind. Damit werden wir uns aber nicht (mehr) befassen. Stattdessen möchte ich das aktuelle Projekt noch um eine Anzeige erweitern, die das Spielende meldet.

Dazu verwenden wir ein weiteres Widget-Blueprint.

- Klicke also im CONTENT BROWSER auf ADD NEW, wähle im Menü USER INTERFACE und im Zusatzmenü WIDGET BLUEPRINT.

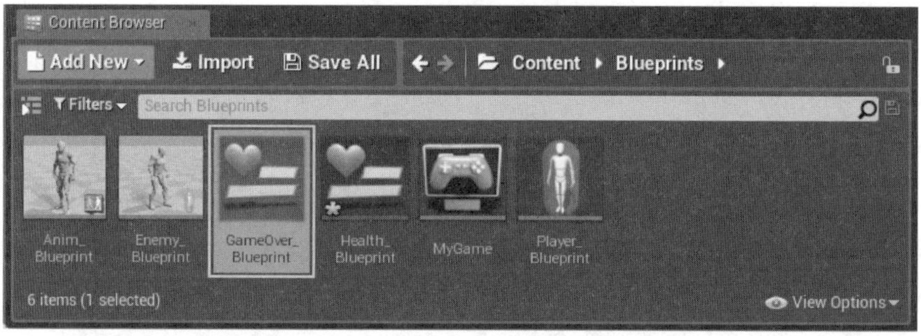

- Nenne das neue Element `GameOver_Blueprint`. Doppelklicke auf das neue Symbol und öffne damit das zugehörige Fenster.
- Klicke im linken PALETTE-Fenster auf TEXT und ziehe den Eintrag ins karierte Feld.

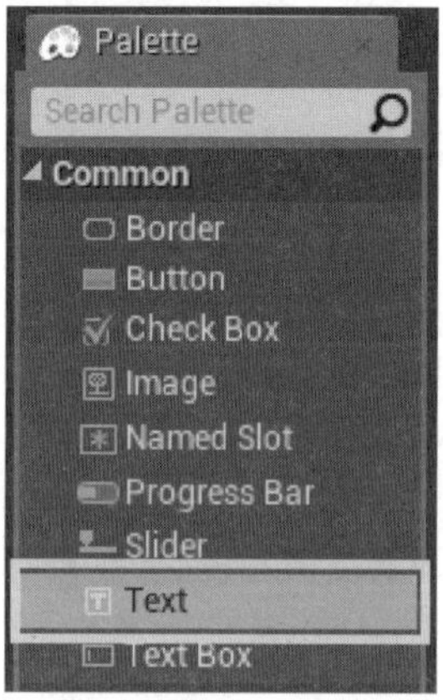

- Vergrößere das Element und positioniere es in der Mitte der CANVAS-Fläche.

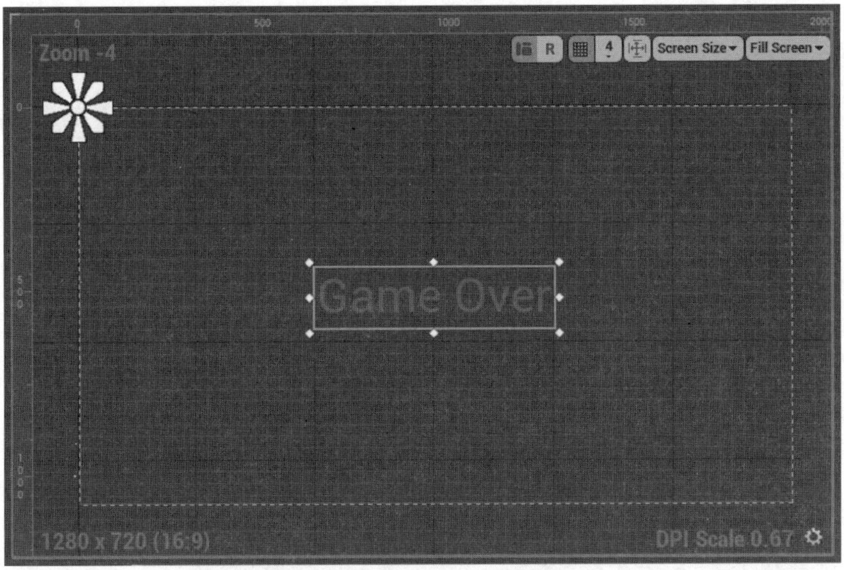

Dieses Element – auch Text-Block genannt – erscheint mir hier passender als die Text-Box, weil es randlos und der Hintergrund durchsichtig ist.

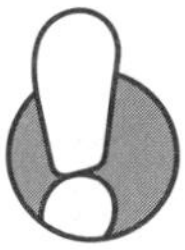

≫ Verankere das Element in der Mitte.

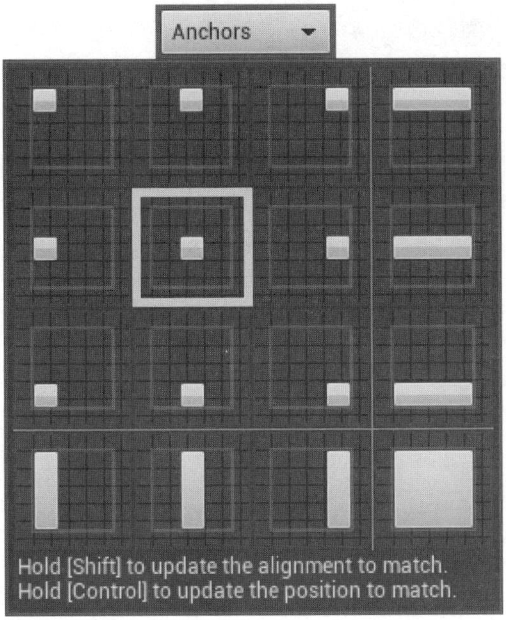

≫ Gib im DETAILS-Fenster unter CONTENT und hinter TEXT `Game Over` ein.

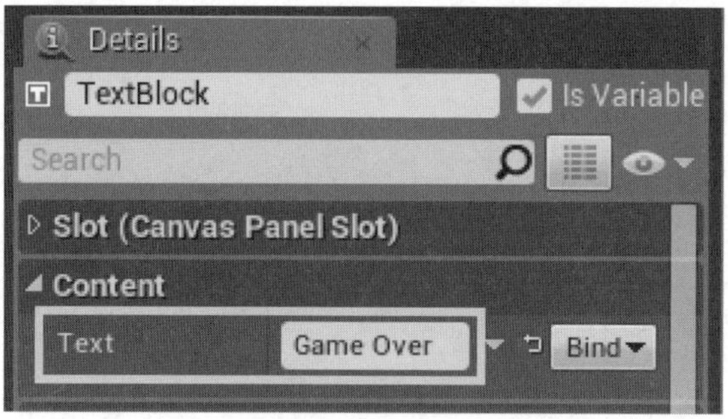

≫ Für die Schriftgröße setzt du weiter unten im DETAILS-Fenster unter APPEARANCE hinter FONT im letzten (kleinen) Feld einen sehr großen Wert (zum Beispiel 60 bis 100).

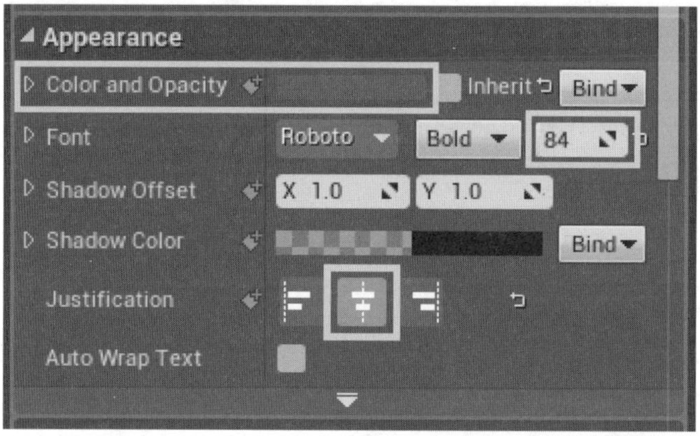

≫ Außerdem solltest du hinter COLOR AND OPACITY die Schriftfarbe zum Beispiel auf Rot einstellen. Und damit der Text im Block zentriert erscheint, klicke auf das mittlere Feld hinter JUSTIFICATION.

≫ Das wäre es auch schon, du kannst das Blueprint also kompilieren, speichern und das Fenster schließen.

Nun geht es im Player-Blueprint weiter, denn dort wird ja der Wert von HEALTH kontrolliert und gegebenenfalls der Tod des Players herbeigeführt.

≫ Öffne das Blueprint und suche den EVENT TICK-Graphen.

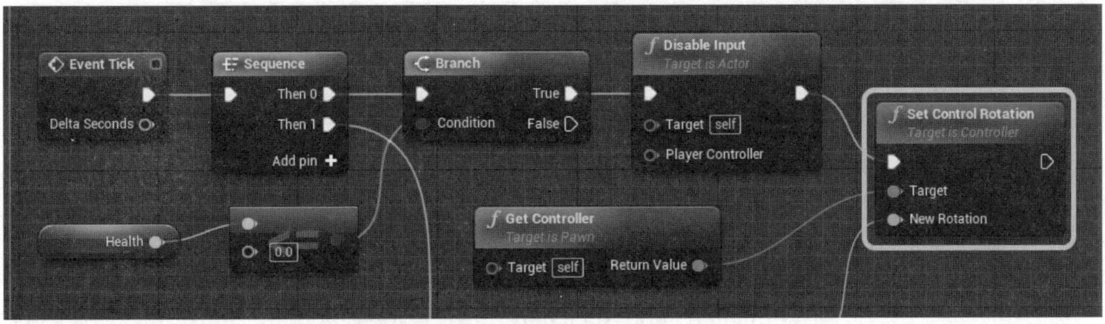

Dort knüpfen wir jetzt am letzten Knoten an. DISABLE INPUT und SET CONTROL ROTATION haben ja dafür gesorgt, dass der Player sich nicht mehr rühren kann und »umgelegt« wird. Und direkt dahinter schalten wir jetzt die Anzeige von »Game Over«.

➢ Ziehe also einen Faden vom letzten Knoten und suche nach `create widget`. Wähle den gleichnamigen Eintrag.

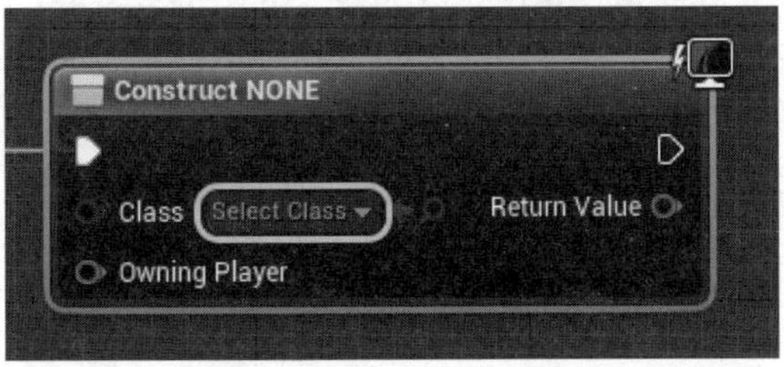

➢ Um den neuen Knoten mit dem neuen Widget zu verknüpfen, öffne über SELECT CLASS das Auswahlmenü und klicke dort auf GAMEOVER_BLUEPRINT.

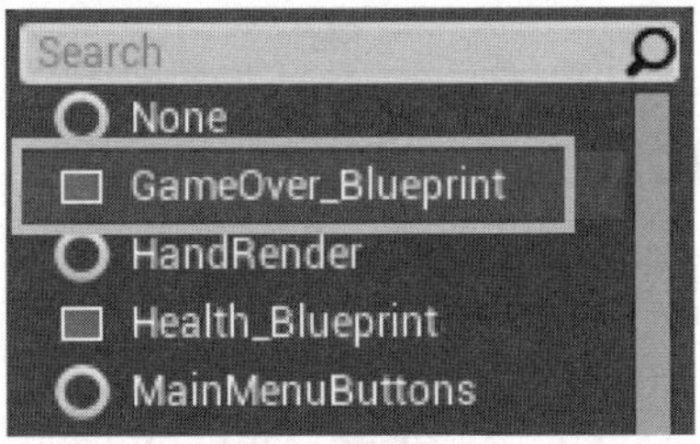

➢ Ziehe einen Faden von RETURN VALUE und erzeuge über ADD TO VIEWPORT einen neuen Knoten.

So sollte der hintere Teil des ganzen Graphen schließlich aussehen:

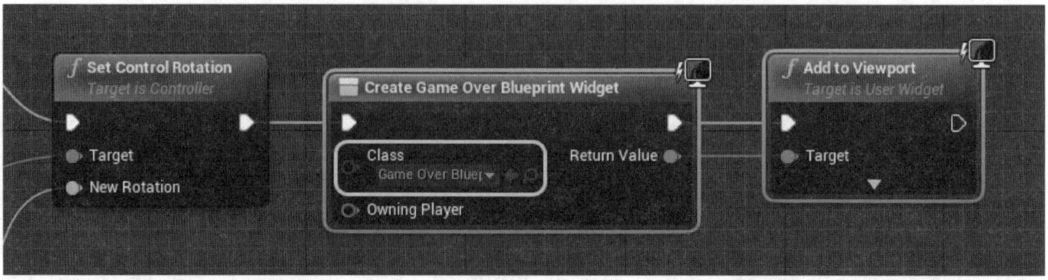

- Kompiliere und speichere das Player-Blueprint, starte das Spiel und begegne dem Enemy. Kontrolliere, ob die Meldung »Game Over« kommt (→ MADMAN14).

Zusammenfassung

Nun bist du auch ein bisschen in die Welt der Widgets eingetaucht. Und du weißt, dass man damit einiges an Zusatzinformationen für ein Spiel anzeigen kann (zum Beispiel auch ein Inventar oder bei Waffengebrauch den Munitionsvorrat). Dabei hast du auch erfahren, wie man Widgets während eines Spiels sichtbar macht.

Zwei Fragen …

1. Was ist ein Widget-Blueprint?
2. Wie macht man Widgets im Spiel sichtbar?

… und zwei Aufgaben

1. Spendiere auch dem Enemy-Blueprint eine »Game Over«-Anzeige, wenn der Player die Feindfigur berührt.
2. Erstelle ein Widget, in dem die Gesundheit als Prozentzahl angezeigt wird.

15

Game Tuning

Auch wenn der Player offenbar ein friedliebendes Wesen ist und dem Enemy nichts Gewaltsames entgegenzusetzen hat, ist sein Lage nicht aussichtslos. Denn wenn du das Ganze in eine Landschaft versetzt und dafür sorgst, dass der Player bessere Klettereigenschaften als der Enemy hat, sieht die Situation für den Player schon ganz anders aus. Ausschalten lässt sich der Enemy weiterhin nicht – erst einmal, denn das kann man ja ändern.

Und dann bist du dran: Packe alles, was du hast, zusammen, und mache ein Spiel daraus. Das kannst du dann zu einem eigenständigen Produkt machen, wenn du willst.

In diesem Kapitel lernst du

- wie man ein Projekt mit Assets erweitert und anpasst
- wie eine gegnerische Figur eliminiert werden kann
- wie sich das Spiel selbst beendet
- wie man eine ausführbare Spiele-App erzeugt

Aufmarsch der Gegner

Nun wird es aber Zeit, dass die beiden Spielfiguren ihre Kräfte in einer größeren Umgebung aufeinanderprallen lassen. Denn wozu sonst haben wir an früherer Stelle in diesem Buch ein schönes großes Terrain gestaltet?

Wir haben nun zwei Möglichkeiten: Entweder wir laden unser letztes WALKER-Projekt und importieren die Elemente aus dem letzten MADMAN-Projekt, die neu sind und die wir brauchen. Oder wir erledigen vieles über die Windows-Ordner und passen die Lage dann im neuen Projekt an.

Die erste Möglichkeit wurde schon einmal in Kapitel 8 (Abschnitt »Migration«) beschrieben, deshalb probieren wir es hier einmal mit der zweiten.

- Öffne unter Windows (also außerhalb von Unreal) jeweils ein Fenster mit den beiden oben genannten Projekt-Dateien. Das, was wir brauchen, liegt im CONTENT-Unterordner.

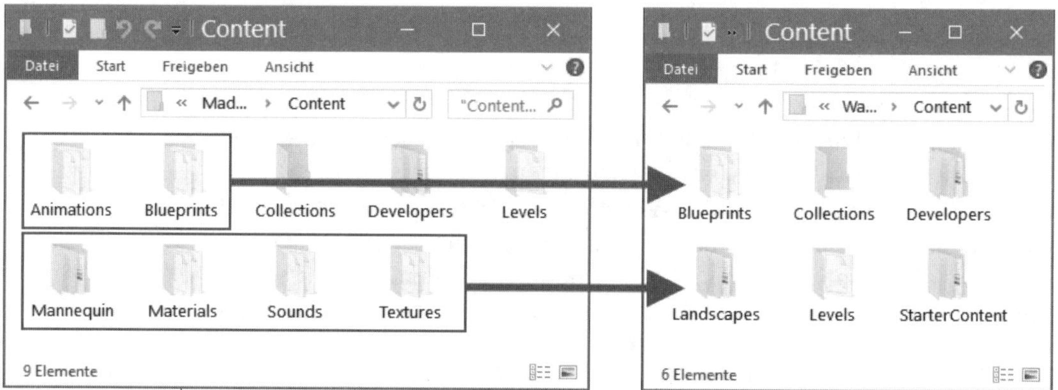

Wichtig sind jeweils diese Ordner (so jedenfalls sieht es bei mir aus):

MADMAN → CONTENT	WALKER → CONTENT	
ANIMATIONS		Direktkopie
BLUEPRINTS	BLUEPRINTS	Wird überschrieben
	LANDSCAPES	
MANNEQUIN		Direktkopie
MATERIALS		Direktkopie
SOUNDS		Direktkopie
	STARTER CONTENT	
TEXTURES		Direktkopie

≫ Markiere alle Ordner von MadMan, die in der **linken** Tabellenspalte aufgeführt sind, und kopiere sie in den Walker-Bereich. Bestätige das **Ersetzen** der Blueprints.

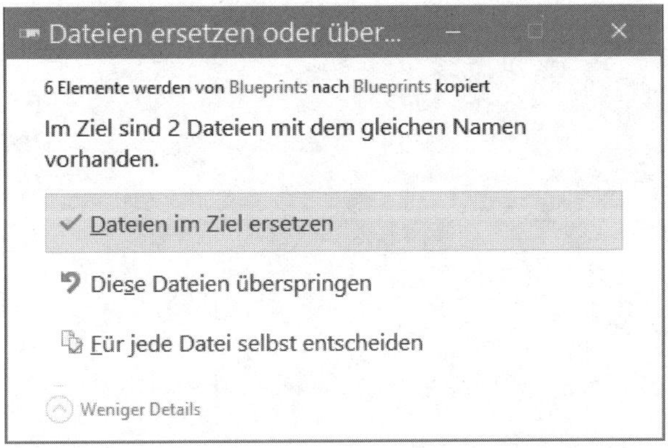

Nicht ersetzen solltest du den Levels-Ordner, denn zum einen gehört die Landschaft mit See, zum anderen nicht. Und die Landschaft ist aktuell das wichtigste Objekt, weil der Player auch dort schon vorhanden ist. Neu hinzu kommt dann der Enemy.

≫ Nun starte den Epic Launcher und öffne das neue Projekt (das ich vorher als Walker7 geklont habe). Als Erstes speichere den aktuellen Level neu (zum Beispiel mit Save oder auch `Strg`+`S`).

Wenn du willst, kannst du schon einmal ein bisschen in der Landschaft spazieren gehen. Dabei wirst du bemerken, dass es mit dem neuen Player-Blueprint nicht völlig »rundläuft«: So ist wahrscheinlich die Laufgeschwindigkeit zu langsam, das lässt sich ja bei den Werten für Character Movement ändern. Ich habe außerdem den Sound-Knoten vorläufig abgekoppelt, weil die Schrittgeräusche (noch) nicht passten (unter anderem beim Schwimmen).

Zuerst einmal brauchen wir den Enemy im Spiel.

≫ Suche im Content Browser nach dem gleichnamigen Blueprint-Symbol und ziehe es in die Landschaft im Editor-Fenster.

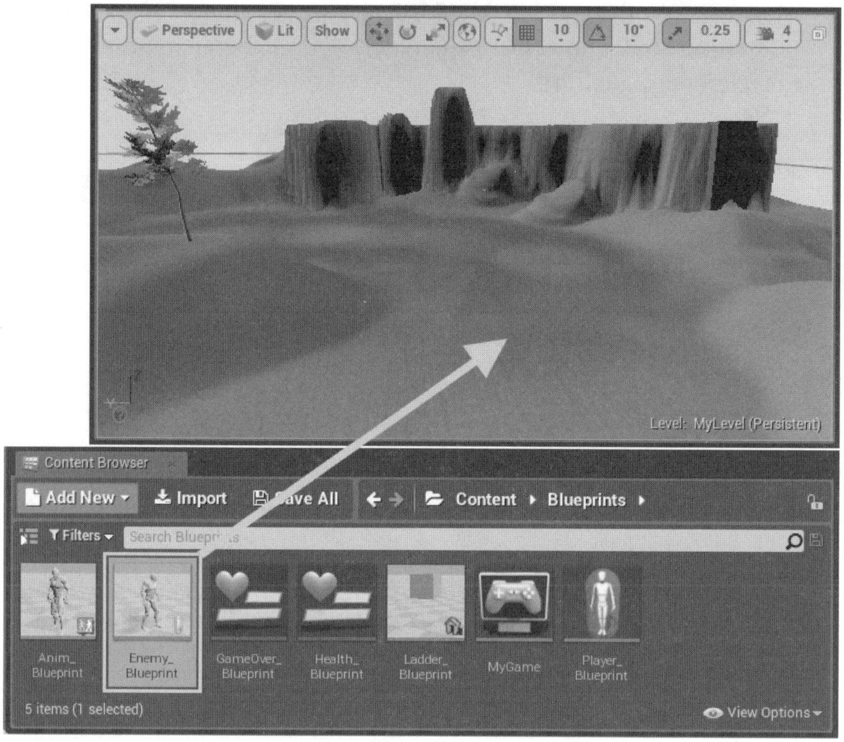

Wenn du nun das Spiel startest und dich mit dem Player dem Enemy näherst, wird er in Angriffsposition gehen. Und berührst du ihn, ist das Spiel zu Ende.

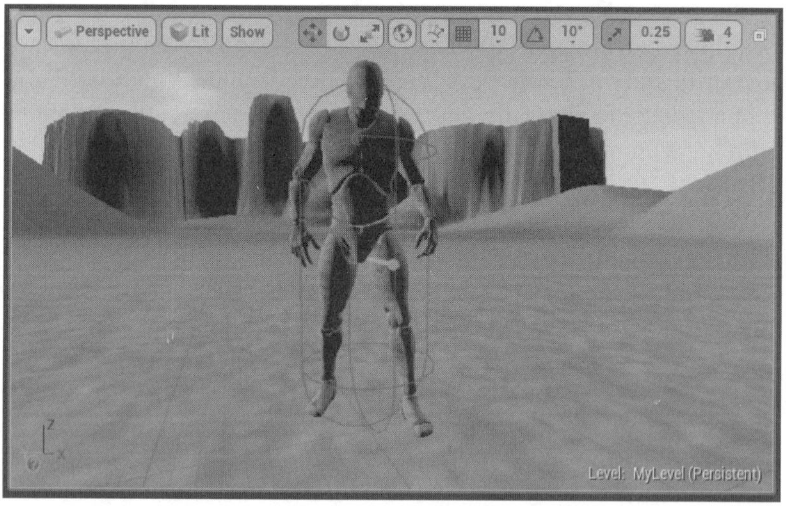

Wo aber bleibt die »Giftwolke«? Und warum macht er keine Anstalten, die Verfolgung aufzunehmen? Aber hat der Enemy überhaupt ein **Naviga-**

tions-Mesh? Denn das ist wichtig als »Landkarte« für eine Verfolgung. Und vielleicht löst das schon unsere Probleme.

≫ Wechsle also im MODES-Fenster zur Liste der VOLUMES und wähle dort NAV MESH BOUNDS VOLUME.

≫ Ziehe den Eintrag ins Editor-Fenster. Dann positioniere das Objekt in der Mitte der Landschaft und mache es deutlich größer (bei mir ist der Skalierungswert höher als 200). Es kann nicht schaden, an den Rändern der Landschaft etwas Platz zu lassen.

Es wird nun einige Zeit dauern, bis die Unreal Engine die Navigationsfläche »zusammengebaut« hat. Sobald das geschehen ist, solltest du gleich ausprobieren, wohin dir der Enemy folgen kann (→ WALKER7).

Grundsätzlich gilt: Je dicker die Schicht des Navigations-Mesh ist (SCALE-Z), desto mehr wird auch an Höhe erfasst, so kann dir der Enemy also auch auf Hügel folgen. Wenn du es also zum Beispiel mit einem Z-Wert von 10 oder mehr versuchst, darfst du dich nicht wundern, wenn der Enemy dir auch an steileren Hängen hinterherklettert.

Voraussetzung dafür ist allerdings, dass beim Enemy-Blueprint unter CHARACTER MOVEMENT der Winkel für WALKABLE FLOOR ANGLE so hoch ist wie beim Player.

Kontrollieren kannst du das Navigationsfeld im Editor-Fenster mit der Taste [P]. Dann siehst du genau, welche Bereiche für den Verfolger nicht zugänglich sind.

Wie du siehst, geht der Enemy nicht gerne baden und schwimmen. Das liegt daran, dass die See-Gruppe ja aus eigenständigen Elementen besteht, also quasi nicht direkt zur Landschaft gehört. Und daher werden sie vom Navigations-Mesh auch nicht erfasst. (Wobei mir der Enemy bisweilen durchaus bis ins Wasser folgt, dann aber knietief stehen bleibt.)

Ansonsten klappt es nun mit der Verfolgung und der Enemy setzt auch die Partikel-Wolke ein. Womit nun die beiden Kontrahenten in die Umgebung eingepasst wären. Nun fehlt nur noch mindestens eine Möglichkeit, wie auch der Player den Enemy ausschalten oder eliminieren kann.

Sollte irgendetwas im neuen Projekt nicht funktionieren, dann musst du die Verknüpfungen kontrollieren: Hat das Enemy-Blueprint noch eine DEATHRAY-Komponente und ist sie auch mit der Partikel-Datei verknüpft? Ist die MESH-Komponente noch mit der Animations-Datei verknüpft? Beides lässt sich jeweils im DETAILS-Fenster überprüfen.

Beim Kopieren von Dateien kann eine Verknüpfung schon mal verloren gehen. Vor allem, wenn die Ordnernamen nicht genau passen, macht die Unreal Engine Probleme.

Todes-Trigger

Während deiner Wanderung durch das Gelände solltest du dich nach Stellen umschauen, an denen sich gut eine Trigger-Platte platzieren lässt. Die soll dann ähnlich wie eine Tretmine funktionieren: Wer darauf tritt, der fliegt in die Luft. Auf jeden Fall wird er eliminiert.

Ich habe meine Platte gut sichtbar angelegt. Man kann sie aber auch so texturieren, dass sie sich vom Boden kaum unterscheidet. Oder man versteckt sie hinter Bäumen oder Büschen. Außerdem kannst du solche Tretminen in deiner Landschaft gleich auf verschiedene Stellen verteilen.

Du musst dann nur den Enemy dazu bringen, dass er bei der Verfolgung eine dieser Platten überquert. Was aber auch heißt: Die Platte muss flach genug sein, um noch ins Navigations-Mesh zu passen, und sie muss an einer Stelle liegen, die der Enemy auch garantiert erreichen kann.

Kümmern wir uns jetzt darum, wie wir diese Platte legen und sie »scharf« machen.

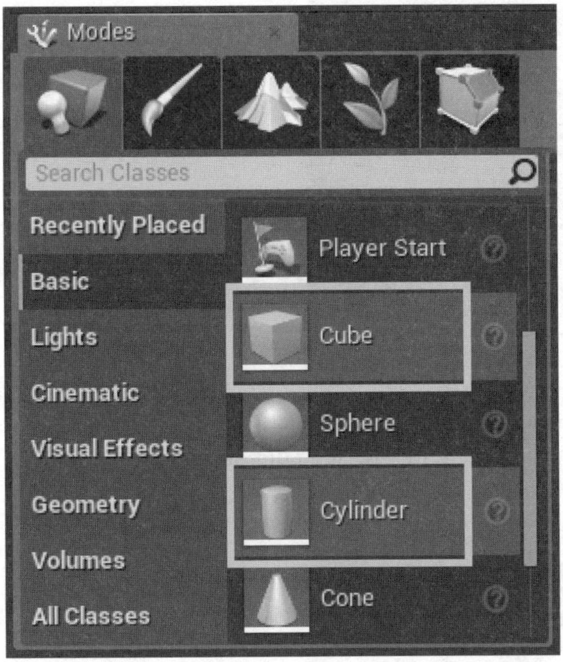

- Ziehe aus dem MODES-Fenster den Eintrag CUBE oder CYLINDER in die Landschaft, gib dem Objekt ein Material und mache aus dem Objekt eine flache Platte. Die positionierst du nun an einer Stelle so, dass ein Teil davon im Boden versinkt.
- Als Nächstes aktivierst du im DETAILS-Fenster den Eintrag GENERATE OVERLAP EVENTS. Außerdem stellst du hinter COLLISION PRESETS die Option TRIGGER ein.

Und nun brauchen wir ein weiteres Blueprint.

- Dazu klickst du im DETAILS-Fenster auf BLUEPRINT. Im Dialogfeld kannst du den vorgegebenen Namen stehen lassen oder ändern, auf jeden Fall musst du auf CREATE BLUEPRINT klicken.

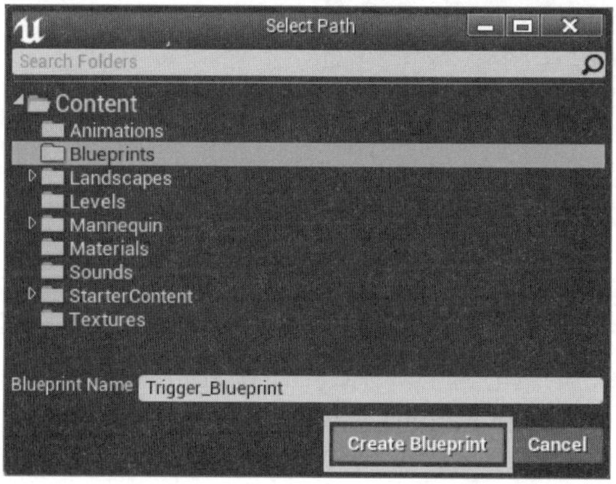

- Im zugehörigen Fenster musst du gegebenenfalls im DETAILS-Bereich die SCALE-Werte noch mal anpassen. Dann wechsle zur Seite EVENT GRAPH.

Wie schon bei den Klettermöglichkeiten brauchen wir auch hier das Ereignis ACTOR BEGIN OVERLAP. Beginnen wir mit der einfachsten Möglichkeit.

≫ Ziehe von dem (bereits vorhandenen) Knoten einen Faden und suche nach `destroy`.

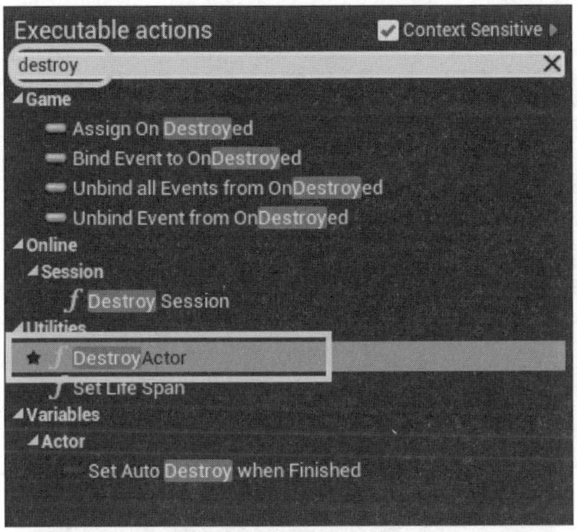

≫ Wähle DESTROY ACTOR und verbinde auch die anderen beiden Ein-/Ausgänge miteinander.

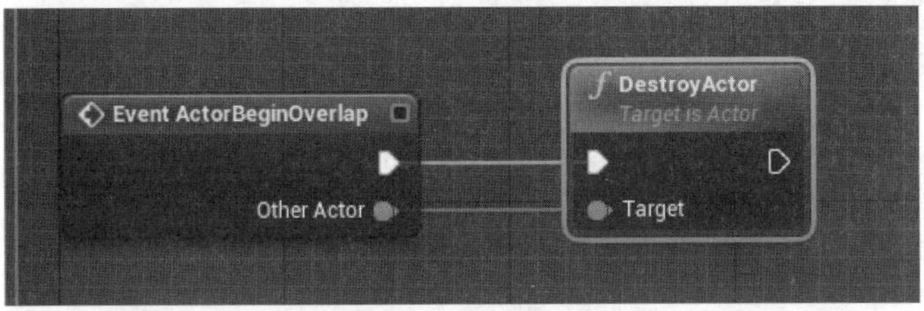

Wenn du das kompilierst und danach das Spiel startest, wirst du selbst beim Betreten der Platte »zerstört«. Das Bild steckt fest und nichts geht mehr. Lenkst du den Enemy so, dass er versucht, die Platte zu überqueren, dann ist er auf einmal wie vom Erdboden verschwunden. Ein bisschen mehr Drama darf es schon sein. Zumindest für den Enemy.

Enemy is Dying

Ideal wäre eine weitere Animation, in der die feindliche Figur sterbend hinfällt. Wenn du willst, kannst du eine solche selbst erstellen. Oder du leihst dir eine der Animationen aus, die im **Animation Starter Pack** mit einem DEATH im Dateinamen zur Verfügung stehen. (Ich habe mir eine solche Datei in mein Projekt kopiert, musste sie dann nur noch neu mit dem dortigen Mannequin-Skelett verknüpfen.)

- Um die DEATH-Animation einzubinden, öffnest du also erst einmal wieder das Animation-Blueprint.
- Füge dort im LOCOMOTION-Bereich einen weiteren State-Knoten hinzu und nennen ihn `Die`.

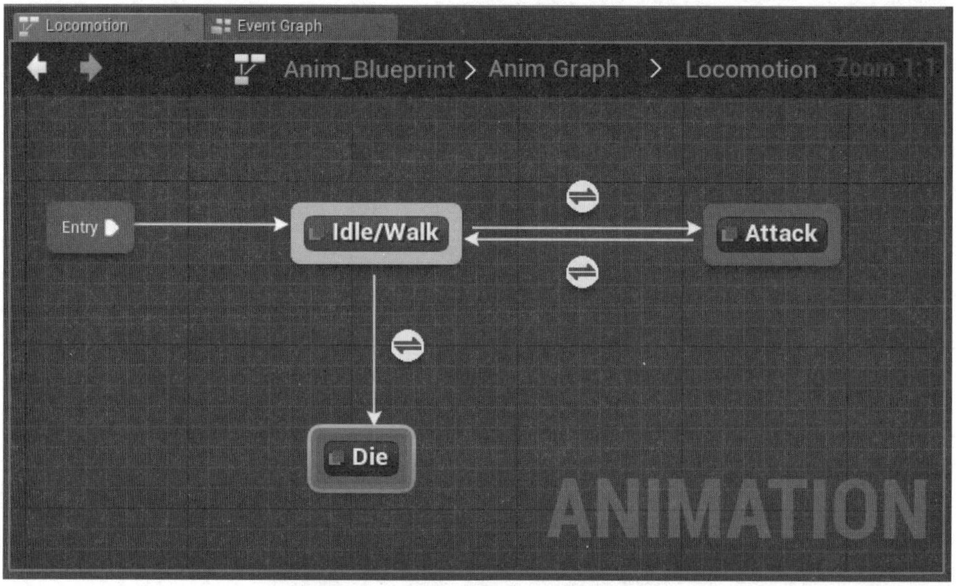

- Doppelklicke auf diesen Knoten, womit du auf einer neuen ANIM-GRAPH-Seite landest.

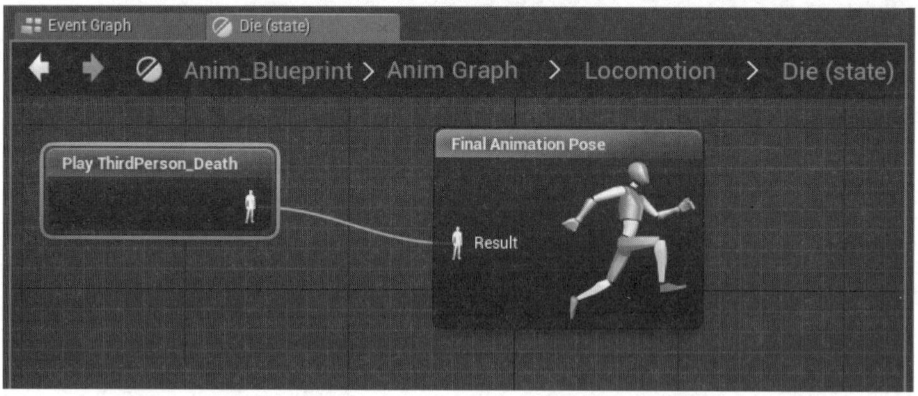

- Dort fügst du die neue »Todes-Animation« ein und verbindest sie mit dem Knoten FINAL ANIMATION POSE.

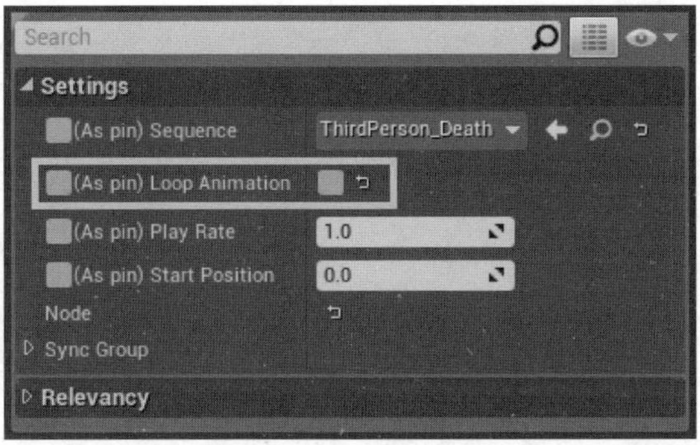

➢ Lasse den Animations-Knoten markiert und suche unter dem karierten Feld im SETTINGS-Bereich nach dem Eintrag LOOP ANIMATION. Entferne dahinter das Häkchen, denn die Todes-Animation soll ja nur **einmal** laufen.

Auch hier brauchen wir wieder eine Bedingung, unter der die neue (und abschließende) Animation ausgeführt wird.

➢ Unter dem karierten Feld klickst du auf die Schaltfläche MY BLUEPRINT, dann auf das Plus hinter VARIABLES. Gib der neuen Variablen den Namen `isDying`.

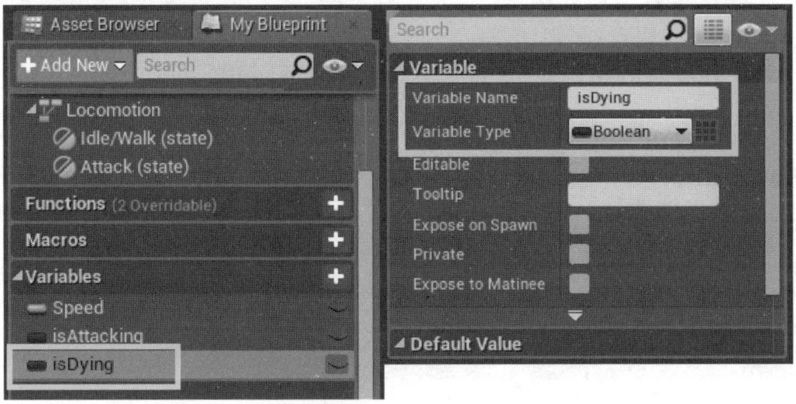

Auch ISDYING ist eine Schaltvariable vom Typ BOOLEAN (schon voreingestellt).

➢ Um diese Variable einzusetzen, kehre zum LOCOMOTION-Bereich zurück. Doppelklicke dort auf das runde Symbol neben dem Pfeil, der von IDLE/WALK nach DIE zeigt.

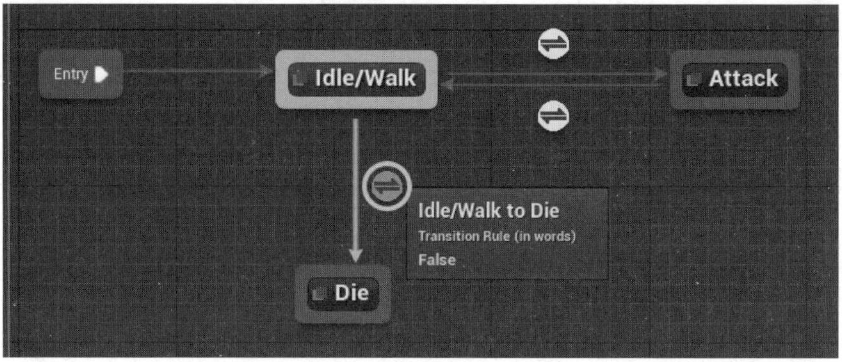

Im neuen Bereich stellen wir jetzt die »Sterbe-Regel« auf. Denn auch hier wird wieder ein **Transition Rule** gebraucht, für den Übergang von IDLE/WALK zu DIE. (Eine Rückkehr ist diesmal nicht nötig.)

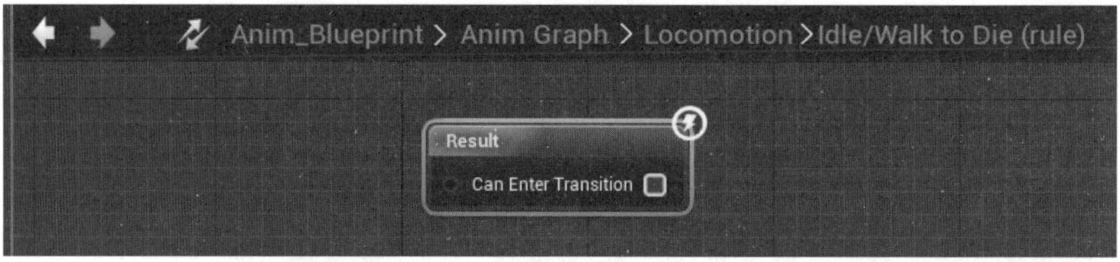

- Ziehe einen Faden vom RESULT-Knoten nach links und suche nach `isdying`.

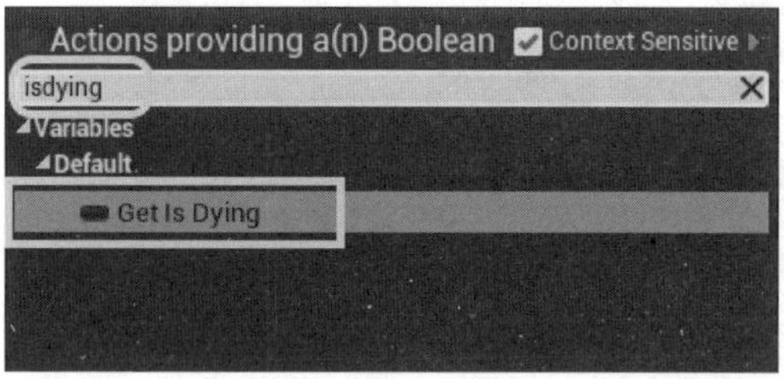

- Wähle dann GET IS DYING.

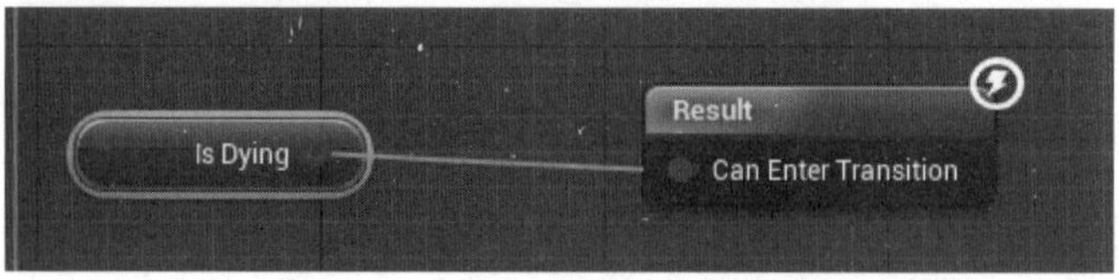

- Kompiliere und speichere das Blueprint, dann schließe das Fenster.

Der Feind wird besiegbar

Wie bringen wir jetzt den Enemy dazu, animiert zu sterben, wenn er die tödliche Trigger-Platte betritt? Wir müssten dafür sorgen, dass im entsprechenden Blueprint die ISDYING-Variable des Animation-Blueprints auf TRUE gesetzt wird. Das aber ist gar nicht so einfach. Außerdem soll ja der Tod des Enemys diesen komplett außer Gefecht setzen. Deshalb brauchen wir eine weitere Variable, diesmal für den Enemy.

> Öffne also zuerst das Enemy-Blueprint. Dort vereinbarst du eine neue Variable namens `isKilled` (vom Typ BOOLEAN).

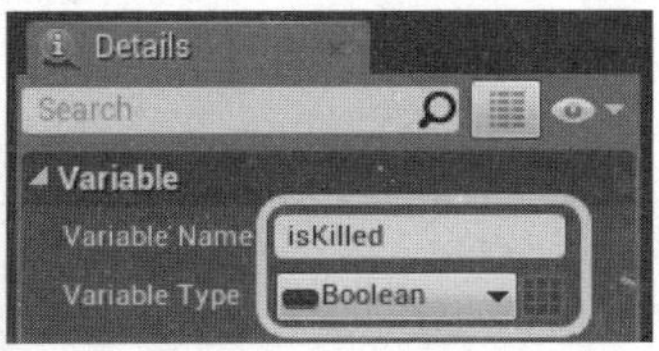

Über diese Variable lässt sich jetzt die Wolken-Waffe des Enemys ausschalten. Denn es wäre schon komisch, wenn die nach seinem Tod trotzdem losginge.

> Suche die Knoten-Kette, die mit dem Ereignis ONSEEPAWN verbunden ist.

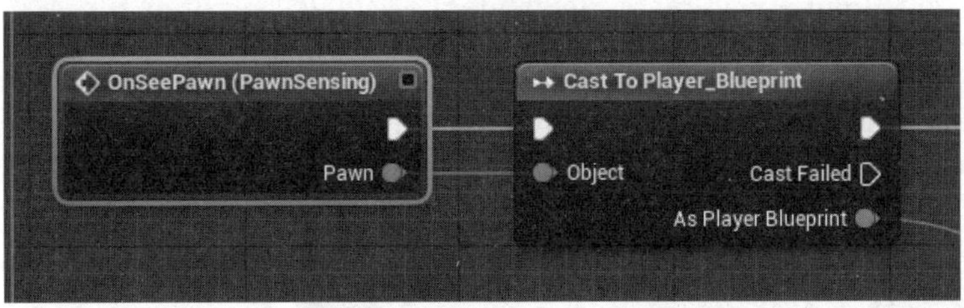

Die angeschlossenen Knoten sorgen ja dafür, dass der Enemy sich dem Player nähert und dann in den Angriffsmodus übergeht. Hier schalten wir nun einen BRANCH-Knoten dazwischen, der das nur zulässt, wenn der Enemy noch nicht ISKILLED ist.

> Trenne die (obere weiße) Hauptverbindung zwischen ONSEEPAWN- und CAST-Knoten. Dann füge einen BRANCH-Knoten ein.

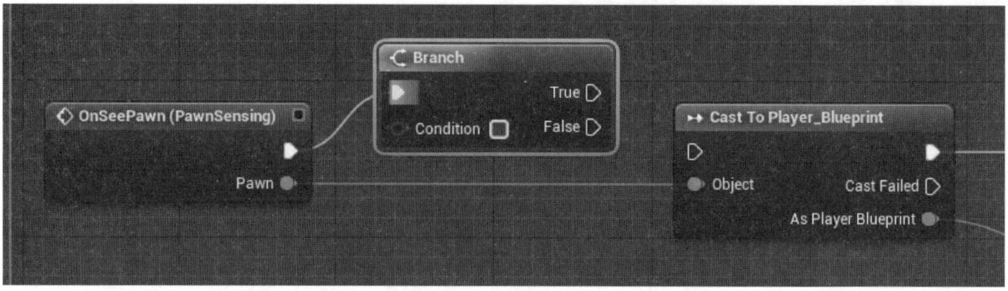

- Ziehe von CONDITION einen Faden und erzeuge einen Knoten für ISKILLED. Verbinde dann den FALSE-Ausgang des BRANCH-Knotens mit dem CAST-Knoten.

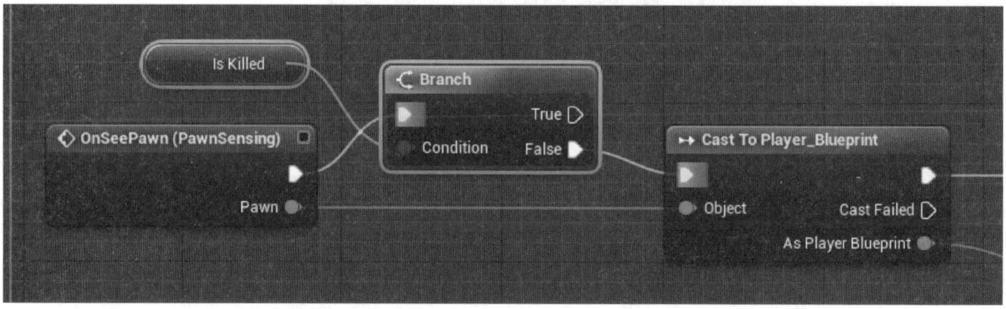

Das bedeutet: Wenn ISKILLED den Wert TRUE hat, passiert nun nichts mehr, bei FALSE verfolgt der Enemy den Player und versucht, ihn zu rösten.

Das genügt aber leider noch nicht ganz, denn wenn erst einmal das Partikelsystem angeschaltet ist, bleibt es auch direkt nach dem Tod des Enemys aktiv. Deshalb brauchen wir noch eine Verbindung vom TRUE-Ausgang zum (ganz weit rechts liegenden) DEACTIVATE-Knoten für DEATHRAY.

- Verbinde also den True-Ausgang des BRANCH-Knotens mit dem vorhandenen DEACTIVATE-Knoten (oder füge einen zusätzlichen neuen ein).

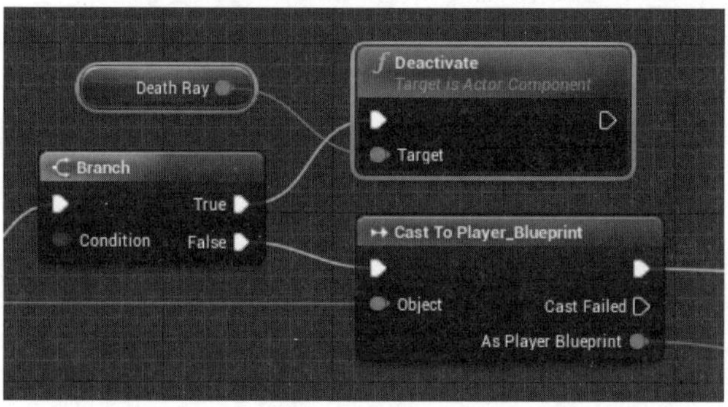

≫ Kompiliere und speichere dieses Blueprint, dann kannst du das Fenster schließen.

≫ Kümmere dich nun um das Trigger-Blueprint: Öffne das entsprechende Fenster.

Du kannst den DESTROY-Knoten dort lassen (für alle Fälle). Ich habe ihn irgendwohin zur Seite geschoben.

≫ Löse die alten Verbindungen und erzeuge einen neuen CAST-Knoten zum Enemy-Blueprint. Verbinde auch OTHER ACTOR (links) mit OBJECT (rechts).

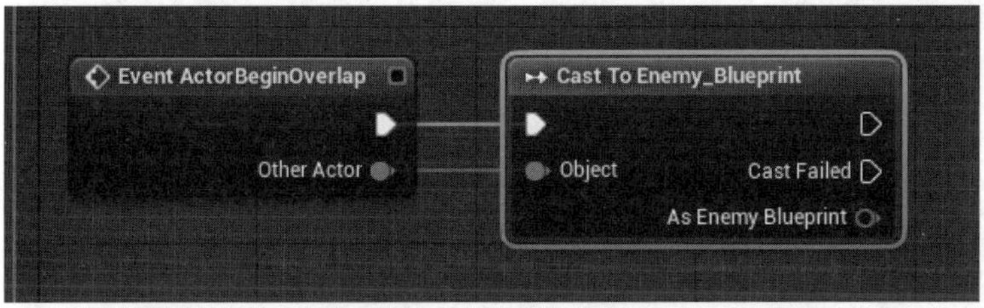

Nun können wir auf die ISKILLED-Variable zugreifen.

≫ Ziehe einen Faden vom CAST-Knoten, suche im Menü nach `isKilled` und wähle SET IS KILLED.

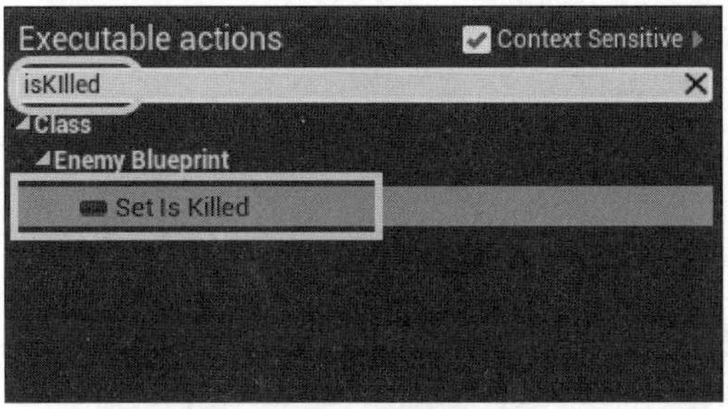

≫ Setze im Knoten ein Häkchen hinter IS KILLED (womit der Wert zu TRUE wird). Verbinde außerdem AS ENEMY BLUEPRINT mit TARGET.

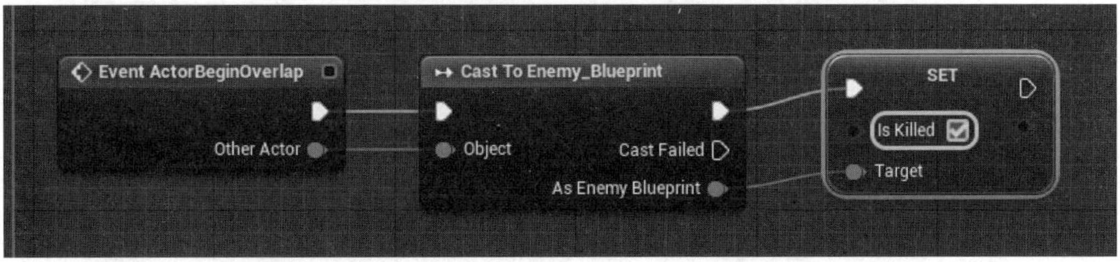

≫ Kompiliere und speichere das Blueprint, schließe das Fenster.

Probieren wir gleich aus, ob die feindliche Figur wirklich sterblich ist.

≫ Starte das Spiel und locke den Enemy über die Trigger-Platte. Kontrolliere, was passiert (→ WALKER7).

Normalerweise müsste der Enemy tödlich verletzt umfallen und liegen bleiben (wenn die Animation passt). Allerdings ist es weiterhin ungesund für den Player, wenn der ihm zu nah kommt (das wurde ja auch nicht abgeschaltet).

Eine Kleinigkeit könnte man nun noch ergänzen: Wenn einer der beiden Kontrahenten gestorben ist, muss das Spiel beendet werden. Das habe ich bisher immer mit dem Tastendruck [Esc] erledigt.

Es geht aber auch direkt vom Spiel aus, mit nur einem zusätzlichen Knoten. Dazu musst du noch mal ins Trigger-Blueprint.

≫ Ziehe dort einen Faden vom SET-Knoten für ISKILLED. Suche nach `quit` und wähle QUIT GAME.

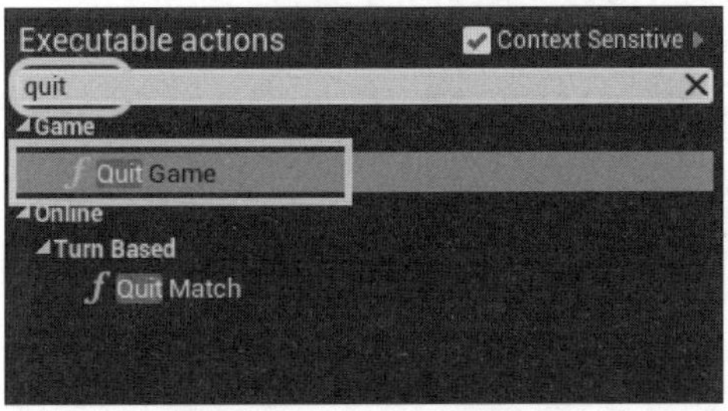

Es ist sinnvoll, da noch einen DELAY-Knoten dazwischenzuschalten, damit das Spiel nicht allzu abrupt endet. Womit das Ganze dann so aussieht:

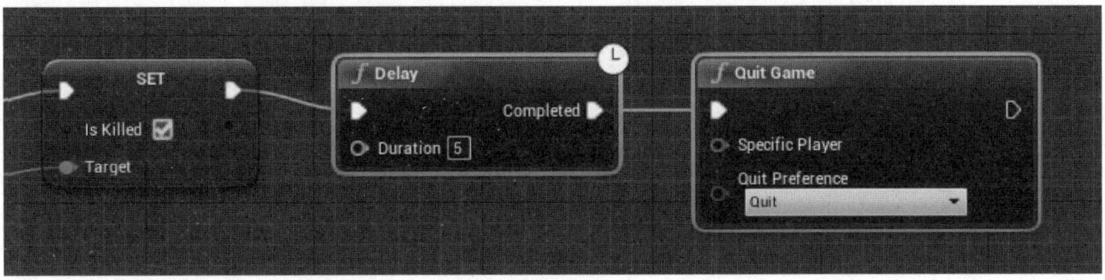

Play the Game

Irgendwann kommt der Zeitpunkt, an dem dein erstes Spiel auch ohne die Unreal Engine zurechtkommen will (und muss). Der ist bei meinem WALKER-Projekt noch lange nicht erreicht. Und auch für dich wird es wohl ein weiter Weg, bis du ein Spiel erstellt hast, das dich in allen Belangen zufriedenstellt.

Auf jeden Fall jedoch solltest du wissen, wie man das Spielprojekt von seiner Mutter Unreal abnabelt. Probiere es gleich an einem (beliebigen) Projekt mal aus:

≫ Klicke im Menü auf FILE und suche dann nach dem Eintrag PACKAGE PROJECT.

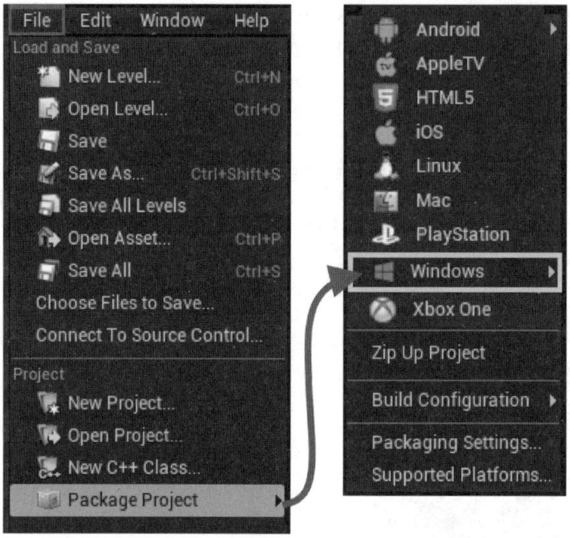

- Im nächsten Menü klickst du zum Beispiel auf WINDOWS und wählst dann die Version aus, die du auf deinem Computer hast beziehungsweise für die du das Ganze als eigenständiges Spiel erzeugen willst.

Das heißt also, dass du natürlich auch ein Spiel für Linux erstellen kannst oder für eine Spielekonsole oder eine der Smartphone-Plattformen.

- Du wirst nun in einem Dialogfeld gefragt, wo die fertigen Projekt-Dateien abgelegt werden sollen. Du kannst einen vorhandenen Ordner nehmen oder einen neuen erstellen. Klicke abschließend auf OK.

Es kann nun eine Weile dauern, bis alles fertig ist.

Anschließend solltest du die Unreal-Umgebung erst mal verlassen und dich unter Windows auf die Suche nach dem Ordner mit dem fertigen Spiel machen.

Die Unreal Engine hat diesen Sammelordner WINDOWSNOEDITOR genannt. Du findest ihn in dem von dir bestimmten Ordner (in meinem Fall war das MYGAME) als Unterordner.

≫ Öffne den Sammelordner.

Dort findest du zwei weitere Unterordner und zwei Dateien. Entscheidend ist die Datei mit der Kennung EXE. Wenn du auf deren Symbol doppelklickst, wird das Spiel gestartet und du kannst loslegen.

Ein solches fertiges Spiel lässt sich dann verschenken oder verkaufen. Denke aber daran: Bis jetzt war die Unreal Engine kostenlos, wenn du aber damit etwas verdienst, will der Hersteller (Epic Games) auch mit verdienen. Zurzeit sind das fünf Prozent Anteil.

Zusammenfassung

Damit wären wir (fast) am Ende dieses Buches. Es passt einfach nicht alles hinein, was ich gern noch untergebracht hätte. Aber du hast doch recht tief in Unreal hineinschnuppern können. Und dabei eine Menge kennengelernt, das dir hoffentlich bei deinen künftigen Spielprojekten nützlich sein wird.

Mit dem Rüstzeug dieses Buches weißt du nun eine ganze Menge, kannst sogar anderen helfen. Und dir natürlich auch helfen lassen, denn du bist ja nicht allein. **Epic Games** (die Firma, die die **Unreal Engine** herstellt und vertreibt) hat ja ausreichende Dokumentationen und auch ein riesiges Angebot an weiteren Hilfen zu bieten. Hier ein Überblick:

Hauptseite	*https://www.unrealengine.com/*
Dokumentation	*https://docs.unrealengine.com/latest/INT/*
Video-Tutorials	*https://docs.unrealengine.com/latest/INT/Videos/*
Foren	*https://forums.unrealengine.com/*
Fragen und Antworten	*https://answers.unrealengine.com/*
Marketplace	*https://www.unrealengine.com/marketplace*

Einziger Haken: Du solltest möglichst gut Englisch verstehen können. (Oder du nutzt die Übersetzungsdienste von Google und Microsoft.)

Auch in diesem Schlusskapitel ist noch ein bisschen was zusammengekommen. So weißt du, wie man ein Spiel verlassen kann. Und du weißt, wie sich aus allem etwas machen lässt, das unabhängig von der Unreal Engine läuft.

Ein paar Fragen ...

1. Wie wird ein Objekt eliminiert?
2. Wie wird ein Spiel beendet?
3. Wie macht man aus einem Unreal-Projekt ein eigenständiges Spiel?

... und ein paar Aufgaben

1. Sorge dafür, dass nach dem Tod des Enemys dieser für den Player auch nach direkter Berührung nicht mehr todbringend ist. »Klemme« den Knoten für das Spielende vorläufig ab. (Du kannst aber auch die Wartezeit für das Spielende verlängern.)
2. Erweitere den einen Trigger um mehrere, die du in der Landschaft verteilst. Stelle einen so ein, dass auch der Player getötet wird, wenn er die Platte überqueren will.
3. Erstelle einen Exit-Trigger, über den du das Spiel jederzeit verlassen kannst.

A

Anhang

Für Eltern ...

Spiele programmieren? Das ist doch nur was für Kids? Obwohl die meistens Spiele lieber spielen als programmieren. Das Spielen macht doch auch mehr Spaß als das Erstellen, wobei das wieder vom passenden Werkzeug abhängt. Wenn das zum Beispiel Unreal Engine heißt, dann kann das Programmieren eines Spiels zum Spaß werden, auch wenn Sie wahrscheinlich weiter sagen werden: Das ist doch nur was für Kids.

Doch es spricht nichts dagegen, wenn Sie Ihren Kindern über die Schulter schauen, was die da so an Programmen aushecken. Vielleicht bringt es Sie dazu, auch selber mal mehr als einen Blick in die vielen Kapitel vor diesem Anhang zu werfen?

Wenn Sie meinen, noch überhaupt nichts »von diesem Zeug« zu verstehen, können Sie sich auch erst mal ein Buch wie **Computer für Kids** oder **PCs für Oldies** vornehmen. Das macht Sie fit für den Umgang mit dem Computer und verhindert, dass Ihre Kids Ihnen zu schnell über den Kopf wachsen – was das Thema Computer angeht.

Helfen können Sie Ihren Kindern auf jeden Fall bei der Installation von **Unreal**. Genaueres dazu steht in **Anhang B**.

Es gibt zwar ein Installationsprogramm, das dafür sorgt, dass alles sicher auf der Festplatte ankommt. Aber es kann ja nicht schaden, wenn man zu zweit versucht, alles auf dem PC einzurichten. Und so bekommen Sie auch mit, was da auf der Festplatte an neuen Ordnern und Dateien auftaucht:

- Das Standardverzeichnis für die Unreal-Projekte heißt bei mir D:\UNREAL. Daneben gibt es auch hier weitere Unterverzeichnisse (beziehungsweise Ordner).
- Sämtliche Programmbeispiele zum Buch gibt es ebenso wie die Lösungsprogramme zum Herunterladen von dieser Seite:

  http://www.mitp.de/525
- Auf jeden Fall lohnt sich ein Blick auf die Internetseite *https://www.unrealengine.com*, wo man viele Informationen und Tipps (auf Englisch) und nicht nur die jeweils neueste Version der Unreal Engine finden kann.

USB-Stick oder SD-Card

Es ist nicht unbedingt nötig, dass Ihre Kinder einen USB-Stick oder eine SD-Card benutzen, auf der sie ihre Programmierversuche speichern. Sie können für sie auf der Festplatte selbst einen Ordner einrichten (zum Beispiel mit dem Namen D:\UNREAL\PROJEKTE). Dort haben alle Programmierversuche Platz. Es kann aber nicht schaden, alles noch mal zur Sicherheit auf einem anderen Speichermedium außerhalb des PC unterzubringen.

Will Ihr Kind seine Dateien speichern, ist es vielleicht nötig, dass Sie ihm dabei helfen. Im Buch gehe ich davon aus, dass mit C: und D: Festplatten oder mit E: ein externes Laufwerk gemeint sind.

... und für Lehrer

Dieses Buch lässt sich natürlich auch für den Informatik-Unterricht verwenden. Dort setzt bekanntlich jeder Lehrer seine eigenen Schwerpunkte. Aber wenn es zum Beispiel um eine Programmier-AG oder einen Informatikkurs mit Schwerpunkt Spieleprogrammierung geht, lässt sich dieses Buch in Ergänzung zu Ihrem Lehrmaterial gut einsetzen. Und mit der Unreal Engine steht Ihnen und Ihren Schülern ein mächtiges Entwicklungswerkzeug zur Verfügung.

Was die Programmierung angeht, so wird zwar auch hier eine Programmiersprache benutzt, nämlich C++, die kommt aber im Buch überhaupt nicht vor. Denn Unreal bietet mit dem Konzept der **Blueprints** eine interessante Alternative zum »normalen« Programmieren: Mit visuellen Elementen baut man sich ein Projekt zusammen, das intern dann wie ein C++-Programm kompiliert wird.

Die einzelnen Spielprojekte werden über mehrere visuelle Editoren der Unreal Engine erstellt. Zahlreiche Fragen und Aufgaben mit Lösungen helfen, Gelerntes zu festigen und zu vertiefen.

Auf die Dateien zum Buch verzichten?

Vielleicht ist es Ihnen lieber, wenn Ihre Schüler die Projekte alle selbst erstellen. Dann lassen Sie die Download-Dateien einfach (erst einmal) weg.

Übungsmedien

Für den Informatik-Unterricht sollte jeder Schüler ein eigenes externes Speichermedium haben, um darauf seine Versuche zu sichern. So wird verhindert, dass sich auf der Festplatte des Schulcomputers mit der Zeit allerlei »Datenmüll« ansammelt. Außerdem dient der eigene Datenträger dem Datenschutz: Nur der betreffende Schüler kann seine Daten manipulieren.

Regelmäßig sichern

Es kann nicht schaden, die Programmdateien, an denen gerade gearbeitet wird, etwa alle **zehn** Minuten zu speichern. Denn Computer pflegen gern gerade dann »abzustürzen«, wenn man seine Arbeit längere Zeit nicht gespeichert hat.

B

Anhang

Unreal installieren

Die Unreal Engine lässt sich recht einfach installieren. Du musst nur einige Informationen eingeben und ein paar Schaltflächen anklicken, um die Installation zu steuern. Im Zweifelsfall kannst du dir aber auch von jemandem helfen lassen.

≫ Starte deinen Browser (den du zum Surfen im Internet benutzt) und gib diese Adresse ein:

https://unrealengine.com

≫ Suche (rechts oben) eine Schaltfläche mit dem Text GET UNREAL. Dann klicke darauf.

Zuerst wird nun nach einem Account gefragt. Da du wahrscheinlich noch keinen hast, musst du nun einiges eintippen. Überlege dir vorher, welchen Namen du dir als Benutzer beziehungsweise Game-Programmierer geben willst. Und denke dir ein gutes Passwort aus.

≫ Fülle nun das Dialogfeld ähnlich wie in der Abbildung aus.

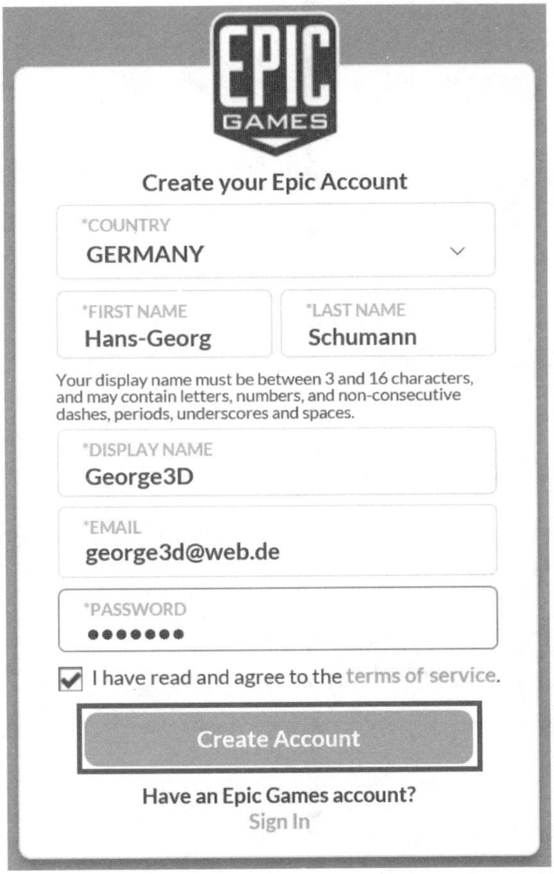

≫ Denke an die Angabe deiner E-Mail-Adresse. Und vergiss nicht, zu guter Letzt ein Häkchen vor »I have read and agree to the terms of service« zu setzen. Dann klicke auf CREATE ACCOUNT.

Epic Games ist der Hersteller der Unreal Engine. Und bei dieser Firma erstellst du gerade einen Account. Als Nächstes musst du noch die Benutzer-Bestimmungen abnicken.

- Dazu setzt du ein Häkchen vor »I have read and agree to the End User License Agreement«. Dann klickst du auf ACCEPT.

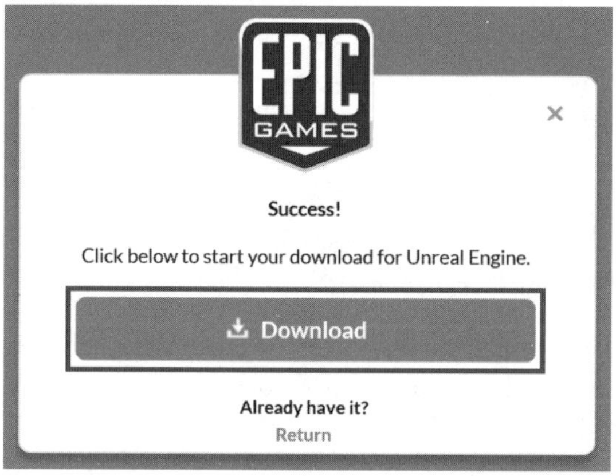

- Im nächsten Dialog kannst du nun endlich auf DOWNLOAD klicken:

Allzu lange wird es nicht dauern, bis das entsprechende Programm geladen ist. Denn du bekommst noch nicht die kompletten Engine-Dateien, sondern nur ein Startprogramm. Das findest du normalerweise im DOWNLOAD-Ordner auf deiner Festplatte.

Starte nun dieses Installations-Programm mit Klick auf das Symbol für EPIC GAMES LAUNCHER INSTALLER.MSI.

In dem Dialogfenster kannst du den Zielort deiner Installation festlegen. Ich empfehle, die Voreinstellung so zu lassen. (Über CHANGE lässt sich das aber auch ändern.)

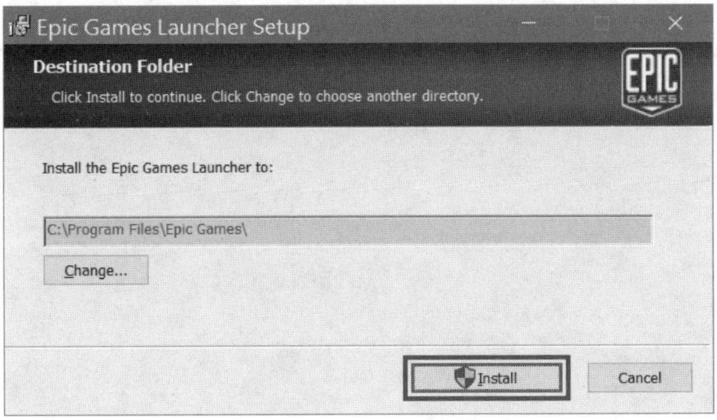

- Klicke auf INSTALL.

Möglicherweise musst du nun mehrmals die Sicherheitsabfrage von Windows abnicken.

- Melde dich nun an deinem Account an. Dazu genügen E-Mall-Adresse und Passwort. (Wenn du willst, kannst du die Zugangsdaten speichern.) Klicke abschließend auf ANMELDEN.

Und endlich tut sich das Fenster des EPIC GAMES LAUNCHERS auf. Der Inhalt wird bei dir inzwischen natürlich anders aussehen als bei mir, auch die Versionsnummer der Engine ändert sich ja, weil von Zeit zu Zeit neuere Versionen erscheinen.

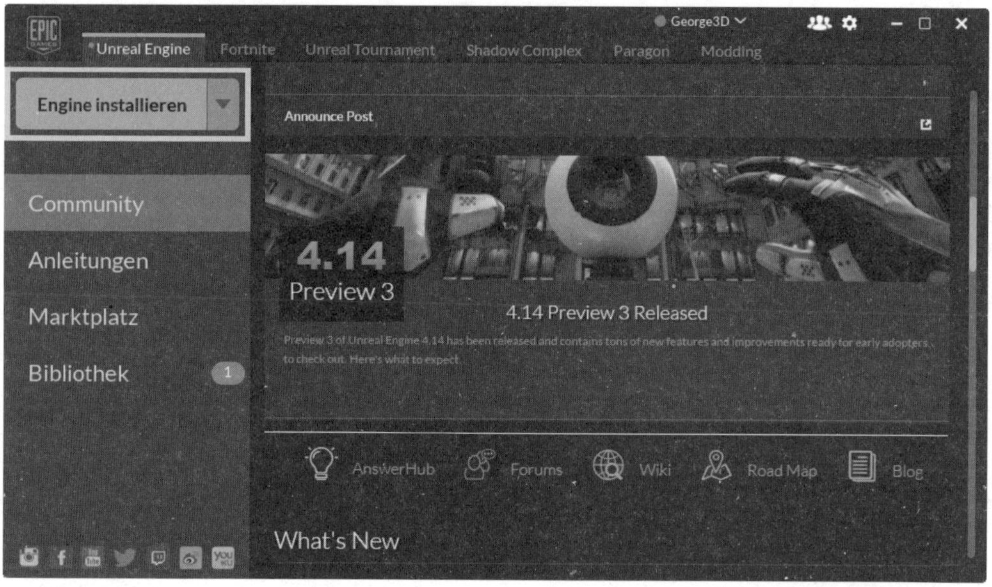

- Klicke auf UNREAL ENGINE und dann auf die Schaltfläche ENGINE INSTALLIEREN.

Nun musst du noch die Komponenten auswählen.

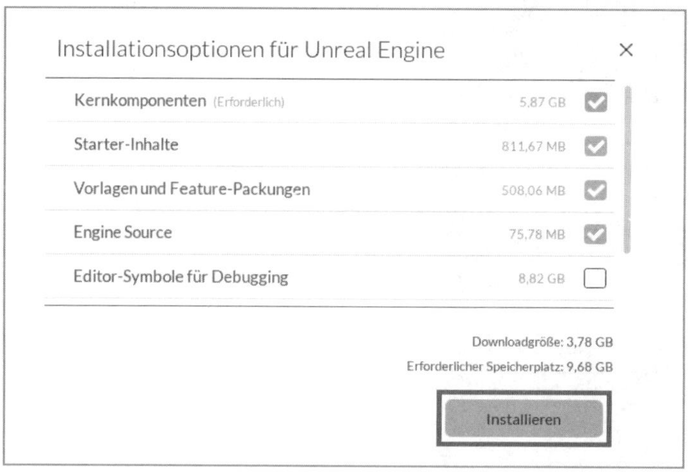

≫ Hinter KERNKOMPONENTEN muss ein Häkchen stehen, die anderen Elemente sind optional. Klicke auf INSTALLIEREN.

Erst jetzt beginnt die eigentliche Installation. Und du kannst zuschauen, wie die Unreal Engine aus dem Internet installiert und auf deinem Konto angelegt wird. Dazu brauchst du viel Geduld, denn das Ganze kann sehr lange dauern.

Zum Abschluss erscheint dann ein solches Fenster:

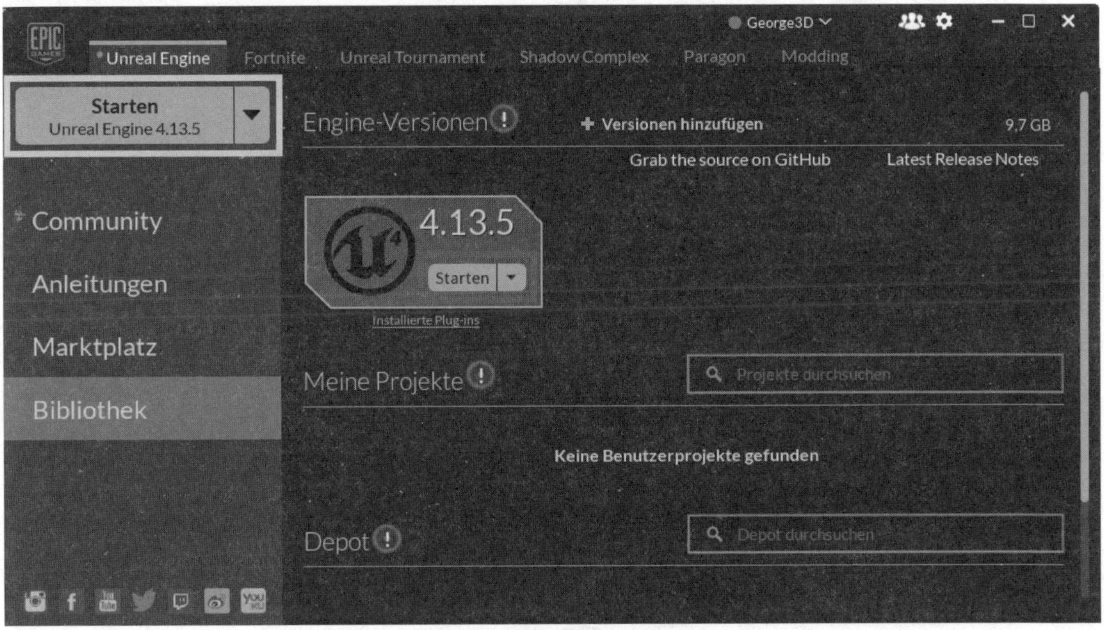

≫ Klicke auf STARTEN (links oben oder im mittleren Bereich).

Und der Unreal Editor wird geladen.

Bevor du in deinem künftigen Arbeitsfeld landest, musst du erst ein neues Projekt erzeugen (oder ein vorhandenes laden). Unreal bietet dir einiges an Vorlagen, die du öffnen und weiterbearbeiten kannst. Mit CREATE PROJECT wird dann dein erstes Projekt erzeugt. (Darum kümmern wir uns in Kapitel 1.)

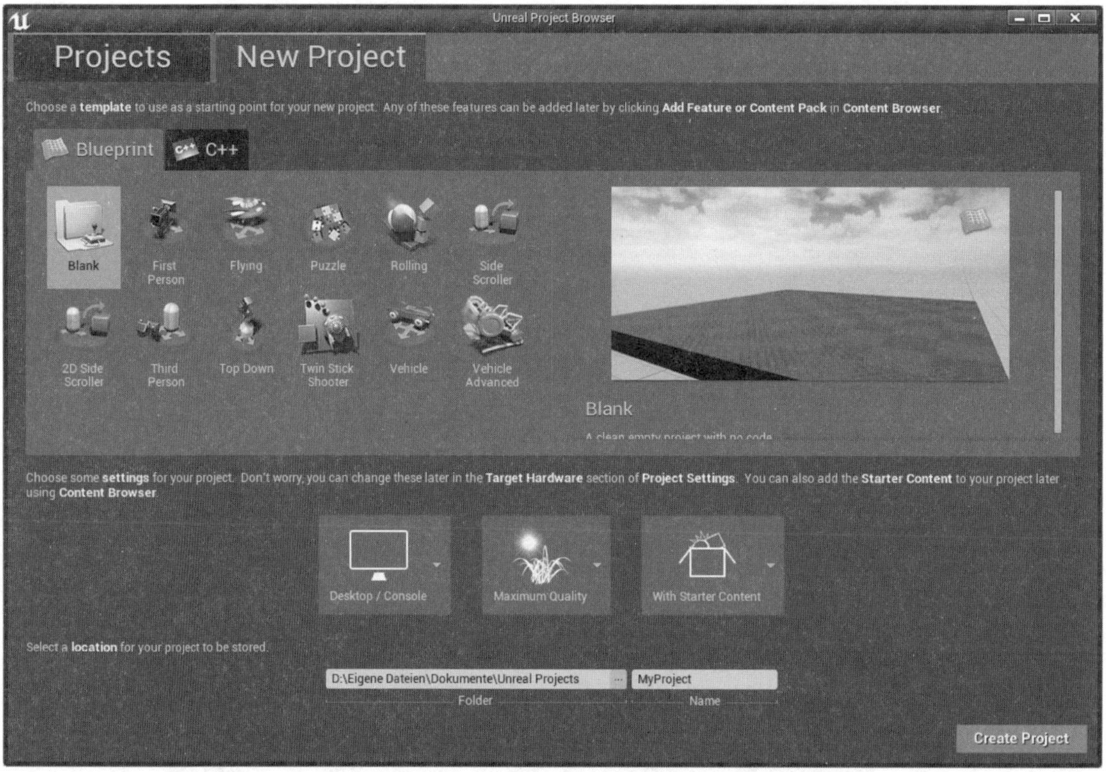

Alle Projekte zum Buch gibt es hier:

http://www.mitp.de/525

C

Anhang

Debugging (Values)

Die Suche nach Fehlern hat so manchen Spiele-Entwickler an den Rand des Wahnsinns getrieben. Zumal die schlimmsten meist so gut verborgen sind, dass man zuerst daran zweifelt, sie jemals zu finden. Gerade deshalb ist es gut und wichtig, zu wissen, dass Unreal bemüht ist, dir dein Programmierleben so bequem wie möglich zu machen.

Die Unreal Engine bietet dir eine ganze Reihe Möglichkeiten für das **Debugging**. Damit ist die Fehlersuche gemeint. Ich zeige hier nur einige der wichtigsten.

Eine starke Hilfe können die PRINT-Knoten sein, die du ja schon kennst. Sie lassen sich fast überall in einem Blueprint einsetzen. Mit ihrer Hilfe bekommst du Informationen, die im OUTPUT LOG-Fenster angezeigt werden, während das Spiel abläuft. Damit lässt sich zum Beispiel überprüfen, ob Variablen wirklich Werte erreichen, die für bestimmte Bedingungen nötig sind.

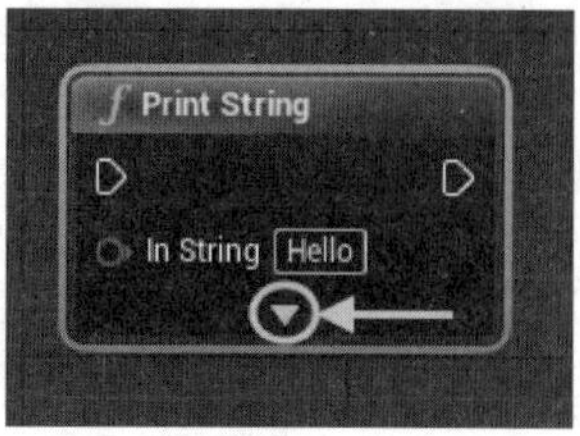

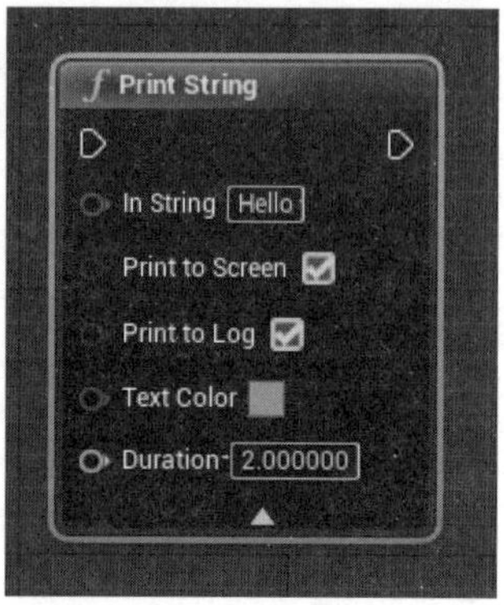

Mit einem Klick unten auf das kleine Dreieck lässt sich der Knoten vergrößern, um zusätzliche Einstellungen vorzunehmen:

IN STRING	Angezeigter Text; kann auch ein Satz sein
PRINT TO SCREEN | LOG	Anzeige im Spielbereich | Log-Fenster
TEXT COLOR	Farbe des angezeigten Textes
DURATION	Dauer der Anzeige

Verbindest du den Ausgang eines anderen Knotens für eine Variable oder ein Objekt mit dem IN STRING-Eingang, wird automatisch dazwischen ein Knoten gesetzt, der den Wert in einen String (= Zeichenkette) umwandelt – wenn möglich.

Doch Werte von Variablen lassen sich auch direkt in einem Blueprint anzeigen.

≫ Dazu klickst du mit der **rechten** Maustaste auf den Ausgang RETURN VALUE eines geeigneten Knotens und wählst im Menü WATCH THIS VALUE.

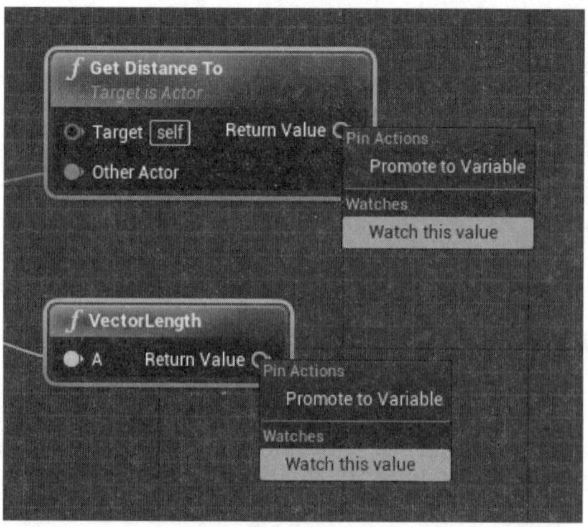

Ich habe das mal an zwei Beispiel-Knoten im Enemy-Blueprint nachgestellt. Wenn du anschließend oben in der Symbolleiste des Blueprint-Fensters auf den PLAY-Button klickst, beginnt das Spiel und du kannst die Werte für die Geschwindigkeit (SPEED) des Enemy und seinen Abstand zum Player (DISTANCE) beobachten.

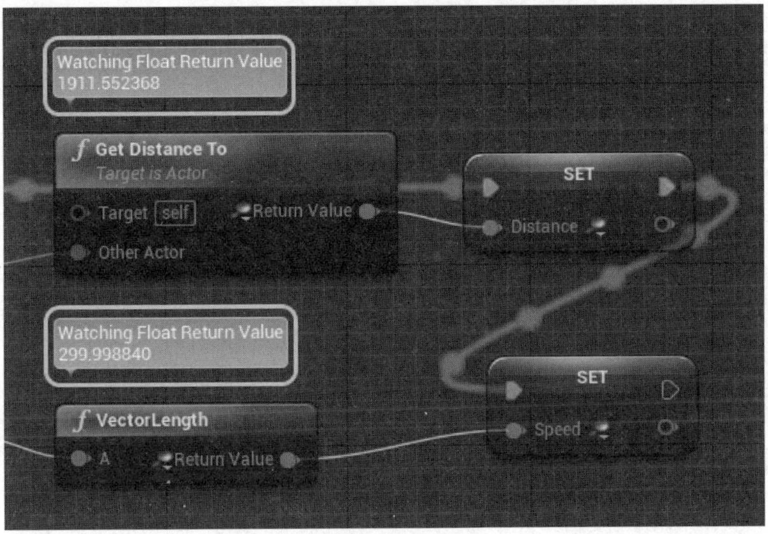

≫ Starte das Spiel – und beende es später wieder mit der [Esc]-Taste.

Diese Beobachtung lässt sich so wieder aufheben:

≫ Klicke mit der rechten Maustaste auf den Ausgang RETURN VALUE und wähle im Menü STOP WATCHING THIS VALUE.

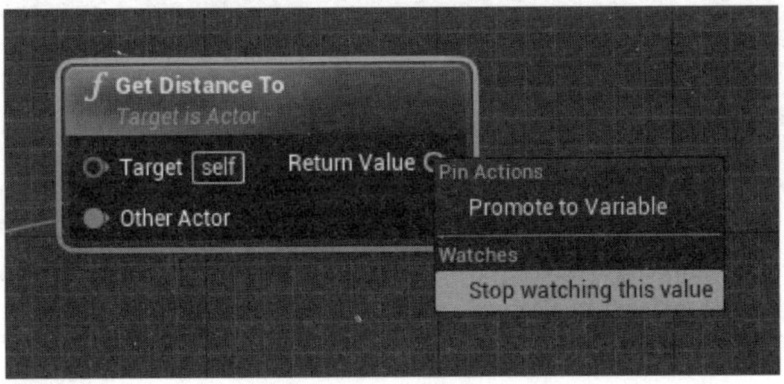

Debugging (Breakpoints)

Eine andere Debug-Hilfe ist es, sogenannte **Breakpoints** zu nutzen: Das Spiel läuft dann bis zu der Stelle ab, an der ein solcher Breakpoint sitzt.

Das sollte eine Stelle sein, von der man vermutet, dass irgendwo in der Nähe ein Fehler auftritt. Durch einen Breakpoint lässt sich kontrollieren, welche Werte Variablen oder Eigenschaften von Objekten an dieser Stelle haben. Oder ob alles bis zu dieser Stelle wie geplant verlaufen ist.

≫ Wenn du einen Breakpoint setzen willst, klicke mit der rechten Maustaste auf den betreffenden Knoten (der einen **Haupt**eingang beziehungsweise -ausgang haben muss). Wähle im Menü (ziemlich weit unten) TOGGLE BREAKPOINT. Oder du drückst die Taste [F9].

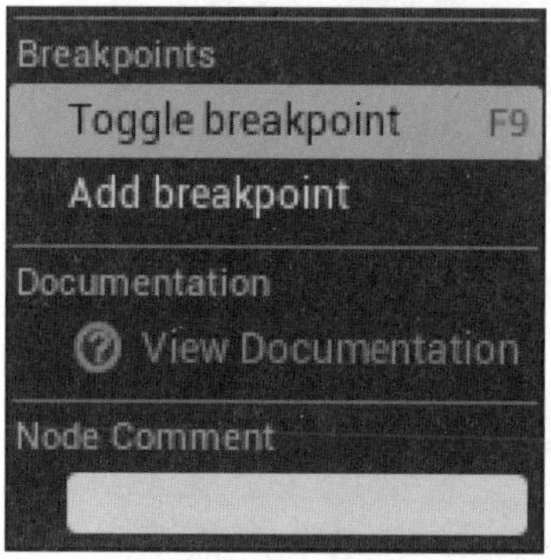

Und an dem Knoten erscheint ein »roter Fleck« als Markierung. (Ein Breakpoint wäre hier auch am CAST-Knoten möglich, nicht aber am Knoten DISTANCE TO.)

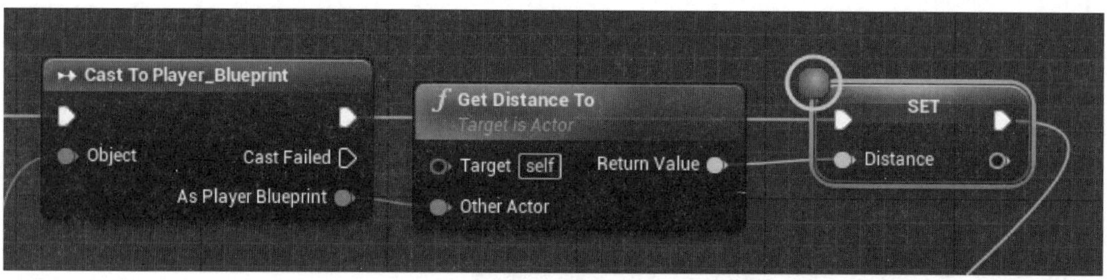

Wenn du nun das Spiel startest, wird es am Breakpoint »stecken bleiben«. Und auch wenn das betreffende Blueprint-Fenster vorher geschlossen war, wird es sich öffnen.

Anhalten lässt sich das Ganze diesmal nicht mit [Esc], sondern dazu musst du oben in der Symbolleiste auf STOP klicken.

Auch ein Breakpoint muss wieder entfernt werden:

- Dazu klickst du mit der rechten Maustaste auf den betreffenden Knoten und wählst im Menü erneut TOGGLE BREAKPOINT oder du drückst wieder die Taste [F9].

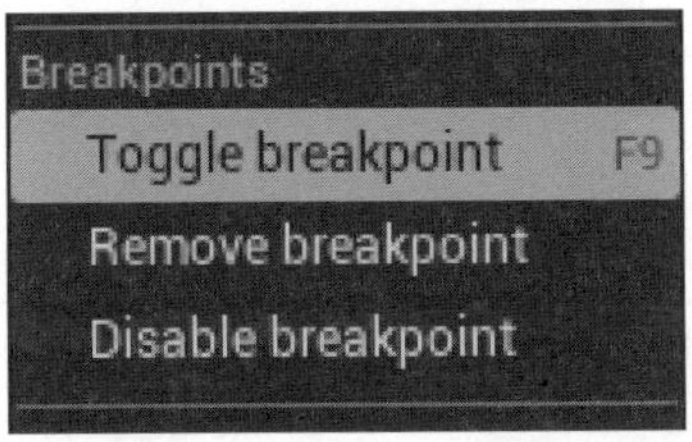

Dabei will ich es bewenden lassen. Mehr über Debugging erfährst du bei Bedarf im Dokumentations-System auf der Unreal-Website, zum Beispiel:

https://docs.unrealengine.com/latest/INT/Engine/Blueprints/

(Gib dort einfach das Suchwort `Debugging` ein.)

Stichwortverzeichnis

H

I

J

K

L

T

U

V

W

X

Y

Z